安徽省
农业防灾减灾体系建设

◎ 陈 磊 等 编著

中国农业科学技术出版社

图书在版编目（CIP）数据

安徽省农业防灾减灾体系建设／陈磊等编著．—北京：中国农业科学技术出版社，2018.12

ISBN 978-7-5116-3982-0

Ⅰ.①安…　Ⅱ.①陈…　Ⅲ.①农业气象灾害–灾害防治–研究–安徽　Ⅳ.①S42

中国版本图书馆 CIP 数据核字（2018）第 294129 号

责任编辑	徐定娜　乔利利
责任校对	贾海霞

出 版 者	中国农业科学技术出版社
	北京市中关村南大街 12 号　邮编：100081
电　　话	（010）82109707（编辑室）
	（010）82109702（发行部）
	（010）82109709（读者服务部）
传　　真	（010）82109707
网　　址	http://www.castp.cn
经 销 者	各地新华书店
印 刷 者	北京建宏印刷有限公司
开　　本	787mm×1 092mm　1/16
印　　张	16.75
字　　数	373 千字
版　　次	2018 年 12 月第 1 版　2018 年 12 月第 1 次印刷
定　　价	98.00 元

前　言

农业灾害是指直接危害农业生物、农业设施和农业生产环境，影响农业生产正常进行，进而影响人类生存或利益的灾害。我国是世界上农业灾害发生频率高、灾情严重的国家之一。大面积农业灾害的发生对我国的粮食安全构成了极大威胁。据国家减灾委员会办公室统计，"十二五"时期，我国农作物受灾面积在2 700多万公顷。

安徽省作为全国粮食主产省，因其地形地貌和气候特点，农业灾害多发、易发，是我国重大农业灾害发生频率较高、灾情较严重的省份之一。据统计，安徽省风、雹灾害频发，全省年均56次，损害面积年均14万公顷；全省年均旱涝成灾面积133.3公顷，占全省播种面积的16%。农业灾害严重威胁安徽省的农业可持续发展，对于稳定国家粮食市场和保障粮食安全产生十分不利的影响。安徽省在防灾减灾、灾害预警、灾情响应、恢复生产等方面做了大量卓有成效的工作，但从农业科技应灾的角度出发，目前存在的问题还十分突出。

安徽省农业科学院2014年开始依托安徽省农业科学院农业经济与信息研究所组建了安徽省农业灾害风险分析研究科技创新团队，主要开展安徽省农业灾害发生和演变规律、农产品生产风险识别与评估、农业灾害监测、预警系统研究等工作。本书为该团队的研究成果之一。本书共四章：第一章概述；第二章安徽省主要农业灾害；第三章安徽省农业生产防灾减灾对策；第四章安徽省农业防灾减灾预警和管理。系统地梳理了安徽省发生的主要农业灾害类型，包括气象灾害、生物灾害、环境地质灾害等；列出了安徽省主要农业灾害特性，并给出了相应的防灾减灾对策；总结了安徽省在主要灾害类型的监测与预测预报、风险辨识与分析评价以及农业减灾管理等方面的研究成果与经验教训。

在安徽省农业灾害风险分析研究科技创新团队的帮助下，在中国农业科学技术出版社的支持下，团队成员罗守进、陈娟、朱淼、张彩丽等同志大量翻阅图书资料完成了主要内容的编写，几经修改与充实，终于使《安徽省农业防灾减灾体系建设》如期面世。由于本书内容涉及面广，有部分出处标注也许未能详尽，但这不会淹没各位研究者对本书的可贵贡献，在此，对本书提到或未提到的各类资料原作者致以敬意和谢意！由于我们水平有限，疏漏之处在所难免，敬请广大读者斧正。

安徽省农业灾害风险分析研究科技创新团队首席主持　陈　磊

2018年7月

目 录

第一章 概　述

安徽省地处我国东部华东腹地，为亚热带气候向暖温带气候过渡的地区，由于地处南北气候过渡带，南北冷暖气流在此交汇频繁；长江、淮河分别流经安徽 416 km 和 430 km，全境共有河流 2 000 多条，湖泊 110 多个，但同时也是水资源严重缺乏的省份，全省人均水资源占有量仅是全国平均水平的 50%，而且时空分布极不平衡，极易形成干旱。安徽南部多山区，中部系丘陵，长江、淮河横贯境内，天然地将全省分为淮北、江淮和江南三大自然区域，平原、丘陵、山地各占 1/3，自北而南依次为淮北平原、江淮陵丘、皖西山区、沿江平原和皖南山区。特殊的地理位置、复杂的气象条件、特定的地形地貌造成安徽多灾易灾的环境现状，有"多灾省"之称。

安徽省农业灾害主要有气象灾害、生物灾害、地质环境灾害等。从灾害的严重性及影响范围来看，气象灾害是最主要的灾害，各类气象灾害中，以暴雨洪涝和干旱对农业生产影响最大。淮北旱涝 2～3 年一遇，淮河以南 3～4 年一遇，全省性干旱 6 年一遇；皖南山区春季连阴雨 1 年两遇，秋季连阴雨 2 年一遇；江淮地区干热风 2 年一遇，而淮北地区几乎年年出现；风、雹灾害更为频发。"十二五"期间，全省年平均受灾人口 1 800 余万人，农作物受灾面积 1 691 千 hm^2，倒塌房屋 1 万余间，直接经济损失 112 亿元，给人民群众的生命财产造成严重损失。

第一节　农业灾害特点

灾害按其表现形式分成自然灾害和人为灾害。以自然变异为主因并表现为自然现象，如地震、旱涝、霜冻等，为自然灾害；以人为因素为主因并主要表现为社会现象为人为灾害，如农药中毒、失火、交通事故、环境污染等。

农业灾害是指直接危害农业生物、农业设施、农业生产环境和影响农业生产的正常进行，对农业生产、种植业、养殖业等造成大面积损坏、毁坏，对农业和农民收入造成严重影响的灾害。农业生物包括作物、林木、牧草等栽培植物，畜、禽、鱼、虫等饲养动物，人工培养的微生物以及对人类有用的野生动植物及有害生物的天敌等。农业设施包括农田、草地等农用土地、水利工程设施、农业机械、温室、畜舍、仓库、加工厂等。农业生产环境是指农业生产所依赖的自然资源和环境条件。

农业灾害主要包含以下几个特点：一是农业灾害造成的损失比较巨大，不论是自然灾害、外来生物入侵还是重大动物疾病，一旦发生都会造成巨大的损失。二是农业灾害发生频率增快，结果难以把握。全球一体化的结果和中国对外交流成果日益增加，社会经济发展速度加快，环境污染日益严重，导致农业灾害发生的间隔周期越来越短，同时发生频率越来越快，便捷的交通和物流行业使得农业灾害造成的影响传播和扩散的速度加快，造成了对于农业突发事件难以进行掌控，对于农业灾害所造成的结果难以进行预估。三是农业灾害波及范围越来越广。早期农业灾害发生造成的影响和损失主要局限于农业领域，随着经济发展和资讯发达，农业灾害的发生通常会对经济、工业、交通、电力等不同领域造成相应的影响，同时农业灾害会在短时间内进行广泛传播，对农产品价格影响很大，造成全国性或全球性的危机。

第二节　农业灾害分类

灾害的分类按照灾害的成因、性质、强度、规模等，可以有不同的分类方法。农业自然灾害通常是按照灾害的成因分类，主要包括农业气象灾害、农业地质灾害和农业生物灾害等。

一、农业气象灾害

农业气象灾害是农业生产过程中能够对农业生物与设施造成危害和经济损失的不利天气或气候条件的总称，主要包括干旱、洪涝、湿害、低温冷害、霜冻、冻害、干热风、热害、寒害、风、冰雹、雪灾等。光照、温度、水分、养分是农作物生存的四个必需因子，其中光照、温度、水分均属气象环境，农业生物对气象环境高度依赖，我国农业因灾损失的70%～80%都是由气象灾害造成的。农业气象灾害还是许多农业地质灾害和农业生物灾害的主要诱发因素。

二、农业生物灾害

农业生物灾害是指有害生物对农业生物造成的危害，一般指由农业病原微生物、有害昆虫、有害植物和害兽引起的威胁或危害，造成农作物大面积的减产甚至绝收，导致农产品大批量变质，甚至影响农业生态环境和人类生命财产安全。主要包括农业病、虫、草、鼠害、入侵种等。据统计，全国农作物有害生物有1 600多种，其中害虫838种、病害742种、杂草64种、害鼠22种。能造成重大损失的有100多种，其中重大流行性、迁飞性病虫害有20多种。入侵的外来有害生物造成了新的生物灾害源，我国目前已知至少有380种入侵植物、40种入侵动物和23种入侵微生物。在农业因灾损失总量中生物灾害的影响仅次于气象灾害，通常占20%以上。

三、农业地质环境灾害

农业地质环境灾害指由于自然或人为的原因造成地质环境或地质体的变化,给农业生产造成损失与破坏的灾害。山区发生的地质灾害又称山地灾害;平原发生的地质灾害包括地面下沉、地裂缝、地面塌陷、土地荒漠化及各种土壤障碍。各类地质灾害中,地震、火山、地面塌陷和崩塌、滑坡、泥石流等山地灾害均属突发型,地面塌陷、地裂缝、荒漠化和土地污染则属累积型。

地质环境灾害对农业生产系统的破坏作用深入种植业、畜牧业、水产业和林业,不仅造成劳动力生命的失去和生存环境的恶化,还导致农业自然资源的改变和剥夺,以及对交通、电力、水利设施的摧毁,既直接造成农业产品的损毁,也危害农业生产的长期发展。地质环境灾害在农业因灾损失总量中比例较低,但在山区和贫瘠土壤地区却有可能成为最重要的灾害。

第三节 农业灾害对安徽的影响

安徽地区从北到南都有自然灾害发生,一般规律是北旱南涝较多。自然灾害种类,除了天文灾害、地质灾害中的火山爆发、海啸灾害以外,洪涝、干旱、台风、风雹、高温热害、低温冻害(冷害)、低温阴雨、冰雪灾害、霜害、地震、滑坡、泥石流、病虫害等各种灾害在安徽都有不同程度的发生。1949年以来,每年发生的较大灾害都在3种以上,20世纪80年代以后更增加到6种以上。安徽省农业生产发展的主要灾害种类是旱灾、水灾、风、雹、霜冻等,其中水灾和旱灾危害多数年份占所有农业灾害危害受灾面积和成灾面积的80%以上,是最主要的灾害。

安徽省农业自然灾害主要可分为农业气象灾害、地质灾害及生物灾害。主要灾害的种类及特点见表1-1。

表1-1 安徽省农业自然灾害的分类及特点

灾害种类	主要灾种	灾害特点
气象灾害	干旱、洪水、涝灾、湿(渍)害、暴雨、雪灾、大风、台风、龙卷风、雹灾、冷害、冻害、热害等	范围广、频率高、灾情重、持续时间长、群发性;农作物及设施受害
地质环境灾害	山体坍塌、滑坡、泥石流、地面塌陷;大气污染、水源污染、农药化肥污染、养殖污染、焚烧污染等	人员、农田、房屋、道路等基础设施破坏和损毁严重,农业生态系统受损
生物灾害	种植病虫草害、养殖病虫害、有害生物入侵等	种类多、频率高、突发性和爆发性等。对农业影响大、破坏环境和生态平衡

一、气象灾害

(一) 气象灾害易发生时期

安徽气象灾害发生频率高，极端气象灾害发生增多。安徽几乎每年都会发生气象灾害，风调雨顺的年份较少，而且灾害交替发生，相互叠加。一年中可先后发生干旱、洪涝、高温热害、低温阴雨、台风、暴雪等多种自然灾害。发生规律一般是旱多于涝、涝重于旱或旱涝并发，风雹灾害发生期长。近几年受台风及台风外围影响较多，造成安徽省部分地区发生强降水，导致洪涝灾。

在安徽各类气象灾害中，以水灾、旱灾危害最大。从其发生的季节看，全省涝灾的出现以夏季频率最大，但沿江，江淮之间西部、淮北南部和沿淮一带也常出现春涝。旱灾则一年四季均可发生，山区及淮北北部多春旱、冬旱，其他地区易出现夏旱。秋旱各地均易发生，尤其沿江、江南易出现严重的秋旱。淮河以北地区春夏之交经常出现连阴雨、霜冻、干热风等灾害；长江、淮河沿岸和皖南山区梅雨季节，暴雨时常发生，从而引发山洪、泥石流及内涝灾害；江淮之间入伏后，多为晴热少雨天气，易造成大面积干旱，有时形成伏旱连秋旱；大风、冰雹、龙卷风从初夏到秋末，不分地域、屡见不鲜。大涝和特大涝高度集中在梅雨季节，梅雨期及雨季降水的多少是造成安徽旱涝的主要因素。安徽省主要气象灾害发生月份见表1-2。

表 1-2　安徽省主要气象灾害月历

月份	主要气象灾害
1 月	干旱、大风、雪灾和冻害
2 月	冻害、雪灾、连阴雨和大风
3 月	(低温) 连阴雨、冻害或霜冻、渍害、干旱、风害等
4 月	(低温) 连阴雨、晚霜冻，淮河以南 (主要是皖南、皖西山区) 大暴雨造成洪涝灾害、渍害，北方地区干旱等
5 月	合肥以北地区的干旱，淮河以南地区的连阴雨、小麦干热风，丘陵山区的暴雨洪涝、大风、冰雹等
6 月	麦收期连阴雨、暴雨洪涝，大风、冰雹、高温热害、干旱等
7 月	干旱 (伏旱)、洪涝 (夏涝)、大风、冰雹和高温热害
8 月	干旱、洪涝、高温热害、大风和冰雹
9 月	干旱、连阴雨、低温冷害 (秋分寒)、涝和渍
10 月	干旱、连阴雨和霜冻
11 月	连阴雨、(寒潮) 冻害、霜冻和干旱
12 月	(寒潮) 冻害、雪灾、大风和干旱

(二) 气象灾害对安徽农业的影响

在今安徽省境内，最早见诸文字记载的自然灾害是公元前 190 年 (汉惠帝五年)。

是年，太平"夏大旱，江水少，溪谷绝"；六安"大旱"。清乾隆五十年（1785 年），全省 50 余县，有的 3—8 月，有的自春至秋，均不雨，造成各地大旱或奇旱，饥民食草木或青白色土，人相食，死者十分之四，且有合家饿毙者。

1990—2005 年的 16 年间，安徽省气象灾害造成的粮食损失量年平均 184.79 万 t，气象灾害粮食损失率年平均为 8.69%。其中，1991 年为罕见的水灾，1994 年、2000 年为特大旱灾，2003 年为洪涝灾害较重。2011—2015 年安徽省农业气象灾害的影响见表 1-3。

表 1-3　2011—2015 年安徽省农业气象灾害情况　　　　（单位：千 hm²）

年份	总计			旱灾			洪涝灾			风雹灾			台风灾			低温冻害		
	受灾	成灾	绝收	受灾	成灾	绝收	受灾	成灾	绝收	受灾	成灾	绝收	受灾	成灾	绝收	受灾	成灾	绝收
2011	1 317	199	39	687	21	3	396	122	30	89	23	5				145	33	
2012	1 153	556	59	616	276	22	290	171	17	22	13	1	1	1		223	95	20
2013	1 770	510	138	1 165	234	118	317	195	11	39	10	4	249	71	5	0	0	0
2014	641	250	22	283	60	17	269	150	5	10	7		41	11		38	23	1
2015	967	556	149				691	442	133	119	44	7	58	14	2	99	57	8

数据来源：中国农业年鉴

二、生物灾害

（一）生物灾害发生种类

农业生物灾害有本土常发性、迁徙性有害生物，主要有植物病害、植物虫害、草害、鼠害等。我国是世界上农作物病、虫、草、鼠等生物灾害发生十分严重的国家之一，据全国农技中心研究确认我国有害生物种类数量共有 3 238 种，其中病害 599 种，害虫 1 929 种，杂草 644 种，害鼠 66 种。常年发生的农业有害生物达 1 700 多种，其中，可造成严重危害的有 100 多种，有 53 种属全球 100 种最具危害性的有害生物。安徽地区农作物主要危害性病虫害种类有 200 多种，包括植物病虫草鼠害、畜禽及鱼（蚌）疫病等灾害，其中病虫害占 70% 左右。

（二）生物灾害对安徽农业的影响

安徽省农作物病虫害年发生面积在 660 多万公顷，除挽回损失外，每年实际损失粮食 2.5 亿～5 亿 kg，棉花 0.75 万～2 万 t。20 世纪 80 年代后，病虫害呈加重的趋势。同时草鼠害也日趋严重。1989 年，全省草害面积达 297.3 万 hm²（次），实际损失粮食 1.5 亿 kg；鼠害 65.5 万 hm²，实际损失粮食近 1 亿 kg。

"十二五"期间，安徽省病虫草鼠害年均发生面积 18 525 千 hm²。除各种农作物病虫害外，草害、鼠害等生物灾害（占农作物生物灾害总面积的 30% 左右）也成为影响农作物生长和收成的重要因素，其中，又以草害为重，全省危害农作物生长的杂草达 500 多种。2011—2015 年安徽省农作物病、虫、草、鼠害发生面积和实际损失见表1-4。

表1-4　2011—2015 年安徽省农作物病、虫、草、鼠害发生面积和实际损失

年份	发生面积（千 hm²）			实际损失（t）			
	病、虫害	草害	鼠害	粮食	棉花	油料	其他
2011	17 590	5 684	652	1 314 690	25 508	52 838	506 339
2012	20 622	5 719	629	1 584 312	18 456	164 198	9 106
2013	17 467	5 826	607	1 160 489	12 074	48 355	7 223
2014	17 781	5 836	654	1 453 138	10 279	62 782	10 665
2015	19 165	5 750	612	1 842 359	6 239	48 141	224 334

数据来源：中国农业年鉴

三、地质环境灾害

（一）地质环境灾害发生种类

安徽地处华北、扬子断块和秦岭大别山断褶区三个大地构造单元的接壤地带，地形多样，水系发育，地质条件复杂，加上气候因素及人类经济活动的影响，容易引发地面塌陷、地面沉降、湖岸崩塌、滑坡、泥石流、地裂缝、瓦斯爆炸等各种地质灾害。气候因素是地质灾害最主要的诱发因素，强日照、大风、温差骤变加速了地表岩层的风化，冰雪融化、暴雨引发的山洪携砂带石极易构成泥石流和滑坡，而台风等又是强降水的主要诱因。在暴雨、大风等气候因素的作用下，地质灾害的发生概率和频率增加。

安徽省全年各个月份均有地质灾害发生，其中 5—9 月是多发期，可达全年灾次的90%，而 7—8 月是地质灾害最集中的月份。长江（安徽段）两岸因夏季洪水易发生堤岸崩塌。沿江、沿淮和淮北因过度开采深层地下水和矿山排水，易发生地面塌陷。皖南山区和大别山区因地形切割强烈，山高坡陡，层状岩体以及风化岩体发育，雨量充沛，易发生崩塌、滑坡、泥石流等。

（二）地质环境灾害对安徽的影响

安徽破坏性地震大都发生在霍山、六安和淮河中下游地区。仅 1999 年全省就发生各类地质灾害 4 000 余处（起），2000 年 1—10 月全省共发生各类地质灾害 3 600 余起，随着人类工程—经济活动的加剧，自然生态环境遭到严重破坏，地质灾害呈现愈来愈严重之态势。一般表现为山崩、滑坡、塌陷、地裂缝和泥石流，主要分布在山区、矿区以及山区与平原的接壤地带。

由气候冷暖和降水丰枯的剧烈变化引起的地质灾害几乎年年有，而在地震高潮期的影响下其规模明显增大。

山崩、滑坡、塌陷和泥石流等地质灾害造成的水土流失使大量的土地资源被蚕食、农用耕地减少,使土壤本身的保水能力降低,大量氮、磷、钾营养物质被带走;造成的江河岸塌,破坏了堤防、农田、农舍等。2004—2009 年,全省发生崩塌、滑坡、泥石流、地面塌陷等类地质灾害共 10 358次;其中以崩塌发生最多,6 年共 7 575次,占灾害总数的 73%;滑坡是安徽省第二大地质灾害,6 年共发生 2 328次,占灾害总数的 22%;2005 年是地质灾害发生最频繁的年份,各类地质灾害共 8 320次。黄山、六安、安庆、宣城、池州是地质灾害高发地区,尤其是六安、安庆和黄山地区;6 年共伤亡 69 人,其中 51 人死亡,1 人失踪,直接经济损失共达 12.26 亿元。2008—2016 年安徽省地质灾害发生及损失统计见表1-5。

表1-5 2008—2016 年安徽省地质灾害发生及损失统计

年份	发生次数 (次)	滑坡 (次)	崩塌 (次)	人员伤亡 (人)	死亡人数 (人)	直接经济损失 (万元)
2008	556	247	285	3	2	8 753.2
2009	349	116	216	8	2	2 179.3
2010	338	143	164	12	6	2 536.3
2011	175	102	60	2	2	1 569.6
2012	350	170	157	5	3	4 601.3
2013	261	147	108	2	1	2 247.8
2014	126	49	70			590.4
2015	616	312	272	2	1	13 679.3
2016	724	386	308			4 616.4

数据来源:安徽统计年鉴

第四节 农业防灾减灾原则

农业防灾减灾为系统工程,其灾害的空间分布、地域组合与自然和社会经济环境的区域差异密切相关。必须以防为主,防灾、减灾、救灾相结合,逐步形成了以"组织协调、救灾预案、物资储备、监测评估"为框架的自然灾害救助体系,从减少灾害损失向减轻灾害风险转变,最大程度地减轻自然灾害损失,保护农业生产(图1-1)。基本原则:①以人为本,切实保障人民群众的生命财产安全;②以防为主、防抗救相结合;③综合减灾,统筹抵御各种自然灾害;④分级负责,属地管理为主;⑤党委领导、政府主导、社会力量和市场机制广泛参与。

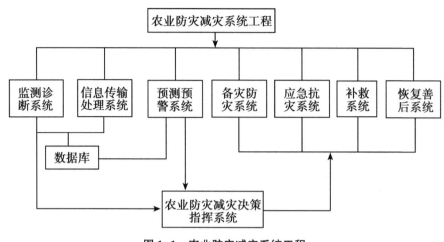

图 1-1　农业防灾减灾系统工程

一、防　灾

加强农业灾害预测预报，制定减灾规划和应急预案，实施各种防治工程等。建立农业自然灾害综合监测预报与管理网络体系，加强农业气象灾害和作物病虫害的监测预报，提高区域整体的防范功能。建立健全与灾害特征相适应的预警信息发布制度，明确发布流程和责任权限。

二、减　灾

制定农业防灾减灾救灾信息传递与共享技术标准体系，加强跨部门业务协同和互联互通，建设涵盖主要涉灾部门的自然灾害大数据和灾害管理综合信息平台，实现各种灾害风险隐患、预警、灾情以及救灾工作动态等信息共享。建立完善灾害损失评估的联动和共享机制。

三、救　灾

统筹协调防灾减灾救灾科技资源和力量，充分发挥农业专家学者的决策支撑作用，加强防灾减灾救灾人才培养，建立防灾减灾救灾高端智库，完善专家咨询制度。明确常态减灾和非常态救灾科技支撑工作模式，建立科技支撑防灾减灾救灾工作的政策措施和长效机制。加强基础理论研究和关键技术研发，着力揭示重大自然灾害及灾害链的孕育、发生、发展、演变规律，分析致灾成因机理。加强科技条件平台建设，发挥现代科技作用，提高重大自然灾害防范的科学决策水平和应急能力。

第五节 农业灾害防御对策

在农业生产系统中，调整种植制度与作物品种布局、改良农艺技术、培育抗灾品种、施用化肥农药、灾后救济与保险理赔以及灾害监测、预测、预警、备灾、编制预案等都是有效的防灾减灾行动。

一、农艺技术

农艺是指农作物生产的技术与原理。农业生产中以农艺技术涉及内容与环节最多，包括作物栽培、育种、耕作、施肥、病虫害防治、灌溉和排水等，几乎涵盖了作物生产的全过程。通过调整作物与品种布局、群体大小、营养生长与生殖生长的关系，补充水分和养分等农艺技术措施，可以增强作物的适应能力；通过灌溉、排水、耕作改土、防治病虫害等农艺技术措施，可改良作物的局部环境。科学应用农艺技术是最基本的农业防灾减灾措施。

安徽省在农业有害生物防控中，倡导综合利用农艺措施、生态调控技术、物理防治技术、生物防治技术，适当应用高效低毒化学农药及信息技术等，有效地控制农业有害生物的危害，减少化学农药的投入，降低农药对人类、环境和产品的污染，提高农产品的质量。

二、高新技术

遥感技术（RS）、地理信息系统技术（GIS）和全球定位系统技术（GPS）等高新技术的发展为农业灾害监测与预测提供了新的途径。以"3S"技术为基础的农业灾害监测与预测可将灾害发生过程的特征信息通过传感器转化为数字化信息，自动采集或汇集，数字化传输，数据库存储并提供使用，具有数字化、自动化和网络化的功能，已成为我国农业灾害监测与预警技术研究发展的重点。

（一）农业灾害监测

农业灾害监测是指人们在农业灾害孕育、发生、发展、衰减过程中直至灾后对其征兆、灾害现象及灾害后效进行的观察，即以科学技术方法，收集灾害风险源、风险区域、农业重要防护目标和基础设施等生产或运行的动态状况及其时空分布等有关信息，对可能引起灾害事件的各种因素进行监测，收集有关风险发生的信息，及时掌握风险和灾害事件变化的第一手资料。通过对灾害现象及相关因素进行观察，获得大量的灾情信息，可为开展灾害预警预测、制定减灾决策、研究灾害规律提供重要依据。

安徽地区农业灾害的种类繁多，短时间内难以做到对所有灾害种类进行监测，应尽可能选择对农业生产影响危害较大的主要灾种及其相关因素进行重点监测和跟踪监测。

对于不确定或大面积发生的农业灾害，可通过地面点的监测和面上的监测相结合的方法来了解灾害发生的总体情况。因此，农业灾害监测在对象、方法、站点等选择上需满足科学性、可监测性、准确性、灵敏性和效益性。

以"3S"技术为基础的农业灾害监测，以其快速准确的明显优点，已成为安徽省农业灾害监测技术研究与应用的重点。安徽省的气象观测、农情调度、地质灾害监测、地震监测台网等网络体系基本建成。

（二）农业灾害预测

根据过去和现在的灾害及致灾因素的数据，运用科学的方法和逻辑推理，对未来灾害的形成、演变和发展趋势进行的估计和推测，是制订减轻灾害的先导性措施和灾害防御及救援计划的依据。农业灾害的形成、发展及其时空分布是有一定规律的并与各种自然因素和社会因素相互影响，运用与农业灾害相关的各门科学的理论和方法，对灾害监测资料进行分析，找出其内在联系，就能够对农业灾害的未来发展趋势进行预测。预测的内容主要是灾害种类及灾害三要素（灾害发生时间、地点及强度）。农业灾害预测按预测有效时段可分为超长期预测、长期预测、中期预测（预报）、短期预测（预报）、临灾预测（预警）等。

农业灾害的预测方法主要包括相关分析法、趋势外推法、周期分析法、概率法、灾害触发条件推断法、农业生物抗逆性评定法、计算机智能模拟法等。

近年来，安徽省农业委员会根据有关部门的预测，发出《农作物重大病虫害防控技术方案》《农业面源污染防治工作要点》等。借力科研机构加强基础理论和关键技术研发，着力揭示农业生物、气象、地质等灾害及灾害链的孕育、发生、演变、时空分布等规律和致灾机理，推进"互联网+"、大数据、物联网、云计算、遥感、导航定位、移动通信等新理念新技术新方法的应用。加强农业灾害早期预警、风险信息共享与发布能力，应用大数据理念，融采集、共享、服务、查询、应用于一体，建立面向社会组织和公众的综合灾情和救灾信息资源共享平台。

三、农业灾害风险控制

（一）农业灾害风险因素

农业风险具有风险单位大，区域性、伴生性、风险事故与风险损失的非一致性，农业灾害发生频率高且损失规模较大等突出特点。农业自然灾害具有种类多、范围广、频率高、群发性和诱发其他灾害等特征，造成的危害十分严重。安徽地区农业灾害自然风险源有气象异常、地质土壤、有害生物、天文因素等，气象灾害是安徽农业生产中最常见和发生最频繁的灾害。不合理的人类活动对生态环境的破坏也可以加剧农业自然灾害的发生和危害，大量生产和使用人造化学物质造成的环境污染等也都带来了许多农业灾害的风险源。

（二）农业灾害风险分析

通过风险分析的手段或观察外表法，对尚未发生的农业灾害致灾因子强度和受灾程度进行评定和判断。评定是根据致灾因子强度和承载体脆弱性推断出受灾程度。目前，农业灾害风险分析方法主要有风险概率统计分析和风险评价指数分析。通过风险分析建立灾害风险评估模型，揭示所观察到风险的原因、影响和程度并提出和考察备选方案。

（三）农业灾害风险决策

农业灾害风险决策是指利用风险辨识、风险估算和风险评价的结果，提出减少风险、趋利避害的方针和举措。通过选择最优生产方案对农业进行灾害风险区划，可为管理者提供重要的决策依据，是稳定和提高农业参量的重要途径。

农业灾害的风险决策可以概括为控制型决策和财务型决策。控制型决策是指在农业灾害损失发生之前实施各种对策以减轻农业灾害损失，力求消除各种隐患，削弱引起农业灾害风险的因素，防患于未然，如及时地人工降水和灌溉以减轻旱情。财务型决策是根据农业灾害发生后造成的损失给予补偿的各种手段，包括风险自留和转移，如各种农业保险。

第六节　安徽省农业防灾减灾进展

近年来，安徽省委、省政府把防灾、减灾、救灾作为保障经济社会发展的重要工作来抓，确立了以防为主、防抗救相结合的工作方针，使综合防灾、减灾、救灾能力得到全面提升。

一、健全管理体制，细化规章政策

逐步完善了"政府统一领导、部门分工负责、社会共同参与、属地管理为主"的防灾减灾管理体制和协调机制。先后修订和颁布了《安徽省防震减灾条例》（2012）、《安徽省森林防火办法》（2013 年）、《安徽省地质灾害易发区农村村民建房管理规定》（2014）、《安徽省气候资源开发利用和保护条例》（2014）、《安徽省自然灾害救助办法》（2015 年）等规章，依法应对灾害观念明显增强。

二、完善预警体系，加大应急救助投入

气象灾害、湖河水位、城市内涝、山洪地质灾害、地震灾害、农业病虫害灾害、森林火灾、野生动物疫病等预警体系覆盖城乡，形成了灾害监测预警、风险评估、应急处置等机构和平台，遥感、卫星导航与通信广播等技术在应对重特大自然灾害中发挥了重要作用。"十二五"时期，安徽省各级财政累计投入自然灾害生活补助资金 21.27 亿元、山丘陵区防洪能力建设资金 5.5 亿元、抗旱规划实施经费 4.73 亿元、农业生产救灾资金近 2 亿元、地质灾害防治资金 11.1 亿元、基层气象台站建设资金 4.65 亿元，灾害救助能力明显提升。

2011—2015 年安徽省农作物病、虫、草、鼠害发生面积、防治面积和实际损失见表1-6。2008—2016 年安徽省地质灾害及防治统计见表1-7。

表1-6 2011—2015 年安徽省农作物病、虫、草、鼠害发生面积、防治面积和实际损失

年份	发生面积（千 hm²）	防治面积（千 hm²）	挽回损失（t）			
			粮食	棉花	油料	其他
2011	24 025	29 591	5 262 482	88 750	196 893	1 752 900
2012	27 067	34 601	6 800 646	67 066	880 331	73 795
2013	29 999	41 108	5 662 195	43 546	216 282	51 126
2014	24 404	34 553	6 602 272	37 784	211 686	66 723
2015	25 669	35 680	6 899 062	24 319	189 056	1 212 983

数据来源：中国农业年鉴

表1-7 2008—2016 年安徽省地质灾害及防治统计

年份	发生次数（次）	地质灾害防治项目（个）	地质灾害防治投资（万元）
2008	556	164	14 813.7
2009	349	156	12 252.8
2010	338	189	11 352
2011	175	338	27 288
2012	350	652	25 200.8
2013	261	624	29 280.2
2014	126	537	21 936.9
2015	616	492	14 205.5
2016	724	982	25 294.9

数据来源：安徽统计年鉴

参考文献

安徽省统计局，国家统计局安徽调查 . 2008—2017. 安徽统计年鉴［M］. 北京：中国统计出版社.

陈娟，陈磊，吕凯，等 . 2015. 安徽省农业灾害情况及防灾减灾对策分析［J］. 中国农学通报，31（8）：212-217.

方文红 . 2016. 安徽省农业防灾减灾若干问题思考［J］. 安徽农学通报，22（6）：10，173.

郭建平 . 2016. 农业气象灾害监测预测技术研究进展［J］. 应用气象学报，27（5）：620-630.

黄健敏，吴泊人 . 2010. 安徽省 2004—2009 年地质灾害统计分析［J］. 安徽地质，20（4）：306-310.

雷刘功，袁惠民 . 2012—2016. 中国农业年鉴［M］. 北京：中国农业出版社.

李世奎 . 1999. 中国农业灾害风险评价与对策［M］. 北京：气象出版社.

刘升平 . 2012. 基于 GIS 的农业自然灾害区域影响分析方法研究 ［D］. 北京：中国农业科学院.

舒龙雨 . 2013. 地质灾害对区域农业生产系统的影响机理及灾后恢复力研究 ［D］. 湘潭：湖南科技大学.

汪志国 . 2006. 自然灾害重压下的乡村——以近代安徽为例 ［D］. 南京：南京农业大学.

王光宇 . 2008. 安徽省农业气象灾害粮食损失率评估 ［J］. 农业系统科学与综合研究，（3）：330-332.

王秀智 . 2005. 安徽省沿淮地区水环境治理和生态建设战略研究 ［A］. 中华环保联合会 . 首届九寨天堂国际环境论坛论文集 ［C］. 中华环保联合会 .

吴跃东，向钒，许国娥 . 2004. 安徽"两山一湖"地区的地质灾害与防治 ［J］. 灾害学，（4）：42-47.

余庆来 . 2013. 安徽省应对重大农业灾害的科技策略 ［J］. 安徽科技，（5）：28-29.

张鑫，李双应，周涛发 . 2003. 安徽省环境地质灾害现状及防治对策 ［J］. 合肥工业大学学报：社会科学版，（4）：15-21.

郑大玮，李茂松，霍治国 . 2013. 农业灾害与减灾对策 ［M］. 北京：中国农业大学出版社 .

郑大玮，张波 . 2000. 农业灾害学 ［M］. 北京：中国农业出版社 .

邹帆，鲁锐正 . 2011. 关于完善我国农业防灾减灾体系的探究 ［J］. 农业经济与管理，（1）：76-81，96.

第二章　安徽省主要农业灾害

第一节　农业气象灾害

农业气象灾害是一种自然灾害，一般是指农业生产过程中能够对农业生物与设施造成危害和经济损失的不利天气或气候条件的总称。农业生产的对象是有生命的植物、动物和微生物，光、温、水、气等气象要素是农业生物生存及其生产过程的必需因子，不同类型的农业生物对不同气象要素及其变幅的适应性、容忍度不同。当气象要素的变化适合农业生物正常生理活动的要求时，可以看作一种气候资源；当气象要素的变化超越生物正常生理活动的要求时，就成为一种胁迫。当胁迫严重到能造成显著经济损失时，就成为农业气象灾害。严重的农业气象灾害会对人类的经济活动产生很大影响，不仅会造成大幅减产和产品品质降低，甚至制约人类社会的进步和发展。

农业气象灾害对我国农业生产，尤其是对种植业、草地畜牧业、水产养殖业等影响显著。近年来受全球气候变化的影响，气象灾害导致的农业受灾面积、成灾率和经济损失呈加大趋势，已对国家粮食安全和农业可持续发展构成严重威胁。为了控制农业气象灾害的发生，减轻或避免灾害对农业生产的影响，有效地防御和克服农业气象灾害，必须不断地研究农业气象灾害的形成、规律、类型和地域分布。通过有目的改善农业气候生态环境，适应人类大规模的生产活动和经济活动，有助于建立良性循环的农业生态系统，积极开拓防灾抗灾的新途径，增强抗御灾害的能力，这对保证农业高产稳产具有重要的实际意义。

一、安徽农业气候概况

安徽省位于我国东部腹地，介于东经114°54′～119°31′、北纬29°41′～34°38′，南北长570 km，东西宽约450 km，面积13.92万 km²，占全国总面积的4%。

安徽省是我国主要的农业大省之一，现有耕地429.1万 hm²，其中水田185.76万 hm²，旱地243.35万 hm²。淮河以北耕地面积约占全省耕地面积的1/3，主要是旱区。粮食作物以小麦、甘薯、高粱为主，淮河沿岸洼地种植水稻。经济作物以棉花、烟草为主，麻类、油菜次之。北部的萧县、砀山是水果生产基地。淮河以南的耕地主要是水田。粮食作物以水稻为主，小麦次之。长江沿岸和巢湖地区是我国主要稻米产区之一。经济作物以油菜、棉花、麻类为主。安徽省是我国主要产茶省之一，茶园面积约 10 万 hm²，主要产地在皖西和皖南。森林资源较丰富，皖南黄山和皖西大别山区是主要林区，生产杉、松。大别山还盛产栓皮栎树，也是毛竹产地之一。林业产品有茶油、桐油、柏油、生漆。中药材有霍山石斛、滁县菊花、亳县白芍等。渔业也较发达，主要在长江沿岸，长江的刀鱼、螃蟹，蚌埠的蛤蜊，巢湖的银鱼，闻名省内外。

安徽省除西部大别山脉和南部黄山山脉地势较高外，其余大部分为海拔 400 m 以下的丘陵和平原。长江、淮河自西南向东北横贯其中，天然地将全省划分为淮北、江淮之间和江南三部分。淮北面积为 4.04 万 km²，大部分是平原；江淮之间面积为 4.89 万 km²，西部是大别山区，中部和东部为丘陵地带；江南面积为 3.09 万 km²，大部分为低山和丘陵，中部为黄山山脉，莲花峰海拔 1 860 m，是境内最高山峰（何彬方等，2007；何彬方等，2012）。综观全省，丘岗和中低山地面积 8.44 万 km²，占全省总面积的 60.7%；平原面积 4.35 万 km²，占全省总面积的 31%；水面和其他用地面积 1.11 万 km²，占全省总面积的 8%。安徽省可谓"六山一水三分田"，是一个地形地貌十分复杂的省份。

安徽省主要属长江、淮河流域，只有东南小部分地区属新安江流域。长江流经该省 416 km，淮河流经该省约 430 km，新安江在该省境内 159 km。第一大湖——巢湖，面积 778 km²。淮河因河床高、坡降小、支流多、周边地区夏季降水集中，易发洪水，而长江洪水的频率相对较小。

安徽省地处亚热带和暖温带的过渡地带，气候温和、雨量适中、光照充足，全年冬寒、夏热、春暖、秋凉，四季分明，季风明显。气温的时空分布随高度变化较为明显，有南部高、北部低、丘陵高、山区低的特点。降水量南部多于北部，山区多于平原、丘陵。初夏江淮地区多数年份有梅雨。全年降水量在 770～1 700 mm。夏季降水量占年降水量的 40%～60%。全年无霜期在 200～250 d。≥10 ℃ 的活动积温在 4 600～5 300 ℃。从气候角度看，全省气候条件优越，农业气候资源丰富，光、温、水同步，适宜各种粮食作物和经济作物的种植和生长。在中国气候区划中，淮河以北属温带半湿润季风气候，淮河以南属亚热带湿润季风气候。主要有以下气候特点。

（一）季风明显，四季分明

我国受季风影响的区域从大兴安岭北段直到南海群岛。安徽省地处中纬度地带，是季风气候非常明显的地区之一。冬季，在蒙古高压和阿留申低压的控制和影响下，常有来自北方的冷空气侵袭，天气寒冷，偏北风较多，雨雪较少。日平均气温低于 0 ℃ 的日数，全省大部为 20～50 d，喜凉作物可以安全越冬。夏季，大陆热低压形成，增温明显，同时，太平洋副热带高压达到鼎盛时期，全省盛行来自海洋的偏南气流，天气炎热，雨水充沛，光照充足，光、热、水条件配合良好，有利于喜温作物生长。春季是由冬转夏的过渡季节，气旋活动频繁，风向多变，对流性天气较多。秋季则是由夏转冬的过渡季节，东海洋面常有分裂小高压盘踞，偏东风较多。

全省各地四季分明，"春暖""夏炎""秋爽""冬寒"的气候明显。若按气候平均气温划分四季，平均气温<10 ℃为冬季，平均气温>22 ℃为夏季，平均气温在10～22 ℃为春、秋季。安徽各地四季分配大致是：春、秋各2个月，夏、冬各4个月，冬、夏长，春、秋短。因南北气候差异明显，淮北冬长于夏，江南则夏长于冬。季节的开始日期，春夏先南后北，秋冬先北后南，前后差5～15 d，春季差别最大，夏季差别最小。

（二）气候温和，雨量适中

全省年平均气温在14～17 ℃，属于温和气候型。冬季1月平均气温为1～4 ℃，夏季7月平均气温为28～29 ℃，年较差各地小于30 ℃，所以大陆性气候不明显。除少数年份外，一般寒冷期和酷热期较短促。全省年降水量在750～1 700 mm，有南多北少、山区多、平原丘陵少等特点。淮北年降水量一般在900 mm以下，江南、沿江西部和大别山区在1 200 mm以上，1 000 mm的等雨量线横贯江淮丘陵中部。山区降水一般随高度增加，黄山光明顶年平均雨量达2 300 mm。从全国降水量分布图上看，安徽省雨量比较适中，一般年份都能满足农作物生长发育的需要。

（三）春温多变，秋高气爽

春季4月、5月份是冬季风向夏季风转换的过渡时期，南北气流相互争雄，进退不定。锋面带南北移动，气旋活动频繁，天气气候变化无常，因此，时冷时暖、时雨时晴是安徽省春季气候的一大特色。春季气温上升不稳定，日际变化大，春温低于秋温，春雨多于秋雨。3—5月3个月降水量占全年降水量的20%～38%，自北而南增大。江南雨季来得早，全年雨量集中期在4—6月3个月，屯溪、祁门一带春雨甚至多于夏雨。春温低、春雨多，特别是长时间的低温连阴雨，对早稻及棉花等春播作物的苗期生长不利。秋季，除地面常有冷高压盘踞外，高空仍有副热带暖高压维持，大气层结构比较稳定，秋高气爽，晴好天气多。

秋季9—11月降水量只占全年降水量的15%～20%，南北差异不大。因此，安徽省各地常出现夹秋旱和秋旱。少数年份，在夏季风撤退和冬季风加强过程中，气旋、锋面带来的秋风秋雨对秋收、秋种不利。

（四）梅雨显著，夏雨集中

梅雨是长江中下游地区特有的天气气候。梅雨的形成和强弱与副热带高压、青藏高压、西南季风以及西风带长波等大尺度天气系统的活动有关。由于每年这些大尺度天气系统的强度、进退早迟和快慢等都不一样，每年梅雨到来的迟早、长短和雨量多寡差异很大。初夏梅雨的多少与旱涝灾害的关系极大。夏雨集中也是季风气候的特征之一。6—8月3个月的降水总量占全年33%～60%。沿江江南春夏雨量几乎相当，江淮之间夏雨占40%～50%，淮北大部占50%以上。每当我国东部主雨带（梅雨）推至淮河以北之后，安徽省大部便被夏日火炉——副热带高压所控制，天气酷热，经常发生35 ℃以上的高温天气。若以雨季为界，又可将夏季高温分为初夏高温和盛夏高温。5月、6月份为初夏高温，7月、8月份为盛夏高温。夏季是农作物生长的旺盛季节，需水量大。雨热同季对水稻等农作物生长十分有利。然而，无论是降水还是高温，时间过长或过于集中，也会发生旱涝灾害或热害。

二、农业气象灾害的特点

我国农业气象灾害具有发生种类多、频率高，持续时间长，多灾并发，突发性强，影响范围广和危害严重等特点。

（一）发生种类多

我国气候类型多样，农、林、牧、渔和多种经营的农业布局，既有分布在广大平原、盆地、谷地和丘陵的不同熟制种植业，也有分布在草原、草地不同种群的畜牧业，湖泊、海涂、浅海的养殖业，丘陵山地的多种经营和林业等，类别各异，品种繁多，承灾体众多。不同承灾体与不同气象致灾因子组合，形成多种多样的农业气象灾害；世界上几乎所有的农业气象灾害类型在我国均有发生。因温度引起的有低温冷害、霜冻、冻害（越冬作物和果树）、热带作物寒害和热害（含高温逼熟、灼伤）；降水多寡引起的有旱灾（含黑灾）、湿害、洪涝、雪灾和雹灾；风力引起的有大风、风蚀沙化等；几种气象因子的变化还可以构成一种综合性的农业气象灾害，如干热风、暴风雪、冷雨等。

（二）发生频率高

我国每年大约有 14 种气象灾害发生。干旱、洪涝、台风、低温、风雹等重大农业气象灾害几乎年年均有发生。平均每年发生干旱灾害 7.5 次、洪涝灾害 5.9 次、热带气旋灾害 7 次、冻害 2.9 次、干热风 1.5 次。由农业气象灾害造成的农作物受灾面积平均每年 5 000 万 hm^2/次，其中干旱和洪涝的受灾面积分居第一、二位。1950—1990 年的 41 年间，我国有 11 年发生特大干旱，发生频次为 27%。1991—2008 年的 18 年间，我国有 7 年发生特大干旱，发生频次为 38.9%（白玉洁等，2011）。

（三）持续时间长

同一种农业气象灾害常常连季、连年出现，尤其是农业干旱。例如，1951—1980 年华北地区出现春夏连旱或伏秋连旱共有 14 年。2003 年冬季至 2004 年春季，宁夏中部干旱区连续 170 多天无有效降水，2004 年秋季至 2005 年夏季出现冬春夏连旱，是近 60 年来罕见的特大干旱，严重影响农业生产，作物无法下种，下种的无法成活，农作物绝收，给当地农业生产和农民生活带来严重的影响。

（四）多灾并发

由于我国南北间热量条件、东西间水分条件差异巨大，同一季节农业生产类型存在着较大差别。多灾并发可表现为：同一时间不同地区间有多种农业气象灾害发生。如近 50 多年里夏季出现南涝北旱且华北发生较重干旱的有 7 年，分别是 1952 年、1968 年、1980 年、1997 年、1999 年、2001 年、2002 年（孙林海等，2003）；夏季降水的主要雨带集中在江南中部和东部以及华南北部地区，长江以北大范围少雨。同一极端灾害性天气可导致多种农业气象灾害并发。2008 年 1 月中旬至 2 月初，南方地区突发连续性大范围的低温雨雪冰冻灾害，极端最低气温和持续时间在许多地区都是有记录以来的同期最低值，大部地区为 50 年一遇，个别地区 100 年一遇，造成农作物冻害、寒害、机械损伤、低温寡照高湿、农田渍害等多种灾害并发。同时，由气象灾害引发或衍生的其他灾害，如山洪灾害、地质灾害、生物灾害、森林和草原火灾等，也常对农业生产和人民生命财产安全等构成严重威胁。

（五）突发性强

农业气象灾害的突发性是指当致灾因子的变化超过一定强度，就会在几天、几小时甚至几分、几秒内表现为灾害行为，形成突发性灾害。我国每年 3—5 月常有局地强降水以及冰雹、大风、龙卷风等强对流性天气发生，导致局地洪涝、雹灾、风灾等农业气象灾害的发生。1972 年 4 月 15—22 日，从辽宁到广东共有 16 个省、自治区的 350 多个县、市先后出现冰雹，部分地区出现 10 级以上大风以及龙卷风等灾害天气。

（六）影响范围广，危害严重

我国干旱、洪涝、低温、台风、冰雹等重大农业气象灾害具有影响范围广、危害严重的特点。例如，2000 年的严重干旱先后波及 20 多个省（市），造成的粮食损失占全部气象灾害造成粮食损失的 70% 以上。1991 年我国许多省份发生洪涝，其中江淮和太湖流域的暴雨洪涝灾害为百年罕见，全国洪涝受灾面积 2 459 万 hm^2，其中成灾面积 1 461 万 hm^2，绝收面积 321 万 hm^2，造成直接经济损失 779 亿元；1998 年的洪涝灾害影响全国 29 个省（市、区），以长江中下游和嫩江流域灾情最重。1993 年和 1998 年的低温灾害主要发生在江淮和江汉、江南、华北地区，农作物受灾面积分别为 471.8 万 hm^2 和 866.5 万 hm^2，成灾面积分别为 223.0 万和 310.3 万 hm^2，绝收面积分别为 50.0 万 hm^2 和 52.1 万 hm^2；1999 年则主要发生在华南和西南地区，全国有 662.7 万 hm^2 农作物遭受低温灾害。其中，成灾面积 269.0 万 hm^2，绝收面积 64.5 万 hm^2，造成直接经济损失超过 180 亿元。1996 年 7 月 31 日和 8 月 1 日，第 8 号台风先后在我国台湾和福建省登陆，然后继续西行、北上，共造成 10 多个省（市）受灾，700 多人死亡，直接经济损失超过 650 亿元；2006 年的"碧利斯"台风在福建登陆后深入内陆，给浙江、福建、江西、湖南、广东、广西壮族自治区（以下简称广西）6 个省、区造成重大损失，共造成 3 163.3 万人受灾，637 人死亡，210 人失踪，农作物受灾面积 131.2 万 hm^2，绝收面积 32.7 万 hm^2，直接经济损失 348.3 亿元，"碧利斯"造成的死亡人数为近 10 年来最多。

三、农业气象灾害的致灾因子分类

（一）致灾因子

农业气象灾害按致灾气象因子可分为单因子和综合因子两大类（图 2-1）。

由温度因子引起的农业气象灾害有冻害、霜冻、低温冷害、热带亚热带作物寒害和热害；由水分因子引起的有旱害、洪涝灾害、雪害和雹害；由风因子引起的灾害有风害。由气象因子综合作用引起的复合灾害有干热风、连阴雨、冷雨和冻涝害等。与气象上的概念不同，农业气象灾害都是针对农业生产遭受损失而言的。例如，干热风、寒露

$$\text{农业气象灾害}\begin{cases}\text{温度因子}\begin{cases}\text{低温危害:冻害、霜冻、冷害、寒害}\\\text{高温危害:高温逼熟、雨后暴热}\end{cases}\\\text{水分因子}\begin{cases}\text{水分不足:大气干旱、土壤干旱、作物干旱、草原黑灾}\\\text{水分过多:洪水、涝害、湿害、凌汛、冻涝、草原白灾}\end{cases}\\\text{光照因子}\begin{cases}\text{光照不足:阴害}\\\text{光照过强:灼伤和日烧病}\end{cases}\\\text{冰雪因子:雪类、冰凌、冻融、翻浆}\\\text{其他因子:冰雹、大风、雷电、雾灾}\\\text{综合因子:沙尘暴、连阴雨、干热风、焚风、台风、暴风雪}\end{cases}$$

图 2-1 农业气象灾害的致灾因子分类

风、"倒春寒"、冷雨等,在气象上是一种天气气候现象或过程,不一定造成灾害,但给农业生产造成损害的农业气象灾害。

不同致灾气象因子及其不同时间尺度造成的农业气象灾害不同,同一种气象因子引起的农业气象灾害因出现时间、地区及作物发育期不同,可以有不同的灾害名称。如低温冷害,在东北地区一般发生在6—8月,称东北冷害或"哑巴灾";在长江流域则主要发生在9—10月,称秋季低温或寒露风;发生在春季则称春寒或"倒春寒"。

(二)致灾危害

同一种农业气象灾害因发生时段、季节、危害机理和天气特点等差异,常常又分为若干类型。如低温冷害出现在同一作物的不同发育时段,常分为延迟型冷害、障碍型冷害和混合型冷害;霜冻分为辐射型、平流型和混合型,或分为秋霜冻和春霜冻等。不同类型的农业气象灾害还可以根据危害轻重程度划分为不同等级。

农业气象灾害以损伤危害生物内部生理机能为主,机械损伤为辅,有时二者兼而有之。出现在不同季节的各种类型的农业气象灾害对农业的危害形式也是不同的。夏秋季节的大风一方面使作物受到机械损害,另外使植物体各器官内部生理机能的正常活动受到抑制,严重的停止一切生理活动,植株逐渐枯萎死亡;有时大风(特别是台风)伴随的暴雨和海潮还导致洪涝灾害;冬季大风不仅伴随强烈降温,导致作物、果树的冻害和牲畜冻伤,且时有强暴风雪,往往造成牧区人畜伤亡,刮断电线影响工业交通等。农业气象灾害除直接造成危害之外,还会诱发病虫害,如干旱地区可能引起蝗虫大发生;雨水过多出现的湿害还会引起锈病的流行而加重损失,并能广泛蔓延到其他地区。

四、安徽省主要农业气象灾害

安徽省是农业气象灾害种类颇多、灾情严重、损失巨大的省份,特别是旱、涝、风、雹等灾害对农业生产影响最大。总的来说,旱涝灾害平均2~3年一遇,全省性的旱涝4~5年一遇。1949年以来共发生全省性干旱9次、严重水涝7次。其中,20世纪60年代干旱3次、洪涝1次,20世纪70年代干旱1次,20世纪80年代干旱1次、洪涝

1 次，20 世纪 90 年代以来较严重的干旱 1 次、洪涝 4 次。沿淮淮北旱涝的频率均大于其他地区，特别是淮河流域，平均 3.8 年就有一个降水异常年，所以是旱涝灾害频发区，平均每 3 年左右便发生一次旱灾或涝灾。淮河流域旱涝灾害还具有群发性特点，20 世纪 50 年代初至 60 年代中期的 12 年中 6 年发生旱涝异常；20 世纪 90 年代中期至 2003 年的短短几年内，发生多次旱涝异常，每次平均相隔不到 2 年。沿江江南干旱发生频率小于洪涝灾害。20 世纪 60 年代是各地旱涝灾害发生最为频繁的时期，20 世纪 80 年代以来旱涝灾害也有增多趋势，特别是涝灾增势明显。

（一）安徽省干旱灾害对农业生产的影响

1. 干旱灾害的概念

干旱是指在较长时间内因降水量严重不足，致使土壤因蒸发而水分亏损，河川流量减少，破坏正常的作物生长和人类活动的自然灾害。

按照干旱发生的自然状况及其对人类和社会经济的影响分类，干旱可分为四大类，即气象干旱、农业干旱、水文干旱和社会经济干旱。其中，农业干旱是干旱的重要分支，反映干旱缺水对农业的影响。农业干旱是指外界环境造成作物水分亏缺，影响正常生长发育而导致减产或绝收的一种农业气象灾害。农业干旱是一个复杂的过程，涉及土壤、作物、大气和人类对自然资源的利用等多个方面。造成作物缺水的原因很多，农业干旱可按其成因不同分为土壤干旱、大气干旱、生理干旱（葛勇，2017）。

（1）土壤干旱。由于土壤水分含量少，作物根系难以吸收到足够的水分补偿蒸腾消耗，使体内水分失去平衡而不能正常生长发育，影响各种生理生化过程而发生的危害。土壤干旱的发生频率最高，对作物的危害最大，也是最常见的干旱类型。

（2）大气干旱。由于大气蒸发力强，使植物蒸腾过快，根系吸收的水分不足以抵偿作物蒸腾消耗导致水分收支失衡而造成的危害。大气干旱发生时，即使土壤并不缺水，作物也同样会发生水分亏缺。干热风就是一种典型的大气干旱。

（3）生理干旱。由于土壤环境条件或植物生理状况不良，致使作物根系吸水困难，体内水分失调而造成的危害。如土壤含盐碱量过多、温度过高或过低、土壤水分饱和、含氧不足等，都会影响根系对水分的吸收。有时土壤并不缺水也能出现生理干旱，如作物被淹后根系缺氧，不能正常吸收水分，导致植株萎蔫；早春回暖使果树蒸腾失水加剧，但根系不能从未化冻土壤吸收水分，因而发生抽条；盐碱地常因幼苗根系渗透压低于土壤溶液而不能吸收水分。

值得注意的是，不同作物、品种，以及作物的不同生育时段对缺水的敏感度差异很大，因而灾害后果也明显不同。另外，是否发生农业干旱还取决于土壤水分状况和根系吸收能力，即使某个时期降水明显偏少，但如果深层土壤水分充足且根系健壮，也可以不发生农业干旱。

2. 干旱灾害指标

农业干旱指标是表征农业受旱程度的一种度量，国内外在干旱指标的研究方面已取得了一定的成果，但是罕见较完整表述农业干旱的综合指标。农业干旱对我国造成的损害较为严重，当前对农业干旱的研究仍旧是干旱领域中研究的热点，又是政府当前亟须解决的课题。

农业干旱的定义有很多种，不同专家有不同的定义，至今还没有一种统一的定义能被大家广泛接受。农业干旱是在一定生产力水平下多层次（大气、作物、土壤、水文、人类活动层）致旱因素相互作用于农业对象所造成的水分亏缺失调而导致作物减产。生产力水平可由抗旱能力体现。其造成的旱情可用农业干旱综合指标来表示。根据上述农业干旱的定义，分析农业干旱的主要影响因子，把影响农业干旱的主要因子分为 5 个层次：

（1）大气层。大气层的降水是地表水和地下水资源的主要来源，是水分盈亏平衡的主要供水项，是干旱的主要孕灾体，是引发干旱的主要层次。

（2）作物层。作物是农业承受干旱的主要对象，是农业干旱的承灾体。

（3）土壤层。土壤层是作物生长的根基，作物的水分直接从土壤水分中吸收，是干旱的孕灾体。

（4）水文层。水文层能为作物生长提供充足的水分，是农业干旱的孕灾体。

（5）人类活动层。在干旱孕灾体的背景下，人类活动有时会加重农业干旱的影响。

这五大层次对农业干旱的影响相互关联、至关重要。大气层的降水是农业水分供应的主要来源，降水多少对作物、土壤及水文层都有很大的影响。大气层的温度高低与作物旱情、土壤水分的含水量及水文层的水分变化都有直接或间接的联系。作物特性与土壤层、水文层及人类活动层都有很大的联系。

3. 干旱灾害时空分布

安徽省干旱灾害一年四季都可能发生。20 世纪 50 年代以来，安徽省农业干旱的受灾、成灾面积逐年增加。据历史资料分析，春旱，北多南少，沿江、江南很少出现春旱；淮北北部是全省最易出现严重春旱的地区，干旱的频率比夏旱还高。夏旱，山区和淮北北部较少，其他地区比较容易出现，但严重的夏旱以淮北南部、沿淮和江淮之间北部最多。秋旱，全省均易出现，相对而言，严重的秋旱在沿江江南和皖南山区最易出现。冬旱，淮北北部最易发生，沿江江南和江淮之间南部最少。

干旱主要对农作物直接造成影响，所以夏旱危害最大。夏旱主要是梅雨量偏少造成的，百年难遇的特大干旱与空梅或梅雨期特短、梅雨量异常偏少紧密相关。干旱常常出现季节连旱，如伏秋连旱、冬春连旱，甚至四季连旱。干旱还有数年连旱的严重情况。如 1966—1968 年，全省大部分地区连续 3 年严重干旱。20 世纪 60 年代全省干旱最频繁，进入 20 世纪 90 年代干旱有增加的趋势（胡家敏，2005）。全省旱年的机遇大部分地区为 2～3 年 1 遇，淮北北部为 2 年左右 1 遇，大别山区及江南东部为 3～4 年 1 遇，全省性严重干旱 5 年左右 1 遇。干旱发生频数比涝年大得多，除少数年份外，全省几乎年年都有发生干旱的地区。即使在大水年，如 1954 年、1991 年大水之后，也出现较严重的秋旱。

干旱造成的危害与作物的生长季节有密切关系，特别是在作物孕穗阶段出现的"卡脖子旱"危害较大。作物在孕穗期对水分最敏感，如果出现干旱，常使作物生殖器官发育不良，空粒显著增加，造成粮食大幅度减产。至于数月、数季乃至数年的连旱，江河水位下降，河湖库塘干涸，农业灌溉无水源可用，农田干裂，庄稼枯死，粮食、油料作物等大量减产。更严重者，农村人、畜饮水都发生困难，工业用水和城镇居民用水受限，还会带来一系列社会经济问题，其危害不亚于洪涝，全省发生的几次严重的干旱都造成巨大危害。

20世纪50年代以来，发生全省性的严重干旱年份主要有1966年、1978年、1994年等。例如，1978年，淮北是春旱、夏旱加冬旱；沿江江南是夏、秋、冬连旱；江淮之间是从春到冬全年连旱。

由于持续降水偏少、气温高、蒸发量大，各地除沿江、沿淮低洼地区外，不少地方河塘干涸，水源枯竭，大型水库均已见底，无水可放，长江水位大落，涵闸断流，大片农田干裂，秋季作物因断水大部枯死，水稻、棉花等作物因旱而大幅度减产，全省有相当大的一部分县市人、畜吃水极为困难（汪志国，2011）。

再如1994年，全省发生仅次于1978年的严重旱灾。淮北春夏连旱，全省的夏伏旱是20世纪50年代以来最严重的一年，秋季全省又出现了两段短时干旱。该年6月6日受华南雨带的影响，安徽省江南南部入梅，6月28日出梅。梅雨主要落在江南，而沿江、江淮之间主要受北方南下冷空气影响，为过程性降水，实属"空梅"。出梅后，各地降水稀少，高温酷暑，蒸发量大，土壤墒情急剧下降，江北地区旱情迅速发展，淮北地区尤为严重，至7月中旬初，全省受旱面积达273.3万 hm²，严重受旱面积为162万 hm²，死苗面积近6.7万 hm²。8月份，全省降水稀少，干旱持续发展。又如，2010年9月至2011年2月，沿淮、淮北干旱少雨，遭遇冬春特大干旱（50年一遇），小麦苗期灾情严重。再如2012年5月上旬开始，沿淮淮北气象干旱露头，至6月11日，沿淮淮北东部及西北部已达到重到特等气象干旱，截至7月30日，共有84个地市县发布了高温预警。长时间的晴热高温少雨造成六安、池州2市6县（区）发生旱灾，部分地区河流断流、塘堰干涸，水稻大面积受旱干枯，山区旱地作物受灾尤其严重。据六安、池州民政局初步统计，两市受灾人口74.6万人，其中，因旱饮水困难人口1.5万人，农作物受灾面积达4.6万 hm²，直接经济损失达1.11亿元（余庆来，2013）。

4. 干旱对植物危害的成因分析

水是植物体的重要组成部分，在植物的生命活动中有十分重要的生理作用。干旱危害农作物是因植物体内水分平衡遭到破坏所致。

作物主要通过根系从土壤中吸收水分，靠体内的输导系统把水输送到各个组织中，其中只有很少一部分用于构成新组织，绝大部分水都通过叶片蒸腾到空气中。植株体的水分状况取决于水分收入和支出部分的差异情况。如果土壤缺水，根系吸收的水分少，而叶片蒸腾的水分较多，植株体的水分收支便失去平衡，就会发生水分亏缺，造成干旱危害。同样，如果大气蒸发力大，蒸腾消耗的水分很多，而吸收的水分不足以补偿这种支出，作物也会发生水分亏缺。

当作物从土壤中吸收的水分不能满足其蒸腾消耗时,植株即会出现萎蔫现象。萎蔫现象有2种情况:一种是暂时萎蔫,即在白天由于蒸腾加剧,作物根系吸收水分的速度赶不上地上部分茎叶的蒸腾支出时而出现萎蔫现象,到了傍晚或夜间,不需要浇水,由于根系吸收水分量超过叶片蒸腾量,植株便自行恢复到正常状态。另一种是永久萎蔫,即作物终日凋萎,无力自行恢复到正常状态。发生永久萎蔫时,土壤含水量降到凋萎湿度以下,根系的吸水机能遭到破坏,即使迅速浇水,根系的吸水机能也不能很快恢复,往往要经数天之后才能长出新根毛,恢复吸水能力。如无水浇灌,则将导致作物枯死。萎蔫,特别是永久萎蔫会对作物造成一系列危害(葛勇,2017)。

(1)作物生长受到抑制。生长受到抑制是作物遭受干旱胁迫所产生的最明显的生理效应。在干旱胁迫条件下,作物生长形态在细胞、器官、个体和群体等各个水平上都会出现相应的变化。干旱胁迫导致细胞脱水,原生质向内收敛,细胞的延伸生长受到抑制。在干旱胁迫下,作物幼叶向老叶夺水,促使老叶枯萎死亡。蒸腾速率高的功能叶向分生组织和其他幼嫩组织夺水,使一些幼嫩组织失水,造成作物发育不良。干旱胁迫使作物分配到根的生物量、功能根的数量和长度增加。

适度的干旱胁迫可以改善根系的形态,增加分枝次(级)数以及深层根数量和长度,提高根系活力,使作物更加充分地利用土壤水分。严重干旱胁迫会导致作物次生根数量减少,影响根毛发育。

(2)降低光合作用,加强呼吸作用。干旱胁迫对植物光合作用的影响比较复杂,不仅会降低光合速率,而且会抑制光合作用光反应中的原初光能转换、电子传递、光合磷酸化和光合作用暗反应过程,最终导致光合作用下降。

干旱胁迫抑制叶片伸展,引起气孔导度降低或关闭,减少二氧化碳摄取量,增加叶肉细胞阻力,降低光合作用过程中相关酶的活性,破坏叶绿素结构和降低叶绿素含量等,最终影响 CO_2 的固定还原和光合同化能力,使光合作用减弱,光合速率下降。干旱胁迫还使不饱和脂肪酸含量降低、饱和脂肪酸含量升高,从而影响细胞膜的光合特性,使同化合成产物减少。

一般认为,光合速率的高低取决于气孔和非气孔因素的限制。轻度干旱胁迫下,光合作用下降的主要原因是气孔调节引起 CO_2 亏缺;重度干旱胁迫下,光合作用下降的主要原因是叶肉细胞或叶绿体等光合器官的光化学活性下降引起光合作用受阻。

光合速率下降主要与叶绿体功能障碍有关,叶绿体对缺水最为敏感。水分亏缺会严重阻碍叶绿体分化,使叶绿体含水量和细胞体积变化,并使叶绿体膜或类囊体膜发生断裂,叶绿体核糖体和淀粉粒消失,最终使类囊体膜降解。缺水使作物细胞内的自由基或活性氧含量增加,从而引起叶绿体超微结构损伤,叶绿素降低,光合酶活性降低和光合系统 Q(PS Ⅱ)活性降低,进而导致整个电子传递活性降低。

呼吸作用提供作物生命活动所需要的能量,同时其中间产物又是合成多种重要有机物质的原料。作物在干旱胁迫下合成有机渗透物质、适应或抵抗胁迫等一系列过程都需要消耗大量能量。因此,干旱胁迫首先导致作物呼吸作用加强,使氧化磷酸化和光合磷酸化解偶联，能量多以热的形式被消耗，而后随时间的延长而减弱。由于严重干旱胁迫条件下磷代谢遭到破坏，酸溶性有机磷化合物减少，作物无效呼吸增多，从而影响正常的生物合成过程。由于有氧呼吸受到抑制，造成大量有毒物质积累，如乙醇、乙醛等对植物造成危害。干旱胁迫引起植物呼吸变化的模式与植物种类、器官和年龄有关，即使是同一植物的不同器官在干旱胁迫条件下呼吸变化的模式也不一样，呼吸变化程度随干旱胁迫程度和历时不同而异。

（3）活性氧对植物的氧化伤害。在正常生长环境条件下，植物细胞内活性氧自由基的产生与清除总是处于动态平衡状态，当植物受到环境胁迫时，这种平衡就会被破坏，致使活性氧自由基大量积累，对植物造成伤害。干旱胁迫下对植物的伤害由细胞内活性氧自由基的产生与清除的不平衡所致，从而损伤膜的结构和抑制酶的活性，导致细胞因氧化胁迫而受伤害。膜系统先受活性氧的袭击，对胁迫敏感的磷脂和脂肪酸先受损，导致生物膜中脂质的过氧化，使膜上孔隙变大，通透性增加，离子大量渗漏，引起叶绿素蛋白质复合体结合松弛，叶绿素含量明显降低，严重时会导致植物死亡。

膜脂发生过氧化作用或膜脂脱脂作用形成丙二醛（MDA），破坏了膜结构。MDA对细胞质膜和细胞中的许多生物功能分子均有很强的破坏作用。它能与膜上蛋白质的氨基酸残基或核酸反应生成希夫（Shiff）碱，降低膜的稳定性，加大膜透性，促进膜的渗漏，使细胞器膜的结构、功能紊乱，严重时导致细胞死亡。因此，MDA的增加既是细胞质膜受损的结果，也是伤害的原因之一。

（4）物质、能量代谢失调。水分亏缺引起细胞内容物浓度增加，pH值改变，各部分膜分隔的区域化结构减弱甚至破坏。细胞内环境的改变以及活性氧都使多种水解酶活性提高，因此，水分亏缺时酶活性的总体变化是水解酶类活性加强而合成酶类的活性降低，从而导致物质代谢失调。在不同程度的干旱胁迫初期，物质运输速率会急速加强，只有持续干旱才会对物质运输起到抑制作用。此外，干旱胁迫还直接影响作物的多胺代谢。

水分亏缺导致氧化磷酸化和光合磷酸化解偶联，不能形成三磷酸腺苷（ATP），转而形成高能活性氧，这使正常的物质代谢（合成、分解）不能正常进行，物质能量代谢失调并构成恶性循环。同时，在水分亏缺下，激素平衡被破坏，脱落酸（ABA）和乙烯大量增加，生长素、赤霉素和细胞分裂素明显减少，抑制了生长，促进了脱落和衰老（于景华等，2006）。

（5）氮代谢紊乱。中度水分亏缺下，由于蛋白质和肽水解酶活性增强导致蛋白质水解大于合成，硝酸还原酶活性降低导致根系吸收氮能力降低，亚硝酸还原酶活性降低影响蛋白质合成，ATP合成减少也使蛋白质合成能力降低，因此，叶片蛋白质含量下降。氮代谢紊乱造成氨和腐胺积累，对植物造成很大的危害。

另外，干旱缺水还影响豆科作物的固氮作用，首先，影响与豆科作物共生的根瘤菌，并直接影响根瘤形态结构和固氮酶的活性。

（6）营养失调。水分亏缺使土壤中离子向根的运输转慢，根系活力下降也使根系吸收能力降低，蒸腾降低影响离子在植物体内的运输也影响离子的吸收。有机营养则由于分解加强而合成降低，物质消耗增加，造成碳水化合物的亏缺。膜选择透性的破坏会使细胞内物质外渗和泄漏，对根系营养的影响更大。

5. 干旱灾害影响

（1）对水稻的影响。稻是沼泽植物，抗旱能力很弱。当土壤缺水时，白天叶尖凋萎下垂，到夜间仍能恢复，这是开始受到旱害的症状。土壤水分进一步减少，田面出现大龟裂，稻叶白天凋萎，夜间也不能恢复，表明旱害加重。土壤水分继续减少，植株逐渐变成黑褐色，直至枯死。受旱植株的根系不发达，根的数量少，并有大量根毛，支根多，呈铁锈色。当土壤含水量降到田间持水量的60%以下时，稻的生长发育就要受到影响，土壤含水量降到田间持水量的40%以下时，叶尖吐水停止，产量剧减；土壤含水量降到30%以下时，稻叶开始凋萎；土壤含水量生殖生长再降至20%时，则一天内稻叶都卷成针状，并从叶尖开始逐渐干枯。不同生育阶段，干旱造成的损失是不一样的，稻生殖生长期受影响最大，移栽期其次，分蘖期最小。在移栽期，秧苗成活的下限土壤含水量是田间持水量的35%，达到40%～45%时要到移栽后第10天才能长出新根而成活；达到60%时第4天就能长出新根。分蘖期干旱，生长受到抑制，甚至一部分叶片受旱枯死，但只要干旱持续时间不长，一旦有了水，仍能很快恢复生长，对产量的影响比较小。在生殖生长期，干旱造成的危害是无法消除的，所以损失比较大。在这个时期中，对干旱最敏感的是孕穗期，更精确地说是在花粉母细胞减数分裂期到花粉形成期。这个时期由于配子体的发育，新陈代谢旺盛，叶面积大，光合作用强，蒸腾量大，是水稻一生中需水的临界期。此时受旱，就会严重影响光合作用和对矿质养分的吸收，影响有机物质的合成和运输，引起大量颖花形态败育和生理败育，形态败育减少了总颖花数，生理败育使花粉粒发育不全、畸形，抽穗后不能受精而使稻粒成为空壳。抽穗开花期发生干旱，会影响抽穗，造成包颈，或抽出的穗不舒展，开花不顺利，花粉生活力下降，甚至干枯死亡，或不能正常进行授粉，致使结实率降低，空壳率增加；从开花到成熟期发生干旱，主要是破坏了有机物质向穗部的运输，使叶片的光合作用产物和叶鞘、茎秆中的贮藏物质向穗部运输困难，有些谷粒过早地停止灌浆而成为瘪粒。干旱使根系吸收水分和养分的数量大为减少，矿质营养的运输无法正常进行，同时功能叶寿命缩短，过早枯黄，造成粒重降低，产量减少。

安徽省水稻种植地区经常遭受干旱的危害。在丘陵地区种稻，没有灌溉设施的全靠自然降水，俗称"望天田"，遇干旱年份，只有望天兴叹。在不能保证灌溉的一季中稻区，遇到伏旱往往要造成严重减产。

（2）对小麦的影响。安徽省小麦种植地区和生长季的降水量年际变化大，季节分配不均，常常有干旱发生。主要麦区为秋播、初夏收，生育期处在少雨季节，干旱是生产上的一个主要灾害。小麦各生育阶段发生干旱的指标是：播种时土壤水分低于田间最大持水量的50%，出苗就要受到影响。土壤湿度越小，出苗率越低，播种到出苗间隔的时间越长。在砂壤土中，土壤湿度在6%～7%时有一部分种子能够出苗，但出苗率很低。

分蘖期土壤缺水，小麦从土壤中吸收的养分减少，光合作用减弱，分蘖数就减少。当沙壤土的土壤湿度降到10%时，分蘖数比适宜温度下减少38%。越冬期间，干旱是引起死苗的一个重要因素。特别是冬季气温多变的年份，在遇到回暖后强冷空气侵入的天气时，因为土壤干旱，回暖时土温可以升到0℃以上，冷空气进入后又急剧降温，温度变幅很大，容易引起伤害以至造成死苗。返青后温度迅速回升，小麦需水增多，土壤缺水会抑制春季分蘖的形成。土壤湿度降到10%时，分蘖数比对照减少58%。与冬前相比，春季干旱对分蘖的影响更大。拔节期，小麦需水增多，对缺水比较敏感。缺水越严重，分蘖的死亡就越多，有效分蘖越少。土壤湿度为18%时，如果有效分蘖为3.8个，土壤湿度为15%时则降到2.3个，土壤湿度为10%时只有0.25个，土壤湿度为8%时就没有分蘖成穗，有效分蘖为0。小麦的小穗分化是在拔节前10 d左右开始的，所以拔节前缺水会使小穗数减少，将来抽出的穗就比较短。拔节后开始小花分化，缺水会减少每个小穗的小花数。拔节期又是植株迅速生长时期，缺水使植株显著矮化。孕穗期是性细胞形成期，干旱会使花粉发育不良，影响结实率。发育良好的花粉和胚珠能否正常受精而发育成籽粒，还要看抽穗开花期的环境条件。此时严重干旱，会使有些穗难以抽出，花不能顺利开放，花粉失去活力，从而大大降低结实率。此时植株达到最高，叶面积最大，代谢旺盛，蒸腾强烈，对缺水最为敏感。土壤湿度小于田间最大持水量的70%时，对正常的开花结实就有不利影响。拔节—抽穗期干旱对产量影响最大，其后即便旱象解除，土壤水分供应充足，穗数、粒数也已固定，造成的损失已无法挽回，所以把这个时期称为"需水临界期"。灌浆期干旱，气孔张开度减小，光合作用减弱，制造的有机物质减少，最终表现为减产。在轻度和中度干旱的情况下，输导组织并不发生障碍，常常观测到灌浆速率加快的现象。在严重干旱的恶劣条件下，物质的运转受到干扰，光合作用产物和植株其他器官存贮的物质向籽粒的运输大大减慢，导致粒重降低。干旱持续的时间越长，对灌浆的影响越大。干旱发生在灌浆盛期，对粒重的影响较大；发生在蜡热期和完熟期，影响较小（葛勇，2017）。

干旱还影响小麦的发育速率。在抽穗前，干旱会引起发育延迟，使拔节、抽穗期推迟。旱情越严重，推迟越多，但是抽穗以后干旱有加速成熟的作用。在严重干旱的情况下，小麦明显提早成熟，虽然成熟不正常，但形成的籽粒却有传宗接代的能力。这也是小麦对干旱的适应性反应。

小麦受旱后形态上发生明显的变化。在中度干旱条件下形成的叶片比较短而窄，植株较矮，叶色深，穗小。遇严重干旱时分蘖逐渐死亡，其顺序是：最小的分蘖最先死亡，逐步扩展到大分蘖，即由低位分蘖到高位分蘖，最后主茎死亡。在同一株上，先是下部叶片变黄、干枯，再向上延伸，直到剑叶，最后穗枯死。受旱的叶片先从叶尖开始干枯，再向叶片基部扩展，直至叶鞘，最后整叶枯干。

（3）对棉花的影响。棉花虽然是比较抗旱的作物，但是干旱对它的生长、发育、产量、产品质量都有很大的影响。棉籽出苗要求有充足的土壤水分。水分不足，出苗减慢，严重缺水就不能出苗。出苗要求的土壤水分下限，黏土为18%～20%，壤土为

15%～17%，沙壤土为 12%～14%，砂土为 10%～12%。

幼苗期植株小，叶片少，耗水不多，轻度干旱对它的影响不大，严重干旱会造成生长缓慢，发育期推迟。现蕾期需水较多，抗旱能力减弱。在沙壤土上，根层土壤水分小于 13%时，生长就要受到抑制，表现出生长缓慢、发棵困难，株型矮小；根层土壤水分小于 10%时就会出现轻度萎蔫，影响果枝的形成，使以后结桃数减少。我国北方棉区此时温度较高，空气干燥，如果雨水偏少，很容易发生土壤干旱和大气干旱，特别是沙薄瘦地和未进行冬灌、春灌的地块，干旱的威胁更大。除了加强中耕以保持墒情外，还要设法进行灌溉。开花结铃期已进入初夏，空气温度高，植株生长旺盛，需水量大，抗旱能力低，土壤轻度缺水对植株有不利的影响。在植株外观上表现出萎蔫之前，内部的生理代谢过程已经发生深刻的变化，特别是物质代谢向分解方向变化，有机物质向棉铃的输送减少，激素合成素乱，乙烯释放量显著增加。土壤进一步变干，棉株发生萎蔫，顶部 3～4 片叶下垂，叶色变暗，光合作用显著减弱，呼吸作用加强，乙烯大量释放，脱落酸含量剧增，蕾铃开始脱落，铃重增大速率减慢，导致减产。

（4）对大豆的影响。大豆是需水较多的作物，每生产 1 kg 的籽粒需要消耗 2 t 左右的水，干旱会造成严重减产。大豆的种子需要吸收相当于自身重量的水分才能开始萌发。因为种子大，需要的水分就相当多。土壤含水量在田间持水量的 80%左右时，很快就能出苗，出苗率很高；土壤含水量降到田间持水量 70%以下时，出苗率降低，出苗不齐；土壤含水量降到田间持水量 55%以下时就会严重缺苗断垄。大豆出苗后根系生长较快，茎叶生长较慢，叶面积小，需水相对较少，抗旱能力稍强。分枝期茎叶逐渐增多，分枝形成，花芽开始分化，需水增多，对干旱比较敏感。

土壤含水量低于田间持水量的 55%，大豆分枝数开始减少，花芽分化受到抑制。开花结荚期是营养生长与生殖生长并进时期，光合作用、呼吸作用、物质运输与转化都迅速达到高峰，需水量大增，是对干旱最敏感的时期。大豆开花前 4～7 d 是生殖细胞减数分裂形成四分体的时期，对缺水非常敏感，土壤含水量低于田间持水量的 60%，就会影响花粉和胚珠的发育，使花蕾发育不健全，存在某些生理缺陷，以后花荚容易脱落。开花期发生干旱，叶片萎蔫，光合作用大大减弱，呼吸作用加强，会造成大量落花。在正常情况下，子房的吸水力要比叶片高，但是在干旱条件下叶片的吸水力由于失水而增大，当它大于子房的吸水力时，水分就从子房倒流到叶片上去，荚果因严重脱水而脱落。土壤含水量小于田间持水量的 60%，是这一时期开始受旱的指标。大豆开花结荚期很长，早开的花已经结荚，但营养生长还在进行，并不断分化花芽，陆续开花，有些品种开花期长达 2 个月以上。因此，大豆对干旱的敏感期很长。

干旱不但限制养分向籽粒的输送，而且妨碍胚中细胞的分裂。如果干旱严重，胚发育不全，子叶生长停滞，就会造成落荚或瘪荚少粒，此时种子内还进行着复杂的物质合成和转化过程，干旱会使这种转化不能顺利进行而降低品质。该发育期对水分的要求仍然比较高，土壤含水量降到田间持水量的 55%，大豆开始受旱，粒重增长减慢。

初熟到完熟时期，大豆基本上结束了一生的生长发育，需要干燥的大气条件和一定的土壤水分，以保证物质的运输、转化和籽粒的脱水。如果土壤含水量小于田间持水量的40%，大豆开始缺水，水分更少，大豆会受旱而加快死亡，造成粒重下降。

（5）对茶树的影响。茶叶是茶树新梢上的芽叶加工制成的。芽叶的产量和质量都与水分状况有密切的关系，土壤干旱和大气干旱会降低其产量和品质。

安徽省茶区一般年雨量都在1 000 mm以上，基本能满足茶树生长需求。但由于雨量分布不均，常常发生伏旱和秋旱，限制了产量，降低了品质，还影响第2年的生产。严重干旱伴随强光，会使叶片发生灼伤，萎蔫脱落，枝条干枯，以至全株死亡。

研究表明，土壤相对含水量在75%以上时，能满足新梢生长对水分的需求，茶树生长旺盛，土壤含水量降到田间持水量的60%时就有缺水的表现，土壤含水量降到田间持水量的40%~50%时生长大大减慢，尤其是芽叶的生长几乎停止，土壤含水量降到田间持水量的30%时芽叶的生长完全停止。可见，茶树的土壤干旱指标是比较高的。这是因为人们采摘的是新长出的幼嫩芽叶，水分稍感不足，芽叶的生长就会受到明显的影响，虽然此时成熟的枝条和老叶还未显现出受旱的症状。

茶树对大气干旱也非常敏感。茶叶的生长要求有较高的空气湿度条件。空气潮湿的地方生产的茶叶，不但产量高而且品质好。我国的名茶，如安徽省的黄山毛峰等，都是出自终年云雾蒙蒙、空气湿度很大的地方。空气湿度稍低，长出的叶片小，节间短，产量低，而且新梢的持嫩性差，内含物少，叶片及其角质层较厚，叶质变硬，品质变劣。研究指出，采收前20 d的平均相对湿度大于80%时产量最高，品质最佳；低于60%时呼吸作用强，光合作用弱，产量低而且品质差。大气干旱时直射光较强，漫射光减少，会引起叶绿素含量降低和光合作用减弱。同时叶片的温度将显著升高，酶的活动受阻，叶绿体被破坏，芽叶发生灼伤。

茶树受到干旱危害会形成蛀芽，顶部幼叶开始萎蔫，叶片泛红，出现焦斑。长成的叶片从叶缘到叶脉、由支脉到主脉，颜色由浅绿转淡绿再转枯绿，最后干枯脱落。干旱的时间延长，枝条自上而下枯死，变脆易折断，逐渐枯死至根部，在根的表皮与木质部之间变成褐色。更严重的干旱会造成整株死亡。

茶树遇到单纯的大气干旱时，会降低产量和品质，遇到单纯的土壤干旱时不仅影响产量、品质，而且可能造成枝条枯死。在自然条件下，大气干旱会加重土壤干旱，土壤干旱也会加剧近地气层的大气干旱，2种干旱同时发生时，对产量和品质影响最大。干旱还会引起热害。因此，在干旱常发地区，若栽植茶树，必须有防旱、抗旱措施。茶树是深根植物，建立茶园时应深翻改土，为茶树根系生长创造良好的条件。根扎得深，根系发达，抗旱能力较强。幼龄茶树根系浅，抗旱力较弱，遇旱时受旱重，故更应注意幼树的防旱。

（6）对烤烟的影响。从干旱条件下植株是否死亡来看，烤烟是比较抗旱的作物。但从干旱对烟叶的产量和品质的影响来看，它对缺水是相当敏感的。在种子发芽到出苗期，土壤表层即使短时间干旱，也可能使幼苗死亡。在营养生长期，需水量很大。由于土壤干旱或大气干旱，使叶片含水量比正常状况少5%~8%时，叶片发生萎蔫。干旱越严重，萎蔫越厉害，生长越慢。严重干旱时，下部烟叶干枯，并逐渐向上扩展，产量大幅度下降。在干旱条件下形成的烟叶，组织较紧密，叶较重，叶片小，叶脉密，叶色暗，成熟不一。烘烤时变黄慢，最后成色发暗。叶中累积的蛋白质和尼古丁较多，糖类含量较低，品质差。如果旺盛生长时期缺水，产量和品质都会受到严重影响。干旱的最初危害表现在幼嫩烟叶尖端和边缘上，使这些部位变硬，阻碍叶片扩大。如果旱象解除，则叶片靠近中脉部分会积极生长，结果叶片变皱、变粗，延迟成熟，成为劣质烟叶。

（7）对果树的影响。多数果树有强大的根系，能够吸收土壤深层的水分，对干旱有较强的抵抗能力，但是因为需水量大，又多种植在山区坡地上，径流较多，所以干旱仍然是发展果品生产中的一种主要自然灾害。

开始轻度的缺水，使气孔部分关闭，光合作用减弱，细胞的伸长受到限制，细胞壁的组成物质和蛋白质的合成都减少，致使茎和叶片的生长速率降低。随着水分的减少，水分亏缺更多，植物受到的旱害加重，气孔关闭的时间延长，光合作用显著减弱，而呼吸作用反而可能加强，消耗很多有机物质，细胞的分裂减慢，有些酶的活性降低，生长大大减慢，叶片开始下垂。水分进一步减少，旱害随之加重，木质部水柱可能发生断裂而出现气泡，堵塞运输管道，加大水流的阻力，有机物质的运转受阻，某些水解酶的活性提高，使贮藏物质转向分解，乙烯的产生量增加，导致叶片脱落。水分继续减少，果树将受到严重旱害，枝条逐渐枯干，并扩展到主干，最后全株死亡。

干旱还会引起生理性病害，柿、梅、李、枇杷的果实发生日灼黑斑病，葡萄产生烂心病，梨出现水皮病、烂蒂病，石榴、蜜柑产生裂纹病和日灼黑斑病。干旱会使果实出现开裂、凹入、变色、变味、硬化、缝隙等现象。

不同种的果树抗旱力有差异。一般根系发达、根深、叶片多茸毛、角质化程度高或蜡质层厚的抗旱力强。核桃、栗、枣等抗旱力最强，葡萄、桃、李、梅、柿等较强，苹果、柑橘、无花果等较弱。同一品种，用的砧木不同，抗旱力也不同。如柑橘，用积壳做砧木的抗旱力强，用甜橙做砧木的抗旱力较弱。

果树不同生育期的抗旱性有显著差异。通常在开花、结果期对缺水较敏感。如油橄榄在花分化期遇旱，每个花序仁的花数明显减少，花序中的完全花比例降低，使每棵树上的总结果数大大减少。开花前遇旱，常常引起花蕾脱落，如甜橙，在春季遇到干旱之后，花芽和叶会大量脱落。柑橘类的幼果脱落也与干旱有关。脐橙在坐果期发生干旱会大量落果。在果实发育阶段，土壤干旱使果实的增大减慢，严重干旱时白天果实体积缩小，夜间重新增大，恢复到原来的大小。果实成熟阶段，干旱使有的果实加速成熟，有的则延迟成熟。桃在成熟阶段遇严重干旱，水分、矿质和碳水化合物不能顺利进入果实，从而推迟成熟。

（二）安徽省洪涝与湿害对农业生产的影响

1. 洪涝与湿害的概念

在古籍中，关于涝灾的记载常常用"洪水""大水""大雨""雨灾"等词。在《图书集成》中把水灾与雨灾分开，凡水灾是由于海啸河决引起的，不是直接由于降水造成的则不列入雨灾中。但多数典籍不予区别。近代，随着水文气象站的建立，降水的资料逐渐增多，对涝灾的分析更加客观。涝灾是由于当年雨水比常年显著偏多的结果，涝灾的频繁程度也与该地降水量的变率大小有关。农业气象工作者从作物生长发育受损害的角度，称降水时间过长、过于集中而造成的损害为涝害。

一般说来，日降水量为 200 mm，或者 2～3 d 降水量为 300 mm，都会出现水涝。强降水持续时间愈长，覆盖范围愈大，洪涝灾害愈严重。

洪涝灾害按照水分过多的程度，可分为洪水、涝害和湿害。

（1）洪水。大雨、暴雨引起山洪暴发，河水泛滥，淹没农田园林，毁坏农舍和农业设施。沿海有些河流入海处，由于海啸、海潮、海水倒灌，也会发生洪水。

（2）涝害。雨量过大或过于集中，造成农田积水，使旱田作物受到损害。水不深，不会淹没作物，所以水田作物不受影响或影响不大。春季大量冰雪融化，土壤下层又未化透，水难以渗入下层，也会发生涝害。

（3）湿害。连阴雨时间过长，雨水过多，或洪水、涝害之后排水不良，使土壤水分长期处于饱和状态，作物根系因缺氧而发生伤害。

由于地势不同，在雨水过多时，有的地段作物被水淹没，有的地段较高只发生涝害，则称为洪涝害。

按照涝灾发生的季节，可分为：

（1）春涝。春季的涝灾以湿害为主，涝害其次，局部地区也有洪水。江淮地区春季常有连阴雨，易发生大面积湿害。

（2）夏涝。夏季的涝灾以洪水为主，涝害其次，局部地区有湿害。我国绝大部分农业区降水量集中于夏季。

（3）秋涝。入秋后雨量迅速减少，涝害较少。局部地区的大雨、暴雨可引起小范围的积水而发生涝害。连阴雨持续时间过长、雨量过大，则可能发生大面积湿害。

当洪水、涝渍威胁到人类安全，影响到社会经济活动并造成损失时，通常就说发生了洪涝灾害。

洪涝灾害可分为直接灾害和次生灾害。

在灾害链中，最早发生的灾害称原生灾害，即直接灾害，洪涝直接灾害主要是由于洪水直接冲击破坏、淹没所造成的危害。例如，人口伤亡、土地淹没、房屋冲毁、堤防溃决、水库垮塌；交通、电讯、供水、供电、供油（气）中断；工矿企业、商业、学校、卫生、行政、事业单位停课停工停业以及农林牧副渔减产减收等。

次生灾害是指在某一原发性自然灾害或人为灾害直接作用下，连锁反应所引发的间接灾害。如暴雨、台风引起的建筑物倒塌、山体滑坡，风暴潮等间接造成的灾害都属于次生灾害。次生灾害对灾害本身有放大作用，使灾害不断扩大延续，如一场大洪灾来临，首先是低洼地区被淹，建筑物浸没、倒塌，然后是交通、通信中断，接着是疾病流行、生态环境的恶化，而灾后生活生产资料的短缺常常造成大量人口的流徙，增加了社会的动荡不安，甚至严重影响国民经济的发展。

洪水是河流的一种天然属性，不可避免，在时间和空间上的发生都是随机的，但由此产生的洪涝灾害却是伴随着人类社会存在的，它与人类社会、经济状况及生态环境等多重因素密切相关，它们之间相互影响和相互作用，人类的生活与生产活动会改变甚至破坏自然界的相对平衡，进而影响灾害的程度。

2. 洪涝灾害指标

我国是一个洪涝灾害频发的国家，洪涝灾害的发生具有明显的季节性和局部性。

各流域受自然地理位置、集水面积内地形地貌及不同时期不同尺度天气条件的影响，存在很大的差异，要将七大江河的洪涝灾害进行统一定量划分难度很大。根据各流域水系及其气候条件、自然地理特性、降水特性、洪水特性和洪水组成，并结合对历史洪水研究的习惯，从各流域水系分区的暴雨量级和笼罩面积、干流主要控制站洪水大小以及主要干支流洪水的形成与遭遇等情况，可将发生洪水分为跨流域洪水、流域性洪水、区域性洪水和局部性洪水。跨流域洪水一般是指相邻流域多个河流水系内，降水范围广，持续时间长，主要干支流均发生不同量级的洪水；流域性洪水一般是指本流域内降水范围广，持续时间长，主要干支流均发生不同量级的洪水；区域性洪水是指降水范围较广，持续时间较长，致使部分干支流发生较大量级的洪水；局部性洪水是指局部地区发生的短历时、强降水过程而形成的洪水。

目前，对跨流域洪水、流域性洪水、区域性洪水和局部性洪水还没有一个全面、准确、量化的定义和判别标准，不过各流域机构已经开始研究本流域的洪水分类定义的分层量化指标体系。

3. 洪涝与湿害时空分布

洪涝主要发生在汛期，梅雨期最为频繁。春、秋季也会出现内涝，一般称为涝渍或渍。春季涝渍主要是由于长时间的连阴雨，造成田间积水，影响小麦和油菜的后期生长。安徽省沿江西部、江淮之间的六安、庐江等地以及淮北南部和沿淮一带是多发地区。春季涝渍主要在 4 月下旬至 5 月，沿江西部安庆一带，5 月份是全年出现涝渍很多的时段之一。但春季发生大涝的可能性很小，江淮之间大部分地区和沿江东部基本没有出现过。

秋季涝渍各地都较少。比较而言，淮北和沿淮东部的宿县、泗县、蚌埠等地出现的次数较多。20 世纪 80 年代以来，秋季涝渍相对比较频繁。1996 年 10 月底至 11 月 16 日，出现长达 19 d 的连阴雨，强降水中心位于沿淮淮北，10 月 30 日、31 日和 11 月 7 日沿淮淮北先后出现大范围暴雨，导致淮河干流水位上涨。11 月 7 日王家坝水位超过警戒水位，10 日出现 28.60 m 的最高水位（距汛期保证水位仅差 6 cm），发生了 50 年来罕见的秋汛。

一年之中夏涝最易发生，特别是大涝和特大涝灾主要集中在夏季。夏涝的时间从南向北推进，沿江江南在 6 月中旬至 7 月中旬，江淮之间在 7 月，淮北在 7—8 月，这和我国东部汛期主雨带自南向北推移相吻合。易涝的区域主要在沿淮淮北和沿江西部的安庆一带。合肥是洪涝灾害最少的地区。全省性的大涝、特大涝约15年1遇。各个自然区发生涝年的机遇，沿淮淮北和沿江江南为3～4年1遇，其中沿江西部2～3年1遇；江淮之间大部和淮北北部及宣郎广地区4～6年1遇；江淮中部9～10年1遇；合肥地区10～15年1遇。山区迎风坡和背风坡降水量差别明显，加上山高谷深，水流迅速聚集，常有山洪暴发，发生内涝的概率更大。但洪水一般维持时间较短，影响范围较小。

4. 洪涝与湿害成因分析

造成安徽省严重洪涝的主要原因是初夏梅雨反常，安徽地区几次特大洪涝都是因为梅雨期特长，梅雨量特多，降水十分集中，暴雨频繁发生且强度大、范围广而造成的。在稳定少动的梅雨环流背景下，我国主雨带长期徘徊于长江中下游，从而导致暴雨成灾。造成安徽省内涝的另一个主因，是台风（低压）深入安徽省，在特定的环流形势下不能顺利移出，甚至停滞、打转，北方又有弱冷空气南下，加上多种因素影响，一些地方便可出现强度非常大的暴雨。安徽省日降水量400 mm的特大暴雨，多是台风低压所致。洪涝灾害严重程度与当地的地形、地貌、水利设施及作物的生长季节有关，造成的经济损失还与当地的经济发达程度有直接关系。例如，1991年安徽省遭受百年不遇的特大洪涝灾害。1996年是继1991年大水后的又一严重洪涝灾害年。其严重程度仅次于1954年和1991年。1996年6月2日入梅，7月22日出梅，梅雨期长达50 d。突出特点是，雨带不稳定，时南时北，反复在省内摆动，暴雨、大暴雨覆盖范围广，区域性暴雨和大暴雨日数多。梅雨量：江北和江南东部为400～800 mm，大别山区、沿江、江南南部为1 000～1 800 mm。其中，沿江西部和江南南部大部分县市超过1951年和1991年，大别山区超过1954年。50余天的梅雨期内频繁的暴雨、大暴雨反复在南北扫荡，致使安徽省大部分地区出现内涝和洪涝，其中江南南部、大别山区和淮北宿县等地区受灾最重，淮河干流王家坝出现3次洪峰。据统计，全省68个县、市中40个县、市不同程度受灾，15个县、市受淹，受淹农田面积77.36万 hm^2，绝收面积11.73万 hm^2，受灾人口1 025万，死亡108人，直接经济损失116.8亿元。1998年夏天更是一个极不寻常的季节。6月中下旬梅雨便在长江南岸下不停，赣、桂、湘、浙、闽及安徽省南部连遭暴雨袭击，山洪暴发，江河横溢，部分地区发生超历史的大洪水；洞庭湖、都阳湖水位猛涨，长江中下游干流超警戒水位。随后7月上中旬，长江流域又遭受"二度梅雨"的猛烈袭击，四川、湖北、湖南、江西、浙江、皖南等地洪水再度泛滥成灾，长江洪峰接二连三，大部分河段水位超过1954年。据统计，1998年夏季我国发生的大洪水影响范围最广，持续时间最长，洪涝灾害最为严重。农田受灾面积2 229万 hm^2，死亡4 150人，直接经济损失2 551亿元。处于长江下游的安徽省洪涝灾害同样十分严重。

淮河是流经安徽省的又一黄金水道，历史上民间流传"走千走万，不如淮河两岸"，淮河下游的扬州曾是江淮人民心中的"天堂"。淮河流域横跨豫、皖、苏、鲁四省，地处南北气候过渡地带，特别自黄河夺淮之后，淮河水系遭到严重破坏，抗洪能力低下，防汛隐患很多，水旱灾害十分频繁。例如，1931年大水期间仅淮河流域便被淹没农田162万 hm^2，处处一片汪洋大海，死亡2.35万人；1950年、1954年、1972年、1975年、

1987 年、1991 年、1998 年、2003 年等突发性或流域性洪水，都曾造成极其严重的后果。1975 年 8 月淮河上游台风（低压）特大暴雨，3 d 降水超过 1 000 mm，导致河南驻马店附近大中型水库同时垮坝，伤亡惨重，同时安徽省临泉县被其冲来的洪水淹没，县城平均水深近 2 m，是 1949 年以后仅次于唐山大地震的重大灾难事件，史称"75·8"大洪水。

（1）春季连阴雨。发生在 3—5 月连续 1 d 以上的连阴雨天气统称为春季连阴雨。据统计，安徽省春雨次数和降水总量多于秋雨，春季降水总量占全年降水量的 20%～40%，自北而南逐步增大。沿江西部、屯溪、祁门一带的春雨总量甚至多于夏雨。据统计，3 月和 4 月的连阴雨明显多于 1 月，4～7 d 的连阴雨明显多于 7 d 以上的连阴雨。沿江江南平均每年有 2～3 次 5 d 以上连阴雨，江北大部只有 1～2 次；7 d 以上的长连阴雨主要发生在沿江江南地区，江南几乎 2 年 3 遇，沿江地区 5 年 1 遇；江淮之间 4～5 年 1 遇，淮北则 10 年不遇 1 次。较长时段的连阴雨，沿江江南主要发生在 3 月下旬至 4 月上旬，而江淮之间多在 3 月上中旬，淮北多发生在 4 月中下旬。

连绵的春雨导致广大地区早稻、棉花播种时发生烂种、烂秧。小麦湿害、倒伏或诱发多种病虫害，给农业生产带来很大影响。

（2）梅雨。较早的梅雨，春末夏初正值安徽省油菜、小麦成熟和脱粒期，往往造成油菜、小麦霉烂或丰产不能丰收。现代气象学家发现，江淮流域的梅雨是东亚季风气候的一大特色，主要分布于我国长江中下游至日本南部的狭长区域，属大型降水过程，与影响我国的夏季风即西太平洋副热带高压分阶段北移有直接联系。

根据梅雨的划分标准，安徽省平均始梅日在 6 月 16 日，梅雨结束日为 7 月 10 日，平均梅雨期为 25 d。历年平均梅雨量，江淮之间为 266.6 mm，沿江江南为 325.4 mm。由于各年情况不同，梅雨差异较大。入梅最早的是 1991 年 5 月 18 日，最晚的是 1982 年 7 月 9 日，前后相差 53 d。梅雨结束最早的是 1961 年 6 月 15 日，其次是 1984 年 6 月 16 日；最晚的是 1954 和 1987 年，均为 7 月 31 日，早晚相差 46 d。梅雨期最长的是 1991 年，57 d；最短的是 1981 年，只有 9 d。梅雨期长短也相差 48 d。

各年的梅雨量各不相同：江淮之间最多的是 1991 年，多达 939.6 mm；其次是 1980 年，504.5 mm。沿江江南最多的是 1954 年，梅雨量为 935.6 mm。其次是 1996 年，为 935.0 mm；1991 年，为 733.3 mm；1983 年，为 615.4 mm；1969 年，为 546.6 mm（浦涌澜等，2005）。以上年份由于降水集中，暴雨不断，引起大面积洪涝灾害，称为丰梅年。由于梅雨与天气形势密切相关，而每年梅雨季节的天气形势又各不相同，因而梅雨期有长短之分，甚至有些年份出现空梅。如 1958 年、1965 年和 1978 年等。特别是 1978 年 5—9 月总降水量全省大部地区不足 400 mm，不及常年同期降水量的 50%，在整个初夏季节没有连阴雨，降水稀少，加之日照多，蒸发量大，出现百年不遇的特大干旱，将这几年称为空梅年份。

（3）秋季连阴雨（俗称"烂场雨"）。安徽省秋季连阴雨主要发生在 9—11 月农事活动的关键时期，对秋季作物生长和收获及午季作物的播种影响很大。由于长期阴雨、低温、寡照，可使中、晚稻及大豆、棉花等秋季作物的成熟期推迟，造成秋季作物的严重减产。同时，田间积水受渍不仅影响秋季作物收割，也使已种小麦受涝发生烂种现象，严重影响来年午季作物产量（石伟光等，2016）。因此，秋季连阴雨也是安徽省主要的灾害性天气之一。气象记录显示，3 d 以上的秋季连阴雨平均每年 3 次左右，最长的连阴雨可长达 20 d 以上。7 d 以上对秋收、秋种影响最大的连阴雨平均约 1 年 1 遇，9 月份最易出现，几乎占 50%，11 月份出现机会较少。10 d 的长连阴雨平均约 2 年 1 遇，也是 9 月份出现机会最多，占 50% 以上，11 月份出现机会最少。连阴雨出现次数较多的年份，常给秋收、秋种带来重大影响。例如，2000 年 9—11 月，江淮流域及江南部分地区发生几十年罕见的秋季连阴雨，使丰收在望的秋季作物霉烂变质严重。仅据合肥市统计，这场"烂场雨"使全市 70% 的乡镇 200 多万人口受灾，21 万 hm² 农作物遭受不同程度损失，直接经济损失在 10 亿元以上。

由于季节不同，连阴雨对不同作物的危害程度不同，其划分标准大同小异。还可针对不同作物品种和不同季节，划定不同的危害指标。例如，午收季节连阴雨危害指标是：5 d 连阴雨为轻度危害指标，6～8 d 连阴雨为中等危害指标，8 d 以上连阴雨为重度危害指标。还有兼用降水量划分的危害指标。例如，阴雨 5 d，过程雨量 30 mm 为轻度危害；过程雨量 50 mm 为中度危害；过程雨量大于 100 mm 为重度危害；过程雨量大于 150 mm 为严重危害。由于长期阴雨或地势低洼，排水不畅，土壤含水量长时期处于饱和状态，使农作物根系通气不良，引起缺氧、腐烂而导致作物功能器官衰退，最终影响产量或品质。因此，土壤湿度也可作为危害指标：土壤相对湿度大于 85%，时间越长，农作物受害越重。由于作物品种及生育期不同，渍（湿）害指标也不同。例如，棉花花铃期，土壤相对湿度持续大于 85%，会造成花铃脱落；玉米 7 叶前，土壤相对湿度大于 90%，时间越长，受害越重；冬小麦拔节—抽穗扬花期，土壤相对湿度为 85%，连续 2 旬会造成减产。

5. 洪涝与湿害影响

（1）水稻洪水害。水稻是沼泽作物，耐涝能力较强。但被洪水淹没仍会受害。在秧苗期，对淹水的忍耐能力较强，短时间淹水不发生明显危害。分蘖末期淹水，光合作用减弱，因缺氧而不能进行正常的呼吸作用，消耗的养分多，所以植株生长不良。但若以后条件较好，仍能正常生长发育，对产量影响不大。拔节期受淹，光合作用减弱，无氧呼吸增强，大量消耗茎秆的木质素和纤维素，而生长素浓度加大，拔节加快，从而形成秆细、壁薄的细长茎，以后易倒伏，一部分分蘖死亡，有效穗数减少。幼穗分化期对环境条件最为敏感。由于配子体的发育，光合作用增强，代谢旺盛，加上气温高、植株大，一旦被水淹没，正常的生理活动遭受破坏，影响小穗生长、生殖细胞形成和花粉发育，已分化的幼穗有的死亡，正在分化的枝梗部分退化，大量颖花败育，对产量的影响很大。不同发育期淹水 4 d 对产量的影响不同，可见，孕穗期产量是洪水害的敏感期。不同生态型品系及不同品种的耐涝能力有明显差异。浮水稻生态型茎秆能随水位上涨而伸长，抗涝能力最强。

（2）三麦湿害。三麦（小麦、大麦、元麦）都是旱生作物，对土壤水分过多相当敏感。在淮南地区，湿害是造成三麦产量不高、不稳的主要因素，秋季和春季多雨的年份，三麦几乎都会因湿害而减产。

三麦湿害主要发生在苗期、拔节—抽穗期和结实灌浆期。苗期湿害是由于播种期和幼苗生长期雨水过多、土壤湿度过大造成的。播种前土壤水分过多使整地质量降低，造成烂根、烂种，种子因缺氧而霉烂。幼苗期土壤过湿，致使小苗僵而不发，分蘖率低，初生根生长受抑，次生根显著减少。同时因土湿土凉、土壤空气不足，养分分解慢，麦苗吸收不到足够的养分而变得瘦小，叶片发黄，并影响到中、后期的正常生长发育。

返青—拔节期三麦需水量较大，如遇连阴雨，只要后期天气正常，田间管理得当，对产量影响不大。

拔节—抽穗期三麦既需水又怕涝。土壤过湿，根系活动衰退，吸肥吸水能力下降，严重田块分蘖枯死，成穗率大大降低，单位面积有效穗数减少，株高变矮，单株绿叶片少，叶面积显著变小。

结实灌浆期是提高粒重的关键时期。此时土壤过湿会造成根系早衰，严重的会腐烂发黑，植株水分收支失去平衡，绿叶减少，叶片功能期缩短，植株早枯，灌浆期缩短，籽粒瘦瘪，千粒重降低。由于湿度过大，往往诱发赤霉病、锈病、白粉病蔓延，造成严重减产。

土壤过湿伴随阴雨高湿，造成的危害更大。江苏兴化农业气象试验站在调查分析的基础上进行人工辅助试验，发现只有地下部受渍而地上部天气正常时，每穗粒数只减少2.4粒，千粒重轻0.2 g，地下部受渍，天气为连续阴雨的受害最重，粒数减少4.2粒，千粒重少14.1 g，连阴雨湿害严重的情况下及时排水，比不排水的千粒重可提高8.0 g。

有些地区三麦湿害发生的概率相当高。因此，防御湿害是提高三麦产量的重要措施之一。

（3）玉米涝害和湿害。玉米虽然需水量很大，但很不耐涝。涝害和湿害是造成玉米减产的主要原因。

水分过多对玉米的危害主要表现为：①生长减慢，植株软弱。因根系吸收水分和养分需要能量，土壤水分过多使根系周围缺氧，只能进行无氧呼吸，能量转换效率降低，不能提供足够的能量供给根系吸收水肥的需要。因此，受涝玉米根系吸收的水分很少，在晴天中午前后，叶片发生萎蔫，光合作用减弱，制造的有机物质减少；根系吸收的营养物质也因能量供应不足而大大减少。这就使玉米的生长缺少必要的物质基础，表现出生长缓慢，植株软弱。②叶片变黄，茎秆变红。玉米的氮素营养主要来源于溶解在水中的硝态氮和铵态氮及有机质态的有机氮。在受涝害时，前者一部分被流失，另一部分会经反硝化作用而还原为气态氮进入大气中。另一方面，由于缺乏氧气，土壤中好气性微生物无法分解有机质，所以有机质中的氮素也就不能转化为根系可吸收的速效氮。由于这两方面原因，受涝地块土壤中速效氮含量很低，玉米由于吸收不到足够的氮素，叶片变黄。为了增强对这种不利环境的抵抗能力，茎秆中的叶绿素转变成花青素，呈现紫红色。③根系发黑、腐烂。在受涝土壤中，由于缺乏氧气，嫌气性微生物活动加强，有机质发酵分解，大量积累二氧化碳，会使根系活细胞受害。同时土壤氧化还原电势下降，有害的还原物质硫化氢、氧化亚铁等大量出现，都会使根系受害。受害比较轻的表现为部分根系变黑，重的全部变黑、霉烂，以至整个植株死亡。

不同生育阶段抗涝能力也不同。苗期抗涝能力弱。我国许多地方玉米是初夏、夏播种，苗期正值雨季，常常发生涝灾。

（4）棉花涝害和湿害。棉花抗涝能力较弱，遇涝常造成严重减产。《农政全书》指出："吉贝（棉花）遇大水，淹没七日以下，水退尚能发生。淹水八九日，水退必须翻种矣。"近代的研究表明，棉花生育的任何阶段，淹水都会造成严重伤害。苗期淹水，根系变黑，生长停滞，时间稍长则幼苗死亡。蕾铃期多数棉区雨水集中，多大雨暴雨，在排水不良的地方，易发生洪水和涝害，造成蕾铃大量腐烂和脱落，时间过长会导致植株大量死亡。

发生较频繁、危害面积较大的是湿害。长江流域棉区，春播时土壤过湿，都可能发生湿害，种子缺氧而霉烂，造成缺苗断垄。苗期湿害根系生长弱，分布浅，地上部生长不健壮，现蕾推迟，严重的生长停滞甚至大量死苗。棉花蕾铃期对水分过多更加敏感，轻者使棉株生长过旺，过早封垄，减弱通风透光，加大株间空气湿度，造成病害蔓延，重者引起蕾铃脱落。奚元龄等指出，当土壤湿度在20%以上时，蕾铃脱落率与土壤湿度呈正相关。研究表明，土壤水分在田间持水量的85%以上时，脱落大量增加，雨水过多是造成土壤过湿和花蕊不能受精的主要原因。开花时遇雨会冲走花粉或使花粉吸水破裂，花蕊因不能受精而脱落。

成熟初期，长江流域棉区遇到秋雨过多的年份，往往发生土壤过湿，轻者棉株贪青，延迟裂铃，减少霜前花，而且棉田空气湿度大，利于病菌繁殖，造成烂桃烂铃，重者植株早衰，逐渐死亡。吐絮期纤维进一步成熟，要求充足的阳光和较低的湿度，此时雨水过多会影响纤维脱水，不能正常成熟而降低品质。

（5）花生涝害。花生是比较耐旱的作物，比较怕涝。安徽省长江流域大部分花生产区，春夏多雨，若排水不畅，田间积水易发生涝、湿害。花生播种至出苗阶段，如果土壤含水量超过最大持水量的80%，则因土壤中空气减少，妨碍种子的正常呼吸，而易引起烂种，影响全苗。齐苗至开花阶段土壤水分高于最大持水量的70%时，根系吸收水肥的能力降低，根瘤菌的生命活动减弱，从而使地上部分生长变慢或停止，并影响到花芽分化。开花至结荚阶段，不但叶面积最大，茎叶生长最快，而且也是大量开花下针并形成荚果的时期。如果这一时期雨水过多，排水又不良，就会引起茎蔓徒长，植株过早封行，甚至发生倒伏。土壤含水量接近最大持水量时，由于氧气供应不足，影响根系和荚果的呼吸作用，不利于养分的吸收和运转，从而抑制子房的发育和荚果的膨大，饱果率降低，种仁含油率低，影响产量和品质。据广东省农业科学院观察，由于雨水过多，排水不良，植株发生倒伏，茎叶重叠贴伏地面，同化作用减弱，异化作用增强，消耗了叶片制造的部分养分，降低了养分积累，倒伏后 10 d 每株干物质积累和植株含氮分别比不倒伏少 0.94 g 和 0.98 g。结荚至成熟阶段，生长渐趋衰退以至逐渐停止，营养体贮藏的养分大量向荚果运输，当土壤湿度超过最大持水量的 70%时，叶片会变黄，轻者果壳变色，含油率降低，重者大量荚果霉烂变质，甚至提早死亡。

花生最怕地面积水。花生产区排水不良的地块，在雨水集中的季节往往发生地面积水，使花生严重减产。长江流域花生产区年降水量在 800 mm 以上，集中于 4—6月，排水不畅的地块常发生涝害。黄、淮、海花生产区年降水量虽然只有 600 多毫米，但集中于 7—8 月，有的年份月降水量达 300 mm，花生也受涝害的威胁。即使在丘陵花生产区，在梯田里堰没有挖沟的情况下，下雨时水往里流，也易形成"半边涝"。因此，要根据当地的地势、土质、降水量、地下水位等具体情况，采用堰沟排水、高畦排水、沟厢排水、洼地排水等办法，及时有效地把水排出，防止田间涝、渍危害，才能使花生生育良好，实现优质、高产。

（6）茶树湿害。茶树要求潮湿的空气条件，但不耐土壤过湿。土壤水分过多甚至地面积水，根系的呼吸作用受阻，吸收水、肥的能力降低，严重影响芽叶的生长，降低鲜叶的产量和品质。严重时根窒息，嫌气性微生物活跃，产生有机酸毒害茶树根系，造成脱皮、坏死、腐烂。在常常发生涝害的茶园中，可以看到成片茶树生长不良，产量很低，甚至有些茶树死亡。

茶树遭受湿害的表现是：吸收根少，侧根短小，根层浅，有些侧根不是向下伸展而是向水平方向伸展，甚至向上伸。严重受涝的输导根的皮不是呈棕红色而是呈黑色，不光滑，有许多小的突起。地上部分枝少，芽叶稀，生长缓慢以至停止生长，枝条发白，叶色黄，树矮，长势弱，多病，产量低，品质差。受害的先后顺序是：深处的细根先受害，稍后较浅的细根也开始受伤，粗根表面变黑，继而细根开始腐烂，粗根内部变黑，最后粗根全部变黑枯死。由于根系受害，失去吸收水分的能力，影响植株地上部分的生命活动，最初表现为嫩叶失去光泽变黄，进而芽尖低垂萎缩，最后成叶失去光泽而凋萎脱落。茶树湿害的这种外观表现顺序说明，在可能发生湿害时要进行细心的观察，发现征兆时及时采取抗御措施。如果等到地上部表现出明显的受害症状再进行排涝，则常常因地下根已受到严重伤害而无法挽救。

茶树湿害的严重程度与土壤过湿持续的时间有密切关系。可以根据土壤过湿的日数和地上部的症状判断地下根受害程度，及时采取排涝措施。茶树湿害多发生在山麓的积水地带，所以应根据湿害的成因，采取相应的防治措施，如打破不透水层，平整土地，开明沟、暗沟等。

（7）烤烟的涝害、湿害。烤烟虽然需水量较大，但对土壤通气性要求相当严格，不能忍耐土壤过湿和积水。土壤过湿，不但严重影响根系发育，减少地上部茎叶的生长量，延迟成熟，而且很容易诱发各种病害。

育苗期间的猝倒病、炭疽病，大田生长期间的黑胫病、低头黑都与土壤湿害有密切关系。暴雨后天晴，叶斑病（尤其是赤星病）大量发生，危害很大。土壤过湿还会降低烟叶的品质，使烘烤后烟叶单位面积重量和弹性降低，香气不足。如果雨水过多而发生涝害，对产量和品质的影响更大。水淹后造成土壤缺氧，根系的吸水机能受阻。植株失去膨压，表现出凋萎症状。如果很快排干，对生长影响较小。若淹水达 12 h，植株的生理生化会发生变化，植物碱含量减少，而还原糖含量提高。淹水时间越长，影响越大，淹水 12 和 24 h，干物质的积累分别比对照低 12% 和 45%。一般来说，水淹以后植株较矮，茎较细，叶较短、较窄，产量下降，品质降低。不同生育期淹水造成的损失是不同的，12～13 片叶比 17 叶时受淹伤害更大。淹水后，下部烟叶变黄，并逐步向上扩展，淹水超过 2 d，大部分植株将萎蔫死亡。

（三）安徽省低温灾害对农业生产的影响

1. 低温灾害分类与指标

低温灾害是指在作物生长季节，由于受到低于其生育期适宜温度下限的低温影响，致使作物生育延迟或生殖器官的生理机能受损，从而造成减产的一类农业气象灾害。按不同低温灾害致灾的温度高低，可分为冷害、寒害、霜冻和冻害（表 2-1）。

表 2-1 冷害、寒害、霜冻、冻害的区别

类型	温度条件（℃）	发生时期	生理反应	危害作物	作物状态	危害后果
冻害	<0	冬季、早春或深秋	细胞脱水结冰	越冬作物、果树	越冬期、停止生长期	植株部分或全株死亡，减产或绝收
寒害	0～10	冬季	生理机能障碍	热带、亚热带作物	缓慢生长	植株受伤害，减产或严重减产
冷害	10～23	温暖期	生长发育障碍	喜温作物	积极生长	生殖器官受害或延迟生育，减产
霜冻	<0	较温暖期	短时间脱水结冰	越冬作物、果树、蔬菜	正常生长	植株、花果受冻，减产或严重减产

（1）冷害。低温冷害是指在作物生长季节，由于受到低于其生育适宜温度下限的低温影响（0 ℃以上），作物生育延迟，或发生生理障碍而造成减产。由于冷害是在温暖季节发生，作物受害后，外观无明显变化，故有"哑巴灾"之称。按冷害发生季节，可分为春季低温冷害、秋季低温冷害、夏季低温冷害三类。按冷害发生时的低温天气气候特征，可分为低温、寡照、多雨的湿冷型，天气晴朗、有明显降温的晴冷型，以及持续低温型三类。按冷害低温对作物危害特点及作物受害症状，可分为延迟型冷害、障碍型冷害和混合型冷害三类。延迟型冷害指在作物生育前期（一般是孕穗期以前）遇较长时间低温，削弱植株光合作用，减少养分吸收，影响光合产物和矿质养分运转，使生育期显著延迟、不能正常成熟而减产。障碍型冷害指在作物生殖生长期（主要是孕穗和抽穗或抽雄、开花期）遇短时低温，植株生理机能受破坏形成空秕粒而减产。混合型冷害指

在作物生育前期遇低温，延迟抽穗或抽雄、开花，后期又遇低温造成全部或部分不育并延迟成熟，导致严重减产。安徽省的低温冷害影响以水稻为主，按发生时间先后可分为"倒春寒"（春季低温冷害）、"小满寒"（夏季低温冷害）、"秋分寒"（"寒露风"，秋季低温冷害）3 种。

1）"倒春寒"（春季低温冷害）。3 月上旬至 4 月中旬连续 3 d 日平均气温小于 10 ℃，或 7 d 以上日均温小于 12 ℃，最低气温小于 5 ℃（或 8 ℃），4 月中旬连续 3 d 日均温小于 15 ℃，均会造成烂秧死苗。

2）"小满寒"（夏季低温冷害）。一般出现在 5 月中旬至 6 月中旬。低温对早稻分蘖和幼穗分化产生影响。早稻移栽后，气温维持在 13～14 ℃，日平均气温小于 20 ℃为籼稻僵苗不发指标，日平均气温小于 18 ℃为粳稻僵苗不发指标，日平均气温小于 20 ℃连续 3 d 以上为早稻幼穗分化危害指标。

3）"秋分寒"（"寒露风"，秋季低温冷害）。晚稻抽穗扬花期（9 月上中旬）连续 3 d 以上。持续天数增加，危害明显加重。日平均气温低于 20 ℃，籼稻受害，低于 18 ℃，粳稻受害，结实率降低，空壳率增加。

（2）寒害。寒害是指热带、亚热带植物在冬季生育期受到 1 个或多个低温天气过程（一般在 0～10 ℃，有时低于 0 ℃）影响，造成植物的生理机能障碍，导致减产或死亡的灾害。按照寒害的概念界定，实际寒害发生过程中有可能伴随着霜冻、冻害的发生。即在寒害过程中，如按不同低温灾害致灾的温度条件，可细分为寒害、霜冻、冻害；从一定意义上可以说霜冻、冻害是寒害过程中危害更为严重的 2 个阶段。狭义的寒害仅指 0 ℃以上低温对热带、亚热带作物的危害，由于饱和脂肪酸遇冷凝固造成的生理障碍及症状与一般作物受冻的表现相似，故与一般的冷害区别，称为寒害。按寒害发生的低温天气过程，一般可分为辐射降温型、平流降温型和混合降温型 3 种类型。

1）辐射降温型。寒害主要是夜间辐射降温剧烈，白天光照条件较好，过程日平均气温不是很低，但气温日较差大，造成寒害的主要气象因子是极端最低气温。

2）平流降温型。寒害一般是冷空气到达后，出现连续阴天或伴随有降水，过程日平均气温较低，气温日较差小，过程持续时间相对较长；寒害的形成除受降温程度影响外，还与寒冷的时间积累（积寒）有关。

3）混合降温型。寒害一般是弱的冷空气到达后，出现低温阴雨天气，其后有较强冷空气补充，天气急转晴，由原来主要是平流型降温转为主要是辐射型降温。

（3）霜冻。霜冻是指农作物生长期间受到接近 0 ℃的低温影响所造成的危害，一般发生在冬春和秋冬之交的农作物活跃生长期间，当土壤或植物表面及近地面空气层温度骤降到 0 ℃以下时，使农作物细胞原生质受到破坏，导致植株受害或者死亡，是一种短时间低温灾害。不同农作物类型、品种的抗霜冻能力不同，甚至同一作物品种由于播种期不同，霜冻危害后的情况也不相同。

按危害程度（最低温度 0 ℃）可分为轻霜冻和重霜冻。按霜冻发生早晚与季节，可分为早霜冻（秋霜冻）、晚霜冻（春霜冻）。由温暖季节向寒冷季节过渡时期的霜冻称为早霜冻或秋霜冻，主要危及尚未成熟的秋作物和未收获的露地蔬菜以及南方的越冬作物和常绿果树。由寒冷季节向温暖季节过渡时期的霜冻称为晚霜冻或春霜冻，危害返青后的越冬作物、春播作物幼苗和开花的果树。

按霜冻形成的天气可分为平流型、辐射型和平流辐射型。①平流型霜冻。是指由于强冷空气入侵引起剧烈降温而发生的霜冻。这种霜冻发生时，时常伴有烈风，所以也有"风霜"之称。平流型霜冻常见于长江以北的早春和晚秋。②辐射型霜冻。一般多是受冷高压的控制，在晴朗无风的夜间或早晨，地面因强烈辐射散热而出现低温，发生霜冻。因此，常被称为"晴霜"或"静霜"。通常情况下，辐射型霜冻在朝北的坡地比朝南的坡地更易发生。另外，洼地比平地也更易发生。③平流辐射型霜冻。是指在冷空气影响与辐射的双重作用下发生的霜冻。通常是先有冷空气入侵，气温明显下降，到夜间天空转晴，地面有效辐射加强，温度进一步下降而发生的霜冻。这种霜冻也被称为混合霜冻，是最常见的一种霜冻。

（4）冻害。冻害是指越冬作物、林木果树及牲畜在越冬休眠或缓慢生长期间受到0℃以下强烈低温或剧烈变温，或长期持续0℃以下温度，引起植株体冰冻甚至丧失生理活力，造成植株死亡或部分死亡，以及牲畜冻伤或死亡的灾害。

不同作物、不同品种、不同生育期的冻害指标各不相同。小麦多采用植株受冻死亡50%以上时分蘖节处的最低温度作为冻害的临界温度，即衡量植株抗寒力的指标。抗寒性较强品种的冻害临界温度是−19～−17℃，抗寒性弱的品种是−18～−15℃。冬小麦冻害可分为：①冬季严寒型。指冬季无积雪或积雪不稳定时发生的冻害。②入冬剧烈降温型。指麦苗停止生长前后因气温大幅度下降而发生的冻害。③早春融冻型。早春回暖融冻，春苗开始萌动时遇较强冷空气发生的冻害。

柑橘在最低气温低于−7℃时出现轻冻，低于−9℃时出现中度冻害，低于−11℃时出现重度冻害。橙类在最低气温低于−5℃时出现轻冻，低于−7℃时出现中度冻害，低于−9℃时出现重度轻冻。柑橘冻害可分为：①晴冷型。指冷锋过境后天气晴朗，降温剧烈发生的冻害，雨雪后转晴更为明显。②阴冷型。指强冷空气南下至热带、亚热带地区，遭遇暖湿空气，形成阴雨寡照或雨雪连绵天气，日均温在0℃以下，日最低气温在−7℃以上发生的冻害。③混合型。指晴冷和阴冷交替发生的冻害。

葡萄出现冻害的临界温度为−20～−16℃。大白菜最低气温持续3 d小于−5℃，受冻严重。萝卜、花菜等最低气温持续3 d小于−3℃受冻。油菜苗期，−5～−3℃时叶片一受冻害，初呈烫伤状，最后枯萎死亡；−5℃土壤结冰，出现较长时间冰冻时，油菜细胞间隙内水分结冰，使叶片组织受冻死亡；油菜现蕾抽薹期，抗寒力最弱，只要温度在0℃以下，就会出现冻害。乔叶型大叶种茶树，最低气温在−2℃时开始受冻，−5℃以下严重受冻，甚至枝叶全部枯死。灌木型小叶茶树，−15～−10℃低温受冻，−15℃以下严重受冻。

2. 低温灾害时空分布及发生规律

（1）寒潮。寒潮是严重的霜冻和冻害的制造者。寒潮虽属强冷空气，但并非所有的强冷空气都叫寒潮。只有当强冷空气袭击后，使当地 24 h 内降温 10 ℃以上，且最低气温在 5 ℃以下者，方能称之为寒潮。寒潮对安徽省影响最大、次数最多的有 3 个时段：一是"霜降"到"大雪"间的初冬时节，寒潮常带来初雪，造成严重霜冻或结冰，对晚秋作物造成危害；二是 1—2 月，寒潮往往使黄淮、江淮流域步入一年最冷的隆冬；三是冬末春初，即"惊蛰"到"清明"前后，寒潮带来的低温阴雨（雪）对南方早稻育秧及春季作物生长影响最大。

实际上，安徽省真正达到标准的寒潮次数并不是很多，合肥以北平均每年发生 2 次多，皖南年均发生 1 次有余，其他地区年均发生 1～2 次。在一年之中，11 月出现寒潮的几率最高，其次是 12 月和 2 月，10 月和 4 月最少，但对农业危害最大。寒潮的年际变化很大，有些年份（如 20 世纪 60 年代）一年可有 5 次全省性寒潮，而有的年份（20 世纪 90 年代）仅有 1～2 次区域寒潮过程。

安徽省大部 10 月和 4 月份寒潮暴发后，最低温度多在 −5～0 ℃，11 月和 3 月寒潮袭击后，最低气温以 −5～0 ℃最多；最低温度低于 −10 ℃的寒潮也较少，一般出现在 1—2 月。受强寒潮影响，1969 年 2 月 6 日淮北最低气温达 −23～−20 ℃，江淮之间在 −17～−15 ℃，沿江江南在 −14～−12 ℃，导致安徽省历史罕见的低温冻害，江河封冻，邮电通信、交通运输受损。

袭击安徽省的寒潮（强冷空气）多取以下 3 条路径：①西路。指冷空气主力从 100°E 以西南下，即地面冷高压中心从河套西部 45°N 以南东移入侵安徽省，地面多吹西北风。②中路。指冷空气主力从 100°～115°E 南下，即地面冷高压中心经河套一带南下进入，地面吹偏北风。③东路。冷空气主力从 115°E 以东地区南下，经渤海湾、山东半岛、长江口一带南下迥流侵入安徽省，因此地面多吹东—东北风。

（2）冷害。

1）春季低温冷害。江淮流域及江南各地几乎每年都有不同程度的春寒，较严重的春寒平均 3～4 年 1 遇。春寒又分早春寒和"倒春寒"，一般将春分（3 月 21 日）前发生的低温阴雨称作早春寒；将春分后发生的低温阴雨称作"倒春寒"或称"春分寒"，即指 3 月下旬至 4 月下旬，因前暖后冷的天气给双季早稻、中稻的播种育秧带来危害。所谓"前暖"，是指 2 月上旬至 3 月中旬各旬的平均气温距平之和 ≥4.5 ℃；若 3 月中旬为负距平，则计算到 3 月上旬。所谓"后冷"，是指 3 月下旬至 4 月下旬各旬的平均气温距平之和 <4.0 ℃，或者其中 1 个旬的平均温度距平 <2.8 ℃。如果 4 月下旬为正距平，则统计到 4 月中旬。由于"倒春寒"发生时间正值早稻育秧，棉花、蔬菜播种及育苗、栽插季节，其低温、阴雨和阳光不足对春播作物危害最大（徐成怀等，2007）。如早稻育秧，要求日平均气温在 10 ℃以上，最低气温在 5 ℃以上，并有 3～5 个晴好天气。如果低于这些气象条件，便可导致烂秧。若长时间的低温阴雨、日平均气温偏低 2～5 ℃，秧苗生理机能便会发生障碍而烂秧死苗。

2）秋季低温冷害。主要于 9 月上旬至下旬初发生在安徽省双季稻区，影响晚稻孕穗和开花授粉。入秋以后，影响安徽省的冷空气势力已明显加强，各地气温迅速下降，当日平均气温连续偏低，便会对抽穗扬花的晚稻构成威胁。安徽省常在"秋分"前后发生这类低温冷害天气，故被称为"秋分寒"；江南地区多在"寒露"前后出现，又被称为"寒露风"。双季晚稻正值抽穗扬花，极易导致空壳、瘪粒而减产。皖西高寒山区的"青疯灾"可提早到 8 月中、下旬，主要危害中稻。主要气象指标为日平均温度<20 ℃，≥3 d；或 9 月中下旬平均温度距平<-2 ℃，最低温度<15 ℃。据分析，当一次强冷空气侵入安徽省时，各地气温骤降，极易形成干冷型"秋分寒"或"寒露风"。例如，1971年 9 月中下旬江南大部遭受一次冷害，连续数天偏北风，气温持续下降，许多地方日平均气温降至 16 ℃左右，一般使双季晚稻空壳率在 20%～30%，严重地区双季晚稻空壳率在 30%～50%，甚至 70%以上，对产量影响很大。当北方冷空气南下遭到夏季风顽强抵抗时，冷暖双方便在大江南北展开"拉锯战"，引起一段又一段连阴雨。长期阴雨寡照、气温偏低，又会形成湿冷型"秋分寒"或"寒露风"，不仅会造成大量成熟的水稻、棉花发芽霉烂或品质下降，还会直接影响冬小麦、油菜等适时播种。

（3）霜冻。安徽省地跨江淮，分为淮北平原、江淮丘陵、皖西及皖南山区，地形复杂、气候多样，全省初、终霜冻和无霜冻期差异很大。常将安徽省划分为 4 个霜冻区，即淮北东北部及大别山重霜冻区、淮北西南部和江淮次重霜冻区、沿江霜冻次轻区和皖南霜冻轻区。

霜冻一般开始于秋季，称为早霜冻，直到第 2 年的春季才停止，称为晚霜冻。通常将秋季第 1 次发生的霜冻称为初霜冻，因为初霜冻总是悄悄使作物受害，所以有农作物的"秋季杀手"之称。秋季开始发生霜冻的第 1 天称为初霜冻日，春季最后发生霜冻的一天称为终霜冻日。终霜冻日与初霜冻日之间的天数称为无霜期，可作为一个地区农业气候资源的衡量尺度之一，是农作物的生长季节。安徽省各地由于地形等不一致，霜冻出现的时间不一。淮北东北部及大别山重霜冻区初霜冻期全省最早，在 10 月下旬后期，终霜冻期最迟，在 4 月上旬前期；淮北西南部及江淮次重霜冻区初霜冻期较早，在 11 月初，终霜冻期较迟，在 3 月下旬后期；沿江霜冻次轻区有大别山天然屏障，初霜冻期晚至 11 月中旬，终霜冻期早在 3 月中旬，无霜冻期长；皖南霜冻轻区地处皖南丘陵山区，初霜冻期在 11 月上旬后期，终霜冻期在 3 月下旬。

新中国成立以来，小麦霜冻损失最大的是 1953 年和 1954 年。1953 年 4 月 10—12日，山西、河北、山东、河南、陕西等省的大部和苏北、皖北地区发生严重霜冻，冬小麦死苗率在 10%～30%，重者 100%死亡，仅安徽省就冻坏小麦 200 多万公顷；1954 年 4月 20 日，山西、河北、山东 3 省南部和豫北、苏北、皖北再次发生严重霜冻。

（4）冻害。冻害对种植业、畜牧业和水产业均有影响，主要危害越冬作物、露地蔬菜、果树和茶树。寒潮是引起冻害的主要原因，全省各地在地形和地理位置上存在差异，所出现的寒潮次数也不尽相同，基本规律是淮北地区寒潮比沿江江南多，有自北向南递减趋势。安徽省冬季严寒型冻害多发生于 12 月至翌年 2 月，有 2 个月温度距平≤-5 ℃，极端最低气温淮北在-15 ℃以下，江淮之间在-12 ℃以下，江南在-9 ℃以下，而且无积雪覆盖。入冬剧烈降温型冻害多发生于 11 月中旬，有强寒潮侵袭，造成温度大幅度下降，极端最低温度全省都在-10～-4 ℃。早春融冻型冻害多发生于 3—4 月，有强冷空气南下，极端最低温度下降到-5～-3 ℃。安徽省沿淮、淮北地区有的年份，小麦早春融冻型冻害不仅 1 次出现，而是多次出现。例如，1995 年的 3 月 4 日、16 日和 4 月初出现了 3 次寒潮，有些麦苗或田间分蘖在第一次出现春霜时未受害，但在以后连续发生的春霜过程中受到了危害。1993 年 4 月上中旬，安徽省淮北地区连续出现 2～4 d 的低温天气，濉溪、杨山等地集中种植的 10 万 hm² 以上的 "西安 8 号" 小麦受害严重，据现场调查，麦田中受害穗少的占 20%～30%，多的达 70%～80%，有的田块基本绝收。

3. 低温灾害成因分析

（1）温度条件。冻害发生在寒冷时期，发生时温度必须在 0 ℃ 以下（多在-5 ℃ 以下），作物遭受伤害；寒害发生时温度在 0～10 ℃，作物遭受伤害；冷害是在温暖期间作物遭受 10 ℃ 以上的低温影响；霜冻发生在较温暖的气候条件下，在短时间下降到 <0 ℃ 时（一般在-5 ℃ 以上）造成的作物伤害。

（2）发生季节和地区。冻害发生在冬季严寒期；寒害发生在温暖气候条件的冬季；冷害发生在温暖季节。从发生的地区看，冻害以北方温带为主，南方亚热带地区有些年份也出现冻害；寒害主要发生在热带、亚热带地区少数年份；冷害发生在全国各地，但主要是在东北地区和南方初秋季节。

（3）危害的作物。冻害主要危害越冬作物（如冬小麦）、果树和部分亚热带作物（如柑橘）等；寒害主要危害热带、亚热带作物如橡胶、香蕉、龙眼、荔枝等；冷害主要危害喜温作物如水稻、玉米、豆类等。

（4）危害作物生育时期。冻害发生在作物越冬休眠期；寒害发生在作物生长缓慢或停止生长期；冷害发生在作物孕穗、抽穗、开花、灌浆期。

（5）受害时间过程。冻害可以是长寒死亡，也可以是短期 0 ℃ 以下受害；寒害受害过程时间较长，一般需有 2 d 以上的低温天气过程。平流型寒害在 5～10 d 的低温条件受害；冷害受害过程的时间长，一般需有 3 d 以上的低温天气。

（6）作物受害机理。

1）寒害。可导致细胞原生质膜遭到破坏，光合作用减弱、产物运输受阻，呼吸作用失调，酶促反应平衡遭到破坏，水分、养分平衡遭到破坏。

2）冷害。可削弱植株的光合作用，增加净呼吸消耗，削弱矿物质营养吸收和破坏养分运转。低温导致叶绿体中蛋白质变性，生物酶的活性降低甚至停止，使根部吸收水分减少而导致气孔关闭，吸氧量不足，抑制光合作用效率。低温使根呼吸作用减弱，也可导致植株营养物质的吸收率减弱，养分平衡受到破坏；低温影响了光合产物和营养元素向生长器官的输送，因此，生长中的器官因养分不足和呼吸作用减弱而变得弱小、退化、死亡。

3）霜冻。是由于幼嫩组织的细胞结冰对植株生理功能造成的综合损害。农作物的内部由无数的细胞组成，当温度降到 0 ℃ 以下时作物内部细胞与细胞之间的水分开始结冰，水分结冰时体积膨胀，因此，当作物内部细胞之间的冰粒增大时，细胞会受到压缩，细胞内部的一部分水分被"挤"出，被迫向外渗透。这个"挤"的过程不但使农作物的细胞受到机械损害，而且引起植物水分减少，产生脱水现象。细胞失掉过多的水分，其内部原来的胶状物会逐渐凝固，特别是在霜冻过后，气温又突然回升，农作物体内渗出的水分很快变成水汽散失，细胞失去的水分无法恢复，农作物会枯萎甚至死亡。从内因看，品种抗寒性、发育阶段、植株高度、生长状况、养分平衡等都决定着植株抗霜冻能力的强弱；从外因看，天气、地形和土壤状况影响植株霜冻的强弱。

4）冻害。和霜冻类似，与植物组织内的水分结冰有关，冻害损害机制和影响因素也与霜冻相似，但冻害更加具有累积性，冬季的持续严寒与干旱程度、冬前抗寒锻炼好坏、越冬期间与早春的温度骤变都对冻害的轻重具有很大影响。越冬作物茎叶的轻度冻伤对产量影响不大，但冬小麦的分蘖节和油菜的根茎如被冻坏，则将整株死亡。

4. 低温灾害影响

（1）霜冻对农业生产的影响。植物遭受霜冻时，如果霜冻不严重，植物不会冻死，温度回升后，可通过缓慢地解冻而恢复生命力。但如果霜冻过后气温急剧上升，会使植物细胞间的冰晶迅速融化成水，而这些水分在还未被细胞逐渐吸收前就被大量蒸发，从而造成植物枯萎，甚至引起死亡。因此，霜冻强度越大，降温后如果天气晴朗，气温回升越急剧，对植物的危害越大。

霜冻按照季节可以分为秋霜冻和春霜冻。秋霜冻是指秋季作物正趋于成熟时发生的霜冻，此时出现的霜冻使作物生长停止，导致产量和品质下降。秋季初霜冻来得越早，对作物的危害也越大。反言之，初霜冻出现时，如果农作物已经成熟收获，即使再严重也不会造成损失，而安徽北部地区常因初霜冻出现早，秋收作物还未完全成熟而遭受霜冻危害，造成大面积减产。秋季一旦发生霜冻，降温现象就会频繁出现，强度也不断加大。

玉米、大豆、棉花等秋收作物在成熟前对霜冻非常敏感。玉米如果在灌浆期遭受早霜冻，不仅影响品质，还会造成减产。当气温降到 0 ℃时，玉米发生轻度霜冻，叶片最先受害。玉米灌浆的养料主要是由叶片通过光合作用制造的，叶片受冻后变得枯黄，影响植株的光合作用，产生的营养物质减少。由于养料减少，玉米灌浆缓慢，粒重降低。如果气温降到-3 ℃，会发生严重的霜冻，玉米植株除了大量叶片受害外，穗颈也会受冻死亡，不仅严重影响植株的光合作用，而且还切断了茎秆向籽粒传输养料的通道，灌浆被迫停止，常造成大幅减产。

（2）小麦越冬冻害。

1）冬季严寒型。冬季严寒型冻害指的是冬季麦田3 cm深处地温降到-25～-5 ℃时发生的冻害。冬季持续低温并多次出现强寒潮，风多雪少，加剧了土壤干旱，小麦分蘖节处在冷暖骤变的上层中致使小麦严重死苗、死蘖，甚至导致地上部严重枯萎，成片死苗。

2）初冬温度骤降型。小麦越冬初期（11月下旬至12月中旬），小麦的幼苗未经过抗寒性锻炼，抗冻能力较差。若突遇日平均气温骤降10 ℃以上，最低气温低于-10 ℃的天气时，麦田受冻叶片迅速青枯。

3）越冬交替冻融型。小麦正常进入越冬期后，虽有较强的抗寒能力，但一旦出现回暖天气，气温升高，土壤解冻，幼苗又开始缓慢生长，使得抗寒性减弱。暖期过后，若遇大幅度降温，当气温降至-15～-13 ℃时，就会发生较严重的冻害。多发生在 12 月下旬至翌年 2 月中旬。

（3）小麦春季冻害。

1）早春冻害。早春冻害是早春小麦拔节时，寒流侵袭温度骤降形成的冻害。小麦返青至拔节期间一般在 2 月下旬至 3 月中旬，返青后麦苗生长加快，抗寒力明显下降，易造成死苗。

2）晚霜冻害。晚霜冻害一般发生在春末，小麦抽穗期左右，由晚霜低温造成。小麦拔节至抽穗期在 3 月下旬至 4 月中旬，该期间的小麦生长旺盛，抗寒力很弱，若遇气温突然下降极易形成霜冻。

（4）水稻冷害。

1）播种至出苗期。水稻种子发芽的下限温度指标为 7～11.6 ℃，低于该温度会造成水稻播种至出苗的冷害，成苗率明显下降。

2）营养生长期。以延迟型冷害为主。经调查，播种至幼穗分化期临界温度是 7～18 ℃。气温在临界点以下，每降低 1 ℃抽穗期延迟 9～11 d。

3）孕穗期。影响枝梗数及穗粒数的温度敏感期是在幼穗枝梗分化期至颖花分化期，大致在群体抽穗前 23～25 d，该期间如遇低温，枝梗及颖花分化不良，每穗粒数减少。诱发不育的临界温度因品种和栽培条件的不同而不同，一般在 16～18 ℃。

4）开花灌浆期。该时期遭遇低温主要是花粉粒不能正常成熟，花粉无效，不能进行受精。期间的临界温度是 20 ℃，易造成空秕率的增加而减产。水稻在开花期遇低温造成大量空壳的发生，影响水稻安全齐穗和产量。水稻在开花授粉期的最适温度是 30～32 ℃，最低温度为 15 ℃。如果平均气温低于 20 ℃，日最高气温低于 23 ℃，开花就会减少，或虽开花但不授粉，形成空壳。

（四）安徽省高温热害对农业的影响

1. 高温热害的概念与分类

高温热害简称高温害，是高温对农业生物生长发育和产量形成所造成的损害，一般是由于高温超过农业生物生长发育上限温度造成的，主要包括作物高温热害和果树、林木日灼及畜、禽、鱼类热害等。

高温热害影响和危害的农作物主要有水稻、玉米、棉花、大豆等，其中以水稻最为显著；蔬菜主要有番茄、黄瓜、茄子、菜豆、马铃薯等；果树主要有柑橘、苹果、梨、猕猴桃等。高温热害是高温天气对开花至成熟期的作物产生的热害，多发生在我国南方作物夏季生长期，尤其是进入盛夏酷热较早的年份。由于不同作物对高温的耐受力不同，通常把高温热害标准定为连续 3 d 或 3 d 以上日平均气温 ≥30 ℃和日最高气温 > 35 ℃。

（1）水稻高温热害。一般可分为花期高温热害、灌浆结实期高温热害 2 种类型。

1）花期高温热害。是指水稻在抽穗开花期遭受高温危害，导致花药干枯，花粉不飞散，柱头不能正常萌发受精，形成空粒。

2）灌浆结实期高温热害。是指水稻在灌浆到成熟期遭受高温危害，导致颖壳快速形成，库容受限，灌浆期缩短，形成高温逼熟，籽粒增多，千粒重下降。

（2）玉米高温热害。可分为延迟型危害、障碍型危害、生长不良型危害、混合型危害4种类型。

1）延迟型危害。指在玉米生长发育过程中，较长时间受到不同程度的高温危害，使光合作用受阻，酶活性减弱，致使生长发育减慢。

2）障碍型危害。指在玉米生殖器官分化期到抽穗开花期遭受异常高温危害，使生殖器官受到损害，造成全部或部分不育而减产，危害时间虽然较短，但受害后难以恢复，表现为秃顶、缺粒、缺行甚至无果穗而减产较大。

3）生长不良型危害。指玉米在营养生长期受害后高度降低，叶片数减少，粒数减少，穗变短，但成熟期未明显延迟，对千粒重也影响不大，主要因粒数少、生长弱而减产。

4）混合型危害。指在同一年内发生前期高温而使生长发育不良，后期又受低温危害造成灌浆缓慢，使玉米严重减产。

2. 高温热害时空分布

安徽省日平均气温≥30 ℃和日最高气温≥35 ℃的高温天气基本上每年都有发生；日平均气温≥30 ℃和日最高气温≥35 ℃持续3 d及以上的高温热害过程基本上每年都有发生。发生频次以淮河以南区域等值线较为密集，以长江流域为中心，沿长江流域自西向东形成一个高频带温带，沿江的安庆、铜陵、芜湖和池州绝大部分县（市）1年发生次数都在2次以上；在皖南山区以祁门和黟县为中心，持续3 d及以上高温热害为2～3年1遇，江淮地区以霍山为中心，为10年1遇形成2个灾害低发区域。

从时间分布分析，1990 年以后高温天气有所增加，年均在10 d以上，较1980—1989 年增长近2倍，高温热害有较明显增加趋势。近10 年全省大部分地区高温热害发生频次都呈不同程度的增长趋势，其中沿江区域增长幅度较大（冯德花，2011）。

安徽省历年大于35 ℃的高温天气南北多中间略少，淮北和沿江江南略多，全省大部多为15～25 d。皖南地区最多，为28 d；巢湖、滁县一带只有14 d左右。平均日数从沿江向皖南递增，皖西向沿淮伸展为相对高值区，淮河以北则缓慢递减。高温平均初日自北向南推进，最后是沿江一带。高温日平均开始于6 月初（淮北），结束于9 月初（江南）。淮北北部砀山最早，开始于6 月1 日；沿江安庆一带开始最晚，平均始于7 月11 日。高温平均终日以淮北北部杨山最早（8 月14 日），皖南屯溪最晚（9 月1 日）。连续3 d以上的持续高温，西部多于东部，淮北多于江淮之间。1966 年在巢湖一带，自7 月16 日至8 月12 日，高温持续时间长达28 d；同年在六安地区，自7 月16 日至8 月11 日，高温持续27 d。还有2001 年的合肥、安庆等地，长达25 d以上。2003 年是安徽省高温热害十分严重的一年，7 月下旬至8 月上旬的持续高温与早熟中稻花期相遇，造成严重损害，同时对在该期间处于花期的玉米、棉花、花生等农作物也都造成减产。据记录，2003 年 7 月中旬开始，受副热带高压的控制，安徽全省的大部分地区出现了几十年罕见的异常高温天气。从 7 月 22—23 日开始，到 8 月 8—9 日，日平均气温 30 ℃以上、日最高气温 35 ℃以上的天气在 15 d 以上。其中早熟中稻主产区的江淮地区 7 月 23 日至 8 月 2 日，连续 11 d 日均气温在 32 ℃以上，日最高气温在 39～40.3 ℃，为历史最高纪录。

我国水稻热害主要发生在长江流域，其中江淮地区是高温危害的多发、重发区。江淮地区 7 月下旬至 8 月中旬，中稻正处于孕穗、抽穗开花期，每隔 1～2 年就会出现持续 5 d 以上日最高温度高于 35 ℃的高温，出现高温危害水稻的概率较高。据文献记载，长江流域水稻发生严重高温热害的年份有 1959 年、1966 年、1967 年、1978 年、1994 年和 2003 年，但其中仅 1978 年、1994 年和 2003 年 3 次高温热害有较详细的文献记载。2003 年是长江流域史上最大热害发生年。高温连续发生日数和程度均刷新历史纪录，长江流域沿线中稻几乎无一例外受到严重打击，全国当年稻谷产量降至近 20 年来最低点。2013 年长江流域受害面积达 300 万 hm^2，损失稻谷达 5 180 万 t，其中安徽省受灾面积 33 万 hm^2，损失稻谷 128 万 t，占全省水稻总面积的 48%，产量损失约 50%。

3. 高温热害成因分析

安徽省每年 7—8 月都会出现一段持续时间或长或短的高温期，从成因上讲，在绝大多数高温年都存在着以下 1 种或多种导致高温发生的气象条件出现。

（1）冷空气活动偏弱。中高纬度大气环流场表现为乌拉尔山地和东北亚区域无明显阻塞高压形势，北方南下的冷空气活动偏弱，影响不到江淮之间，易出现持续性高温天气。

（2）异常稳定的西太平洋副热带高压持续稳定、偏强。这是造成高温的主要原因。倘若副热带高压异常稳定且非常强大，长时间在长江中下游地区徘徊，并且扩展开来控制了很多地区，就会导致这些地方出现异常的高温天。原因是西太平洋副热带高压强度异常偏强，脊点偏西，脊线位置偏北，江淮之间系统稳定、持续控制，盛行下沉气流，降水少，易出现持续高温。大陆暖高压活动异常，江淮之间受大陆暖高压影响，气流下沉增温，同时其与副热带高压共同作用阻断了中低层孟加拉湾输送至江淮之间的水汽通道，江淮之间空气湿度偏低，水汽条件不充足，造成高温晴热天气状况。

（3）异常偏少的台风活动。也是持续高温的原因之一。我国的热带风暴或台风是在北太平洋的中低纬度和南海海域生成的伴有大风、暴雨的天气系统，其中风力在 8～9 级的是热带风暴，风力在 10～11 级的是强热带风暴，风力在 12 级以上的是台风。当热带风暴或强台风生成之后，通常由南向偏北方向移动，对副热带高压产生一种推力，可以使副热带高压向北移动或减弱东移到海上，从而使雨带发生摆动。如果热带风暴或台风活动生成，登陆的数量少或者是登陆我国的时间晚，就会使强度偏强、位置异常偏西的副热带高压更加稳定少动，从而成为持续高温的原因之一。

（4）夏季风明显偏弱。也会成为导致温度偏高的一个因素。季风是在某地区随季节变化而出现的风向和湿度发生转化的规模大、持续时间长的气候现象。我国南方在夏天刮起的西南风是夏季风，而这个夏季风由孟加拉湾、南海海域、东海海域发展而来，携带着大量水汽，形成所谓的南方暖湿气流。6—7月份的南海夏季风明显偏弱，不能与北方的冷空气在长江以南地区交汇，这也是造成降水少、温度高的原因之一。

（5）厄尔尼诺现象。厄尔尼诺强度加强会使西太平洋副热带高压偏强，并逐渐影响到中纬度环流系统，使中纬度环流系统变得平直，经向环流较弱，纬向环流较强，不利于冷空气南下，同时也使夏季环流向冬季环流的转变推迟，最终造成该区域气温偏高。如2005年春夏季，我国均处于厄尔尼诺的减弱阶段，虽然春季赤道东太平洋海温转为负距平，但是大气仍表现为厄尔尼诺特征，所以厄尔尼诺虽然在减弱，但仍影响副热带高压，使之强度偏强，位置偏西。

4. 高温热害影响

（1）水稻热害。高温热害对农作物的影响一般以水稻危害较为明显。我国的水稻热害主要发生在长江流域，主要在水稻的抽穗开花期和灌浆成熟期这两个时期，常受到高温影响，引起产量明显下降。

1）高温对水稻开花期的危害。抽穗开花期是水稻的敏感时期，最适温度为25～30 ℃，若遇到日平均气温32 ℃以上或日最高气温35 ℃以上（穗部温度超过35 ℃）的高温，就会对开花受精造成极为不利的影响，影响开花，特别是高温低湿时，影响浆片吸水膨胀，造成不开花；高温时失水过快，影响花药开裂甚至不开裂；正常情况下花粉寿命只有5 min左右，高温下花粉寿命大大缩短；温度高于40 ℃时，花粉管伸长明显不良；高温对水稻灌浆期的危害主要是高温逼熟现象，影响受精。

2）高温对水稻灌浆结实期的危害。主要是造成灌浆成熟过程缩短，千粒重下降，产量和品质降低。水稻灌浆结实期的适宜温度为23～26 ℃，最高温度为35 ℃，持续多天40 ℃以上的穗层温度会对植株产生影响。灌浆初期高温使籽粒灌浆不完善，秕粒增加。开花后5～10 d的乳熟前期是决定灌浆增重的关键时期。若受到持续高温的影响，会导致植株早衰，灌浆成熟过程缩短，千粒重下降。高温危害导致大量空壳水稻出现，其特征表现十分明显：每个植株上只有极少的实粒，实粒出现的部位没有明显规律；稻株发生高节位分枝，一部分高位分枝能进行幼穗分化，长成较小的穗子，但不能结实。有包颈现象，抽穗不畅；植株表现出衰老延缓的特点。

（2）小麦高温逼熟。小麦灌浆的适宜温度为20～22 ℃，高于22 ℃就影响灌浆，超过28 ℃就停止灌浆。如果在小麦灌浆阶段连续出现2 d或2 d以上27 ℃以上的高温，3～4级以上的偏南或西南风，下午相对湿度在40%以下时，就会引起植株蒸腾强度大增，水分入不敷出。如果小麦遭受湿害，根系发生早衰，吸水、吸肥能力减弱，高温逼熟会更加严重。

1）高温低湿型。小麦叶片出现萎蔫或卷曲，茎秆变成灰绿色或灰白色，灌浆受阻，粒重减轻，麦穗失水变成灰白色。

2）高温高湿型。在小麦灌浆成熟阶段，如果遇到连续降水，会造成土壤含水量过高，透气性差，根系吸收能力下降易发生早衰，如再遇高温曝晒，叶面蒸腾强烈，水分供应不足，体内水分收支不平衡，很容易造成植株脱水死亡。植株受害后茎叶出现青灰色，麦芒灰白干枯，粒重减轻，造成产量和品质下降。

（3）其他作物高温热害。油菜在成熟过程中遇到高温天气，会导致角果无光泽，籽粒不饱满，红柱、秕粒增加，绿子增加，从而严重影响产量和质量。

高温是棉花枯铃脱落的重要原因，在 33～35 ℃高温条件下棉花的光合作用延缓，达 36 ℃时光合作用接近于 0，相反，此时的呼吸作用增强，增加植物有机体内的养分消耗，因此引起幼铃或花蕾的脱落。与水稻一样，高温降低花粉生活力，易使子房不孕，这也是棉花蕾铃脱落的重要原因。

（4）蔬菜高温热害。高温热害是长江流域夏季蔬菜生产上的主要灾害。例如，番茄在升花初期遇到 40 ℃以上的高温会引起落花，持续时间越长坐果率越低；菜豆在 30 ℃以上时授粉率大大降低；黄瓜在 35 ℃以上时呼吸消耗大于光合积累，如连续 3 h 的 35 ℃，叶色变淡，雄花不开，花粉不良，出现畸形果，根系在 25 ℃以上时易衰老；番茄向阳但在烈日曝晒下易产生日灼伤；茄子在 25～30 ℃下短花柱花较多，结实率低；马铃薯在 29.4 ℃以上时块茎停止膨大。大白菜贮藏期也怕高温，温度持续高于 30 ℃以上时易热伤脱帮。

（五）安徽省风雹灾害对农业的影响

1. 风雹灾害概念与分类

风雹灾害是冰雹、雷雨大风和龙卷风等灾害的统称，是由强对流天气系统引起并常常伴随着狂风、冰雹、强降水、急剧降温等阵发性灾害性天气过程的一类剧烈气象灾害。由于这种灾害性天气发生在积雨云中，故称其为"对流性风暴"或"强雷暴"，以严重降雹为主的雷暴又称"雹暴"。这种灾害主要发生在亚热带和温带地区，是中国、美国等季风气候地区频发的自然灾害之一，但不同地区发生的频次和危害程度有所不同。风雹灾害与系统性大风、暴雨灾害相比，具有影响范围小、发展速度快、持续时间短，但来势迅猛、灾害重、破坏力强等特点。瞬间即能造成严重危害，尤其是冰雹与短时暴雨、雷雨大风同时出现，不仅危害农业、林业，而且对工业、通信、交通等也会造成极大危害。有时在一定的天气条件下，一些强对流云体及剧烈天气现象会连成一线，气象学家称之为雹线，其破坏力更大，危害范围更广。

风雹灾害对农业的危害主要可分为大风、冰雹、暴雨（骤雨）灾害 3 类。强对流天气引起的大风、冰雹及骤雨往往同时或伴随发生，很难准确分清各自的危害程度，因此，有关统计中统称为风雹灾害。

（1）大风。是指风速 17 m/s，即 8 级以上的风，一般风力在 6 级以上就可对农作物产生危害，危害大小取决于风力强度、持续时间和作物状况，大风主要造成作物、果树的机械损伤、倒伏，吹散吹跑畜群，破坏农业设施等。

（2）冰雹。是指直径大于 5 mm 的固体降水物，呈球形、椭球形、圆锥形和不规则状，常由透明与不透明层交替组成。中心为雹胚（霰或冻滴），一般 3～5 层，通常雹块愈大，层次愈多。直径小于 5 mm 的称为冰粒，结构坚硬，落地会反跳；直径 2～5 mm 的称为霰，结构松软，着地易破碎。冰粒和霰可单独降落，危害相对较小。冰雹的危害与其大小和透明度有关。冰雹的密度在 0.3～0.9 g/cm²，透明冰雹的密度要大于白色冰雹，可达 0.85～0.9 g/cm²；半径 1 cm 的冰雹重 3.8 g，到达地面的速度一般为 20 m/s，半径 3～9 cm 的冰雹重 0.1～3.0 kg，速度达 30～60 m/s，破坏力极大。冰雹可砸伤叶片、果实，重者砸断茎秆，造成落花、落果等。另外，由于降雹前后温差达 7～10 ℃，可使作物遭受冷害或冻害。

根据一次降雹过程中多数冰雹的直径、降雹累计时间和积雹厚度将冰雹分为 3 级：①轻雹。多数冰雹直径不超过 0.5 cm，累计降雹时间不超过 10 min，地面积雹厚度不超过 2 cm；②中雹。多数冰雹直径在 0.7～2.0 cm，累计降雹时间在 10～30 min，地面积雹厚度在 2～5 cm；③重雹。多数冰雹直径在 2.0 cm 以上，累计降雹时间在 30 min 以上，地面积雹厚度在 5 cm 以上。

（3）暴雨（骤雨）。一般与大风、冰雹相伴，可加剧农作物的大面积倒伏，少数降雹过程伴有局部洪水灾害等，使损失加重。

2. 风雹灾害时空分布

我国风雹灾害发生的地域很广。几乎全国各地都有风雹天气，只是造成的灾害程度有所不同。据 1958—2007 年全国逐日冰雹资料统计分析，大部分站点每年均有冰雹发生，降雹次数较少的为每年 1 次，主要位于黄河流域、长江流域、华南等平原地区；年均降雹次数较多的地区主要集中在山地和高原地区。不同区域冰雹发生的频次不同，长江流域频次较低，高发时段为 2—4 月。我国是世界上风雹灾害比较严重的国家，有 20 个省（市、区）经常遭受灾害。1961—2006 年，我国平均每年农作物受灾面积为 380 万 hm²，成灾面积为 181 万 hm²，严重年份农作物受灾面积在 600 万 hm² 以上，其中 2002 年高达 747.7 万 hm²。

安徽风、雹灾害频发，是农业生产的主要灾害之一，损害面积年均 14 万 hm²。风雹一般出现在每年 3—10 月，尤以 4—8 月最多，带来的灾害也最严重。冰雹多出现在午后和上半夜，下半夜和次日下午出现的机会极少。从影响范围看，安徽省各地均会出现，但以淮北、江淮东部、沿江东部及大别山区出现的概率最高。雹灾的发生淮北多于淮南，特别是宿州市、蚌埠市为多冰雹区，而从全省各县的降雹情况看，涌桥、灵璧两县（区）的降雹次数最多。安徽省冰雹路径，淮北及淮河以南东部多呈南北走向，即冰雹从北向南依次影响该地区。大别山区和江南多呈东西走向，即冰雹从西向东，或从西向东北偏东方向依次影响。如 1981 年 5 月的一次冰雹、龙卷风天气从山东南部进入淮北后，经江淮东部消失在苏南，导致江淮东部农业损失惨重。1972 年 4 月 18 日，一天之内全省 34 个县（市）遭受冰雹、大风和暴雨袭击，仅巢湖地区被毁坏房屋达 120 多万间，伤亡人数达 2 273 人，其中死亡 33 人。1991—2012 年安徽省农业风雹灾害年平均受灾面积为 23.9 万 hm²，年平均成灾面积为 13.2 万 hm²（江懿等，2017）。受灾指数>3% 的年份有 1992 年、1994 年、1998 年、2002 年、2004 年、2009 年，占统计年份的

31.8%。其中，灾情最重的年份为 2002 年，风雹灾害的受灾面积和成灾面积为最高值，分别为 71.5 万 hm² 和 48.2 万 hm²。

3. 风雹灾害成因分析

（1）雷雨大风、龙卷大风的气象成因。春季是安徽省强对流发生的季节，由于次天气尺度的暖低压附近空气强烈辐合上升运动会造成雷雨大风，这种大风多为阵发性，风向不稳，风力在雷雨前突然加大，雷雨下时减弱，持续时间短，一般不超过 1 h，甩线大风和龙卷大风由尺度更小的中小尺度天气影响形成，但其发展与大尺度的环流背景有着密切的关系。安徽的龙卷大风常与雹暴的天气形势相似，是大气不稳定能量积蓄和暴发的结果。

（2）冰雹的气象成因。产生强烈的对流云是形成冰雹云的基本条件，在冰雹云上部有一个含水量累积区，也是冰雹生长区。强烈的上升气流携带大量水滴和冰晶运动着，碰撞合并成较大冰粒，经过含水量丰富的区域时，成为冰雹的核心，在反复上升下沉过程中变大，当上升气流支托不住时，从云中落下来形成冰雹。冰雹产生的天气系统背景主要是：快速的强冷锋、强的高空槽和切变线、高空冷低压和副热带高压背后的高空槽和热低压等。但大范围的天气系统只是提供了降雹的一种背景，局地气候条件如何，是降雹的必要条件。例如，在热对流旺盛的山地和谷地容易降雹。大部分地区降雹出现的时间也在热对流旺盛的午后到傍晚。夜间到清晨大气比较稳定，一般降雹很少出现，但皖南山区有一半冰雹发生在夜间到清晨。

4. 风雹灾害影响

（1）大风的影响。大风易导致农业设施损毁、建筑物倒塌或垮塌，直接造成人员伤亡。如果形成龙卷风，对局地的危害非常大。大风会破坏农业生产设施，造成生产交通障碍。强风还会造成作物和林木倒伏、折干、断枝、落叶、拔根、擦伤花器、落粒掉果等，造成大面积减产。如果大风遇到空气干燥，还会加速果木和作物蒸腾失水，造成叶片气孔关闭，光合强度降低，致使作物萎蔫，甚至枯萎。另外，风灾程度与作物种类及生育期也有较密切的关系。

（2）冰雹的影响。每年 4—6 月为降雹盛期，这一阶段恰好是春耕季节。冰雹危害主要表现在雹块从高空急速落下，冲击力大，再加上猛烈的暴风雨，使摧毁力得到加强，经常让农民猝不及防，有的还导致地面人畜伤亡。

冰雹直径大于 0.7 cm 可以成灾，大于 1.0 cm 灾情较重，在冰雹直径相同的情况下，降雹密度越大，时间愈长，风力越强，灾情越重。冰雹天气对农业的危害主要是雹块、大风对农作物和牲畜的机械杀伤，使农作物叶片破碎、茎秆折断、倒伏、花蕾果实脱落。冰雹危害程度取决于雹块的大小、降雹强度、雹块下降速度、降雹持续时间等，也与作物种类和发育期有关。玉米、棉花等高秆作物比水稻、小麦等矮秆作物受害重，地上结实作物比地下结实作物受害重，生殖生长期比其他生长期重，如抽穗、开花至灌浆成熟期遭受冰雹危害，可能造成绝产。多年生果木经济林若受冰雹砸伤，不仅枝叶折断，果实脱落，当年损失惨重，且影响第二年生长、结实。枝叶伤口易被病虫侵染。

1）对小麦的危害。主要有以下几个方面：砸断伤害，冰雹从几千米的高空砸下来，有较大的重力作用，重者砸断茎叶，轻者造成落粒伤叶；冻伤，雹块积压麦田，造成麦田冻伤；地面板结，冰雹的重力打击，造成地面严重板结，土壤不透气，产生间接危害；小麦产区若在灌浆期遇到风雹灾害，将造成大片倒伏，导致灌浆过程减缓或终止，严重降低产量；伴随冰雹同时出现的狂风暴雨，对小麦穗部淋撞作用，使小麦落粒加重。

2）对棉花的危害。雹灾对棉花的机械损伤很严重。冰雹发生的时间短，但来势猛，对棉花的机械性破坏大，常常造成棉花断枝断头，蕾铃脱落、叶片被打破。

棉花的生育期推迟：受灾后的棉花由于要恢复生长需消耗养分，所以棉花的生育进程推迟。灾情越重，恢复生育进程越慢。据1995年5月28日安徽省泗县棉花遭雹灾后调查，受灾的棉田和正常的棉田相比，现蕾期推迟14 d，伏桃少15.8%。

有效开花结铃期缩短，单株成铃减少：据安徽省泗县观察，1995年5月28日遭雹灾的棉田，有效结铃期比正常棉田减少12～19 d；单株平均成铃14.3个，比未受灾的棉田少8.1个，减少36.16%。

品质降低：棉花受灾以后，生育进程推迟，单株结铃数下降，秋桃增多，单铃重也减轻，所以棉花的单产是下降的。受灾越重，产量下降越多。由于秋桃增多，棉花的品质也是下降的。

（3）暴雨的影响。风雹天气的暴雨一般时间较短，但影响较大。大雨往往造成农作物被淹、地面积水、人行受阻等。

（4）雷电的影响。风雹灾害一般伴有雷电，往往导致人员被直击伤亡。

（六）安徽省雾霾灾害对农业的影响

1. 雾霾灾害的概念

雾和霾在理论上是两种不同的天气现象。根据气象学上的定义，"霾"是大量极细微的干尘粒（干气溶胶粒子）等浮游在空中，是水平能见度小于10 km的空气普遍混浊现象；而"雾"是当空气中水汽较多时，某些吸水性强的气溶胶粒子会吸水、长大，并最终化成云雾的凝结核等，产生更多、更小的云雾滴，使能见度更加降低，能见度<1 km时被定义为"雾"，能见度在1～10 km被定义为"轻雾"。

由于雾和霾的主要组成因子云雾滴和干气溶胶粒子都可以影响能见度，所以在能见度小于10 km时有可能是两者同时作用，当雾和霾同时存在时，这种天气现象被称为雾霾天气。

2. 雾霾灾害时空分布

安徽省气候中心发布的2014年气候报告说明2014年是安徽省有气象记录以来雾霾最严重的年份。据统计，2014年全省平均雾和霾日数分别为28 d和76 d，较2013年分别偏多8 d和41 d，其中以霾日数偏多最明显，为1961年以来最多。霾日数空间分布为：淮北中部及北部、江淮之间中东部、江南西南部超过100 d，其他地区不足100 d。由于秋冬气候干燥，雾霾天气频发，1—3月和9—11月雾霾持续时间较长，影响范围较广。

2014 年 1 月 29 日至 2 月 2 日，出现持续大范围雾霾天气，1 月 29 日、1 月 30 日、2 月 1 日分别有 59 个、67 个和 55 个市（县）出现雾霾，皖南多个市（县）能见度不足 50 m。3 月 26—30 日，大雾天气最严重，有 43 个市（县）能见度不足 500 m（陈磊，2015）。

3. 雾霾灾害成因分析

雾霾发生有两个条件：一是极端不利气象因素出现时，增加大气逆温层以下的污染物稀释和扩散的难度；二是污染物排放量大，导致细颗粒物排放量增加，空气中污染物不能及时扩散，引发浓度含量远远超过环境容量，空气自净能力转差，污染更加严重。综上两种原因就形成了雾霾。

细颗粒物的来源及形成过程比传统工业的污染源来源及形成过程更为复杂，因此，它所导致的污染问题更加严重、更加棘手，是国家经济发展过程中的资源消耗与经济增长之间的矛盾在环境领域的反应，是日累月积的环境问题的一个"爆破面"，它涉及面广、成因复杂、来源宽泛，与社会生产、生活活动和消费活动都有直接关系，以北京市的 PM 2.5 的来源为例，机动车排放占 22%，煤炭燃烧占 17%，工业喷涂挥发占 16.3%，工地扬尘占 16%，农业养殖、秸秆焚烧等占 4.5%。除此之外，其他区域向北京市区域的细颗粒物输入率也占 20% 以上。总之，细颗粒物污染是发展中国家经济社会发展的一个阶段性特征，其根本原因是社会性的，与产业结构失衡、产业布局不合理、能源结构单一、生活方式和生产方式不环保等都有密切关系。

在农业生产过程中，加剧细颗粒物污染的主因就是秸秆焚烧。秸秆焚烧不仅能产生细颗粒物 PM 2.5、颗粒物 PM 10，一氧化碳、二氧化碳等多种污染物，焚烧后所产生的灰白色烟雾还会降低空气的能见度。多项研究结果显示，秸秆作为生物质燃烧排放大气颗粒的主要组分为水溶性钾和碳质颗粒，碳质颗粒的组分含量百分比高达 73%，其中有机碳在碳质颗粒中的比重为 60%～90%。碳质颗粒在 TSP 的重量中占 10%～15%，在 PM 10 的重量中占 20%～30%，在 PM 2.5 的重量中占 40%～60%，细颗粒物含量非常高。恰恰就是这些细小的颗粒，对人体健康影响很大，对中老年、儿童和患有呼吸道疾病的人会造成很大的影响。也正是这些细小的颗粒，对能见度和气候变化影响也更为显著。

4. 雾霾灾害影响

（1）对设施农业的影响。设施农业，是在自然环境中，通过人为工程技术手段操控改变优化动植物生长的环境因子（温度、光照），使之可以全天候生长，以达到高速、高质、高产的目的。在农业生产过程中，所占比例越来越大。设施农业主要涵盖设施种植（通过配套建设各种温室、聚烯烃大棚等设施设备的途径种植蔬菜、花卉、果类等植物）、设施养殖（通过新时期饲养畜舍、厂区功能搭配的途径饲养畜禽、特种经济动物等动物）、设施食用菌等。设施农业可最大限度地利用太阳能的覆盖材料，全面利用太阳能，做到冬季确保透明度高、保温效果好，夏季可以防台降温，借助聚烯烃膜的作用吸收太阳光助力植株的光合作用，减少灰尘。空气污染导致雾霾天气时间长、涉及区域广，而雾霾天气又导致空气能见度骤减，太阳光照时间短，严重地影响了设施农业的发展。

（2）对农作物的危害。植物要增加其维持生命及生长所需要的能量，就必须通过光合作用和呼吸作用分解并合成有机物质，确保正常生长同时又增强本身的抗病能力，在空气污染的条件下，植物本身虽然具有吸附尘埃的作用，但因为空气中 PM 2.5 的比重过大，吸附作用就会减弱，同时，植物的光合作用和呼吸作用也会受到影响。由于雾霾天气会影响温室内温度、湿度、光照等条件，而这个影响贯穿植株生长的整个过程，导致幼苗发育不良，作物产量低、质量差。

1）对作物萌芽的影响。作物萌芽阶段需要有充足的水分、适当的温度和湿度以及足够的氧气，种子含水量少、代谢缓慢，生长发芽的过程缓慢。在温度较低、降水量较少的自然环境条件下发生雾霾天气，水分、温度和光照条件不能满足植株萌芽的需求，而且雾霾天气遮挡光照，会破坏温室大棚的生态平衡，缺少光合作用的幼苗植株较小，生命力脆弱，叶片难以成形，不能正常进入生长阶段。

2）对植株生长的影响。植物通过呼吸作用分解物质，增加其维持生命、生长活动所需的能量，合成更重要的有机物质以增强植物的抗病能力，提高植物的新陈代谢能力。确保植株呼吸作用的正常运行，就必须在生长的过程中有适当的温度和湿度、足够的水分，还有充足的氧气。但是在雾霾天气下，空气中悬浮尘粒多、细颗粒物比重过大，植株吸附尘埃的能力减弱，且呼吸作用受阻。太阳光照是植株生长的直接热量能源，在很大程度上决定着大棚内的温度、湿度、光照强度等环境因子的状况，甚至影响温室的整体环境状况。温室大棚开始建设后，解决了冬季光照的问题，但是雾霾天气频繁发生，遮挡大棚内作物需要的阳光，会造成大棚内空气温度和地面温度降低、湿度提高，从而降低植株的抗病能力，增大病虫害的风险，导致棚内生态环境紊乱，达不到设施农业环境安全的目的。

3）对作物产量和质量的影响。有两种情况：一种是在生长期就受到雾霾天气影响的植物势必在成熟期不会有很好的产量和质量；另一种是在植株生长期间情况良好，但在成熟期遭遇长期、连续的雾霾天气，雾霾灾害会使作物在成熟生长期中缺乏必需的温度和日照，影响果蔬成品的大小、光泽，不能保证果实品质。而且雾霾天气下棚内温度过低，有可能出现农作物冻害现象，造成大面积减产或不产；棚内湿度过大，会降低农作物抵抗病虫害的能力，进而降低作物的产量和质量。与市场上同期相比，作物产出减少而成本却增加，价格持续上涨，导致农产品市场价格混乱。

第二节　农业生物灾害

农业生态系统中除了人工栽培的作物外，还共生有许多其他生物，其中对专门对作物有害并造成经济损失的生物统称为有害生物。农业生物灾害是指有害生物对农业生产造成的危害，一般指由农业病原微生物、有害昆虫、有害植物引起的威胁或危害农业生产、农业生态环境和人类生命财产的各类事件。农业生物灾害是自然灾害的重要分支之一，一般意义上是指某一地区农业生态系统中原有物种或迁移物种的种群数量大暴发而造成农业生物严重受害，给农业生产带来重大经济损失的农业自然灾害；通常指病、虫、草、鼠害，广义的农业生物灾害还包括森林病、虫、鼠害，动物疫病和寄生虫病等。

在农业生态系统中，农业生物灾害的消长是寄主生物、有害生物、气象条件、生产与管理措施等综合作用的结果。有害生物的消长与成灾除了受其自身生物学特性影响外，还受农作物品种、耕作栽培制度、施肥与灌溉水平等的制约，特别是受气象条件的影响很大。气象条件的适宜与否是决定农业生物灾害能否发生流行与成灾的关键。其发生范围和严重程度对我国国民经济，特别是农业生产，产生直接的重大影响。与火山爆发、地震、洪涝、干旱等自然灾害相比，有害动植物或微生物所引起的农业生物灾害则很少引起人们的关注。事实上，农业有害生物种群数量的突然暴发而导致的灾害后果往往触目惊心且难以对付，可在较大范围内对农、林、牧、渔及人类健康等造成巨大危害。

一、农业生物灾害发生的诱因

(一) 气象因素

天气、气候条件直接影响和制约着生物灾害的发生流行，温度、降水、湿度、风向、风速等气象要素可直接影响病害的发生、发展、侵染和流行，影响病菌、害虫、害鼠和杂草的发育、繁殖、越冬、分布、迁移和适应等。有研究表明，气象条件是决定有害生物发生流行的关键因素，几乎所有大范围流行性、暴发性、毁灭性的农业重大病虫害的发生、发展和流行都与气象条件密切相关，或与气象灾害相伴发生，一旦遇到灾变气候，会大面积发生流行成灾。气象条件并不一定直接构成对农业生物的危害，而是通过改变农业有害生物孕灾、致灾的气象环境因子，诱发、促进有害生物的发生流行，最终对农业生物造成危害。有害生物种群暴发与调节的理论或假说之一认为，有利的气候变化直接（如暖冬）或间接（如初级生产力增加）地提高了有害生物种群的繁殖力和存活力，引起有害生物数量暴发。

气象要素年际间的异常变化常影响当年生物灾害的发生等级。如严重影响我国农业生产的重大迁飞性害虫草地螟、稻纵卷叶螟、白背飞虱、褐飞虱等，在其适迁期，降落地连续降水是促成害虫降落的重要条件，迁入降落虫量过大时，常导致暴发性灾害发生。

(二) 化学药剂的施用

化学药剂的大量和盲目施用在杀死病、虫、杂草的同时也杀死大量天敌，从而改变了生态系统的生物种群组成，降低了生物群落的多样性，导致生态系统的稳定性下降、平衡失调，常引起有害生物迅速再生繁殖而暴发为害。20世纪40年代，农业生物灾害的防治进入了重视依赖化学药剂防治的新阶段，防治效果明显提高，但长期使用药剂也出现了病虫产生抗药性，导致病虫害再次猖獗的问题。如寄生于柑橘白粉虱的座壳孢菌在过多使用广谱性杀菌剂时受到杀伤，大大降低其对柑橘白粉虱的寄生率；大量使用波尔多液防治柑橘疮痂病和溃疡病会杀死锈壁虱天敌汤姆森多毛菌，从而引起锈壁虱暴发。更为严重的是，化学杀灭剂的大量施用导致残留毒素不仅污染环境，而且还对人类的生命健康造成很大的威胁。

（三）生态环境破坏

森林过度砍伐、天然植被的深度破坏、农业土壤污染、空气污染、酸雨，以及干旱化、荒漠化、草地退化、盐渍化等直接改变了该地区原有的生态环境条件，迫使动物改变生活习性，从一栖息地迁徙到另一栖息地，感染源地扩大，生物多样性遭到破坏，打乱了生物间相互依赖、相互制约的关系，其后果将导致生物灾害的频繁发生。

（四）人类活动

人类活动的干扰造成生物多样性减少，导致生态系统的自控能力降低，有害生物发生与成灾的风险性增加。如人类为了自身的生存目的，通常大面积种植单一品种的作物，人为地排除其他动植物种类的竞争，以提高作物的产量。全世界的农业用地主要种植12种谷类、23种蔬菜、35种水果和坚果作物，即在世界现有的大约14.4亿 hm^2 农用土地上种植的作物不超过70种，这与热带雨林每公顷土地上超过100种植物所构成的生物多样性形成鲜明的对照比，从而导致农田生态系统中植被较单一化，群落的物种数和个体数都比自然生态系统少，生物多样性也较低。在果园生态系统中人工或化学除草，许多果园几乎仅有人工栽培的果树生存，使捕食性天敌如钝绥螨类等无法越夏而大量死亡。同时，由于土壤板结，果树的树势变差，形成恶性循环，反而又加重了病虫的为害。

（五）外来生物入侵

外来生物入侵已成为我国有害生物暴发性灾害的一个重要原因。国际上成灾频率极高的危险性病虫害如稻水象甲、美洲斑潜蝇、美国白蛾等先后传入我国主要粮、棉产区和林区。稻水象甲已由几年前仅在天津市局部地区发生蔓延至河北、山东、辽宁、浙江、福建、江苏、湖南等省；美洲斑潜蝇传播更快、危害更大，已在南北10多个省（市、区）发现其严重为害蔬菜、花卉、烟草、棉花和油料等经济作物（刘耀湘，2006）；美国白蛾已沿主要铁路干线分布至全国大部分地区，形势相当严峻。

二、农业生物灾害发生的特点

农业生物灾害的发展演化过程是在生物圈大背景下一种多尺度的生态过程，是农业生态系统中的物质流、能量流和信息流相互作用的结果。其发生与成灾是承灾体、有害生物、气象条件、管理措施等综合作用的结果，是 2 种或 2 种以上生物体动态的自然变异过程。具有以下显著特点。

（一）突发性

表现为灾害暴发的突然性或间歇性，即历史上从未发生过的灾害突然发生，或历史上曾发生过，在沉寂多年之后又突然暴发，猖獗一段时间后再次销声匿迹。病、虫、草、鼠害发生的长期此起彼伏以及受气候变化等的影响，近年来的成灾频率显著加快、致灾强度明显加剧就是一个很好的例证。例如，2004 年安徽省阜南县水稻稻曲病暴发流行，严重田块病穗率达 100%，给水稻生产造成严重损失；2005 年沉寂长达 10 年的水稻褐飞虱又一次特大暴发，损失惨重。属突发性的农业病虫灾害还有蝗虫、斜纹夜蛾、甜菜夜蛾等，在一些地区时有暴发。此外，农田鼠害同样具有突发性。

（二）普遍性

农业生态系统中除了人工栽培、饲养的动植物等外，还共生着包括有害生物在内的许多其他生物。当系统相对平衡和稳定时，有害生物处于"常年发生"状态，只要有寄主的存在，就有其寄生生物的繁殖、发展与为害，构成了有害生物生存与危害的长期性。与农业气象灾害相比，农业生物灾害发生具有时间和空间的连续性、普遍性，如在发生空间上表现为区域连发、普发等，在发生时间上表现为年年发、季季发等。

（三）扩散性

绝大多数有害生物可以随气流、水流、动物迁徙、人为活动和本身的迁飞特性等迁移到另外一个地方，在新地域定居后，对生态系统造成危害。有些危险性有害生物侵入新地域后，迅速繁殖，排挤本土生物，从而造成生态灾难，尤其是远距离迁飞性害虫，能够依靠自身的飞行能力和利用气流的携带作用，迅速扩散繁殖为害。迁飞使得害虫有机会选择更适宜的寄主植物和生理条件，从而使得对植物的危害范围逐步扩大。迁飞性害虫可在世界范围内的农业生物上迁移为害，多具有区域性、突发性和毁灭性的特点，不仅给虫害预测预报和防治带来很大难度，而且造成的损失巨大，治理费用也极为巨大。

（四）隐蔽性

农业有害生物一般形态多变。害虫一般要经过卵、幼虫、蛹和成虫等不同虫态，不同种类的不同虫态对农业生物的危害性不同。如玉米螟主要以幼虫蛀茎为害，棉铃虫主要以幼虫蛀食棉花的蕾、花、铃为害，稻飞虱成虫、若虫都能为害。病原微生物个体小，病害常隐蔽发生。如棉花枯萎病在气象条件不利时，症状隐退，等到气象条件适宜时再度出现；西瓜蔓枯病潜育期，在 15 ℃时需要 10~11 d，28 ℃时只需 3.5 d。一些有害生物危害症状具有隐蔽性，如被吸浆虫危害的小麦，其生长势和穗型大小不受影响，且由于麦粒被吸空、麦秆表现直立不倒，具有"假旺盛"的长势，出现"千斤的长势，几百斤甚至几十斤产量"的残局。许多有害生物隐藏于受害体内、水中、大气里或地下，不易发现，如小麦吸浆虫以老熟幼虫在土中结茧越夏、越冬，一般在小麦拔节期幼虫才开始破茧上升。一些农业生物灾害发生的隐蔽性特征给灾害的监测治理带来很大困难。

三、农业生物灾害的分类

农业生物灾害具有种类多、影响大并时常暴发成灾的特点。据统计，全国农作物有害生物有 1 600 多种，其中害虫 838 种、病害 742 种、杂草 64 种、害鼠 22 种。能造成重大损失的有 100 多种，其中重大流行性、迁飞性病虫害有 20 多种。

农业生物灾害可按有害生物的类别、危害类别、作物对象以及有害病菌的菌属、有害昆虫的科属等进行分类。

（1）按有害生物的类别，农业生物灾害可分为病害、虫害、草害、鼠害。

（2）按有害生物危害对象的类别，农业生物灾害可分为作物病害、虫害、草害、鼠害，果树病害、虫害、鼠害，森林病害、虫害、鼠害，畜牧、水产养殖动物病害、虫害等。

（3）按有害生物危害的作物对象，农业生物灾害可分为水稻、小麦、玉米、棉花、大豆等病害、虫害、草害、鼠害。

（4）一种作物的不同病虫害可按有害病菌的菌属、有害昆虫的科属进行分类。如水稻病害分为纹枯病、稻瘟病、白叶枯病、细菌性条斑病、稻曲病等，水稻虫害分为螟虫、稻飞虱、稻纵卷叶螟等。

（5）同一种作物病害可按作物生育期或发病部位不同再进行细分，如水稻稻瘟病分为苗瘟、叶瘟、茎节瘟、穗茎瘟和谷粒瘟，小麦锈病分为条锈病、叶锈病、秆锈病3 种。

（6）同一种作物虫害可按有害昆虫的种类不同或危害作物的发育时段不同再进行细分，如稻飞虱分为褐飞虱、白背飞虱和灰飞虱，麦蚜分为麦长管蚜、麦二叉蚜、禾谷缢管蚜和麦无网长管蚜等，小麦吸浆虫分麦红吸浆虫、麦黄吸浆虫 2 种，棉蚜分为苗蚜、伏蚜和秋蚜。

（7）农业草害可分为农田草害和牧场草害。前者危害农作物能导致减产，后者使牲畜中毒死亡，降低畜产品质量，或影响优良牧草的生长。

（8）农业鼠害可分为农田鼠害和草原鼠害，对农牧业生产为害严重。

（一）农作物病害

农作物病害是指作物在生物或非生物因子的影响下，发生一系列形态、生理和生化上的病理变化，阻碍了正常生长、发育的进程，从而影响人类经济效益的现象。由于作物在生理、细胞和组织结构上发生一系列病理变化，致使作物表现出各种不正常状态即病态，甚至死亡，引起产量降低、品质变劣。病害的表现症状主要可分为变色、坏死、腐烂、萎蔫、畸形五大类型。我国农作物在生长发育和产品贮藏过程中经常遭受病害的危害。

1. 病原类型

导致农作物形成病害的原因称为病原。农作物病原种类很多，按其不同性质可分为非生物因素和生物因素两大类，相应地农作物病害可分为侵染性病害和非侵染性病害两大类。

（1）侵染性病害。又称寄生性病害，是由寄生性生物真菌、细菌、病毒、线虫或寄生性种子植物等在植物体内寄生所引起的病害。寄生性生物属于异养型生物，依靠从有生命的寄主植物或无生命的有机物质中摄取养分来维持生活。由病原物引起的病害能互相传染，有侵染过程，所以又称为传染性病害。侵染性病害在适宜条件下，能够迅速发生、扩大为害，造成局部或区域性的流行病害。

由病原物引起的侵染性病害主要分类如下：①按病原物可分为真菌性、细菌性、病毒性和线虫病害等。②按寄主植物可分为作物、蔬菜、果树、森林病害等，按寄主作物种类可分为小麦、水稻、棉花等作物病害。③按病害症状可分为叶斑病、腐烂病、萎蔫病等。④按发病部位可分为根病、茎病、叶病、果病等。⑤按传播方式可分为空气传播、水传、土传、种苗传播、昆虫介体传播病害等。

（2）非侵染性病害。又称生理病害，是由于不适宜的环境条件所引起的病害。这类病害是由非生物因素引起的，没有传染性，也没有寄生物寄生；病害的发生直接取决于作物与环境条件的关系。其病原有缺素（微量元素）、缺肥引起的退绿症，霜害、冻害、碱害、涝害、二氧化硫、硫化氢引起的死苗，温度过高、温度过低和根部虫伤、机械伤引起的地上部分凋萎，各种药害引起的叶坏死斑、叶枯、叶畸形等。

非侵染性病害发病后往往降低受害植株的抵抗力，为侵染性病害病原物入侵创造条件；反之，植株发生侵染性病害后，降低了对不良环境的抵抗力，可诱导非侵染性病害的发生。如冬小麦发生病毒病后，易遭受冻害，其越冬死苗率增加。非侵染性病害在田间发生时，一般为较大面积的均匀发生，但受地形、地势影响；没有明显的发病中心，没有由点到面逐步扩展的过程；发病植株表现出的症状只有病状没有病征，通常有病植株均表现为全株发病。侵染性病害在田间发生时，一般呈分散状分布，具有明显的由点到面，即由一个发病中心逐渐向四周扩大的发展过程；有的病害在田间扩展还与某些昆虫有关系。

2. 病害流行过程

病害流行是指侵染性病害在作物群体中的顺利侵染和大量发生，造成大范围农作物受害减产。病原物从侵染到寄主作物病状出现的过程称为病程。病害从前一个生长季节开始发病到下一个生长季节再度发病的过程称为侵染循环，又称病害的年份循环。病程是组成侵染循环的基本环节。整个侵染循环仅有 1 个病程的称为单循环病害（如麦类黑穗病菌）；侵染循环包括多个病程的称为多循环病害（如稻瘟病菌、白叶枯病菌等）。病程一般分为 3 个时期：①侵入期。从病原物侵入与寄主作物建立营养或寄生关系的一段时间。②潜育期。从病原物初步与寄主作物建立寄生关系到出现明显症状的一段时间。潜育期的长短因病原物的生物学特性，寄主作物的种类、生长状况和时期，以及环境条件的影响而有所不同。③发病期。受侵染的寄主作物在外部形态上出现明显的症状，包括染病作物在外部形态上反映出的病理变化和病原物产生繁殖体的阶段。

根据病害流行所需的时间可分为单年流行病害和积年流行病害。

（1）单年流行病害。是指在一个生长季节中可达到流行程度的病害。这类病害一年中有多次再侵染，多为多循环病害，其潜育期短，常常只有 3～10 d，一个生长季节中可以繁殖 3、4 代以至 10 余代，易暴发形成流行病害。气流、昆虫及水流传播的病害多属单年流行病害。

（2）积年流行病害。是指一个生长季节内不能引起流行，而需逐年积累病原，数年达到流行程度的病害。这类病害没有再侵染，多为单循环病害；其潜育期多数较长，或为土传病害，传播效率很低。

3. 病害发生流行与气象

农作物病害的流行需具备 3 个条件，即有大面积种植的感病或抗病力差的作物品种，有大量致病力强的病原物，有利于病原物繁殖、传播、侵染的气象环境条件。病害流行是病原物群体和寄主作物群体在气象环境条件影响下相互作用的过程。病害流行程度与侵染循环周转速度密切相关。病害侵染循环周转越快，病原物群体增长就越快，病害也就增长得越快。通常能在一个生长季节中流行的病害，病原物都是多次再侵染的，病害在短期内发展快，波及面积大，发生的程度和造成的损失就越大。病原物的越冬越夏、传播和初侵染、再侵染是制约病害侵染循环周转的关键，其中气象条件常起主导作用。

（1）病原物的越冬越夏。病原物在不良气象条件下或寄主作物休眠期间常潜伏度过冬季和夏季，期间多不活动，是其一生中最脆弱的时期。能否越冬越夏主要取决于极端温度。如小麦条锈病菌，在无积雪覆盖的地区，1 月平均温度高于 $-7～-6$ ℃才能顺利越冬，在有积雪覆盖的地区，1 月平均温度达 -10 ℃时也能越冬；夏季最热时期旬平均气温在 23 ℃以上的地区不能越夏。因此，小麦条锈病菌只能在高寒麦区的晚熟春麦或自生麦苗上越夏，秋季随气流返回温带或亚热带平原地区，侵染冬麦，并以潜伏菌丝在麦叶上越冬，次年麦苗返青后，重新长出孢子继续侵染，至小麦生长后期，再以夏孢子传播至高寒麦区，如此循环。

不同病原物的越冬、越夏场所并不完全相同，同一病原物也可在不同场所越冬或越夏。病原物越冬、越夏的场所也就是病害初侵染的主要来源，主要有田间、病株、带菌种子、病株残体、土壤、肥料、带毒虫媒（蚜虫、粉虱、黑尾叶蝉等）等。

（2）病原物的传播。病原物的传播是病害侵染循环中各环节间相互联系的纽带。病原物产生的大量繁殖体需要有效的介体或动力，才能在短期内把它们传播扩散，引起病害流行。气流、雨水、昆虫、人为活动等都可传播病原物，其中气流和雨水是病原物传播的主要外力，与病害流行的关系最为密切。

1）气流传播。气流是病原菌传播扩散的主要动力，病原菌的田间传播扩散主要依赖风力，气流携带可将病原菌传播扩散到上百千米远的地方侵染农作物。如小麦锈病孢子成熟后，遇到风速为 0.4 m/s 的气流时就会扩散。当风力强时，锈菌孢子可被吹到 1 500～5 000 m 高空，飘到几百千米以外。

2）雨水传播。雨水不仅可以传播病原菌，还可以使病叶与健叶接触并造成伤口，有利于病菌侵入。雨露的淋洗或雨滴的飞溅可使病原菌散开而传播，如水稻白叶枯病等的赫状菌脓、炭疽病的胶丝的孢子堆，可通过雨露和雨滴反溅而传播。暴风雨更可使病原物在田间大范围扩散。土壤中的病原物可通过雨滴反溅到寄主底叶背面；水流可携带病原物广泛传播。但雨水传播的距离一般都比较近。

3）昆虫传播。许多作物病毒都是依靠昆虫传播的，如黑尾叶蝉传播稻普通矮缩病，桃蚜、萝卜蚜传播油菜叶病毒，虫体又是病毒越冬繁殖的场所。此外，在昆虫的活动过程中，可携带一些真菌孢子或细菌等病原物而传播，并可为害作物造成伤口，有助于病原物的侵入。传毒昆虫的数量越多、活动范围越广，对病害的流行越有利。

4）人为活动传播。人类在与农业生产相关的人为活动中，常常帮助了病原物的传播，如引种或调运带病种子、苗木或其他繁殖材料以及带有病原物的植物产品和包装器材，都能使病原物远距离传播，造成病区的扩大和新病区的形成。农事活动如施肥、灌溉、播种、移栽、整枝、嫁接、脱粒等也可传播病原物。

（3）病原物的初侵染和再侵染。病原物的初侵染和再侵染与气象条件关系密切。病原物经过越冬后到了春季，气温一般达到 8～10 ℃，且湿度适宜，病原物才能形成菌丝或孢子等侵染器官，侵入寄主作物，病害发生后形成繁殖器官，才能进行再侵染；一般病菌再侵染的适宜气温在 20 ℃ 左右。

（4）病害发生流行。

1）气象条件对病原物生长发育和侵染的影响。湿度是影响病原物生长发育和侵染的决定因素。高湿有利于真菌孢子萌发，高湿、水滴有利于细菌繁殖和侵入。因此，多雨年份易发生稻瘟病、小麦锈病、赤霉病、水稻白叶枯病等；少雨年份有利于传毒昆虫的活动，病毒性病害容易流行，如水稻和小麦黄矮病等。田间湿度高，雨多、露水多或雾多有利于病害流行，如马铃薯晚疫病。各种病原物的生长发育和侵染对气象条件的要求不同。当温度在 22～27 ℃、相对湿度在 92%～98% 时，有利于稻曲病孢子萌发，从而加速稻曲病的流行。有些病菌对湿度非常敏感，如黄瓜绿粉病是由绿藻门集球藻引起的，在温室大棚中，当每日相对湿度不低于 80%，相对湿度 100% 在 12 h 以上时，藻孢生长旺盛；当中午有 1 h 以上相对湿度低于 70% 时，藻孢的发育受到抑制。

2）气象条件对病害潜育期的影响。温度对病害潜育期长短的影响最大，愈接近病原物要求的最适温度时，潜育期愈短，生长季节中重复侵染的次数愈多，病害蔓延就愈快愈猛。如西瓜蔓枯病潜育期，在 15 ℃ 时需要 10～11 d，28 ℃ 时只需 3～5 d。有些植物病虫害，如棉花枯萎病等，在气象条件不利时，症状隐退，等到气象条件适宜时再度出现。

3）气象条件对病害发生流行的影响。温度和雨湿条件对病害发生流行的影响最大，适温高湿最易引起病害流行，造成严重危害。病害的发生流行要求一定的温度范围，在适宜温度范围内，有利于病害的发生流行，否则不利于病害的发生。降水有利于大多数病菌的繁殖和扩散。绝大多数真菌的孢子在植株叶面液态水中的产生量和萌发率显著提高，霜霉菌和疫霉菌必须在液态水中才大量释放游动孢子，游动孢子借助水才能侵染成功。雨量大、持续时间长，可使小麦赤霉病、红麻炭疽病、白术星斑病、黄瓜黑星病等病害流行速率加快，病情加重。冬季雨量和春季雨量的增加对长江流域小麦白粉病的流行有促进作用。雨湿条件往往是农作物病害流行的主导因子，雨日多、湿度高的气候条件易引起病害流行，如各种霜霉菌、疫霉菌、锈菌和半知菌、细菌引起的多种作物病害。

日照时间及强度对病菌的存活和繁殖有一定的影响。紫外线能刺激小麦白粉病菌闭囊壳产生，从而减轻病菌当时的为害。日照时数多，油菜白锈病发病轻，为害也轻，反之则重。7月下旬旬日照时数低于42 h可导致石家庄棉花黄萎病大发生。

4. 安徽典型病害时空分布及成灾特征

安徽省常见农作物病害有水稻纹枯病、稻瘟病、白叶枯病，小麦赤霉病、白粉病、锈病，其中白粉病、赤霉病与气象条件密切相关。

(1) 水稻病害。安徽省水稻栽培地处南北过渡地带，四稻并举，籼粳混栽，季节变化明显，春季易受寒流影响，导致早稻烂秧；梅雨季节，早稻易受稻瘟病、纹枯病等病害的危害；夏末如受台风暴雨的影响，中稻易染白叶枯病；秋季雨水多的情况下，晚稻易患稻瘟病以及一些后期病害的危害。

1) 稻瘟病。稻瘟病是我国水稻三大病害之一，是其中流行情况最复杂、潜在威胁最大的病害，在我国各稻区均有分布和发生，尤以山区、丘陵地区发生重。稻瘟病是由病原真菌侵染水稻而引起的病害，其在田间表现的症状根据水稻生育期或发病的部位可分为苗瘟、叶瘟、茎节瘟、穗茎瘟和谷粒瘟。其中以叶瘟、穗茎瘟为害最重。流行年份一般减产10%～20%，重的减产40%～50%，甚至颗粒无收。

稻瘟病的发生与品种抗性及生育时期、肥水管理和气候条件有关。水稻一般拔节期较抗病，苗期、分蘖期和抽穗期易感病；植株徒长易感病；长期深水或缺水也易发病；气候因素则以温湿度影响最大，在20～30 ℃，相对湿度在90%以上时，很易发病，若阴雨连绵，则会引起大流行。稻瘟病不同地区有利的气象条件与水稻感病生育期配合，决定了这一地区病害的特点和流行程度。安徽省稻瘟病一般一年出现2个高峰：6月上旬至7月上旬（即单晚分蘖期、早稻穗期、晚稻秧苗期遇梅雨季节）；8月下旬至9月底10月初（即中、晚稻抽穗灌浆期）。近几年安徽省正处于该病的一个流行周期，一旦有适宜环境，就可能造成大流行。

2) 白叶枯病。白叶枯病是我国水稻三大病害之一，除新疆外，我国其他地区均有发生，以华东、华中、华南稻区发生普遍。水稻整个生育期均可受害，苗期、分蘖期受害最重。水稻各个器官均可染病，以叶片最易染病。稻株受害后，叶片干枯，秕谷增多，千粒重降低，一般减产10%～30%，严重时减产50%以上，甚至绝收。一般在沿海、沿湖、丘陵和低洼易涝地区发生较为频繁，籼稻发病重于粳稻，双季晚稻重于双季早稻，单季中稻重于单季晚稻。病害流行与否和流行程度受品种抗性、气候条件和栽培因素等影响。白叶枯病一般在气温25～30 ℃、相对湿度85%以上、多雨、日照不足、风速大的气候条件下暴发流行。20 ℃以下、30 ℃以上，发病就会受到抑制。天气干燥，湿度低于80%，则不利于病菌的繁殖。早稻在5—6月、晚稻在7—9月，雨量、雨日偏多，相对湿度高、日照偏少，有利于病害的流行。病菌能借灌溉水、风雨传播到较远的稻田。低洼积水、大雨涝淹以及串灌、漫灌往往引起连片发病。在风雨交加时，病菌可依靠风速强度和风向传播，传播半径在60～100 m。

安徽省常年早稻、中稻白叶枯病的发生与6—8月3个月的气候因素有关，尤以7月份的气候条件影响最大。6—8月3个月的气温均可满足早稻白叶枯病的发生，主要受8月中旬至9月中旬温度的影响，特别是迟熟晚稻，如果生长后期温度过低，则往往抑制病害发生。

3）纹枯病。纹枯病是我国分布和为害最广的水稻病害之一，其发病范围和损失程度往往超过稻瘟病、白叶枯病，在我国各稻区均有分布和发生。但以长江以南稻区发生较为普遍，早、中、晚稻上均有发生为害。纹枯病稻株受害后，一般会导致秕谷率增加、千粒重降低，严重时可导致"冒穿"、倒伏、枯孕穗，一般减产10%～20%，严重时减产50%以上，甚至绝收。

纹枯病主要为害叶片和叶鞘，严重时可扩展为害穗部，并深入茎秆，以分蘖到抽穗期为害最重。纹枯病的发生和流行以高温、高湿时最快。发病的气温为18～34 ℃，流行期的适温为22～28 ℃；发病相对湿度在70%～96%，90%以上最适宜。高温、高湿相配合蔓延快，发病重。长江流域，纹枯病常年始病期在5月下旬至6月上旬及至9月下旬、10月上旬。气温降至22 ℃以下，病害逐渐停止。因此，早稻在孕穗前，由于气温较低，病势扩展缓慢；孕穗后，气温升高，如逢梅雨季节，病害发展迅猛，这一时期是病害流行的高峰期。中稻处在拔节至抽穗期，如遇适温多雨年份，病情发展快而重。单季晚稻，分蘖期在雨季，拔节期在旱季，又在搁田期间，病害受到抑制，到孕穗期如遇高温多雨，病势回升。8月底至9月中旬，双季晚稻进入孕穗至抽穗阶段，如天阴多雨，温度又适宜，病情可出现一个上升期，但以后气温逐渐降低，病害受到抑制，所以双季晚稻的纹枯病往往不会造成严重的危害。

纹枯病是安徽省水稻常发性病害，常年在安徽省水稻上偏重发生，田间菌源充足。安徽省种植的水稻品种（组合）多不抗纹枯病。2017年7—8月各地调查显示，迟熟单季稻和双晚稻纹枯病病情上升较快，加之水稻孕穗后，田间郁闭，通风、透光性差，在后期适宜的气候条件下，纹枯病将快速发展，偏重流行态势明显，发生面积预计可达80万 hm²。

（2）小麦病害。

1）赤霉病。小麦赤霉病在全国各地均有分布，以长江中下游冬麦区常有发生，近年成为江淮和黄淮冬麦区的常发病害，尤以2012年最为严重。该病主要为害小麦，一般致减产10%～20%，大流行年份减产50%～60%，甚至绝收。赤霉病主要为害小麦穗部，但在小麦生长的各个阶段都能为害，苗期侵染引起苗腐，中、后期侵染引起秆腐和穗腐，尤以穗腐危害性最大。小麦赤霉病属于典型的气候型病害，其发生与流行主要取决于当时的气象条件，小麦抽穗前后，尤其是开花期间，遭遇连日阴雨（雾霾）、高湿、高温天气有利于病害的发生流行。在长江中下游地区，小麦抽穗期间，平均温度一般达到15 ℃或更高，符合发病的基本要求；如气温比常年高，可导致病害早期暴发。长时间的连续温暖高湿、多雨是发病重的主要条件。

小麦赤霉病是影响安徽省小麦产量和质量安全的主要病害，2003 年安徽省大部麦区小麦赤霉病大面积严重流行，发病面积达 100 万 hm²，损失小麦 60 万 t。2014 年 4 月 11—12 日淮河以南地区出现了较大范围的降水，4 月 15—19 日全省有一次阴雨天气过程，各地小麦赤霉病的田间菌源量充足，病原菌子囊壳子囊孢子发育进度和小麦抽穗开花期高度吻合，沿淮及淮北麦区的主栽品种大多感病，特别是紧接连日阴雨，土壤湿度大，田间相对湿度高，有利于小麦赤霉病的流行和暴发。

2）白粉病。小麦白粉病广泛分布于我国各小麦主要产区，以四川、贵州、云南、河南、山东沿海等地发生最为普遍。近年来，该病在东北、华北、西北麦区发生呈趋重之势。小麦白粉病在小麦各生育期均可发生，典型病状为病部表面覆有一层白色粉状霉层，主要为害叶片，严重时也为害叶鞘、草秆和穗部。小麦受害后，叶片早枯，分蘖数减少，成穗率降低，千粒重下降，一般减产 10%左右，严重者在 50%以上，有些高感品种甚至颗粒无收。

小麦白粉病菌越夏的温度要求为最热的一旬平均气温小于 23.5 ℃；病菌以分生孢子在越夏区的自生麦苗上越夏或以潜育状态度过夏季。病菌也可以闭囊壳在低温干燥条件下越夏并形成初侵染源。越夏期间，病菌不断侵染自生麦苗，并产生分生孢子。越夏后，首先感染越夏区的秋苗，引起发病并产生分生孢子，后向附近及低海拔地区和非越夏区传播，侵害这些地区的秋苗。因此，一般越夏区的小麦秋苗发病早且严重。病菌以菌丝体或分生孢子在秋苗基部或叶片组织中或上面越冬；早春气温回升，小麦返青后，潜伏越冬的病菌恢复活动，产生分生孢子，借气流传播扩大为害。

1990 年、1991 年全国小麦白粉病大流行。1990 年损失小麦 14.38 亿 kg，1991 年经过大力防治，挽回损失 21.88 亿 kg，实际仍损失小麦 7.7 亿 kg。

3）锈病。小麦锈病俗称黄疸病，属真菌病害，分条锈病、叶锈病、秆锈病 3 种。锈病广泛分布于全国各小麦产区，往往交织发生，其中条锈病危害最大。近年来秆锈病仅在部分麦区零星发生，条锈病和叶锈病发生重、面积大、流行范围广，对小麦生产构成严重威胁。3 种锈病的主要症状可概括为"条锈成行，叶锈乱，秆锈是个大红斑"。条锈病主要为害小麦叶片，也可为害叶鞘、茎秆、穗部；叶锈病主要为害叶片，叶鞘和茎秆上少见；秆锈病主要为害叶鞘和茎秆，也可为害穗部。在条锈病大流行年份，受害小麦可减产 30%以上，有时甚至颗粒无收。①小麦条锈病：在高海拔地区越夏的菌源及其邻近的早播秋苗菌源随秋季东南风吹送到冬麦地区进行为害，在我国黄河、秦岭以南较温暖的地区，小麦条锈菌不需要越冬，从秋季一直到小麦收获前可以不断侵染和繁殖为害。但在黄河、秦岭以北冬季小麦停止生长地区，病菌在最冷月日均温不低于-6 ℃或有积雪不低于-10 ℃的地方，主要以潜育菌丝状态在未冻死的麦叶组织内越冬，待第二年春季温度适合生长时再繁殖扩大为害。影响病菌春季流行的因素主要是越冬菌源量、温度、降水量和感病品种种植面积。一般越冬菌源量大、温度回升早、春雨多、感病品种种植面积大的年份往往发病早、发病重，反之，发病迟、发病轻。春季干旱，特别是长期干旱伴随高温天气，可严重抑制春季条锈病的流行。1950 年、1964 年、1990 年、2002 年小麦条锈病全国大流行，造成全国小麦产量严重损失（张明红等，2018）。1950 年损失小麦 600 万 t，占当年总产量的 30%；1964 年损失小麦 320 万 t；1990 年损失小麦 265 万 t；2002 年发生面积近 670 万 hm²，损失小麦约 100 万 t。②小麦叶锈病：小麦叶锈病只侵染小麦，各地均有发生，近年来在华北、西北及东北各地发生日趋严重。小麦叶锈病对温度的适应范围较宽。在所有小麦产区，夏季均可在自生麦苗上繁殖，成为当地秋苗发病的菌源。冬季在小麦停止生长但最冷月气温不低于 0 ℃时，同条锈菌一样，以休眠菌丝体潜伏于麦叶组织内越冬，春季温度合适时再扩大繁殖为害。③小麦秆锈病：与叶锈病基本相同，但越冬要求温度比叶锈病高，一般在最冷月日均温不低于 10 ℃ 的粤东南沿海地区和云南南部地区越冬。

（二）农作物虫害

1. 农作物害虫的习性与分类

农作物虫害是指害虫为害作物导致的产量减少、品质降低程度超出了人们对作物产量和质量允许的范围，造成经济损失的各类事件。害虫主要指为害农作物及其产品的昆虫和螨类等。害虫具有种类多、分布广、繁殖快、数量大等特点，除直接造成农作物及其产品的严重损失外，还是传播农作物病害的媒介。

全世界已知动物约 150 万种，其中昆虫有 100 万种。昆虫属于动物界节肢动物的昆虫纲。在节肢动物门中除单肢动物亚门昆虫纲外，还有 6 个比较重要的纲，即原节肢亚门的原气管纲（有爪纲），螯肢动物亚门的蛛形纲，甲壳动物亚门的甲壳纲，单肢动物亚门的唇足纲、重足纲和综合纲。为害植物的昆虫大多属于有翅亚纲的直翅目（口器咀嚼式）、等翅目（通称白蚁）、半翅目（通称蝽或蝽象）、同翅目、缨翅目（通称蓟马）、鞘翅目（通称甲虫）、鳞翅目（通称蛾或蝶）、双翅目和膜翅目（多数为通称的蜂类）9 类。为害植物的螨类主要属于螯肢动物亚门蛛形纲蜱螨目的叶螨科、走螨科、叶瘿螨科。贮粮害虫的螨类多为粉螨科。

昆虫占为害农作物动物的绝大多数。在人类栽培作物中，还没有 1 种不受昆虫的为害，有些作物害虫的种类和数量很多。据不完全记载，我国水稻害虫约有 300 种，棉花害虫超过 300 种，小麦害虫有 110 多种，玉米害虫 50 多种，苹果害虫超过 600 种，贮粮害虫也在 10 种以上，但众多害虫中真正能造成经济损失的只有很少一部分，例如，植食性的昆虫种类占昆虫的 48.2%，而对作物造成严重威胁的种类也只有 1%。

（1）害虫的发育和生活史。农作物害虫的发育按其发育阶段可分为不完全变态和完全变态。不完全变态只经过卵、若虫（幼虫）、成虫 3 个阶段，若虫和成虫的形态、生活习性基本相同，只是个体大小、翅及生殖器官的发育程度不同，如蝗虫、蚜虫、飞虱等，它们的若虫和成虫都能为害作物。完全变态要经过卵、幼虫、蛹、成虫 4 个阶段，幼虫和成虫的形态、生活习性均不相同，食性也有明显差异，如黏虫、水稻螟虫、玉米螟、蝇类等。

1）害虫的发育时期。①卵期：卵是害虫生命活动的开始，从卵刚产下到卵孵化前所经历的时间称为卵期。②幼虫期：卵在发育完成后，幼虫突破卵壳而出，这种现象称为孵化。幼虫从卵孵出到化蛹前所经历的时间称为幼虫期。幼虫期是取食为害作物的时期。蜕皮是幼虫期的特征，成虫期不蜕皮。幼虫的虫龄可用蜕皮次数表示，即卵孵化后到第一次蜕皮前为第1龄幼虫，余类推。2次蜕皮间的历期即为龄期。③蛹期：幼虫老熟后，停止取食，蜕去最后一次皮，变为不活动的蛹，这个过程叫化蛹。从化蛹到变为成虫前所经历的时间称为蛹期，这是完全变态害虫特有的发育阶段。④成虫期：蛹蜕皮或若虫最后一次蜕皮后即羽化为成虫。成虫羽化出来到交配产卵直至死亡所经历的时间称为成虫期。

2）害虫的世代与生活年史。①世代：害虫从卵到成虫性成熟产生后代为止的发育过程称为一个世代。②生活年史：害虫在一年内，即由当年越冬期开始，到翌年越冬结束为止发生的世代称生活年史。不同种类的害虫完成一个世代所需时间不同，所以一年中发生代数也不相同。有的几年完成一代，如华北蝼蛄；有的一年完成一代，如大豆食心虫；有的一年发生多代，如蚜虫。同一种害虫由于气候环境条件不同，一年中发生代数不同，如二化螟在河北发生2代，而在长江流域发生3～4代，在海南岛则发生5代。

3）繁殖方式。作物害虫大多营两性生殖即卵生，但也有其他一些生殖方式。两性生殖是经过雌雄交配，受精产卵，发育成新的个体。但也有不经过受精产生新个体的，即孤雌生殖。孤雌生殖不需要雌雄交配，只要在条件适宜时，1头雌虫就能繁殖后代，其中有的是偶发性的，有的是周期性的（如多种蚜虫），有的是经常性的（如一些粉虱、蚧类、蓟马、叶蜂、瘿蜂等）。进行孤雌生殖的害虫，繁殖率更高。有的害虫多用两性生殖与孤雌生殖世代交替的方式来抵御不良环境条件，保持种的繁荣昌盛；也有的用多胚生殖的方式繁殖后代，即1粒卵可发育成2头以上的胚胎，多的可上百甚至上千；有些还进行胎生，即母体直接产生幼虫（若虫）；有的是童体（幼体）生殖，即母体还未发育成熟就生殖。胚生和童体生殖不仅能保持种的存在，而且能缩短发育周期，有利于世代的完成和种群数量的增长。

（2）害虫的生活习性。

1）趋性。害虫对某种刺激在行动上的一种反应。根据刺激的性质和作用有多种趋性，比较重要的是趋光性、趋化性。有些害虫具有趋光性，如水稻螟蛾、棉铃虫、红铃虫等；有些害虫则具有背光性，如各种地下害虫。有的害虫具有趋向某种有气味的化学物质的特性，如棉铃虫成虫趋向于棉花现蕾时分泌的草酸，地老虎和赫虫的成虫趋向于糖、酒、醋，红铃虫雌蛾分泌一种性引诱物质引诱雄蛾来进行交配等。生产上可利用害虫的趋光性、趋化性进行害虫防治。

2）食性。作物害虫以植食性为主。根据作物害虫对取食作物的专一性程度可分为：

单食性，仅取食 1 种作物，如二化螟仅取食水稻；寡食性，仅取食 1 个科包括个别相近科的作物，如二化螟只取食同一科的作物；多食性，能取食不同科的作物，如飞蝗可取食多种作物。寡食性或多食性害虫在其可取食的作物范围内也常表现有偏嗜性。寄主专一性还表现在对正常取食的一种作物的不同品种有一定的选择性。因此，生产上可利用害虫的取食性进行害虫防治，如三化螟、小麦吸浆虫食性单一，采取稻、麦轮作即可防治。有些害虫对同种作物的不同生育阶段取食也有选择性，如三化螟在水稻分蘖和孕穗末期进行为害，因此，调节播期和插秧期即可有效地避开螟害。

3）群集和迁飞。害虫的群集有暂时性和永久性两种。暂时性群集主要指在某一虫态或某一段时间群集，如小地老虎、二化螟在低龄幼虫时聚集，而龄期稍大即行分散。永久性群集如飞蝗，从蝗蛹到成虫均聚集成群，同时还能远距离集群迁飞，造成毁灭性的为害。黏虫、稻飞虱、稻纵卷叶螟等也有群集迁飞的习性。

4）昼夜节律。很多种类的害虫取食、飞翔、交配、产卵以及孵化、羽化等活动常表现有昼夜节律的特性，可分为昼出性、夜出性和弱光性（只在黎明或黄昏弱光时活动）。由于昼夜长短常随季节变化，所以此类昆虫的生活节律也表现有季节性。

（3）害虫的为害方式。害虫的为害方式主要是取食作物为害、传播作物病害。

1）取食作物为害。根据害虫的食性以及相应的口器类型可分为咬食、刺吸、蛀入、潜叶为害和为害作物地下部分，主要表现为食叶、蛀果、咬食种子、蛀入茎秆、刺吸汁液等。作物害虫可分为咀嚼式口器害虫、蛀茎害虫、刺吸式口器害虫。咀嚼式口器害虫，啮食作物的各部位，造成明显伤残，使叶片的光合作用面积减小，作物正常生长发育阻滞而受害，如蛾、蝶类幼虫，甲虫的成、幼虫，以及蝗类、叶蜂类等。蛀茎害虫，破坏茎内的输导组织，在幼苗期钻蛀常造成枯心，穗期钻蛀则常形成白穗，如稻螟、玉米螟等。刺吸式口器害虫，用针刺状的口针刺破植物组织并从中吸取汁液，作物常因失水萎蔫、营养不良、光合作用受阻等而受害，此类害虫主要属于半翅目（蝽象、盲蝽等）和同翅目（叶蝉、飞虱、蚜虫、介壳虫等）。

除取食外，其他的为害方式还包括产卵于植物组织内而造成虫伤，吐丝或排泄体内物质污染农产品，分泌大量蜜露于叶片，影响光合作用并招致霉菌寄生等。

2）传播作物病害，尤其是传播病毒病。以昆虫为传播媒介的病毒病有近 300 种，占已知植物病毒的 50% 左右，其中虫媒病毒中约有 90% 是由同翅目昆虫（如蚜虫、叶蝉、飞虱、粉虱）传播的。如灰飞虱传播小麦丛矮病，麦蚜传播小麦黄矮病，飞虱、叶蝉传播水稻病毒病等。

（4）农作物虫害的分类。按农作物类别，农作物虫害可分为粮食作物虫害、油料作物虫害、果树作物虫害、蔬菜作物虫害、经济作物虫害等。同一类别的农作物虫害一般按作物种类进行划分，如粮食作物虫害可分为水稻、小麦、玉米、大豆等虫害。同一种作物虫害一般按害虫的种类再进行细分。

2. 虫害发生与气象

农作物虫害的发生与环境条件密切相关。影响虫害发生的环境条件按性质可分为生物因素和非生物因素两大类。非生物因素中主要为气象、土壤因子,生物因素中主要是食料、寄主植物及其他有益生物。虫害发生是害虫群体和寄主作物群体在环境条件影响下相互作用的结果,其中气象条件常起主导作用。影响农作物虫害发生的主要气象因子有温度、降水、湿度、光照、风等。

(1)温度。温度对昆虫生长发育的影响最大,因为昆虫是变温动物,它的体温基本上取决于周围的环境温度,因此,它的新陈代谢和行为在很大程度上受外界温度所支配。任何一种昆虫的生长、发育、繁殖、分布范围都受温度的制约,都有它一定的适应范围。温度对害虫的影响包括害虫适应的温度范围、发育速度与温度、发生世代与有效积温的关系等,同时温度还影响其生殖力及取食迁移等行为活动。

1)适应的温度范围。不同种类的害虫对温度的适应范围不同,害虫活动的温度一般为6~36 ℃。根据温度对害虫的影响可分为致死高温区、适宜温区、致死低温区。在适宜温度范围内,害虫生命活动旺盛,寿命长,后代多;否则繁殖停滞,发育迟缓,甚至死亡。以温带地区为例,害虫适宜温区的温度为8~40 ℃,最适宜温区为20~30 ℃。害虫在高于适温范围时,将呈热昏状态;若温度继续升高到致死高温区时,部分蛋白质凝固或酶系统遭到破坏以致死亡。害虫的致死高温因虫种、虫态、高温持续时间而有所不同,多数害虫在39~54 ℃时将热死。害虫体温下降到过冷却点之前时,虫体处于冷晕状态;在过冷却点以下,体液结冰或生理失调而致死。

2)发育速度与温度。在一定温度范围内大多数害虫各虫态发育速率与温度呈正相关,温度升高害虫各生育期缩短,反之则延长。在最适宜温度范围内,害虫发育速度最快,随温度升高而呈直线增长,繁殖力最大,数量多,为害重。据报道,当温度在18~30 ℃时,白背飞虱的若虫和全世代发育速率、成活率随温度升高呈 Logistic 曲线变化趋势,孵化率较高,当温度达到 35 ℃时,孵化率下降,若虫陆续死亡;若虫与成虫的寿命长短对温度要求不同;当温度在22~25 ℃时产卵较多,种群内禀增长力与温度呈抛物线关系(叶正襄等,1994;叶彩玲等,2005)。

3)世代数与有效积温。害虫一年内发生的代数主要取决于种的遗传性和不同纬度、高度地区的温度条件。根据某种害虫的发育起点温度、完成一个世代的有效积温以及某地适于这种害虫生活所需的全年有效积温总和,可计算出这种害虫在这一地区可能发生的世代数。如黏虫发育起点温度为(9.6±1.0)℃,完成一个世代的有效积温为685.2 ℃·d;常年情况下,在北京可发生 3 代,郑州约 4 代,广州 6 代以上。玉米螟发育起点温度为9.0 ℃,完成一个世代的有效积温为710.0 ℃·d;常年情况下,在北京可发生 3 代,郑州约 4 代,广州近 7 代。总体上讲,随着从北向南全年有效积温的增加,害虫发生世代数增加。

(2)降水、湿度。降水和湿度条件作为害虫生存发展的必要条件之一,对虫害的发生为害具有极其重要的影响,是影响害虫种群数量变动的主要因素,有利时起到加速促进作用,不利时则产生抑制作用。降水除了改变大气温度、湿度、光照和土壤含水量而影响害虫之外,还可直接影响害虫的生命活动。北方冬季积雪形成地面覆盖,对土中或土面越冬害虫起着保护作用；大雨和暴雨对小型害虫及卵有冲杀作用，如蚜虫、叶蝉卵等；高温、高湿的梅雨天气有利于寄生菌繁殖，引起少数害虫的寄生菌蔓延，群体密度从而降低。湿度与害虫的存活率、数量甚至体重的变化有着密切的关系。相对湿度在43%~100%时，白背飞虱卵孵化率、若虫存活率、世代存活率、成虫产卵量和寿命、内禀增长力、种群趋势指数均随湿度增加呈抛物线趋势。湿度影响着害虫的迁飞能力、体重变化、虫口数量及发生程度等。在相对湿度为90%~100%及中温条件下，玉米螟产卵多，发育最快，成虫的交配次数也较多。在低湿条件下越冬复苏后的亚洲玉米螟体重下降幅度明显大于高湿条件下，其死亡率与湿度呈负相关，20%~40%低湿条件下玉米螟不能化蛹，80%~100%高湿条件下能够化蛹。

（3）光照。光照对害虫的影响主要表现为光波、光强、光周期等方面。光波与害虫的趋光性关系密切，害虫对光波的反应因种类、性别和虫期而不同。例如，二化螟对紫光趋性最强；黄光对蚜虫引诱力较大；铜绿金龟甲雌虫趋光性强，雄虫则否；金蝇成虫正趋光，幼虫负趋光。害虫可见光的波长在700~250 nm。一般情况下，短波光对昆虫有较大的引诱力，表现在昆虫的夜出性、趋光性，如二化螟对330~440 nm的趋光性较强。根据害虫的趋光性，可用各种波长的灯光诱捕或驱赶害虫，了解害虫发生时期及数量动态，为预测预报提供依据。光强主要影响害虫的取食、栖息、交尾、产卵等昼夜节律行为，且与害虫体色及趋集程度有一定的关系。如二化螟卵在光照90 lx下完全不能孵化；蚜虫在黑暗中不起飞，而中午光照度超过10 000 lx时，对迁飞也有抑制作用；蚊虫大多数在0.15~1.50 lx的光照度下活动，强光及完全黑暗条件下活动较少。

光周期是引起害虫滞育和休眠的重要因子。光周期可引起或解除某些害虫的滞育。如三化螟、棉铃虫等，在长日照条件下，发育正常，短日照则滞育；大地老虎、小麦吸浆虫等，则是长日照滞育型。光周期还影响害虫体型的变异。如豌豆蚜在无翅雌蚜的若虫期，经20 ℃下光照8 h的处理，所产生的后代为有翅型；经25~26 ℃及29~30 ℃下16 h光照处理，就产生无翅型。光质对害虫的生殖能力有明显影响，用X射线或γ射线照射雄性害虫，可使害虫雄性不育，与之交配的雌虫只能产下未受精、不能孵化的卵，从而达到消灭害虫的目的（薛金鱼等，2007）。

（4）风。风是影响害虫迁移扩散的重要因子之一。飞翔类害虫大多常在微风或无风晴朗天气飞行，当风速超过4.2 m/s时就停止自动飞行。如稻水象甲只在无风或微风条件下出现迁飞峰期；微风能刺激成虫起飞，并有偏爱迎风（或稍偏一点角度）起飞的习性；东亚飞蝗在3.3 m/s风速下逆风飞行，风速超过3.4 m/s时即改为顺风飞行。在强风下生长的害虫，多在背风处筑巢，或钻入土内。海岛上风大，害虫多为无翅型；低海拔和弱风处的都为有翅型。一些无翅害虫常附于落叶碎片随气流升到高空传至远方。对于具有远距离迁飞习性的害虫，如黏虫、稻飞虱、稻纵卷叶螟、棉铃虫、东亚飞蝗等，风直接影响着害虫的起飞、运行及降落。如稻飞虱、稻纵卷叶螟等，在我国春夏季节，随偏南气流向北迁飞，晚秋，随偏北气流由北向南回迁；它与季风进退基本一致，并常随锋面天气系统移动，伴随降水和下沉气流降落。迁飞高度主要分布于空中500~

2 000 m，当风速超过 3.5 m/s 后，成虫主要由气流推动前进。如以 8 m/s 的风速估算，棉铃虫成虫一夜在空中飞行 8.5～9.5 h，完成的迁移距离为 250～280 km。

（5）土壤。土壤中小气候、理化性状及生物等的变化对害虫的分布、活动以及繁殖和存活都有影响。其中以土温和土湿的影响最明显，不少地下害虫在土中的垂直分布和活动规律常随土温的升高或降低表现出季节性。土下越冬昆虫的翌年出土时期和数量均受土湿的影响。不同理化性状的土壤以土壤结构、有机质含量、酸碱度和含盐量的不同而影响害虫。例如，蝼蛄喜欢有机质多而松软的沙质湿润土壤；金针虫喜欢生活在酸性土壤中；种蝇、蟛蟛多在腐殖质多的地块。

（6）食物。食物是害虫赖以生存的基本条件。不同作物种类对害虫生长发育、成活率和生殖率都有显著的影响，一般害虫取食喜爱的植物后，发育较快，死亡率低，繁殖率高，这种情况通常是植物所含的营养物质在起主要作用。如勃虫可取食 100 余种植物，但最喜食禾本科，若取食棉花、豆类等作物，对幼虫发育不利，甚至不能完成其生活史。

3. 安徽省典型虫害时空分布及发生规律

安徽省农作物害虫种类繁多，全国各地均有分布。能造成严重危害的害虫，水稻有三化螟、二化螟、稻飞虱、稻纵卷叶螟等，小麦有麦蚜、小麦吸浆虫、麦蜘蛛等，玉米有玉米螟等，大豆有食心虫、豆荚螟等，棉花有棉铃虫、棉蚜、棉叶螨、棉盲蝽等。其中具有远距离迁飞习性的害虫，水稻主要有稻飞虱、稻纵卷叶螟等，小麦主要有麦蚜等，棉花主要有棉铃虫、蝗虫等。迁飞性害虫可在世界范围内的农作物上迁飞为害，多具有区域性、突发性和毁灭性的特点。其突发性给虫害预测预报和防治带来了很大的难度，造成的损失巨大，治理费用也极高。

（1）水稻害虫。我国有四大稻区：①华南稻区，包括广东、广西、福建、海南双季稻种植区。②长江中下游和江淮稻区，包括江西、湖南、湖北、安徽、江苏、浙江、上海、河南中南部单双季稻混栽区和单季稻种植区。③西南稻区，包括云南、贵州、四川、重庆单季稻种植区。④北方稻区，包括黑龙江、吉林、辽宁、河北北部、天津、内蒙古自治区（以下简称内蒙古）东部单季稻种植区。④安徽处于长江中下游和江淮稻区，要重点防控稻飞虱（主要是褐飞虱和白背飞虱）、稻纵卷叶螟和二化螟等。

1）稻飞虱。俗名火蠓虫，是为害水稻的主要害虫之一。国外广泛分布于南亚、东南亚、太平洋岛屿及日本、韩国、朝鲜和澳大利亚。国内各稻区都有分布和发生。20 世纪 70 年代末以来已成为亚洲水稻产区的头号害虫。稻飞虱种类很多，为害我国水稻的飞虱主要有褐飞虱、白背飞虱、灰飞虱；造成严重灾害的主要是褐飞虱、白背飞虱，其中以褐飞虱发生和为害最重，白背飞虱次之。我国早、中、晚稻都能受其为害，在适宜的环境气象条件下，繁殖迅速，造成严重灾害。一般为害损失 10%～20%，严重为害损失 40%～60%，甚至绝收。1987 年稻飞虱大发生，严重受害范围北至山东，南到广东，东及上海，约有 13 万 hm² 水稻枯死绝产。1991 年受害范围更大，波及 19 个省（市），面积达 1 000 多万公顷，损失稻谷 250 万 t。

褐飞虱、白背飞虱、灰飞虱由于食性及对温度的要求和适应性不同，在地理分布和各稻区的发生为害情况也有所不同。褐飞虱为南方性种类，在长江流域以南各省发生为害较重，在云、贵、川、渝4省（市）则主要分布在海拔1 700 m以下稻区；白背飞虱分布较褐飞虱广，但仍以长江流域为主，在北方稻区亦偶尔猖獗为害。灰飞虱属广跨偏北种类，几乎全国各地都有分布，但以华东、华中、华北、西南等地发生为害较重，华南稻区发生较少。2006年，受异常气候与多次台风助动迁入影响，自6月下旬以来，稻飞虱多次随风大量迁入安徽，8月中旬，田间虫量开始激增，百丛水稻虫量一般数千头，高者达万头，甚至数十万头，迁入虫量之高为多年少见，受灾面积达174万hm^2。

稻飞虱成虫、若虫都能为害。主要为害期在水稻拔节期至乳熟末期，成虫和若虫群集在稻株下部，用刺吸式口器刺进稻株组织，吸食汁液。孕穗期受害，使叶片发黄，生长低矮，甚至不能抽穗。乳熟期受害，稻谷千粒重减轻，秕谷增加，严重时引起稻株下部变黑，齐泥瘫倒，叶片青枯。灰飞虱除本身为害水稻外，可传播水稻矮缩病、条纹叶枯病、小麦丛矮病和玉米粗缩病等。

褐飞虱：褐飞虱是一种迁飞性害虫，每年发生代数因地区而异，一年发生1～13代，自北而南递增。安徽南部6—7月上中旬迁入，一年发生4～5代；皖北地区7—8月迁入，一年发生2～3代。

褐飞虱生长发育适宜的温度是20～30 ℃，高于30 ℃或低于20 ℃会在很大程度上影响成虫的繁殖、若虫的孵化以及存活。因此，盛夏不热、晚秋不冷、夏秋多雨是稻褐飞虱成灾的重要气候条件。褐飞虱为喜湿种类，适宜的相对湿度为80%以上，所以以多雨、高湿度、阴暗对其发生有利。水稻品种复杂，生育期交错，利于该虫种群数量增加，造成严重为害。田间阴湿，生产上偏施、过量施氮肥，稻苗浓绿，密度大及长期灌深水，有利于其繁殖，稻田受害重。水稻孕穗至抽穗扬花期，稻株生长繁茂，体内营养物质多，最适于稻飞虱的生长发育，此时若温度和湿度适宜，就会出现短翅型成虫，预示着褐飞虱将大发生（罗守进，2011）。

白背飞虱：白背飞虱属长距离迁飞性害虫，在我国每年发生代数因地区而异，一年发生2～11代，由北向南递增。在安庆稻区每年发生4～5代，长江中下游及江淮稻区4～5代。海南岛南部和云南最南部地区为终年繁殖区。除终年繁殖区外，其余地区的初始虫源，全部或主要由异地迁入，迁入和迁出期一般比褐飞虱提早10～15 d。

白背飞虱每年春夏自南向北迁飞，秋季自北向南回迁，主要为害水稻孕穗期。从始见虫源迁入到主害期，一般历期50～60 d，主迁高峰迁入后10～20 d或经繁殖1代后，即为主害代田间第2龄若虫为害高峰期，近期迁入峰虫量大，与前期迁入量累积繁殖后，主害代即可成灾。

白背飞虱的发生与气候、食料、天敌等因素关系密切。气候是影响年度暴发的主导因子，稻田小气候和食料造成田块间虫口密度和为害程度的差异。白背飞虱喜温，生长发育的最适温度为22～30 ℃，而活动温区为8～36 ℃，其卵和若虫发育进度在27～28 ℃时最快。故盛夏不热、晚秋不凉，雨水多的年份适宜稻飞虱的大发生。白背飞虱为喜湿种类，对湿度要求较高，以 80%～90% 为宜，在适温和高湿的条件下易造成大发生。因此，地势低洼、积水、氮肥过多的田块虫口密度最高，栽培密度高、田间郁闭的田块发生重。在白背飞虱成虫迁飞期，凡稻田荫蔽、茎叶柔嫩、食料丰富、营养条件好的稻田，迁入成虫数较多。其中水稻在分蘖期到孕穗期时最适于白背飞虱取食和繁殖。

灰飞虱：灰飞虱在我国每年发生代数因地区而异，由南向北递减，在各地均可越冬。江苏、浙江、湖北、四川等长江流域稻区 5～6 代。以 3～4 龄若虫（少量 5 龄虫）在麦田、紫云英或沟边杂草上越冬（越冬代多为短翅型）。在稻田出现的时间远比褐飞虱、白背飞虱早。

南方稻区越冬若虫 3 月中旬至 4 月中旬羽化，以 5—6 月早稻中期发生较多。虫害的发生与温度、湿度、食料、天敌等因素关系密切。气候是影响年度暴发的主导因子，稻田小气候和食料造成田块间虫口密度和为害程度的差异。灰飞虱为温带害虫，不耐高温，但耐低温力较强，生长发育适宜温度在 23 ℃左右，平均温度超过 28 ℃时成虫寿命明显缩短，超过 30 ℃时发育速率延缓、死亡率高、成虫寿命缩短。因此，盛夏时虫口数量不大，但到了秋季温度降下来以后，虫量有回升的趋势，但是这个时期一般都是 9 月份以后，植株趋于老化，营养条件不利，繁殖力降低，所以种群密度不会太高。灰飞虱喜低湿，喜靠田边、通透性良好的环境，常栖息于植株较高的部位。因此，靠田边或通风透光好的稻田对灰飞虱发生有利，而在生长茂密或长期积水的稻田中不利于其发生。如果冬季温暖干旱，则越冬死亡少，越冬代成虫产卵多，往往翌年第 1 代发生重。稻田荫蔽、茎叶柔嫩、食料丰富、营养条件好的稻田，成虫数量较多。

2) 稻螟虫。

三化螟：三化螟每年发生代数因地区而异，在我国年发生 2～7 代，可划分为 4 个代区。其中包括四川、重庆、湖北、湘东北、赣北、安徽、江苏、浙北、上海等地区在内的长江流域发生带，一年以发生 3 代为主，秋热年份有 4 代。三化螟在热带可终年繁殖，但遇有旱季湿度不够时，末龄幼虫常蛰伏在稻根部，在温带不能终年繁殖，在冬季则以末龄幼虫越冬，翌年春季化蛹羽化。影响三化螟虫害发生的因素有栽培条件、气候等。生产上单、双季稻混栽或中稻与一季稻混栽三化螟为害重；栽培上基肥充足、追肥及时、稻株生长健壮、抽穗迅速整齐的稻田受害轻，反之追肥过晚或偏施氮肥，水稻易死亡，不利于其发生；气温在 24～29 ℃、相对湿度在 90% 以上时利于该虫孵化和侵入；冬季干旱，特别是越冬幼虫化蛹期干旱少雨，有利于幼虫越冬与化蛹，是第 1 代发生量大的预兆之一。

二化螟：二化螟每年发生代数因地区而异，在我国一年发生 1～5 代，可划分为 4 个代区。在北纬 32°～26° 的江苏、浙江、福建、安徽、四川、贵州为 2～4 代区，均以老熟幼虫在稻桩、稻草、茭白、玉米等根茬或茎秆中越冬。由北向南发生代数逐渐增加，除纬度以外，海拔高度也影响其发生代数。二化螟抗寒力很强，且耐旱、耐淹。春季温度、湿度正常，幼虫死亡率则较低，一般仅 10% 左右，发生期提早，数量多，为害重；春季低温多湿，则延迟其发生期。夏季高温（30 ℃以上）干旱天气对二化螟幼虫发育不利。在 35 ℃ 以上羽化的蛾多成畸形，幼虫死于卵壳内；稻田水温继续几天 35 ℃ 以上，幼虫死亡率在 80%～90%。因此，二化螟发生严重地区主要是温度较低的丘陵山区。双季连作稻区，蚁螟盛孵期与有利于蚁螟侵入的水稻生育期吻合程度相对比较短暂，二化螟发生较轻。这一类型的稻区，第 1 代螟害轻。但第 1 代发蛾和产卵主要在早稻本田时期，有利于其侵入和存活，形成"2 代多发型"，早稻白穗严重。晚稻螟害轻。单、双季稻混栽区，田间有利于二化螟侵入的水稻生育期，接连不断，桥梁田多，食物适宜且丰富，二化螟发生较为严重。这个稻区的发生数量逐代增多，形成"3 代多发型"。纯单季稻区，由于播种、插秧期晚，春耕时间迟，有利于越冬幼虫化蛹羽化，且第一代虫源较广泛，第一代发生量多，形成"1 代多发型"。若施氮肥多，植株嫩绿对二化螟有利；酸性土壤比中性、碱性土壤受害重；水稻移栽得早，越冬代成虫在水稻上产卵多，为害重。茎粗叶茂的品种有利于二化螟的发生。

大螟：大螟每年发生代数因地区而异，在我国从北到南一年发生 2～8 代，云、贵高原 2～3 代，江苏、浙江 3～4 代，江西、湖南、湖北、四川一年发生 4 代，福建、广西及云南开远 4～5 代，广东南部、台湾 6～8 代。越冬代大螟多以老熟幼虫在玉米秆、稻桩、杂草根际、茭白等残株中越冬，但大部分幼虫冬季继续为害甘蔗、小麦等。因越冬场所复杂，越冬幼虫化蛹、羽化有早有迟，各代发生期很不整齐，造成世代重叠，田间全年都有成虫出现。春季 3、4 月气温上升早，第 1 代发生期相应提早，发生量增大。大面积种植甘蔗、玉米等作物的稻区，水稻与禾本科作物混栽的山区，芦苇、茭白较多的滨湖地区，以及杂交稻种植区，大螟的发生会加重。

（2）小麦害虫。

1）小麦蚜虫。小麦蚜虫分布极广，世界各产麦国几乎均有发生，主要有麦长管蚜、麦二叉蚜、禾谷缢管蚜和无网长管蚜。在江淮地区为害小麦的蚜虫有多种，普遍发生且为害较重的有麦长管蚜、麦二叉蚜、禾谷缢管蚜。

小麦蚜虫以成、若蚜为害植株，在茎、叶和穗部取食。叶片被害处呈浅黄色斑点，严重时造成黄叶、卷叶，甚至整株枯死；穗部受害，造成麦粒干瘪，千粒重下降，严重减产。另外，麦蚜可传播小麦病毒病，大发生时，引起病毒病流行，造成更大的损失。麦长管蚜一般在小麦叶面和穗部为害，喜在苗期为害，对植株影响较小，而穗期为害减产严重，灌浆期受害损失最严重，蜡熟期损失最轻；麦二叉蚜多在小麦叶面和基部为害，在苗期为害，对小麦影响较重，为害时由于分泌毒素，使叶片形成枯斑，严重时叶片枯黄，甚至死亡；禾谷缢管蚜多在小麦叶背为害，少数在秆、穗上为害。在苗期为害，对小麦影响较重，常大量聚集为害，密度过大时，造成麦苗严重生长不良。在穗期为害，为害程度轻于麦长管蚜。

小麦蚜虫的越冬虫态及场所均依各地气候条件而不同，在北方麦区多以卵在麦苗枯叶上、土缝内或禾本科杂草上越冬，在南方则以无翅成、若蚜在麦苗基部叶鞘、心叶内或附近土缝中越冬，天暖时仍能活动取食。成、若蚜受振动时，假死坠落。3 月上中旬越冬卵孵化，在冬麦上繁殖几代后，有的以无翅胎生雌蚜继续繁殖，有的产生有翅胎生蚜在冬麦田繁殖，4月中旬有些迁入春麦上，5月上中旬大量繁殖，出现为害高峰期，并可引起黄矮病流行。小麦灌浆后，多数立即迁离麦田。从发生时间上看，麦二叉蚜早于麦长管蚜，麦长管蚜一般到小麦拔节后才逐渐加重。自然条件下，温、湿度对麦蚜发生和消长起主导作用。

20世纪70年代以来，小麦蚜虫的发生与为害不断加重。1993年我国麦蚜大发生，为害面积达1 000万 hm²；1997—1998年发生面积均在1 300万 hm²左右，其中1998年河南、山东、河北发生尤为严重，有蚜株率一般在90%以上，百株穗蚜量在1 000～5 000头不等，高者达万头以上。

2）小麦吸浆虫。小麦吸浆虫广泛分布于亚洲、欧洲和美洲，在我国遍布全国主要产麦区，主要发生于平原地区的渡河两岸特别是陕西的渭水流域，河南的伊、洛河流域，安徽的淮河流域以及长江、汉水和嘉陵江沿岸的产麦区。为害小麦的吸浆虫有2种，即麦红吸浆虫和麦黄吸浆虫。

湿度较高的条件适宜成虫存活和产卵及卵的孵化，若成虫活动和卵孵化期间湿度小，气候干燥，吸浆虫将大量死亡，发生为害轻。小麦扬花前后，雨水多，湿度大，吸浆虫为害严重。因此，凡雨量充沛的年份和地区吸浆虫常发生猖獗，而在干旱年份和地区，只有引水灌溉的局部地区才造成严重为害。在土壤温度达10 ℃以上时，越冬幼虫破茧活动，土温达到15 ℃时，越冬幼虫开始化蛹。当温度升到30 ℃以上时，幼虫恢复休眠，不能化蛹。温度高至50 ℃时，幼虫即死亡。幼虫耐低温、不耐高温，因此，越冬死亡率低于越夏死亡率。不同的小麦品种受吸浆虫为害程度显著不同。小麦芒少、小穗间空隙大、颖壳扣合不紧密和扬花期长的品种有利于吸浆虫产卵，受害重；而穗形紧密、内外颖毛长而密、麦粒皮厚、浆液不易外流的小麦品种受害轻。抽穗整齐、抽穗期与吸浆虫成虫发生盛期错开的品种，成虫产卵少或不产卵，可避开吸浆虫的为害。麦红吸浆虫幼虫喜碱性土壤。土壤团粒结构好，土质松软，有相当保水力和渗水性，且温度变差小，最适宜虫害的发生；黏土对其生活不利，砂土更不适宜其生活。麦黄吸浆虫在壤土麦田比黏土和沙土麦田为害重；通常低地发生比坡地多，阴坡发生又比阳坡多；麦黄吸浆虫适宜于碱性土壤。

3）麦蜘蛛。小麦返青至灌浆期是多种害虫的发生季节，主要害虫为小麦蜘蛛。麦蜘蛛属蛛形纲蜱螨目。国内为害小麦的螨类主要有麦圆叶爪螨和麦岩螨2种。前者属真足螨科。麦圆叶爪螨发生在北纬29°～37°的冬麦区；麦岩螨分布偏北，主要发生在北纬34°～43°的小麦产区。在安徽省多数地区发生为害的是麦圆叶爪螨，皖北部地区如砀山，2种麦蜘蛛混合发生。

麦圆叶爪螨每年发生代数因地区而异，在我国一年发生2～3代，春季繁殖1代，秋季1～2代，完成1个世代46～80 d。以雌性成螨和卵在小麦植株或田间杂草上越冬。次年2月下旬雌性成螨开始活动并产卵繁殖，越冬卵也陆续孵化。3月下旬至4月中旬是为害盛期。小麦孕穗后期产卵（滞育卵）越夏，卵大多在根部和分蘖丛中。10月上旬越夏卵孵化，为害冬小麦幼苗或田边杂草。11月上旬出现成螨并陆续产卵，随气温下降进入越冬阶段。一年中春、秋两季为害，以春季为害严重。麦圆叶爪螨性喜阴凉湿润，这与麦岩螨相反；相对湿度 80% 以上、表土含水量 20% 左右最适于其繁殖为害；怕高温、干燥，生育适温为 8～15 ℃，气温超过 20 ℃ 大量死亡。因此，麦圆叶爪螨一般在麦苗生长茂密、阳光照射不足的平原水浇地和低温地发生最重，旱地发生较轻，尤以水浇地和低湿地发生较重，旱地除多雨的地区外，通常发生较轻，如淮河和长江流域，由于雨量充沛，以致水旱地发生程度常无甚差别（张彩丽，2014）。

麦岩螨主要发生在黄河以北至长城以南麦区；麦圆叶爪螨多发生在北纬 37° 以南各省。江苏、安徽等省，二者混合发生。

（3）棉铃虫。棉铃虫是世界性棉花大害虫，我国各棉区普遍发生，其中黄河流域棉区、辽河流域棉区和西北内陆棉区为常发区，长江流域棉区为间歇性发生区。目前，我国黄河流域、长江流域棉区棉铃虫基本得到了控制，种群发生数量普遍较低。

棉铃虫全年发生代数由北向南逐渐增多，长江流域棉区大部分为 5 代，3、4 代为害较重。

1992—1995 年棉铃虫在安徽省出现自 20 世纪 70 年代以来又一次暴发为害期，4 年累计发生面积达 359.75 万 hm²，相当于前 26 年发生面积的总和。1992 年发生面积达 75.67 万 hm²，损失皮棉 2.8 万 t，相当于 4.67 万 hm² 棉田绝收。尤其是 1994 年超常规大发生，面积达 107.41 万 hm²。其中，淮北发生区，辖萧县、濉溪、蒙城和固镇等 17 个植棉县（市），常年植棉面积 18.8 万 hm²，约占全省棉花面积的 47%。该区为安徽省棉铃虫常发、重发区，常年 2、4 代突出。1993—1995 年连续多代大发生，3 年共发生完整的 10 个世代，其中大发生 9 个世代，占 90%，1995 年出现 5 代重于 4 代的异常年份，该区发生面积为 178.19 万公顷次，为该区植棉面积的 31.6%，占全省发生面积的 62.73%。江淮丘陵发生区，辖寿县、长丰和全椒等 10 个植棉县（市），植棉较为分散，常年面积为 7.2 万 hm²，约占全省棉花面积的 18%，该区棉铃虫发生程度常呈马鞍型，2、4 代偏重，4 代为主。1993—1995 年发生面积为 39.94 万公顷次，为该区植棉面积的 18.5%，占全省发生面积的 14.06%。沿江江南发生区，辖望江、东至、无为、繁昌、宣州和当涂等 17 个植棉县（市），该区植棉历史较长，生产水平高，常年植棉 14 万 hm²，约占全省棉花面积的 35%。该区为棉铃虫偶发区，常年 4 代重发呈单峰型，5 代次之。近 3 年 4、5 代持续偏重，1993—1995 年发生面积达 65.9 万 hm²，为该区植棉面积的 15.7%，占全省发生面积的 23.19%。近年来棉花在安徽的种植面积逐渐减少，随着转基因抗虫棉品种的推广种植，河北、山东、河南、安徽等棉花主产省所种植的棉花抗虫率已高达 95%。

（三）农作物草害

一切生长在田间的植物，除了有目的栽培的植物以外，都可称为杂草。农作物草害是指农田杂草危害作物导致产量减少、品质降低等经济损失的各类事件。生长在农作物田间的杂草叫作农田杂草，它是长期适应当地作物、耕作、气候、土壤等生态条件及其他社会因素而生存下来的。农田杂草与作物争夺养料、水分、阳光和空间，妨碍田间通风透光，增加局部气候温度会形成草荒，影响作物的正常生长发育；有些则是病虫中间寄主，促进病虫害发生；寄生性杂草直接从作物体内吸收养分，从而降低作物的产量和品质；有的杂草种子或花粉含有毒素，能使人畜中毒。与作物争光、争水、争肥、争空间，导致产量、品质降低，造成种子混杂；杂草可阻塞渠道、妨碍机收，影响田间水利设施等的正常运行，增加生产费用。

多数杂草有很强的生态适应性和抗逆性，对环境要求不太严格，常耐旱、耐涝、耐热、耐盐碱、耐贫瘠，沟旁、路边、田埂、房顶等作物不能生存的地方，杂草同样能生存。当生长条件不良时，可随生育环境的变化自然调节密度、生长量、结实数和生育期，保证个体生存和物种的延续。种子可通过风、水、动物进行传播。

1. 农田杂草分类

可根据形态特征、生物学特征、植物系统学、生境的生态学对杂草进行分类。

（1）形态学分类。

1）禾草类。主要包括禾本科杂草。其主要形态特征：茎圆或略扁，节与节间区别，节间中空。叶鞘开张，常有叶舌。胚具1子叶，叶片狭窄而长，平行叶脉，叶无柄。

2）莎草类。主要包括莎草科杂草。茎三棱形或扁三棱形，节与节间的区别不明显，茎常实心。叶鞘不开张，无叶舌。胚具1子叶，叶片狭窄而长，平行叶脉，叶无柄。

3）阔叶草类。包括所有的双子叶植物杂草及部分单子叶植物杂草。茎圆形或四棱形。叶片宽阔，具网状叶脉，叶有柄。胚常具2子叶。

4）藻类。

（2）生物学特性分类。按不同生活型分类。

1）一年生杂草。在一年内完成从出苗、生长及开花结实的生活史。如马齿苋、铁苋菜、鳢肠、马唐、稗、异型莎草和碎米莎草等，多发生危害于秋熟作物及水稻等作物田。

2）二年生杂草。在2个生长季节内或跨2个日历年度完成从出苗、生长及开花结实的生活史。通常是冬季出苗，翌年春季或夏初开花结实。如野燕麦、看麦娘、波斯婆婆纳、猪殃殃和播娘蒿等。多发生危害于夏熟作物田。

3）多年生杂草。一次出苗，可在多个生长季节内生长并开花结实。可以种子以及营养器官繁殖，并度过不良气候条件。按生长习性分类：①草本类杂草。茎多不木质化或少木质化，茎直立或匍匐，大多数杂草均属该类。②藤本类杂草。茎多缠绕或攀缘等。如打碗花、葎草和乌蔹莓等。③木本类杂草。茎多木质化，直立。④寄生杂草。多营寄生性生活，从寄主植物上吸收部分或全部所需的营养物质。根据寄生特点可分为全寄生杂草和半寄生杂草。其中，全寄生杂草多无叶绿素，不能进行光合作用，根据寄生部位又可分为茎寄生类如菟丝子、根寄生类如列当等；半寄生杂草含有叶绿素，能进行光合作用，但仍需从寄主吸收水分、无机盐等必需营养的一部分，如独脚金和桑寄生。

（3）植物系统学分类。根据植物系统演化和亲缘关系的理论将杂草按照门、纲、目、科、属、种进行分类。这种分类可以确定所有杂草的位置，比较准确和完整。

（4）杂草生态型分类。可分为旱地杂草、水生杂草、水旱两生杂草和湿生杂草。

1）旱地杂草。只能生长在旱田，如马齿苋、狗尾草等。

2）水田杂草。只能生长在水田，如眼子菜、鸭舌草等。

3）水旱两生杂草。既能生长在水田，又能生长在旱地，如稗草、水三棱等。

4）湿生杂草。生长在土壤湿度较大的地区和田块，但不是在浸水情况下生长的杂草，如看麦娘、稗等。

2. 中国农田草害区域划分

我国幅员广阔，地跨热带、亚热带、暖温带、中温带、寒温带，故杂草种类很多，农作物草害在全国各地均有发生。中国农田草害可划分成8个区：

（1）珠江流域草害区。

1）海南草害区。代表性杂草有飞机草、脉耳草、尖瓣花等热带杂草，但无看麦娘等冬季杂草。

2）闽广草害区。代表杂草有胜红蓟、两耳草、圆叶节节菜、水龙，并有看麦娘等冬季杂草。

（2）长江流域草害区。包括江苏、上海、浙江、江西、安徽、湖南、湖北、四川大部以及河南信阳、陕西汉中等中北亚热带地区，代表性杂草有千金子、双穗雀稗、异型莎草、瓜皮草、看麦娘、猪殃殃等。

（3）黄淮海草害区。有山东、河北、河南、晋南、皖北、关中平原以及北京、天津等暖温带地区。代表性杂草有马唐、绿狗尾、牛筋草、播娘蒿等。

（4）松辽平原草害区。包括辽宁、吉林、黑龙江三省属温带—寒温带地区。代表性杂草有本氏蓼、卷茎蓼、野燕麦等。

（5）黄土高原草害区。包括晋中北部、陕北、内蒙古、宁夏回族自治区（以下简称宁夏）南部；海拔1 000 m以上，属温带地区。代表性杂草有黎、刺儿菜等。

（6）青藏高原草害区。包括青海、西藏以及四川西部海拔2 000 m以上的农田，近似温带气候。代表性杂草有野燕麦、卷茎蓼、香薷等。

（7）西北草害区。包括新疆、甘肃中部、宁夏北部海拔1 000～1 500 m，属暖温带—温带气候。代表性杂草有黎、野燕麦、芦苇、扁秆藨草等。

（8）云贵高原草害区。包括云南、贵州以及四川南部，在低海拔有热带杂草、中海拔有亚热带杂草、高海拔有温带杂草。

3. 发生规律

杂草的共同特点是种子成熟后有90%左右能自然落地，随着耕地播入土壤。以小麦区为例，在冬麦区有4～5个月的越夏休眠期，期间即便给予适当的温湿度也不萌发，到秋季播种小麦时，随着麦苗逐渐萌发出苗。

（1）种子萌发与温度的关系。猪殃殃和播娘蒿的发育起点温度为3 ℃，最适温度为8～15 ℃，到20 ℃时发芽明显减少，25 ℃时则不能发芽。野燕麦的发育起点温度为8 ℃，15～20 ℃为最适温度，25 ℃时发芽明显减少，40 ℃时则不能发芽。

（2）种子萌发与湿度的关系。土壤含水量15%～30%为发芽适宜湿度，低于10%则不利于发芽。小麦播种期的墒情或播种前后的降水量是决定杂草发生量的主要因素。

（3）种子出苗与土壤覆盖深度的关系。杂草种子大小各异，顶土能力和出苗深度不同。猪殃殃在1～5 cm深处出苗最多，大巢菜在3～7 cm深处出苗最多，8 cm深处出苗明显减少；野燕麦在3～7 cm深处出苗最多，3～10 cm深处能顺利出苗，超过11 cm出苗受抑制；播娘蒿种子较小，在1～3 cm深处出苗最多，超过5 cm一般不能出苗。

（4）小麦播种期与杂草出苗的关系。杂草种子随农田耕翻犁耙，在土壤疏松通气良好的条件下才能萌发出苗。麦田杂草一般比小麦晚出苗10～18 d。其中，猪殃殃比小麦晚出苗15 d，出苗高峰期在小麦播种后20 d左右；播娘蒿比小麦晚出苗9 d，出苗高峰期不明显，但与土壤表土墒情有关；大巢菜出苗期在麦播后12 d左右，15～20 d为出苗盛期；荠菜在麦播后11 d进入出苗盛期；野燕麦比小麦晚出苗5～15 d。麦田杂草的发生量与小麦的播种期密切相关，一般情况下，小麦播种早，杂草发生量大，反之则少。

（5）杂草出苗规律。猪殃殃和大巢菜在年前（10月中旬至11月下旬）有一个出苗高峰期，年前出苗数占总数的95%～98%，年后3月下旬至4月上旬还有少量出苗；野燕麦、播娘蒿和宝盖草等几乎全在年前出苗，年后一般不再萌发出土。

4. 杂草的危害

（1）恶化环境。杂草是无孔不入的，从土壤表层到深层、从作物行内到行间、从农田到渠道充斥着一切场所，使土壤、水域、农产品等受到严重污染，使作物生长环境恶化。连作多年的稻田，每千克稻谷中混有稗草种子1 000～1 300粒、扁秆藨草种子200～400粒；眼子菜严重的稻田，每公顷地上部有草株鲜重15 t、干重1 560 kg，使稻田1～2 cm表层温度降低1 ℃。

（2）传播病虫害。杂草可称为作物病原菌的传染源，作为杂食性害虫的食物或成为病虫害的传播媒介。例如，稗草是稻飞虱、黏虫、稻细菌性褐斑病的寄主；刺儿菜是棉蚜、地老虎、向日葵菌核病等的寄主。

（3）与作物竞争。除一些寄生性杂草外，杂草与作物间主要是争夺养分、水分和光线。所谓竞争，实质上是杂草与作物对有限资源的争夺。杂草对农业生产造成危害的集中体现是降低了作物的产量和质量。如水稻夹心稗对产量影响非常明显，每穴水稻夹有1株稗草时可减产35.5%，夹有2株稗草时可减产62%，夹有3株稗草时可减产88%；又如，每平方米棉田有马唐20株时使棉花减产82%，有20株千金子时使棉花减产83%。

5. 对农业生产的影响

我国水稻、小麦、玉米、大豆及棉花等主要农作物农田杂草有580种，其中稻田129种、旱田427种、水旱田均有24种。对主要农作物危害重且又难以防除的有17种，危害重且分布广的有31种，地区性的重害杂草有24种。我国农田受草害面积有4 287万 hm²，其中受杂草危害较重的农田有358万 hm²，每年受草害减产12.3%～

16.5%。其中，水稻受草害面积 1 500 万 hm²，稻谷减产约 1 000 万 t；小麦受草害面积 1 000 万 hm²，减产约 400 万 t；玉米受草害面积 660 万 hm²，减产约 250 万 t；大豆受草害面积 200 万 hm²，减产约 50 万 t；棉花受草害面积 220 万 hm²，减产皮棉约 25.5 万 t。

（1）稻田杂草。主要有稗、扁秆藨草、矮慈姑、眼子菜、双穗雀稗、水莎草、萤蔺、千金子、泽泻、雨久花、牛毛毡、异型莎草、碎米莎草、野慈姑、节节菜、丁香蓼、陌上菜、醴肠、两栖蓼、空心莲子草、狼把草、鸭舌草等。

早发的扁秆藨草个体生长粗壮、高大、茂盛，与水稻争肥、争水、争光、争空间，竞争能力极强，严重制约了水稻个体的生长发育。造成前期稻苗细弱、分蘖减少，后期成穗率显著降低，穗粒数、千粒重明显下降，终使水稻减产。4～5 叶期发生的扁秆藨草，由于此时稻苗刚进入分蘖始期，个体尚小，空间很大，对杂草的生长发育仍十分有利，对水稻最终造成的损失比早发生时小，但危害也不轻。稻田早期发生扁秆藨草但不除，减产达 42.6%，迟发生的不除，减产也可达 34.7%。

（2）麦田杂草。主要有日本看麦娘、小藜、牛繁缕、猪殃殃、稗草、大巢菜、荠菜、繁缕、婆婆纳、刺儿菜、野老鹳草、小旋花、泽泻、播娘蒿、泥胡菜、碎米荠、看麦娘、野燕麦等。

野燕麦是小麦的伴生杂草，由于发生的环境条件一致，苗期形态相似，难以防除，危害极大。野燕麦的生长习性不仅与小麦相似，而且出苗不一致，长势凶猛，繁殖率高，比小麦成熟早。由 1 粒种子长成的野燕麦可有 15～25 个分蘖，最多达 64 个分蘖；每株结种子 410～530 粒，多者可达 1 250～2 600 粒；种子在土壤中持续 4～5 年均能发芽，有的经过火烧和牲畜胃、肠后仍能发芽。与小麦相比，野燕麦株高为小麦的 108%～136%；分蘖相当于小麦的 2.3～4.3 倍；单株叶片数、叶面积、根数量相当于小麦的 2 倍，对小麦形成强烈竞争。小麦受野燕麦危害后，株高降低，分蘖数减少，穗粒数减少，千粒重降低，导致大幅度减产。在我国野燕麦发生严重的地区，小麦一般减产 20%～30%，重者达 40%～50%，更重者造成绝产。在小麦地，30～40 株/m² 野燕麦的草害程度，造成 300～600 kg/hm² 损失，146 株/m² 严重草害情况下，造成损失高达 450 kg/hm²。

（3）玉米田杂草。主要有马唐及其他马唐属杂草、牛筋草、稗、千金子、狗尾草、双穗雀稗、狗牙根、香附子、铁觅菜、龙葵、马齿苋、柳叶刺蓼及其他蓼属杂草、反枝苋及其他苋属杂草、藜及其他藜属杂草等。

由于杂草危害，玉米表现植株矮小、叶色发黄、根系不发达、穗形变小，空壳率增加，粒重减轻，有的甚至造成幼苗萎蔫直至死亡。杂草危害使作物产量降低，玉米田有杂草 52 株/m² 时可使玉米减产 22%，有杂草 102 株/m² 时可使玉米减产 42%。在杂草的侵害下，作物新陈代谢作用受到抑制，碳水化合物、蛋白质、脂肪、纤维素等物质积累减少，从而使玉米品质降低。

（4）油菜田杂草。主要有看麦娘、日本看麦娘、稗、千金子、棒头草、早熟禾等禾本科杂草，繁缕、牛繁缕、雀舌草、碎米荠、通泉草、稻槎菜、猪殃殃、大巢菜、小藜、婆婆纳等阔叶杂草，以及牛毛毡等莎草科杂草，其中稻茬油菜田以看麦娘和日本看麦娘最多。

杂草竞争对油菜产量影响很大，杂草密度越大，油菜产量越低。田间菵草密度在 5～432 株/m² 时，油菜减产 2.17%～46.68%；当野燕麦密度 ≤2 株/m² 时，油菜产量与无草处理间差异不显著，但当野燕麦密度为 5 株/m² 时，油菜产量损失率达 29.66%；在小飞蓬密度为 36 株/m² 以下时，油菜产量与对照间差异不显著，但当小飞蓬密度达 72 株/m² 时，油菜产量显著下降，减产率达 35.93%（朱文达，2010）。

（5）大豆田杂草。主要有稗、反枝苋、柳叶刺蓼、刺蓼、金荞麦、龙葵、藜、小藜、苍耳、葎草、狗尾草、刺藜、香薷、鸭跖草、苣荬菜、萹蓄、铁苋菜、马唐、牛筋草、问荆等。

杂草危害是大豆减产的重要原因之一，特别是皖北地区，5—8 月杂草发生期正值雨季，由于人少地多，管理粗放，常常造成草荒。一般草荒地块杂草达 400～500 株/m²，多者千余株，可减产 20%～70%。如稗草大量发生的地块，大豆荚数、粒数均减少，百粒重降低，造成减产；如大豆田有苍耳 9 万株/hm² 以上，与大豆共生，对大豆危害 4、8 和 16 周后，可使大豆分别减产 10%、40% 和 80%。如果危害发生在大豆萌发至初花期，至少造成减产 50% 以上，花期以后继续危害，减产更为严重。

（6）棉田杂草。安徽省所在的长江流域棉区地处北纬 25°～33°，属亚热带的湿润气候区，热量条件好，雨水充沛、土壤肥力高，日照条件稍差。土壤类型较多，棉田耕作制度比较复杂。不论旱粮棉区、水旱棉区，多以麦棉套作为主要轮作形式，近年在长江下游正逐步扩大麦后移栽棉。杂草种类多，但以喜温喜湿的种类居多。出现频率较高的有马唐、千金子、稗草、马齿苋、凹头苋、醴肠、通泉草、铁苋菜、大马蓼，其他如牛筋草、狗尾草、香附子、狗芽根、苘麻、泽泻等多有发生。

马唐对棉花的影响表现为株高的降低，果枝层、花蕾数、结铃数、铃重和生物量的减少和脱落率的增加，最终使棉花减产，对直播田的影响要大于营养钵田，不同的马唐密度对棉花的影响表现随密度增加而影响越大的趋势。当马唐密度为 5、10、20、30、40、60 株/m² 时，直播棉田籽棉产量分别降低 22.9%、24.7%、40.3%、52.3%、58.7% 和 75%，而营养钵棉田籽棉产量分别降低 19.7%、26.2%、35.9%、40.2%、40.3% 和 47.8%。

（四）农业鼠害

我国鼠害发生严重，全国每年鼠害发生面积达 2 500 万 hm²，粮食损失 500 万～1 000 万 t。造成我国农业鼠害加剧的主要原因既有气候变暖、干旱为害鼠提供了有利的环境因素，也有农业生态系统及农业耕作与种植结构、制度发生了重大变化，给鼠害防治工作带来了新情况和新的问题因素。

1. 农业害鼠种类

我国农业鼠类有 15 个分布型和广布的人类伴生型，主要害鼠有 80 余种。危害重的重要害鼠有褐家鼠（*Rattus norvegicus*）、小家鼠（*Mus musculus*）、黄毛鼠（*Rattus losea*）、板齿鼠（*Bandicota indica*）、大足鼠（*Rattus nitidus*）、黄胸鼠（*Rattus flavipectus*）、中华

姬鼠（*Apodemus draco*）、黑线姬鼠（*Apodemus agrarius*）、大仓鼠（*Cricetulus triton*）、黑线仓鼠（*Cricetulus barabensis*）、长尾仓鼠（*Cricetulus longicaudatus*）、长爪沙鼠（*Meriones unguiculatus*）、子午沙鼠（*Meriones meridianus*）、东北鼢鼠（*Myospalax psilurus*）、中华鼢鼠（*Myospalax fontanieri*）、东方田鼠（*Microtus fortis*）、棕色田鼠（*Microtus mandarinus*）、达乌尔黄鼠（*Citellus dauricus*）、五趾跳鼠（*Allactaga sibirica*）等20余种。另外，还有社鼠（*R. confucianus*）、巢鼠（*Micriomys minutns*）、针毛鼠（*R. fulvescens*）、白腹巨鼠（*R. edwarsdi*）、淡腹松鼠（*C. pygerythrus*）等。农田害鼠一般在春、秋季大量繁殖，害鼠种群数量于每年6月和11月出现2次高峰，此时正是早、晚稻抽穗成熟期，易造成严重危害（张美文等，2003）。

长江中下游各省（市）的鼠种数量和组成有一定的差别，其种类在20～40种，其中普遍危害农业生产的是褐家鼠（*Rattus norvegicus*）、黄胸鼠（*R. flavipectus*）、小家鼠（*Mus musculus*）、黄毛鼠（*R. losea*）和黑线姬鼠（*Apodemus agrarius*），在山区农村还有社鼠（*R. confucianus*）、大足鼠（*R. nitidus*）和针毛鼠（*R. fulvescens*），这8种皆属鼠科（Muridae）。此外，在部分湖区和长江两岸沿线还可发生仓鼠科（Cricetidae）的东方田鼠（*Microtus fortis*）重大危害。

2. 长江中下游地区农业害鼠的特点

（1）害鼠具较强的繁殖能力。长江中下游地区气候温暖，害鼠具较长的繁殖期，一般可全年繁殖。鼠科各种类的繁殖盛期限于3—11月或4—10月，冬季为繁殖低谷。在繁殖盛期，一般上、下半年各有1个繁殖高峰，但不同鼠种或同一鼠种在不同的区域具体时间也有所不同。仓鼠科的东方田鼠则比较特殊，冬春为其繁殖盛期。

（2）害鼠受水位变化的影响。长江中下游众多江河湖泊每年水位的波动对害鼠的影响分为2种类型：一种是迫使生活在湖滩和河滩上的害鼠每年周期性迁移；另一种是非周期性迁移，即在洪水泛滥成灾淹没农业生产区和村落时，对害鼠群落造成突发性干扰，这种影响具有突然性和暂时性的特点。

（3）害鼠分布范围在扩展。长江中下游地区地处古北界和东洋界交会地区，2个不同地理区域的害鼠种群互相渗透，动物种类也特别丰富，有些物种的分布范围在不断扩大。另外，某些生境的优势鼠种也在逐步演替。

1）气候的影响。属南亚热带和热带地区优势种的黄胸鼠和黄毛鼠向北扩展，与气候的趋暖（温室效应）有关。

2）人口膨胀带来的影响。长江中下游地区是全国人口稠密的地区之一，人口的变化及活动对害鼠种群的演替有一定影响。现在随处可见家鼠的活动。由于人口膨胀，耕作区向山地扩张，也导致了在山地的社鼠和针毛鼠等野鼠更多地进入农田，形成危害。在湖泊和江河口的围垦区，由于人的定居和各种农事活动，害鼠种类和密度也在不断变化。人们为获得暂时的利益，对生态平衡的破坏也给害鼠的发展提供了机会。同时，人口的增多、垃圾的增加、环境的脏乱差也为害鼠的发展提供了有利条件。

3）农业生产格局改变，引发害鼠的数量和种群发生变化。20世纪80年代因农村体制改革，粮食丰产及种植多样化，分粮到户存放而缺少仓储设备并疏于防治，给鼠类提供了良好的营养条件，引发了全国性的鼠害暴发；20 世纪 90 年代养殖业的发展使得先前因住房结构改善而趋于衰落的褐家鼠和黄胸鼠种群又卷土重来。同时作物品种的替换也可改变害鼠的数量变化，如无酚棉区比有酚棉区害鼠的密度高，"优质米"品种受褐家鼠和黑线姬鼠的危害重于其他品种。

4）害鼠种群的发展受重大工程的影响。在长江中下游，以重大水利工程的影响最为明显。20 世纪 70 年代东方田鼠种群暴发成灾与 20 世纪 60 年代的围湖造田和围湖灭螺等加速湖泊沼泽化进程有关；而 20 世纪 90 年代在东洞庭湖西南畔建造防浪墙，阻断了该鼠的迁移通路，则有效地抑制了该鼠的发展。

3. 安徽省农区鼠害发生状况

安徽省是一个产粮大省，全省农区鼠害发生严重。农田常年发生鼠害面积约 80 万 hm^2，鼠害发生率在 80% 以上。

（1）优势种与分布。安徽省农区害鼠以褐家鼠、小家鼠和黑线姬鼠为优势种，所占比例分别为 40.23%、28.93% 和 26.43%；农田以黑线姬鼠、褐家鼠和小家鼠为优势种，所占比例分别为 52.25%、36.20% 和 8.99%；农户以小家鼠、褐家鼠和黄胸鼠为优势种，所占比例分别为 48.86%、44.26% 和 6.28%。农区害鼠种群数量农户明显高于农田，害鼠密度农田（2.38%）和农户（3.26%）均以江淮丘陵地区最低，皖西地区农户害鼠密度最高（8.63%），皖南山区农田害鼠密度最高（3.57%）。

（2）周年发生动态。安徽省农田和农户鼠害发生动态表现为 2 个高峰期，即 3—5 月的春峰期和 10—11 月的秋峰期，且秋峰期高于春峰期。

1）农田鼠害。春峰期皖南山区、沿江地区、淮北平原在 5 月，江淮丘陵在 4 月，皖西山区在 3 月。秋峰期皖南山区在 9 月，沿江地区、江淮丘陵、皖西山区、淮北平原均在 10 月。低谷期皖南山区为 7 月和 11 月，沿江地区为 9 月和 12 月，江淮丘陵为 1 月和 8 月，淮北平原为 8 月和 12 月，皖西地区为 5 月和 12 月。

2）农户鼠害。春峰期皖南山区在 5 月，沿江地区、江淮丘陵、皖西山区、淮北平原均在 3 月。秋峰期江淮丘陵在 10 月，皖南山区、沿江地区、皖西山区、淮北平原均在 11 月。高峰期主要集中在春季 3—5 月和秋季 9—10 月，因此，开展农田灭鼠要在春、秋两季进行。低谷期皖南山区为 2 月和 8 月，沿江地区为 7 月和 12 月，江淮丘陵为 1 月和 7 月，皖西山区为 1 月和 6 月，淮北平原为 2 月和 8 月。

4. 成因

（1）害鼠适应环境能力强。鼠类体躯小而灵活，只需少量食物就可生存，不大的缝隙就能隐藏逃避敌害，而且其繁殖能力和迁徙性都很强，一旦占领新的生活环境，数量就会迅速增加，很快占据优势。一些地区的害鼠种群密度基数高，且处于数量上升阶段。若所有后代均存活，1 对褐家鼠每年能生育 1 500 只后代。据估计，全球害鼠总数已突破 300 亿只。如此大的繁殖能力导致鼠群基数大，变异多。在生存竞争中，大量的老、弱、病、残鼠被淘汰，剩下的则为基因型优、体质强壮的个体。经过无数次的自然筛选，害鼠对环境的适应能力不断提高。

（2）环境适宜鼠害发生。由于人类的活动，生态环境遭到不断破坏，害鼠的天敌数量逐渐减少，天敌对害鼠的控制能力减弱，使害鼠的存活率大大提高，数量不断增加。造成 2007 年洞庭湖鼠患的主要原因即当地生物链遭破坏，猫头鹰、黄鼠狼、蛇等害鼠天敌数量大量减少。此外，随着种植业结构的调整，各种经济作物种植比例增加，免耕覆盖面积不断增加，生存环境得到改善。田间农作物混栽，农户储粮较多，害鼠食物丰富，有利于害鼠的种群增长。

（3）农田生态调控能力减弱。农田环境大量使用农药和化肥，加之一些地区的污染，使得鼠类天敌的数量锐减，生态调控能力减弱。

5. 对农业发展的影响

（1）害鼠本身的影响。

1）鼠害造成的农业损失严重。我国自 20 世纪 70 年代以来，农牧区鼠害十分严重。据农业部植保总站调查，1984 年全国农田发生鼠害的面积为 0.24 亿 hm²，全国至少有鼠 30 亿～40 亿只，每年被鼠吃去粮食 150 多亿千克。此外，库存粮食被鼠盗食数按 1% 推算，每年达 300 多万公吨。鼠类对农田作物的危害一年四季都会发生，啃食庄稼的茎、叶，也吃根和种子，即便在腹饱的情况下，还是照样进行咬啮活动。在农作物收获季节，鼠类盗食粮穗，作为贮粮，致使有些地区作物丰产不丰收，甚至减产，1982 年安徽省杂交稻田绝产超过 6 000 hm²。

作为我国粮食主产区的长江中下游地区，害鼠对农业的危害尤为突出，该地区害鼠密度总体维持在较高的水平。该农区最主要的鼠害类型有褐家鼠—黑线姬鼠、东方田鼠—黑线姬鼠、黄毛鼠—黑线姬鼠主害区、黄胸鼠—黄毛鼠等。其中，黄毛鼠—黑线姬鼠主害区是由黄毛鼠北扩形成的新型害区。此外，华南区的板齿鼠（Bandicota indica）在该区南侧及属华北区主要害鼠的大仓鼠（Cricetulus triton）与黑线仓鼠（Cricetulus barabensis）在该区北侧亦各有分布和危害。这些鼠在不同地区形成相应的群落，各自占据一定的生态位，互相填充产生的总体危害更大。同样重要的是，害鼠不仅在农田对农业造成损失，而且在粮食的储藏过程中偷食，造成巨大损失。

2）害鼠传播疾病，对人们的健康和生命构成威胁。长江中下游是许多鼠传疾病的自然疫区，特别是经常发生的水灾能促使鼠传疾病的流行。

（2）灭鼠活动的影响。防治鼠害是保障农业生产和人民健康的必要措施，是促进农业持续发展的重要手段之一。但若采取不科学的灭鼠方法，特别是采用烈性剧毒药品灭鼠，鼠害不仅得不到控制，还会对生态环境造成破坏，给害鼠提供有利的生存条件，害鼠种群快速恢复，甚至达到更高水平。

1）滥用灭鼠剂。尽管国家已禁止使用某些烈性剧毒杀鼠剂，大力推广有选择性的缓效抗凝血杀鼠剂，但不少农民还是偏爱"速效"的氟乙酰胺等广谱烈性灭鼠药。这些急性灭鼠剂的广谱性和剧毒会同时杀灭害鼠天敌及其他非靶标动物，破坏生态平衡；急性灭鼠剂不适合害鼠的生物学特性，决定其灭效相对不高，而且天敌被杀灭后种群的恢复极慢或者不能恢复，导致害鼠越灭越多的恶性循环。

2）灭鼠方法不合理。主要表现在：很少组织大面积统一性的灭鼠；没有掌握最佳灭鼠时机，造成了一年四季要灭鼠的局面。

第三节　地质环境灾害

地质灾害是指由于自然或人为的原因造成地质环境或地质体的变化，给人类的生命、财产和生存条件造成的损失与破坏。其中对农业生产造成重大损失的称为农业地质灾害。

山区发生的地质灾害又称山地灾害；平原发生的地质灾害包括地面下沉、地裂缝、地面塌陷、土地荒漠化及各种土壤障碍。广义的地质灾害还包括地震和因局部地理环境缺乏或富集某些微量元素而导致的地方病。

各类地质灾害中，地震、火山、地面塌陷和崩塌、滑坡、泥石流等山地灾害均属突发型，地面下沉、地裂缝、荒漠化和地方病则属累积型。

一、地质灾害

（一）山地灾害

1. 山地灾害的概念

广义的山地灾害是指在山地发生的对人类及其生存环境所造成的灾害，凡在山地发生的灾害都属其中，包括水灾、旱灾、岩崩、地陷、森林火灾、雪崩、火山等多种类型。山地是显著起伏和具有坡度的三维地貌体，其所特有的多样化地貌形态及其相应的环境、资源特征给人类生存、生活与生产活动带来了深刻影响。山地资源可以充分利用，为人类造福，但是当资源、环境与生态平衡遭受破坏时就会发生危害，形成山地灾害。水分对山地运动的影响尤为突出，水多了就形成威力巨大的山洪灾害，水少了就极易出现旱灾。

狭义的山地灾害特指岩土在山地的异常运动，形成土体流失，导致滑坡、崩塌、泥石流等山区特有的地质灾害。山洪仅指山地水量过大形成的灾害，与平原相比，由于高差大，同等数量的洪水，冲击力和破坏力要比平原河流的洪峰大得多。山洪本身虽然不属地质灾害，但可诱发多种山区地质灾害。

2. 我国山地灾害概况

中国的山地面积占国土面积的2/3。由于自然环境和人为因素的影响，山地灾害十分频繁和严重。山地灾害点多、面广，具有明显的多发性、突发性和强烈的破坏性。20世纪80年代以来，泥石流、滑坡造成的经济损失超过30亿元，全国共发生大型崩塌300多处、滑坡2 000多处、泥石流2 000多处，中小规模的崩塌、滑坡、泥石流则有数十万处。全国有上百座城市、350多个县的上万个村庄、100多座大型工厂、55座大型矿山、3 000多千米铁路线受到山地自然灾害的威胁和危害（盛海洋等，2007）。

我国农村遭受滑坡、崩塌的频次占全国50%以上，泥石流频次占60%以上。致死人数中农民至少占60%以上，损毁房屋农村占60%以上，全国受灾严重的355个县有70%以上是国家级或本地区的贫困县。滑坡和泥石流不仅使农民的生命财产受到了较大损失，而且破坏了大量耕地。

（二）安徽省地质灾害

1. 安徽省地质灾害成因

安徽省地形总趋势为南高北低，平原、丘陵和山地约各占1/3，长江、淮河横贯境内，新安江流经安徽省南边。淮河过境水量有限，枯水年份上游基本无水可供，洪水年份又超出河槽的蓄洪能力，泛滥成灾。长江及其支流水资源丰沛。崩塌、滑坡、泥石流与降水量的多少和降水强度密切相关，降水量越多、强度越大所发生的崩塌、滑坡、泥石流灾害越多。

地质灾害的发生与地形地貌有很大的关系，安徽省崩塌、滑坡和泥石流主要发生在皖南山区、皖西大别山区和沿江丘陵低山、丘陵地区，地面塌陷主要发生在铜陵、淮南、滁州等市以井下采矿的平原地区。

安徽省的皖西山区地貌类型以中低山为主，平均海拔在400～1 000 m，地形起伏较大。地层主要为混合花岗岩、花岗岩、火山岩及片麻岩。残坡积物、基岩强风化层的厚度较大，多年平均降水量在1 200～1 400 mm，是降水量较多的地区之一，区内森林覆盖率逐年减少，水土流失严重，是安徽省崩塌、滑坡、泥石流地质灾害高易发区。

皖南山区地貌类型以中山、低山、丘陵为主，海拔一般在500～1 000 m。地层以花岗岩、变质岩为主。残坡积物及强风化、全风化的花岗岩的厚度较大，变质岩以千枚岩居多，多年平均降水量在1 500～1 700 mm，是崩塌、滑坡、泥石流地质灾害高易发区。

铜陵、安庆、淮南、巢湖、池州的东至、淮北、宿州市的灵璧等部分地段，地貌类型为丘陵、平原。下伏地层主要为灰岩，松散覆盖层厚度小于35 m，地下水资源丰富，区内矿山采掘业发达，采、排岩溶水强烈，为岩溶塌陷易发区。

两淮煤田、马鞍山市、安庆市的宿松、宣州市的广德、六安市的霍邱、滁州市的定远等地开采地下煤、铁和石膏矿，是安徽省的采空塌陷易发区（黄健敏等，2010）。

安徽省的长江、淮河、巢湖沿岸以砂性土和黏性土为主的地段，土体结构松散、抗侵蚀能力差，在汛期多易产生崩岸，为安徽省江（河）湖崩岸易发带。

安徽省淮北平原的阜阳、亳州等地，松散层厚度大于150 m，发育较多、较厚的可压缩层，地下水资源丰富，不合理布局的水井和过量开采中深层地下水为地面沉降的产生创造了条件，为安徽省地面沉降易发区。

2. 安徽省地质灾害发生情况

安徽省大别山区、皖南山区、江淮丘陵地区等区域为山洪地质灾害易发区。如大别山区和皖南山区由于地形切割强烈，山高坡陡，层状、片状岩以及风化岩体发育，雨量充沛，因此，崩塌、滑坡、泥石流发育，水土流失严重，地甲病也比较严重。如皖南某公路越岭隧道在施工中发生冒顶，进硐边坡坍滑，拖延工期数年；205 国道黄山市某路段 1991 年 7 月出现长 1 500 m、4 万余立方米的山体滑坡，使交通中断，经济损失巨大。每年的雨季是崩塌、滑坡的多发期，尤其是大水之年的 1991 年滑坡灾害更是遍布全省山区和沿江丘陵地区。2010—2015 年安徽省发生崩塌、滑坡共 1 754 次，其中 2015 年发生崩塌 272 次、滑坡 312 次，为 6 年最多；6 年共伤亡 23 人，其中 13 人死亡，直接经济损失共 2.52 亿元。

（三）地质灾害的预报和预警

1. 地质灾害的预警

国务院颁布的《地质灾害应急预案》规定：建立地质灾害预报预警制度。地方各级政府的国土资源和气象主管机构要加强合作，联合开展地质灾害气象预报预警工作并将结果及时报告本级政府，同时通过媒体向社会发布。发出某个区域有可能发生地质灾害预警预报后，当地政府要依照群测群防责任制的规定，立即将有关信息通知到地质灾害危险点的防灾责任人、监测人和该区域的群众；各单位和当地群众要对照"山地灾害防灾避险明白卡"的要求，做好各项准备工作。地方各级政府国土资源主管部门要充分发挥地质灾害群测群防和专业监测网络的作用，进行定期和不定期的检查，加强对地质灾害重点地区的监测和防范，发现险情要及时向当地政府和上一级国土资源主管部门报告。当地县政府要及时划定灾害危险区，设置危险区警示标志，确定预警信号和撤离路线。根据险情变化及时提出应急对策，组织群众转移避让或采取排险防治措施，情况危急时，应强制组织避灾疏散。

山地灾害的警报一般是指沟道上游已经形成泥石流或滑坡并进入滑动阶段，处于剧滑的前夕，得到信息应立即发出警报信号，迅速疏散人员和转移重要财产。首先确保无人员伤亡，其次考虑尽可能减少财产损失。取得警报成功的关键技术，一是要有稳定、准确的警报器或动态监测仪；二是要有快速传递信息并立即告知灾区人民的设备，构成完整的警报系统。

2. 地质灾害的监测

地质灾害是地质环境恶化的终极反应，研究的核心和目的是预测预报、地质工程治理及生态环境的恢复。《地质灾害防治条例》规定：国家建立地质灾害监测网络和预警信息系统。县级以上人民政府国土资源主管部门应当会同建设、水利、交通等部门加强对地质灾害险情的动态监测。因工程建设可能引发地质灾害的，建设单位应当加强地质灾害监测。地质灾害易发区的县、乡、村应当加强地质灾害的群测群防工作。

近年来地质工作重点由资源调查向环境地质工作转移，在环境地质调查、研究和地质灾害分析、预报、环境地质工程治理等方面取得了进展，特别是公民的环境地质和生态环境意识得到提高，局部环境地质条件经过治理得到改善，但是从整体上看我国的环境地质工作任务还很重，在人口、资源、经济发展的多重压力下，将进一步产生负环境效应，并会引发各种地质灾害，有些地质灾害将呈现发展的趋势。

两淮煤田地面采空塌陷范围将继续扩大，淮北矿区塌陷区的中心将随着煤炭生产向南部的临涣、宿州、涡阳等矿区转移，而淮南矿区主要分布于淮河北岸新矿区。

铜陵地区的岩溶塌陷危险将继续存在，铜陵地区碳酸盐岩岩溶发育，岩溶地下水丰富，上覆松散沉积物厚度一般小于30 m，当长期疏排和开采地下水时，在浅部岩溶发育的低洼部位存在着岩溶土洞塌陷的危险，若遇雨季，特别是暴雨将加速其发生。其中以新桥、小街地区危险性最大。此外，在沿江浅部隐伏岩溶发育地区存在着岩溶土洞塌陷问题，将对工业民用建筑和各类道路工程的地（路）基稳定性构成威胁。

淮北平原开采深层地下水将出现新的地面沉降危险，淮北平原第四系砂层厚度大，地下水丰富，特别深层地下水水质好，是城市供水目的层，但该区深层承压水补给条件差，上覆黏土层具有压缩性，当强烈开采深层地下水时易产生地面沉降。阜阳市如不能有效控制开采深层地下水水量，预计地面沉降量将持续增大。近期界首、亳州、宿州、潘集等城镇是地面沉降的危险区，太和、涡阳、阜南、蒙城等城镇若不合理规划开采深层地下水也将面临地面沉降的危险。

滑坡、崩塌、泥石流灾害将集中在雨季发生于淮河以南地区。如大别山区的105线、皖南山区的106线、205线以及黄山风景区的公路边坡将在雨季沿着层面、片理面或风化面滑移、崩塌；集中的强降水将导致山洪和泥石流暴发；大型水利工程淠史杭灌区水利渠道的膨胀土边坡，由于风化，水力冲刷、渗透、软化、侵蚀作用，发生膨胀、收缩、蠕变等情况，导致边坡强度逐渐衰减，仍将是滑坡灾害的多发地段；沿江及皖东丘陵地区露采边坡、道路等工程切坡地段将产生崩滑或风化残坡积层滑坡。

巢湖由于其流域的上游水土流失携带入大量泥沙，淤积问题以及部分土岸的塌岸问题将逐渐发展。长江由于环流侵蚀作用，特别是在洪涝年份北岸仍存在崩岸的危险；在一些砂性土堤基地段，堤外某些盖层黏土较薄部位，尤其是人为取土形成较深的沟塘处，在高洪水位的渗透压力作用下仍存在管涌、流土问题。

过去的监测方法以现场勘查、器测地形变化为主，20世纪80年代以来逐步引进了先进的监测方法。2003年，中国地质调查局下达了"地质灾害监测预警关键技术方法研究与示范"项目。要求瞄准国际先进水平，通过高新监测技术的引进消化，结合自主研发创新，解决实时监测系统建设中的各项关键技术难题，实现实时监测目标，并建立实时监测示范基地。

地质灾害分布广泛，许多山区位置偏僻，交通不便。国家设立的监测站有限，主要分布在人口集中的村镇或重要的矿山和交通干线附近。对于广大的山区，还需要在地质技术部门的指导下开展群测群防工作。如岩石裂缝逐渐扩大、地面形变、地下水位显著变化、异常地声等，都有可能是山地灾害的前兆，应立即向地质部门报告。《地质灾害防治条例》规定：在地质灾害重点防范期内，乡镇人民政府、基层群众自治组织应当加强地质灾害险情的巡回检查，发现险情及时处理和报告。国家鼓励单位和个人提供地质灾害前兆信息。

（四）地质灾害的灾情等级与速报

1. 地质灾害的速报

国务院颁布的《地质灾害应急预案》规定要建立地质灾害速报制度。速报内容主要包括地质灾害险情或灾情出现地点和时间、地质灾害类型、灾害体的规模、可能的引发因素和发展趋势等。对已发生的地质灾害，速报内容还要包括伤亡和失踪的人数以及造成的直接经济损失。速报的时限要求：县国土资源局接到当地出现特大型、大型地质灾害报告后，应在4 h内速报县政府和市国土资源局，同时可直接速报省国土资源厅和国务院国土资源部。国土资源部接到特大型、大型地质灾害险情和灾情报告后，应立即向国务院报告。县国土资源局接到当地出现中、小型地质灾害报告后，应在12 h内速报县政府和市国土资源局。同时可直接速报省国土资源厅。

2. 地质灾害的灾情等级

地质灾害按危害程度和规模大小分为特大型、大型、中型、小型地质灾害险情和地质灾害灾情四级，这些等级的划分主要针对崩塌、滑坡、泥石流等山地灾害。

（1）特大型地质灾害险情和灾情（Ⅰ级）。受灾害威胁，需搬迁转移人数在1 000人以上，或潜在可能造成的经济损失在1亿元以上的地质灾害险情为特大型地质灾害险情。因灾死亡30人以上，或因灾造成直接经济损失1 000万元以上的地质灾害灾情为特大型地质灾害灾情。

（2）大型地质灾害险情和灾情（Ⅱ级）。受灾害威胁，需搬迁转移人数在500人以上、1 000人以下，或潜在经济损失5 000万元以上、1亿元以下的地质灾害险情为大型地质灾害险情。因灾死亡10人以上、30人以下，或因灾造成直接经济损失500万元以上、1 000万元以下的地质灾害灾情为大型地质灾害灾情。

（3）中型地质灾害险情和灾情（Ⅲ级）。受灾害威胁，需搬迁转移人数在100人以上、500人以下，或潜在经济损失500万元以上、5 000万元以下的地质灾害险情为中型地质灾害险情。因灾死亡3人以上、10人以下，或因灾造成直接经济损失100万元以上、500万元以下的地质灾害灾情为中型地质灾害灾情。

（4）小型地质灾害险情和灾情（Ⅳ级）。受灾害威胁，需搬迁转移人数在100人以下，或潜在经济损失500万元以下的地质灾害险情为小型地质灾害险情。因灾死亡3人以下，或因灾造成直接经济损失100万元以下的地质灾害灾情为小型地质灾害灾情。

3. 地质灾害的应急、响应

《地质灾害防治条例》规定，突发性地质灾害应急预案包括下列内容：应急机构和有关部门的职责分工；抢险救援人员的组织和应急，救助装备、资金、物资的准备；地质灾害的等级与影响分析准备；地质灾害调查、报告和处理程序；发生地质灾害时的预警信号、应急通信保障；人员财产撤离、转移路线、医疗救治、疾病控制等应急行动方案。

《地质灾害应急预案》对不同等级的山地灾害险情和灾情的应急响应做出了具体规定。内容包括：

（1）立即启动相关的应急防治预案和应急指挥系统，部署本行政区域内的应急防治与救灾工作。

（2）依照群测群防责任制的规定，立即将有关信息通知到地质灾害危险点的防灾责任人、监测人和该区域内的群众，对是否转移群众和采取的应急措施做出决策；及时划定地质灾害危险区，设立明显的危险区警示标志，确定预警信号和撤离路线，组织群众转移避让或采取排险防治措施，根据险情和灾情具体情况提出应急对策，情况危急时应强制组织受威胁群众避灾疏散。

（3）应急防治工作，按照不同的险情和灾情等级，分别在省、市、县级政府领导下，由省、市、县级地质灾害应急防治指挥部具体指挥、协调，组织财政、建设、交通、水利、民政、气象等有关部门的专家和人员，及时赶赴现场，加强监测，采取应急措施，防止灾害进一步扩大，避免抢险救灾可能造成的二次人员伤亡。

（4）发生特大型险情和灾情时，国土资源部组织协调有关部门赴灾区现场指导应急防治工作，派出专家组调查地质灾害成因，分析其发展趋势，指导地方制订应急防治措施。发生大、中、小型险情或灾情，必要时，分别由国土资源部，灾害出现地省级、市级政府派出工作组，协助地方政府做好地质灾害的应急防治工作。经专家组鉴定地质灾害险情或灾情已消除，或者得到有效控制后，当地县级人民政府撤销划定的地质灾害危险区，应急响应结束。

二、水土保持

（一）沙漠化与荒漠化

1. 概述

（1）沙漠化。历史时期干旱及半干旱地区由于自然和人为活动的影响而引起生态系统的破坏，使环境退化，最终变为不毛之地，产生沙漠的现象，包括固定沙丘变成流沙的"沙丘活化"过程，称为沙漠化，是荒漠化最常见的类型。一般认为，沙漠化是历史时期内气候变干和不合理人为经济活动（滥垦、滥牧、滥伐）两者相互作用的结果。联合国沙漠化大会（1977）对沙漠化的定义是：土地的生物潜力降低或破坏，并最终导致类似沙漠的环境。干旱和人类活动是沙漠化的根源。

根据中国的实际情况，将沙漠化定义为：沙漠化是干旱半干旱和部分半湿润地带在干旱多风和疏松沙质地表条件下，由于人为强度土地利用等因素，破坏了脆弱的生态平衡，使原非沙质荒漠的地区出现了以风沙活动（风蚀、粗化、沙丘形成与发育等）为主要标志的土地退化过程。

国家林业局统计显示，全国荒漠化土地面积 262.37 万 km²，沙化土地面积 173.11 万 km²，分别占国土总面积的 27.33% 和 18.03%，影响全国 30 个省、自治区和直辖市。

（2）荒漠化。《联合国关于在发生严重干旱和/或荒漠化的国家特别是在非洲防治荒漠化的公约》将荒漠化定义为："荒漠化是指包括气候变异和人类活动在内的种种因素造成的干旱、半干旱和亚湿润干旱地区的土地退化。"

土地退化包括：风蚀和水蚀致使土壤物质流失；土壤的物理、化学和生物特性或经济特性退化；自然植被长期丧失。按照以上原则，对于人类滥垦和不合理的农业耕作造成的耕地退化，包括土壤养分贫瘠化、土壤质地粗粒化和土壤环境干旱化也应属于荒漠化的范畴，不只局限于出现斑状流沙的农田。由于传统或习惯的原因，中国将 desertification 译为沙漠化，实际上沙漠化只是荒漠化中的一种类型，即沙质荒漠化。

全球荒漠化面积已达 3 600 万 km^2，占陆地面积的 1/4，受荒漠化影响的国家有 100 多个，人口约 9 亿。目前荒漠化仍以每年 6 万～7 万 km^2 的速度扩展。每年全世界荒漠化带来的直接经济损失约为 120 亿美元。1994 年联合国第 49 届大会通过决议，从 1995 年起将每年的 6 月 17 日定为世界防治荒漠化和干旱日。

2. 荒漠化的类型

荒漠化是客观存在的一个土地退化问题，而且有着明显的景观特征。根据发生荒漠化的地貌部位、作用营力和成因机制，可将荒漠化分为风蚀荒漠化、水蚀荒漠化、土壤理化特性退化、自然植被长期退化及耕地的非农业利用等。

风蚀荒漠化是以空气动力为主的自然营力和人类活动共同作用下造成的土地退化过程。风蚀荒漠化土地包括湿润指数在 0.05～0.65 的沙地和沙质物质覆盖的各类可利用的土地，以及地质时期形成的具有潜在生物生产力的沙漠、戈壁。中国风蚀荒漠化土地面积 160.7 万 km^2，主要分布在干旱、半干旱地区，在各类型荒漠化土地中是面积最大、分布最广的一种。水蚀荒漠化是由于自然因素和人为因素共同作用导致水土流失而出现的土地退化过程。中国水蚀荒漠化总面积为 20.5 万 km^2，占荒漠化土地总面积的 7.8%。

我国干旱、半干旱和亚湿润干旱区的草地退化非常严重，退化草地面积达 10 523.7 万 hm^2。草地退化的主要表现是草地群落盖度明显降低，单位面积产草量明显下降，由于可食草类减少，有害（毒）草类的增加使草地质量变劣，草地覆盖度降低后，裸露地表比例增加，为风力侵蚀的加剧创造了条件。而风力侵蚀的进程又加剧了草地退化的进程，导致了一个恶性循环的过程。此外，由于草地水分环境变劣，导致草地群落向着旱生化发展。其结果是草地生产力和草地质量都变得越来越差。

土壤理化特性退化主要是由于自然引力引起的元素迁移、聚集和人类不合理灌溉或管理措施不当而产生的土地退化过程，其中以土壤盐渍化最为明显。土壤盐渍化属化学作用造成的土地退化，在我国荒漠化地区有着广泛的分布，其总面积为 23.3 万 km^2，占荒漠化总面积的 8.9%。土壤盐渍主要是由于气候、排水不畅、地下水位过高及不合理灌溉方式等所造成的。土壤盐渍化的程度以干旱区最严重，半干旱区居中，亚湿润干旱区则相对较轻。

3. 土地荒漠化的成因

土地荒漠化在我国主要表现为土地沙漠化，其成因可以分为两大类，即自然成因和人为成因。前者是在地球演化的过程中受自然作用的影响而形成的土地荒漠化，自然因素，如气温、湿度和风力等，是渐变的。后者主要是在人类活动的影响下而形成的土地荒漠化，这一成因过程是突变的。如果人为因素和自然因素相互叠加，则荒漠化的发展就更加迅速。土地荒漠化多发生在生态脆弱的农牧交错带。形成土地沙漠化的人为原因很多，主要有草原过度放牧、过度垦荒、毁林采樵，以及上游水库截流等。

4. 荒漠化分布特征

我国荒漠化灾害主要发生在干旱、半干旱地区及部分湿润、半湿润地区，在农牧交错带尤为严重。根据沙质荒漠化土地的分布特征，可将我国沙质荒漠化土地分为干旱地带沙质荒漠化区、半干旱地带沙质荒漠化区和半湿润地带沙质荒漠化区。安徽省是受荒漠化危害的省份之一，据全省土地普查，全省荒漠化面积达 77.7 万 hm^2，主要分布在砀山、萧县、亳州、太和、界首 5 个县（市），其中，风沙化土地面积（12.9 万 hm^2）占荒漠化总面积的 16.6%。由于荒漠化影响，致使土地生产力下降，大面积农田以及渠道、公路、铁路等受到荒漠化危害。

5. 沙漠化对农业的危害

沙漠化所造成的危害是多方面的，涉及农业、牧业、水利设施、交通道路、工矿建设及生态环境。就实质而言，沙漠化灾害主要是损毁土壤肥力，使人类丧失赖以生存的土地资源。对农业的影响而言，沙漠化地区的干旱和风沙灾害发生频繁，危害严重，严重影响了本地区的农业生产。

（1）干旱对农业的影响。干旱或半干旱的沙漠化地区春旱和夏旱发生频率高，危害严重。春旱主要影响作物播种和幼苗生长；7—8 月虽然是降水较多的季节，但由于年际变动大，常有不同程度的干旱时段出现，加上气温高，作物处于生长盛期，蒸腾快、需水量大，多数作物又同时处于需水敏感期，水分变化对作物产量的影响最大。一般春旱对春小麦等早春播种的夏粮作物影响较大，对玉米等大秋作物影响最大的是伏旱，春夏连旱的影响更大。

沙漠化地区的降水量较少，干旱地区一般年降水量为 50～250 mm，半干旱偏旱地区为 250～350 mm。干旱地区仅靠天然降水满足不了作物的需要，有灌溉才有农业。干旱地区对水资源的无序开发也会人为加剧干旱。有些内陆河的上游被层层拦截，导致下游径流枯竭。

（2）风沙对农业的影响。风沙灾害是影响沙漠化地区农业生产的另一主要因素，一般发生在春季。风沙对农业生产的危害主要表现在：①沙丘前移，埋压耕地。②风蚀耕地，吹失肥土，吹走种子。春季大风往往推迟播种或把已播种子吹走，并发生沙割沙压幼苗或连根拔起。③籽粒脱落及倒伏。夏秋季作物处于产量形成的关键期，该期间的大风往往伴着暴雨或冰雹，影响作物开花授粉，造成作物倒伏和籽粒脱落，导致减产。④风沙往往与干旱相互作用，通常春旱年的风沙灾害明显加重，影响作物的播种、出苗及幼苗生长。

6. 安徽省荒漠化的治理

（1）治理的有利条件和开发的优势。

1）气候条件优越，适宜多种作物生长。安徽荒漠化地区属暖温带半湿润季风气候，年均气温 14.0～15.3 ℃，年日均气温大于 10 ℃的活动积温在 4 600～4 885 ℃。极端最高气温为 42.9 ℃，极端最低气温为-24.3 ℃。年太阳辐射量达 525～546 kJ/cm，日照时数为 2 100～2 500 h，无霜期在 200～220 d。年平均降水量在 750～900 mm，主要集中在夏季。具有春季回温早、日照充足、温差大的特点，适宜粮食作物和瓜果等优质产品的生产。

2）土壤资源丰富，具有治理开发潜力。安徽荒漠化地区主要集中分布在黄河故道及其支流周围，为黄泛冲积平原区，地势相对平坦。其土壤主要为富含碳酸钙的近代黄河沉积物母质形成的潮土类，近河相为沙土，远河相为黏土，质地由砂壤向黏壤逐渐过渡，土壤质地较好，肥力较高。同时该地区水利设施较完善，水源较为充裕。荒漠化地区大多是泡桐、杨树、苹果、酥梨等林木生长最适地区，因此，具有较高的开发和利用价值。

3）治理初显成效，增强进一步开发信心。从 20 世纪 50 年代起，就着手在荒漠化地区进行黄河故道的整治改造工作，大规模营造农田防护林和防风固沙林。进入 20 世纪 90 年代，根据国家荒漠化治理的统一要求，编制了《荒漠化治理 10 年发展规划》，并相继进行实施。实施以来，共完成造林 4.5 万 hm²，荒漠化治理工作已初显成效。据调查，荒漠化地区农田林网区内，干热风明显减少，空气相对湿度提高 5%～15%，水分蒸发减少 20%～30%，粮食平均单位面积产量增加 10%～20%，灾害性大风由 20 世纪五六十年代年均 12 次降为 1～2 次。例如，砀山县利用荒漠化土地资源优势，大力发展水果，目前全县水果种植面积达 4.7 万 hm²，农民水果人均收入 1 400多元，成为该县重要经济支柱，并跻身“全国水果百强县”行列。这些都为荒漠化土地的治理与开发起到了积极推动作用，同时，也增强了人们治理开发荒漠化土地的信心。

4）机构健全科技领先，为治理开发提供有力保证。目前，荒漠化地区各县（市）都成立荒漠化治理工作领导小组，各乡镇也组建了林业工作站和农业技术推广站等加强荒漠化治理技术指导。同时，在荒漠化地区还有 14 个国有农林场、近百个乡村集体果林场，这些组织在荒漠化治理、开发研究、新技术推广和服务等方面提供了有力的技术保证，使荒漠化治理与开发形成了“以国有农林场为骨干，国有、集体相结合，以科研为先导，科研、生产相结合”的格局。

（2）治理开发思路和对策。

1）治理开发思路。根据荒漠化地区的自然环境和社会经济条件，治理开发应坚持“以减少风沙危害为目的，以植树造林为基本措施，因地制宜，综合治理和开发”的指导思想。依靠科学技术进步，动员全社会力量，有组织、有计划、有步骤，坚持不懈地进行荒漠化治理开发，努力改善荒漠化地区脆弱的生态环境和落后的经济状况，实现环境治理和经济发展相协调，推动荒漠化地区各项工作的全面发展。

在具体实施中要本着“统一规划，分步实施，先易后难，先近后远，治理与开发利用相结合，生物措施和工程措施相结合，生态效益和经济效益相结合，突出重点，讲求实效"的原则，做到治理一片、巩固一片、开发一片、受益一片。

2）治理开发策略。在治理开发中，要突出砀山、萧县北部和黄河故道两岸重点地区的防治；加强黄河故道南部荒漠化地区的治理与开发；充分利用黄河故道及支流水利等自然资源。

在砀山、萧县北部和黄河故道两岸风沙化危害严重地区大力营造大型防风固沙林带，建设小网格农田防护林，巩固和完善现有农田林网，加速平原绿化步伐，初步建成以农田林网为主体、沟路渠为骨干、网带片相结合的区域性防护林体系。同时，结合水利建设和农业综合开发等项目建设，挖渠打井，埋设暗管，引水治沙，水旱交替耕作，实现改良土壤，增强土壤保水蓄水能力和抗风蚀能力，提高粮食产量。

黄河故道南部风沙危害较轻地区，在完善农田防护林同时，根据区域光、热、土等资源优势和经济特点，积极发展以砀山酥梨、红富士苹果等为主的"一优两高"经济林基地和以中药材为主的药材基地，实行立体开发，提高复种指数，建立林粮、林果、林药、林菜等多功能复合生态系统，形成立体开发良性循环的经营模式，实现由过去单一生态型向生态经济型转变，使荒漠化地区尽快地绿起来、活起来、富起来。

对淤塞严重的黄河故道及其支流进行疏浚、清理，充分利用水资源，发展水产和养殖业，在堤坡上营造乔灌混交防护林，向外辐射，实行农、林、牧、渔综合开发，实现"一带荷花笑，一带苹果红，一带鱼儿跃，一带稻花香"的治理模式。

（3）主要措施。

1）加强领导，提高认识。为确保荒漠化治理开发工作顺利开展，各地必须强化政府职能，加强对荒漠化治理开发工作的具体领导，把治理开发作为一项重要工作摆上议事日程，层层分解任务，层层签订责任状，实行干部任期目标责任制。同时，加大荒漠化治理开发宣传力度，强化荒漠化地区人民生态环境意识，引起社会普遍关注，激励和动员广大人民群众、各行各业积极投身到荒漠化治理开发中去。

2）加大投入，政策优惠。除国家给予一定扶持外，省政府要把荒漠化治理开发纳入重点生态工程建设中，予以投入。各地要按照"自力更生为主，国家扶持为辅，国家、集体、个人一起上"的原则，坚持多层次、多渠道、多形式筹措资金。荒漠化地区要从扶贫、以工代赈、农业综合开发、水利建设等项目经费中安排一定份额的资金用于荒漠化的治理开发。同时，积极引进激励和竞争机制，制定一些优惠政策，减免有关的税收；对荒漠化土地的治理采取拍卖、租赁和股份制等形式，实行"谁治理，谁受益"的原则，调动广大群众和社会各方面参与治沙的积极性。

3）科学治理，提高成效。进一步加强荒漠化治理开发的科学研究工作，使治理开发从规划、设计、施工、管理到效益监测都纳入科学管理轨道，以取得投入少、进展快、质量高、效果好的治理成果。此外，结合规划实施，进一步完善县、乡、村三级科技推广体系和技术服务体系建设，认真搞好荒漠化治理现有科技成果的总结、整理、筛选和推广应用工作，把科技成果尽快转化为生产力。并从本地实际情况出发，在荒漠化地区各县（市）建立治理开发示范区，抓典型，树样板，以点带面，提高荒漠化地区治理开发水平和效果。

4）协同作战，综合治理。荒漠化治理是一项涉及多行业、多学科的系统工程，只有相关部门协同作战，实行沙、水、田、林、路综合治理，才能在沙区建立一个区域性、多功能的防护林体系。在具体实施中，林业部门以植树造林为基础，大力营造防风固沙林和农田林网。农业部门根据沙地条件，采取针对性农业技术，如合理配置作物、提高复种指数、增施有机肥、种植绿肥、翻淤压沙、改沙造田等，实现改良土壤、培养地力、增强土壤保水蓄水性能，以达到抗风沙能力。水利部门通过疏浚河道，挖沟打井，埋设暗管，引水治沙等工程建设和各项水利设施的完善，实现旱能灌、涝能排，提高单位面积产量。

5）强化管理，提高质量。要全面加强计划、资金、技术等项目管理。坚持按项目管理，按效益考核，投资与任务挂钩，提高资金使用效率。特别要加强工程质量管理，严格按规划设计，按设计施工，按技术规程操作，严把质量关。实行质量工作目标责任制，建立和完善质量管理和技术监督体系，做好县乡自查、地市抽查和省核查"三查"制度，确保治理工作顺利进行。同时，加强法制管理和建设，实行以法管理，使治理开发成果不断巩固发展（余本付等，1999）。

（二）水土流失与水土保持

水土流失又称为土壤侵蚀，属于土地荒漠化中水蚀荒漠化的一个亚类，是一种渐进性地质灾害，其形成与生态环境恶化密切相关。水土流失除破坏水土资源、降低土壤肥力、恶化环境外，还破坏工程设施，造成经济损失，危害非常严重。为有效防治水土流失，必须加强管理，合理利用土地资源，植树种草、保护斜坡。

1. 水土流失

（1）类型和分布。按流失的动力可将水土流失分为水力侵蚀、风力侵蚀、重力侵蚀、冻融侵蚀、混合侵蚀 5 种类型。在上述 5 种类型中，除冻融侵蚀外，其他类型的水土流失在安徽都有发生。

水力侵蚀是指由于降水或者径流（包括降水径流和融雪径流）对土壤的破碎、分离和冲蚀作用而引起的水土流失。水力侵蚀形式主要有溅蚀、面蚀、沟蚀、山洪侵蚀等。水力侵蚀是我国最常见、最广泛、危害严重的一种侵蚀类型。

风力侵蚀是指风力吹蚀地表，带走表层土壤中细粒物质和矿物质的过程。风力侵蚀的结果是使大片土地沦为沙质荒漠。主要分布在年降水量小于 400 mm 的干旱、半干旱地区，即我国的东北、华北、西北的北部以及黄河故道和沿海风沙地区。

重力侵蚀是一种以重力作用为主引起的土壤侵蚀形式，指土体因本身的重力而沿坡面下移与流失，可造成滑塌、崩塌、泄流等现象。这类侵蚀在降水量较大的地区十分严重。

就侵蚀类型的分布范围而言，风力侵蚀主要发生在废黄河地区，但发生的概率并不高。重力侵蚀典型的是在山区、丘陵地区所发生的崩塌、滑坡、泥石流。水力侵蚀是安徽省最主要的水土流失类型，较大范围地发生在皖西大别山区和皖南山丘区，其次是江淮丘陵岗地。

（2）安徽省水土流失概况。安徽省地跨长江、淮河流域，国土面积为 14.01 万 km²。按全国水土流失类型区的划分，安徽省属于以水力侵蚀为主类型区中的南方红壤区和北方土石山区，水土流失的类型以水力侵蚀为主，其形式主要是面蚀。根据 2015 年卫星照片解译和调查，全省共有水土流失面积 12 447 km²，占国土总面积的 8.88%，其中轻度流失面积 7 133 km²，占水土流失面积的 57.31%；中度流失面积 4 671 km²，占水土流失面积的 37.52%；强烈流失面积 377 km²，占水土流失面积的 3.03%；极强烈流失面积 169 km²，占水土流失面积的 1.36%；剧烈流失面积 97 km²，占水土流失面积的 0.78%。

全省水土流失有 68.87% 的面积分布在人类生产活动较为集中的地面坡度在 25° 以下的区域，有 10.45% 分布在生态环境较为脆弱的地面坡度在 35° 以上区域。轻度水土流失主要发生在地面坡度在 5°～25° 区域，中度流失主要发生在地面坡度在 15° 以上区域。

全省 105 个县（市、区）中，水土流失面积在 300 km² 以上的县（市、区）有 11 个，水土流失面积占总土地面积的比例超过 20% 的有 8 个。据调查，水土流失面积最大的是六安市，达 2 690 km²，其次为安庆市和宣城市，分别为 2 360、2 021 km²。水土流失面积占国土面积比例最高的是安庆市，占该市土地总面积的 17.43%，六安市、宣城市居其后，分别为 17.41%、16.42%。水土流失面积比例最低的是阜阳市、亳州市和蚌埠市（方增强，2016）。

（3）水土流失的影响因素。目前一般将水土流失的成因分为自然因素和人为因素两类。自然因素是水土流失的物质基础，人为因素诱发并加剧了水土流失的过程。如果存在生长良好的植被而未受到人类的破坏，即使是抗蚀能力弱的土壤，在大暴雨时仍然可以保持土壤的正常侵蚀。

1）自然因素。安徽省水土流失区主要集中于大别山区、皖南山区和江淮分水岭地区，在上述地区控制水土流失的自然因素主要是地质、降水、地形和植被等。

地质条件是成土母质的控制因素。大别山区地表出露的岩石主要是经强烈区域变质作用后的各类片麻岩、混合岩；皖南山区地表出露的岩石中有 30% 以上是花岗岩、千枚岩、泥质砂页岩。这些易风化岩石的存在为水土流失的产生提供了物质基础。

降水是水力侵蚀的动力控制因素。大别山区和皖南山区是安徽省的降水中心，多年平均降水量分别为 1 600 和 2 000 mm，而且 60%～75% 的降水主要集中在 5—9 月，因此，暴雨频繁且强度大，这为水力侵蚀提供了动力条件。

地形和植被是影响水土流失强度的两个重要因素。安徽省山区多是坡陡面长的地形，其中大别山区地面坡度在 25° 以上的占 52%；在江淮丘陵区，植被是最重要的影响因素，虽然气候条件有利于草木生长，但植被稀疏、土壤沙化严重，一旦本已稀疏的植被被破坏就极易产生水土流失。

2）人为因素。造成安徽省水土流失的主要人为因素，在 20 世纪是不合理的农业措施，如种植结构更替、陡坡开垦、大型农业开发项目实施等，但随着经济社会的发展，现已逐渐转变为非农开发项目的建设，如城镇和开发区建设、采矿区和土石场、修建铁路及高速公路等，由于工矿、交通等生产建设项目大量开工建设，在一些局部地区甚至出现了"破坏大于治理"的现象（王雍君，2006）。

（4）水土流失的危害。发生在不同地区、不同类型的水土流失所形成的危害在一些共性中也存在特殊性，结合安徽省的实际，水力侵蚀所形成的主要危害形式有土壤退化、土壤含水能力降低、淤塞河库和恶化水质等；重力侵蚀不仅加重了上述形式的危害，而且在很大程度上直接伴生着严重的地质灾害。

1）土壤退化。包括土壤肥力减退和土壤沙化。山丘区的水力侵蚀带走了坡耕地中的大量土壤颗粒，使得土层变薄、土壤肥力减退，这是使当地农业低产的重要因素；在这一类地区，侵蚀的进一步持续将使得土壤中的沙质含量逐渐增加，进而导致土壤沙化，最终使耕地丧失，在位于皖西大别山南麓的皖河中上游局部地区，就因此较明显地出现了沙化现象。

2）土壤涵水能力降低。在水力侵蚀严重的山丘区，土壤涵蓄水源能力降低，一方面减少了作物生长所需的土壤水分，提高了旱灾的发生概率，另一方面将降低土壤的滞流能力，使得降水在区域上的产流时间提前、汇流时间缩短，进而提高了区域洪水的发生概率。因此，这一类地区往往易旱易涝、水旱灾害频繁。

3）淤塞河库。山丘区的水土流失过程中有大量泥沙被带到流域的下游，使下游河道、水库被逐渐淤塞。由此形成的危害是多方面的，首先是削弱河道泄洪能力、降低水库调蓄洪水能力。另外，河库淤塞还严重制约航运，影响水利工程效益和发电能力，加大了水资源开发利用的难度。地处皖南山区的黄山市，由于水土流失使得部分在20世纪五六十年代修建的山塘和小水库被严重淤塞甚至报废；市境范围内的新安江流域，在20世纪50年代有常年航道107 km、季节性年航道237 km，20世纪60年代干流及其主要支流基本上都可以通航，到20世纪90年代只剩下24 km航道。地处皖西大别山区的安庆市境范围内，皖水、潜水、大沙河、长河等主要河流在20世纪60—90年代的30年中，河床道被平均淤高1.5~4.3 m，使两岸原来的许多良田转变为难治理的低产田。

4）恶化水质。水土流失过程中所携带的大量养分、重金属和化肥进入江河湖库，污染水体，使水体富营养化；越是水土流失严重的地方，往往因为土壤贫瘠，化肥、农药的使用量越大，由此形成一种恶性循环。另外，水土流失提高了水体的泥沙含量，使得水力发电站的水轮机损坏严重，大大降低了发电效率，甚至直接影响到山区小水电站的生存。

5）地质灾害。在安徽省境内的许多地方，重力侵蚀所形成的危害已经由狭义、相对缓慢的水土流失累进或渐变为严重的地质灾害。在山丘区，近年来发生频次增多的崩塌、滑坡、泥石流，往往范围不大但危害严重，甚至造成严重的人身伤亡事件。在巢湖总长为184.66 km的湖岸线上，有88 km时常发生湖岸崩塌，其中巢湖庐江、肥西等段特别严重，最严重的部分湖岸线每年要后退6 m；由于岸崩，大量泥沙被湖水带入巢湖，民房倒塌，湿地生态系统退化。另外，长江与淮河的沿岸崩塌也时有发生。

2. 水土保持

（1）水土保持区划。为了科学合理地确定水土流失防治途径及措施体系，体现不同区域水土流失及其防治需求的一致性和区间的差异性,将全国水土保持规划中涉及安徽省的6个三级区作为省一级区,即皖北黄泛平原防沙农田防护区、淮北平原岗地农田防护保土区、江淮丘陵岗地农田防护保土区、沿江丘陵岗地农田防护人居环境维护区、皖西大别山山地丘陵水源涵养保土区和皖东南低山丘陵生态维护水质维护区。上述各区主导功能中包括防风固沙、农田防护、水质维护、水源涵养、人居环境维护、生态维护和土壤保持等水土保持基础功能和水土保持社会经济功能。

(2)水土流失防治总体布局。依据水土保持法和安徽省实施水土保持法办法的规定,按照因地制宜和突出重点的原则,在划分省级水土流失重点防治区的基础上,充分考虑国家和安徽省主体功能区规划,综合分析安徽省水土流失及其潜在危害的分布状况、防治现状、各区水土保持功能重点维护和提高,以及水土保持未来工作方向,提出"两岸两带四片"的水土流失防治总体格局,其中,"两岸"是指强化皖江两岸城市水土保持和重点建设区域的监督管理;"两带"是指大别山—江淮分水岭水源涵养保土预防带和皖东南生态维护水质维护预防带;"四片"是指巢湖东南片、三公山片、大龙山片和狮子山片的水土流失综合治理、农田防护及人居环境维护。

坚持"预防为主、保护优先、全面规划、综合治理、因地制宜、突出重点、科学管理、注重效益"的水土保持方针,对自然因素和人为活动可能造成的水土流失进行全面治理。水土保持应从事后治理向事前保护转变、从以治理为主向治理和自然修复相结合转变,对自然因素和人为活动可能造成的水土流失进行全面预防,促进水土资源"在保护中开发,在开发中保护",加强封育保护和局部治理,保护地表植被,扩大林草覆盖,将潜在水土流失危害消除在萌芽状态,加强监督、严格执法,从源头上有效控制水土流失。

根据各地的自然和社会经济条件,分区分类合理配置治理措施,坚持生态优先,强化林草植被建设,工程措施、林草措施和农业耕作措施相结合,加大坡耕地和侵蚀沟的治理力度,以小流域为单元实施山水田林路村综合治理,形成综合防护体系,维护水土资源可持续利用。

(3)水土保持策略。

1)皖北平原防沙农田防护区。该区土壤以潮土为主,有机质含量低。区内开发强度大,人为水土流失问题突出,造成大量的土壤有机成分流失。水土保持重点是重视自然保护区、森林公园等的预防保护,加强河道生态整治和堤岸防护林建设,保护好现有防护林植被,增加涵养水源能力;加强生产建设项目的监督管理。

2)淮北平原岗地农田防护保土区。该区是安徽省面积最大、人口最多的一个农业区,是重要的粮、棉、油、烟、麻、果产区。该区水土流失总体轻微,局部地区坡耕地存在水土流失现象,但城镇开发、工矿企业等生产建设项目人为水土流失较为严重。水土保持重点是预防和保护现有水土资源,控制面源污染,加强河、沟、渠植被防护,建设网格防护林。实施退田还河还湖,禁止在堤坡和河滩地上耕种。加强生产建设项目的监督管理和采矿塌陷区的综合治理。

3）江淮丘陵岗地农田防护保土区。该区水热等自然条件比较优越，湖泊、水库、塘坝众多，利于发展农林牧渔生产。水土流失主要发生在坡耕地、疏幼林地和经济林地，以及城镇建设、矿产资源开发等建设项目区域，人工造林树种相对单一，不能有效发挥森林生态防护效益。水土保持重点是实施江淮分水岭林地区域预防保护措施、坡面小型水利水保工程和坡耕地水土流失综合治理，控制面源污染，保障分水岭两侧水库、湖泊的饮用水安全；加强低丘缓坡地，尤其是坡耕地、园地、经济林地水土流失综合防治，改善农业生产条件。

4）沿江丘陵岗地农田防护人居环境维护区。该区水热条件优越，是安徽省水稻主产区和国家粮油棉生产基地。由于长江支流上游地区植被覆盖率低，历史上的坡耕种植和全垦造林导致水土流失加剧，加之城镇及基础设施建设、矿产资源开发等造成的水土流失，湖盆淤积严重。水土保持重点是控制经济林地的林下水土流失及低丘缓坡地开发过程中的水土流失，改造坡耕地，维护和提高土地生产力；注重建设长江生态防护林，与经济林建设区相结合，保护水源、面源污染控制、绿色产业开发、人居环境改善、新农村建设等。加强河流湿地生态修复与保护，维护河流湿地健康生命，采取水土保持综合措施，实现水清、岸绿、流畅、景美；通过生态清淤、生态驳岸、生态绿化等措施，提高生态自我维持能力。实施以绿代水、增加植被覆盖等措施，打造绿色生态廊道。

5）皖西大别山山地丘陵水源涵养保土区。该区气候条件适合松、杉、竹及茶树等亚热带经济林木及蚕桑等发展，农业生产以林茶为主，是安徽省仅次于皖南山区的第二个林茶基地，也是我国革命老区。山高坡陡，且地表土多为花岗片麻岩风化物构成，土壤抗蚀能力差，只要地表植被破坏，土壤流失随之产生，植被保水保土和涵养水源能力降低。林地剥蚀严重，土层变薄，山体滑坡、崩塌和泥石流等地质灾害频发，坡耕地和稀疏林地水土流失严重。

水土保持重点是加强水源地预防保护、清洁型小流域建设，整治坡耕地和坡式经济林地。保护生物多样性，加强水源涵养林建设，维护生态屏障和江河源头水源涵养能力。加强水土流失综合治理，整治坡耕地和坡式经济林地，建设坡面小型水利水保工程促进谷地和贩区农业发展。

6）皖东南低山丘陵生态维护水质维护区。该区气候条件优越，是安徽省最大的林茶基地。山高坡陡，土壤抗蚀能力差，坡耕地和稀疏林地水土流失严重。水土保持重点是预防保护为主，加强黄山、齐云山、清凉峰、牯牛降、九华山等现有植被保护。结合自然保护区和风景区建设，维护生态屏障和江河源头水源涵养能力，加强封山育林和疏林地改造，加强水源涵养林和生态公益林的保护和建设，提高林草覆盖率，巩固退耕还林还草成果，建设清洁型小流域，加强坡耕地、茶园、果园水土流失防治。

三、土壤障碍

土壤障碍是指不利于植物生长的各类因素，可分为物理障碍因子、化学障碍因子和生物障碍因子。物理障碍因子如土壤板结、土壤沙化贫瘠等；化学障碍因子如养分失衡障碍、缺素障碍、盐渍化障碍、重金属污染障碍、酸碱性障碍等；生物障碍因子如连作障碍、生物多样性减少障碍、土传病虫害障碍等。

（一）物理障碍因子（以土壤板结为代表）

物理障碍因子包括土壤板结、土壤沙化贫瘠等。土壤板结是土壤表层在降水或灌水等外因作用下结构破坏、土料分散，而干燥后受内聚力作用的现象，黏性土壤很容易形成板结。

1. 土壤板结原因

引起土壤板结的原因很多，主要是土壤团粒结构的破坏致使土壤保水保肥能力及通透性降低，造成土壤板结。土壤的酸碱性过大或过小，酸性过大易破坏土壤团粒结构，造成土壤板结；碱性土壤中的钙离子容易与施入的其他化肥发生反应而产生沉淀物，造成土壤板结。农田的土壤质地黏重，造成土壤表层板结。黏土中黏粒含量较多，因而土壤中孔隙较少，致使土壤通气、透水性较差，一旦下雨就容易造成土壤表层结皮。土壤有机质含量偏低，影响微生物的活性，从而影响土壤团粒结构的形成；或长期不间断耕作，破坏土壤结构，导致土壤板结。长期单一、过量施用化肥，腐殖质不能得到及时的补充，同样也会引起土壤板结，还可能龟裂。过量施入氮肥，消耗碳素，使有机质含量降低，破坏土壤团粒结构，导致土壤板结；过量施入磷肥，磷酸根离子与土壤中钙、镁等阳离子结合形成难溶性磷酸盐，破坏了土壤团粒结构，致使土壤板结；过量施入钾肥时，钾肥中的钾离子置换性特别强，能将形成土壤团粒结构的多价阳离子置换出来，破坏了团粒结构，致使土壤板结。长期利用地下水灌溉也容易引起表层土壤板结。风沙、水土流失，表土层细小的土壤颗粒被带走，使土壤结构遭到破坏。

2. 消除土壤板结方法

（1）深耕与旋耕相结合。推广全方位深松与旋耕作业相结合，每隔2～3年用深松机具深松1次，深松深度在30～50 cm。深松后犁底层被打破，土壤耕作层加厚，土壤蓄水保墒能力增强，有利于作物扎根，扩大根系吸水吸肥范围和提高土壤对养分的吸收转化分解能力。

（2）推广作物秸秆还田。秸秆还田能改善土壤物理性质，有利于土壤有机质的积累和养分含量的提高。推广作物秸秆还田技术同时还能促进秸秆资源转化利用率，改善农业生态环境，提升耕地质量，既能改善土壤结构，增加有机质含量，又能增加土壤透气性，增加土壤蓄水保水能力，是防止土壤板结、改良土壤重要方法之一。据调查，秸秆还田后，土壤有机质含量明显增加，作物普遍增产10%，高者可增产15%～20%，同时还可减少肥料的投入。

（3）科学合理施肥，使用土壤改良调节剂。测土配方、测土配肥，增施有机农家肥，不盲目滥用化学肥料。适度应用科技含量较高的物质土壤改良调理剂，可调整改良剂中的硅、钙、铁等二价阳离子与土壤中的有机无机胶体能快速形成土壤团粒结构，解决土壤板结问题，促进作物根系生长效果显著，调节板结土壤的固相、液相、气相三相比例，改善和协调土壤水、肥、气、热状况，提高土壤自然活力和自我调节能力。

（二）化学障碍因子（以土壤盐渍化、重金属污染为代表）

1. 土壤盐渍化

土壤盐渍化主要发生在干旱、半干旱和半湿润地区，是指土壤底层或地下水的盐分随毛管水上升到地表，水分蒸发后，使盐分积累在表层土壤中的现象或过程。土壤盐渍化分为盐化和碱化两个过程。当表层土壤中的可溶性盐类的质量分数超过 0.1% 时，便开始对作物生长有抑制作用，从而影响作物的产量，这样的土壤称为盐化土壤。当总盐量超过 1% 时，对作物的危害极大，只有少数耐盐植物能生长，严重时会成为光板地，这种土壤称为盐土。当表层土壤中含有较多的碳酸氢钠时，使土壤呈强碱性（pH>9），当碱化度（ESP 或钠饱和度——交换性钠离子占阳离子交换量的百分数）超过 5% 时称为碱化土壤，当碱化度超过 15% 时便形成碱土。

土壤盐渍化可以分为现代盐渍化、残余盐渍化和潜在盐渍化 3 种类型。我国盐渍土总面积约 1 亿 hm^2，其中现代盐渍化土壤约 0.37 亿 hm^2，残余盐渍化土壤约 0.45 亿 hm^2，潜在盐渍化土壤约 0.17 亿 hm^2。由于受气候、水资源条件以及科学技术、开发能力的限制，很多盐渍土尤其是现代盐渍土及残余盐渍土尚不能得到有效利用。

影响土壤盐渍化的因素包括气候、地形、水文地质、成土母质、生物和人类活动等。盐渍土的形成主要是由于气候干旱，土壤排水不畅，地下水位高且矿化度大，以及地形、母质和植被的综合作用。不合理的生产活动引起的土壤盐渍化称为次生盐渍化，包括原来非盐化的土壤产生盐化以及原来轻盐化的土壤变成重盐化，甚至变为盐土或者弃耕。主要发生在干旱或半干旱地带的灌区，因盲目引水漫灌、不注意及时排水、渠道渗漏、耕作管理粗放、无计划种植水稻等，引起大面积的地下水位抬高到临界深度以上，随着水分不断蒸发而使土壤产生积盐。

土壤盐渍化是目前世界上灌溉农业地区农业可持续发展的资源控制因素。根据水盐互动的特性，土壤盐渍化的防治应着重搞好土壤水资源的调控与管理。采用明沟或者暗沟（管）排水、井灌井排、洗盐、放淤压盐、种植水稻等水资源调控措施排出土壤盐分，抑制土壤反盐。实施合理的灌溉制度，农田灌水应在作物生长关键期进行，既可满足作物需水，又能起到调节土壤盐分的目的。有条件的地方应发展滴灌、喷灌、渗灌等节水防盐的灌溉技术。此外，还可以通过建立生态农业结构、合理耕作、增施有机肥料等措施防治土壤盐渍化。

2. 重金属污染

（1）概述。土壤重金属污染是指由于人类活动，土壤中的微量金属元素在土壤中的含量超过背景值，过量沉积而引起的含量过高，统称为土壤重金属污染。

重金属一般指密度大于或等于 5.0 的金属。环境污染方面所说的重金属是指对生物有显著毒性的重金属，主要是指镉、铬、铅、汞等生物毒性比较显著的重金属，也指具有一定毒性如锌、镍、钴、铜、锡等一般的重金属。类金属砷由于其环境行为和危害与重金属相似，因此通常也被列入重金属污染类。

近年来，随着农业现代化的发展和工业化进程的加快，环境问题越来越严重，尤其是重金属污染对人类的健康造成极大的威胁。重金属污染不同于其他有机化合物的污染。有些有机化合物可以通过自然界本身的物理、化学与生物作用，使污染物浓度和有害性降低。而重金属却很难在环境中降解，具有富集性，一旦受到重金属污染，其自然净化和人工治理都非常困难。如随废水一起排出的重金属，即使浓度小，也可能对微生物有害，从而降低了微生物的生物降解能力，也可在沉积物和藻类中积累，被贝类和鱼体表吸附，通过食物链作用富集，或转化为毒性更大的金属有机化合物，给人类健康带来威胁。

（2）重金属的来源。污染土壤的重金属主要包括汞（Hg）、镉（Cd）、铅（Pb）、铬（Cr）和类金属砷（As）等生物毒性显著的元素，以及有一定毒性的锌（Zn）、铜（Cu）、镍（Ni）等元素。土壤重金属来源包括两方面，有自然来源也有人为因素。自然来源有成土母质的风化过程对土壤重金属本底含量的影响、风力和水力搬运的自然物理和化学迁移过程等。

由于人类的生产和生活中广泛应用重金属，因此，环境中存在着各种各样的重金属污染源。土壤重金属污染的人为来源主要包括农业污染源、工业污染源和交通污染源。

1）农业污染源。农业生产中，利用污水灌溉，化肥、农药的不合理使用，以及固体废弃物的农业利用是土壤环境重金属的主要来源。国内外都有研究报道，农业生产中用来生产磷肥的磷矿石成分较复杂，因此，农田长期使用磷肥会造成土壤镉污染磷肥杂质中不仅含有较高的镉，也含有一定量的砷、铅、铬、铜、锌等重金属元素。不仅国内生产的化肥含有重金属，有些进口复合肥料中也发现铬、镉、铅超过限量的标准，磷肥样品中甚至有 27.7% 超过了限量标准中的镉含量。

2）工业污染源。主要是人类采矿活动、化石燃料燃烧、冶炼以及使用重金属的工业企业，尤其是开发利用有色金属矿产资源以及工业生产排放的"三废"。矿山的开采、运输和冶炼过程中，都可能会产生一定的固体、液体和气体废弃物，这些废弃物中一般都含有重金属，它们一旦进入周围环境中，便对土壤、水和大气环境产生一定的污染和危害。对金属矿产资源开采的过程中产生的尾矿和废弃石料中残留的矿物成分经淋滤、迁移等作用，进入地下水或地面水环境，造成严重的土壤重金属污染。采矿废水主要含各种矿物质悬浮物和有关金属溶解离子。选矿或洗矿的废水，除含有大量的悬浮矿物粉末或金属离子外，还含有各类浮选剂、萃取剂、抑制剂等各种选矿所用的试剂，这些试剂大多可以络合重金属铜、锌、铅、镉、锰等，形成复合污染，影响重金属的迁移转化，加大了重金属的迁移距离。因此，选矿废水和尾矿库的重金属是开采矿产资源过程中重金属的重要来源。机械加工各种金属制品所排出的废液和冲洗废水，其中含酸和各种金属离子。

3）交通污染源。主要来源于润滑油、汽油的燃耗，汽车轮胎的机械磨损，汽车尾气催化转化器的老化磨损等。来自交通污染源的重金属主要有铜、锌、镉、锑、钡。汽车轮胎和润滑油中，会添加含锌化合物，是交通活动释放锌、铅、镍、钼和锰的主要来源。另外，润滑油在高温下与空气接触氧化后形成的有机物会腐蚀金属，释放出铜、镉、镍和钼，道路两侧的镍和铅大部分来自汽车尾气沉降。

（3）重金属污染的特点。

1）不能被生物分解，重金属只有形态发生变化，可在环境中富集。生物从环境中摄取的重金属经食物链的生物放大作用，在较高级生物体内成千万倍地富集起来，最后危害人类健康。

2）某些重金属可以在生物体内被转化为毒性更大的有机化合物，如汞的甲基化作用生成甲基汞，甲基汞的毒性比无机汞大很多，具有高神经毒性。

3）重金属的价态不同，其活性和毒性不同。同种金属的不同形态的化合物，其毒性可能会有很大差异，如砷的化合物中三氧化二砷的毒性最大。

4）在很低的浓度范围也能达到毒性效应，微量重金属即可产生毒性效应。

5）重金属的物理化学行为有可逆性，能随着环境的变化而发生转化。有些重金属沉淀可以再溶解，吸附可以再解吸，氧化的可以再还原。

（4）典型重金属的环境效应。重金属排入环境后不易去除，主要是通过氧化还原、胶体形成、沉淀溶解、吸附解析、络合或螯合作用进行迁移转化，参与各种循环过程，而且在环境中长期积累对生物和人体产生毒害作用。铬、镉、铅、砷、铜等这些典型的重金属危害已经成为世界重大的环境问题而引起人们的普遍重视。

1）镉。镉是植物生长的非必需元素。金属镉没有毒性，但镉的化合物有极大的毒性。在土壤中过量的镉不仅能在植物体内残留，当镉积累到一定程度时，植物就会表现出毒害症状。镉破坏叶片的叶绿素结构，使植物叶绿素酶活性增强，加快叶绿素分解速度，降低植物根传导性以及植物体内离子的反应速率，使叶片发黄、退绿，影响植物的光合作用，使作物生长缓慢，植株矮小，阻碍根系生长，抑制水分和养分的吸收，使作物生长受阻，产量降低。

镉对人体健康的影响。镉是人体健康的非必需元素，具有较强的致癌、致畸和致突变作用。镉主要通过呼吸道和消化道进入人体，镉在人体中的半衰期为 6～18 年。肝组织是镉作用的首要靶器官，而肾组织是对镉暴露最敏感的器官。镉对骨骼的健康效应影响最严重，其机理可能有两种，一种是直接损伤软骨细胞和成骨细胞，另一种是由于镉对肾功能的损害，抑制肾中维生素 D_3 的合成，影响人体对钙的吸收和成骨作用，长此以往，会导致镉接触者的骨质疏松或骨质软化。发生在日本富山县的骨痛病，其主要特征为骨骼软化、萎缩，脊柱变形，骨质疏松，就连咳嗽都能引起骨折。造成骨痛病公害的原因是神通川上游炼锌厂排放的含镉废水污染了神通川，居民长期食用含镉米，并直接饮用含镉水。镉在人体内引起慢性中毒的潜伏期长达 10～30 年，是已知的在体内最易蓄积的有毒物质。

2）铬。在自然环境中，铬有二价、三价和六价，二价铬不稳定，在空气中能迅速被氧化成三价离子。三价铬有毒，毒性和水溶性低，但六价铬毒性和水溶性都很强，还有腐蚀性，三价铬与六价铬在一定条件下可以互相转化。铬一般以三价形式存在于厌氧状态的水体中。在富氧情况下，铬一般以六价铬的形式存在，且比较稳定，能维持较长一段时间，所以世界各国都以六价铬在水中的含量作为水质卫生标准之一。土壤中，三价铬易被土壤胶体吸附或形成沉淀，迁移能力较差。而土壤胶体对六价铬的吸附固定能力较低，其迁移性较强。

铬是植物必需的微量元素，植物缺少铬会影响其正常发育，铬参与一些细胞构成，能提高植物体内酶的活性，刺激植物生长发育，增加植物对病虫害的抵抗力，提高作物产量。但是植物体内累积过量又会引起毒害作用。六价铬化合物易溶，且易被植物吸收，对植物的毒性较强，而三价铬化合物难溶，难以被植物吸收。铬对植物的危害主要在根部，会干扰植物吸收和运输营养元素。植物铬中毒的症状通常为：根系发育低，根部功能受到抑制，叶卷曲、褪色、萎蔫，作物产量下降。

铬是人体必需的微量元素。它参与人体内分泌腺的构成，三价铬可以协助胰岛素参与糖的代谢。研究表明，胰岛素的合成、分泌、运转、与受体结合的环节都需要铬。如果人体出现铬缺乏症，会影响脂类和糖类代谢，严重者可导致糖尿病和高血糖。铬的化合物可经呼吸道、消化道、皮肤和黏膜侵入人体。铬在人体内经过短时间贮存后，吸收的铬80%由肾脏排出，小部分由粪便排出，从乳汁也可排出。各种铬化合物的毒性是不相同的。消化道对三价铬化合物的吸收率很低（约0.5%），毒性不大，六价铬化合物（铬酸盐）毒性大，比三价铬大100倍。六价铬经消化道吸收后，可引起呕吐、腹痛、腹泻，严重者出现休克，呼吸困难，还会发生急性肾功能衰竭。铬侵入呼吸道有腐蚀刺激作用，引起溃疡、鼻中隔充血等病变。铬中毒具有明显的致癌、致畸、致突变作用。

3）砷。砷属于类金属，具有两性金属的性质。自然界中含砷矿物主要为硫化物、氧化物及含氧砷矿物三大类。一般砷的化合物以+5、+3、0、-3四种价态存在。土壤中的砷主要为三价砷和五价砷，而以三价砷毒性最强。环境中的砷化合物可以发生沉淀、络合、氧化—还原、甲基化以及生化等反应，在一定条件下，各种形态的砷化合物可以相互转化。

砷会对作物生长产生危害。砷中毒会对作物的生长发育产生阻碍作用，作物叶片会首先表现出中毒症状，砷能降低作物的蒸腾作用，阻碍作物中水分的输送，使作物的地上部分缺乏养分和水分，造成作物枯黄、枯萎、叶片脱落。其次是根部的伸长受到阻碍，显著抑制作物生长发育。

砷不是人体的必需元素。砷的毒性是阻碍与巯基有关的酶的作用。三价砷可与机体内酶蛋白的巯基反应，形成稳定的螯合物，使酶失去活性，导致膜破坏和细胞死亡，因此，三价砷有较强的毒性，如砒霜、三氯化砷、亚砷酸等都是有剧毒的物质。五价砷与巯基亲和力不强，当吸入五价砷离子后，只有在体内还原成三价砷离子才能产生毒性作用。砷中毒会影响细胞的代谢，甚至导致细胞死亡。如果发生砷中毒，神经细胞最先受到影响，发生神经衰弱和多发性神经炎等疾病。砷中毒有急性和慢性的，慢性砷中毒还伴随着砷的致癌作用。砷中毒的主要表现为神经损伤，视力、听力障碍，运动功能失调，皮肤色素高度沉着，手掌脚趾皮肤高度角质化，消化不良，腹痛，呕吐等。砷浓度过高时会引发皮肤癌和膀胱癌等癌症的发生。

4）铅。在自然界中，铅一般以正二价态及其化合物形式存在，铅在 400～500 ℃ 时可以蒸发，铅蒸气能形成分散度高的气溶胶而污染环境。

铅不是植物生长发育的必需元素，会影响植物的生长发育。铅能减少根细胞的有丝分裂速度，显著影响植物的根系生长。在铅胁迫下，光合系统和一些参与光合作用的酶的活性以及叶绿素的合成受到影响，甚至破坏叶绿体的结构，影响植物的光合作用。植物根系可被动吸收铅，但只有有限的铅从根部向茎叶部运输，因此，铅多数集中在根部，茎秆次之。

铅是人体健康的非必需元素，具有显著的毒性作用。铅中毒会危害人体的肾脏、中枢神经系统、造血系统，对消化系统、免疫系统也有一定的毒性作用，对儿童的不良影响比成人更为严重，会影响儿童的神经行为，使婴幼儿的智力发育滞后。当血液中铅含量达到一定浓度时，会引起头晕、头痛以及一系列神经衰弱症状，而且铅有致癌作用。2011 年，安徽怀宁血铅中毒事件，反映了铅污染问题在局部地区严峻。

5）铜。铜的化学性质不活泼，在常温、干燥的空气中比较稳定，不起化学变化，但在有 CO_2 存在的潮湿空气中易生成一层绿色碱式碳酸铜膜层。铜化合物以一价和二价状态存在于自然界中。铜在酸性条件下溶解度增加，在碱性条件下易沉淀。

铜是植物生长的必需微量元素，参与植物体内多种酶的合成，少量的铜对植物生长是必需的。如果植物缺乏铜元素，会导致叶绿素含量减少，叶片退绿，影响作物产量，严重时会导致作物死亡。过量的铜会抑制作物根的伸长，植物对养分的摄取受到阻碍，从而对植物的生长发育产生危害。铜过量，作物的主要症状是叶片萎黄。植物吸收过量的铜大部分停留在根部，阻碍作物吸收其他的元素，例如铜过量妨碍植物对二价铁的吸收和运输，引起缺铁。

铜是人体必需的元素，在人体的脏器组织内广泛分布。人体内多种蛋白和酶都含有铜。铜缺乏和铜过量都会对健康产生不良的影响。缺铜会引起骨质疏松、生长缓慢等。铜过量时，会在肝脏中蓄积，超过一定量时，铜会释放，进入血清中，结果发生溶血、黄疸等症状。

6）锌。锌以二价状态存在于天然环境中。锌与许多金属可以形成合金，如铝黄铜、黄铜。二价可以与无机络合剂发生络合反应，与有机络合剂发生络合及螯合到天然环境中，锌能被胶体吸附，从而决定了锌在环境中的迁移转化。

锌是植物生长发育的必需元素。锌是植物碳酸酐酶的组成成分，参与植物的氧化还原过程和呼吸作用，以及叶绿素和生长素的合成、碳水化合物的转化。植物缺锌会造成叶片失绿、光合作用减弱、植株矮小，抑制植物生长，从而导致产量降低，但是过量的锌对植物生长有害。锌主要以阴离子形式在韧皮部内运输，过量的锌会阻止植物对 CO_2 的固定以及碳水化合物在木质部的运输，并能改变植物细胞膜的渗透性。过量的锌还会使植物的根系受到伤害，阻碍根的生长，影响酶的活性，改变植物细胞膜的通透性，导致植物叶绿体、细胞器变形，抑制植物生长发育（陈晨，2013）。

（三）生物障碍因子（以连作障碍为代表）

所谓连作障碍是指同一作物或近缘作物频繁连续种植后，即使在正常管理情况下，也会导致作物生长发育不良、产量降低、品质变劣、土传病虫害增加、土壤养分亏缺等现象。如大豆、西瓜等经济作物连续多年在同一田块上种植，常会出现黄化、僵苗，甚至大片植株死亡，严重地影响产量和品质的提高。

1. 引起连作障碍的原因

引起作物连作障碍的原因十分复杂，是作物、土壤两个系统内部诸多因素综合作用的结果，不同作物产生连作障碍的原因是不同的。日本珑岛川将产生连作障碍的因子归纳为：土壤盐分亏缺；土壤反应异常；土壤物理性状恶化；来自植物的有害物质；土壤微生物变化。同时强调，在这五大因子中，土壤微生物的变化是连作障碍的主要因子，其他为辅助因子。从国内的研究结果来看，多数研究者认为产生连作障碍的原因主要有以下3个方面。

（1）土壤肥力下降。某种特定的作物对土壤中矿质营养元素的需求种类及吸收的比例是有特定规律的，尤其是对某种类的微量元素更有特殊的需求。同一种作物长期连作，必然造成土壤中某些元素的亏缺，在得不到及时补充的情况下，便出现"木桶效应"，影响作物的正常生长，植物的抗逆能力下降，产量和品质下降，严重时导致植株死亡。大豆对土壤有效铝、锌、锰、铁、铜的吸收耗减和连作胁迫引起土壤微生态效应的综合作用，导致不同生育时期连作大豆土壤中微量元素含量的显著变化。在施肥、栽培等管理措施一致的情况下，连作胁迫引起的土壤 pH 值降低是导致土壤有效硼降低和土壤有效锌、锰、铁、铜等元素增加的一个重要原因。

（2）作物根系分泌物的自毒作用。作物在正常的生命活动过程中，根系会不断地向根际土壤中分泌一些有机物或无机物。在这些分泌物中既有能促进土壤养分由难溶的分子状态变成作物可以吸收利用的离子状态的有益成分，也有一部分如一些有机酸、酚类等分泌物在土壤中积聚，对作物具有毒害作用。因此，同一种作物长期连作会造成有毒害作用的根系分泌物在土壤中大量聚积，从而影响到作物的正常生长、发育，常出现黄化、僵苗等现象，进而影响到作物产量和品质提高，甚至造成作物死亡。

（3）土壤病原微生物数量增加。土传病害是引起连作障碍最主要的因子。引起蔬菜连作障碍的70%左右的地块是由土壤传染性病虫害引起的。土壤里微生物的种群和数量非常庞大，对植物来讲，有益微生物的种类和数量远远大于病原微生物。土壤微生物（尤其是根际微生物）与植物宿主形成相应的共生关系，且不同的作物根际微生物的种群结构不同，同一种作物长期连作，作物与微生物相互选择的结果造成了某些寄生能力强的种群在根际土壤中占突出优势，与此同时，也会出现一些病原细菌、真菌以及线虫等因拮抗菌数量减少而数量激增，使原有的根际微生态平衡被打破，共生关系打乱，从而影响植物的正常生长和生命活动，严重危及作物的生命，造成减产。

2. 连作障碍的缓解

连作障碍的发生不仅影响农作物产量和品质的提高，还降低了农产品的安全性。因此，克服连作障碍是实现农业可持续发展的当务之急。解除连作障碍是农业生产上的一大难题，目前尚未找到根治的办法，但通过以下途径，可使连作障碍得到缓解：

（1）实行轮作。避免同种作物或同科作物长期连作，实行轮作，尤其是选择"他感作物"与农作物轮作，是缓解连作障碍的有效途径之一。

（2）培肥改土。实行测土配方施肥，平衡施肥；合理使用 N、P、K 大量元素肥料，增施微量元素肥料，科学使用有机肥和微生物肥料。应用"有机肥+微生物肥"是目前较为有效的方法。

（3）推行大豆种子包衣技术。中国农业大学曾研制出适用于不同生态区大豆的种衣剂配方"油 30 号"和"油 31 号"，前者适用于北方豆区，后者适用于南方豆区。随后，又开发出大豆种衣剂"油 26 号"，经大田应用效果良好（杨起等，2002）。

此外，通过一些合理的农艺措施，如选用生物农药、提倡使用有机肥、减少化学杀菌剂等，减轻对土壤的污染及土壤微生态的破坏；选择一些抗逆性较强的作物品种，增强作物对不良环境条件的抵抗能力。如西瓜等作物还可以通过嫁接、换根等栽培措施来减轻连作障碍，缓解连作障碍对农业生产造成的巨大损失。

参考文献

安承德，方标，汪元霞 . 2014. 气象灾害对石阡县烤烟生产的影响及防御对策 ［J］. 安徽农业科学，42（13）：39 53-3 956.

白基恒 . 2017. 重庆市农作物生物灾害时间特征研究 ［D］. 重庆：西南大学.

白玉洁，段海花，侯学源 . 2011. 我国主要气象灾害对农业生产的影响及应对策略 ［J］. 安徽农业科学，39（16）：9 931-9 935.

卞超 . 2018. 小麦锈病防治途径 ［J］. 农民致富之友，（17）：134.

卞建民，林年丰，汤洁 . 2000. 吉林西部乾安县土地荒漠化研究 ［J］. 长春科技大学学报，30（2）：177-179.

薄艺星 . 2015. 承德市障碍性耕地土壤资源的分布与改良措施 ［J］. 农业开发与装备，（11）：46-47.

曹淼 . 2015. ICP-OES 法检测石家庄开心农场土壤及蔬菜中多种重金属的研究 ［D］. 石家庄：河北科技大学.

陈晨 . 2013. 安徽省典型区域重金属污染现状与评价 ［D］. 合肥：合肥工业大学.

陈娟 . 2014. 安徽省水稻主要病害的识别与防御措施 ［J］. 农业灾害研究，4（10）：9-14，27.

陈磊 . 2014. 安徽省小麦干热风、高温逼熟、贪青晚熟、雪灾、倒伏灾害的防御 ［J］. 农业灾害研究，4（10）：53-57.

陈磊 . 2015. 雾霾天气对农业的影响及其应对策略研究——以安徽省为例 ［J］. 农业灾害研究，5（10）：50-53，76.

陈培金 . 2007. 基于区域森林空间结构的防御病虫害能力评价方法研究 ［D］. 北京：北京林业

大学.

陈善福，舒庆尧 . 1999. 植物耐干旱胁迫的生物学机理及其基因工程研究进展［J］. 植物学通报，
　　16（5）：555-560.

陈小红 . 2007. 红古区农业土壤的综合评价及改良利用研究［D］. 兰州：甘肃农业大学.

程中元，王青，王志强 . 2011. 气象要素对植物病害侵染循环的影响［J］. 现代农业，（6）：48.

褚冰倩，乔文峰 . 2011. 土壤盐碱化成因及改良措施［J］. 现代农业科技，（14）：309-311.

慈龙骏 . 1998. 我国荒漠化发生机理与防治对策［J］. 第四纪研究，（2）：97-107.

崔丹，李世锋 . 2017. 浙江省分区水土保持布局研究［J］. 浙江水利科技，（209）：30-33.

崔读昌 . 1999. 关于冻害、寒害、冷害和霜冻［J］. 中国农业气象，20（1）：2.

杜保池，张宝全，胡苗雨 . 2010. 麦田杂草种类及发生规律研究［J］. 农家参谋（种业大观），
　　（12）：35.

杜保池 . 2013. 长葛市麦田杂草发生规律及防治策略［J］. 河南农业，（12）：46，50.

方从兵，宛晓春，江昌俊 . 2004. 中药葛根标准生产操作规程的初步研究［J］. 安徽农业大学学
　　报，31（4）：491-494.

方增强 . 2016. 安徽省水土保持现状评价与需求分析［J］. 安徽农业科学，44（25）：94-96.

方增强 . 2016. 安徽省水土流失现状及防治方略探讨［J］. 治淮，（10）：52-53.

冯德花 . 2011. 安徽省高温热害分布规律及其中稻产量风险研究［D］. 合肥：安徽农业大学.

冯刚 . 2009. 优质强筋小麦栽培技术［M］. 天津：天津科技翻译出版公司.

甘晓英，梅活辉，朱文超 . 2011. 台山市农业气象预报服务方案［J］. 现代农业科技，（12）：
　　32-33.

高清 . 2008. 外源 ABA 对干旱胁迫下甘蔗幼苗越冬期间生理生化的影响［D］. 南京：广西大学.

高文瑞 . 2008. 鹰嘴豆耐旱种质的筛选、cDNA 文库构建、EST 数据分析及耐旱相关基因克隆［D］.
　　南京：南京农业大学.

葛勇 . 2017. 安徽省小麦干旱灾害及其防灾减灾对策［J］. 农业灾害研究，7（8）：29-31，37.

郭利萍，李新娜，李凤茹 . 2011. 小麦合理用药与病虫害综防技术［J］. 河南农业，（12）：47，49.

杭德龙，焦兆文，赵有文，等 . 2011. 稻田释放拟澳洲赤眼蜂防治一代二化螟研究［J］. 农业灾害
　　研究，1（1）：28-30.

何彬方，范伟，刘惠敏，等 . 2007. 基于 MODIS 数据的安徽省土地覆盖分类研究［J］. 红外技术，
　　29（11）：651-656.

何彬方，冯妍，荀尚培 . 2012. 安徽省冬小麦种植区提取及生育期遥感监测研究［C］. S10 气象与
　　现代农业发展，14-20.

何文寿 . 2004. 设施农业中存在的土壤障碍及其对策研究进展［J］. 土壤，36（3）：235-242.

何宗颖，黄学文 . 1994. 内蒙古奈曼旗土地沙漠化及灾害性天气与农业生产的关系［J］. 干旱区资
　　源与环境，8（3）：58-66.

贺振东 . 2011. 谈小麦冻害发生原因及防御措施［J］. 河北农机，（1）：39-40.

侯晓林 . 2009. 水分胁迫对小麦蔗糖代谢关键酶活性及根系碳分配的影响［D］. 杨凌：西北农林科
　　技大学.

胡国强，李晓凤，王长娜 . 2012. 麦长管蚜的研究［J］. 安徽农业科学，40（18）：9 748-
　　9 750，9 837.

胡家敏.2005.江淮分水岭地区蔬菜集雨节水栽培机理与效应的研究［D］.合肥：安徽农业大学.

黄健敏，吴泊人.2010.安徽省2004—2009年地质灾害统计分析［J］.安徽地质，20（4）：306-310.

霍治国，李茂松，王丽，等.2012.气候变暖对中国农作物病虫害的影响［J］.中国农业科学，45（11）：2 168-2 179.

霍治国，钱拴，王素艳，等.2002.2001年农作物病虫害发生流行的气候影响评价［J］.安全与环境学报，2（3）：3-7.

江敏，马云.2003.降水对徐州地区冬小麦生产的影响［J］.徐州师范大学学报（自然科学版），21（4）：36-38.

江懿，任竹，张彩丽，等.2017.安徽省农业气象灾害受灾数据分析［J］.农业灾害研究，7（6-7）：1-3，19.

姜超英，潘文杰.2007.作物连作的土壤障碍因子综述［J］.中国农村小康科技（3）：26-28.

姜水贞，蒋际清.1998.闽西北水稻纹枯病发生规律［J］.江西植保，21（2）：14-15.

靳志伟.2017.植烟土壤板结的原因分析及治理方法［C］//中国烟草学会学术年会优秀论文集.北京：中国烟草学会2017年学术年会：3 788-3 791.

康文平，刘树林.2014.沙漠化遥感监测与定量评价研究综述［J］.中国沙漠，34（5）：1 222-1 229.

赖华东.2012.对岩土工程灾害与防治对策的探讨［J］.科技创新与应用，（21）：52.

李成德.2003.高温导致水稻出现大量空壳分析［J］.陕西农业科学，（5）：45-47.

李敏.2015.淮北地区保护地土壤障碍的诱因与解决对策［J］.农技服务，32（3）：108，110.

李素侠.2008.淮北地区小麦常见病害发生与防治［J］.现代农业科技，（10）：76-77.

李文明，朱天稳，邢继伟.2013.农田土壤重金属污染与防治［J］.农民致富之友，（18）：37-38.

李艳，陈盛伟.2018.农作物病虫害气象指数保险发展思路［J］.农业展望，（3）：16-21.

刘成江.2013.小麦害虫禾谷缢管蚜的鉴别与防治［J］.农业灾害研究，3（4）：1-4.

刘建军，沈俊峰，王小玲.2010.农业气象灾害对粮食安全的影响及对策——以常德市鼎城区为例［J］.作物研究，24（2）：73-75.

刘景花.2003.低温冷害对绿色食品水稻的影响及防御措施［J］.黑龙江气象，（1）：23-25.

刘莉，赵安洁，杨雁，等.2013.三七不同间隔年限种植土壤的理化性状比较分析［J］.西南农业学报，26（5）：1 946-1 952.

刘民.2009.水稻低温冷害分析及研究进展［J］.黑龙江农业科学，23（3）：63-66.

刘士刚.2005.喜树幼苗在干旱胁迫下诱导蛋白和关键酶研究［D］.哈尔滨：东北林业大学.

刘耀湘.2006.农田有害生物暴发性灾害分析［J］.中国植保导刊，26（5）：12-15.

柳军，岳伟，邓斌.2011.2010年安徽江淮地区高温热害气象成因及其对一季稻生产影响分析［J］.安徽农学通报（下半月刊），17（10）：199-201.

罗守进.2011.稻飞虱的研究［J］.农业灾害研究，1（1）：1-13.

马宝，李茂松，宋吉青，等.2009.水稻热害研究综述［J］.中国农业气象，30（S1）：172-176.

马宝.2009.高温对水稻光合特征、生长发育和产量的影响［D］.北京：中国农业科学院.

毛艺林.2014.雾霾环境对设施农业的影响及应对策略［J］.河南农业科学，43（7）：76-79.

孟祥宇.2011.浅谈河南东部地区小麦冻害发生原因及防御措施［J］.北京农业，（33）：83.

宁金花，申双和．2009．气候变化对中国农业的影响［J］．现代农业科技，（12）：251-254，256.

潘有珍．2008．安徽省农区鼠害发生现状与综合治理［J］．农技服务，25（2）：98-99.

浦涌澜，张小全．2005．江淮梅雨及其危害［J］．安徽农学通报，11（7）：112.

漆雪琳．2011．利用 cDNA-AFLP 技术分离木薯干旱胁迫响应相关基因［D］．海口：海南大学.

齐伟．2009．不同玉米品种耐旱性差异及生理特性研究［D］．泰安：山东农业大学.

邱法展．2007．玉米单倍体育种及苗期耐渍性研究［D］．武汉：华中农业大学.

任战英，杨正林．2013．高温对我国水稻产量和品质的影响［J］．种子世界，（11）：24.

任竹．2015.2015 年安徽省水稻主要虫害的识别与防控［J］．农业灾害研究，5（11）：1-4，6.

申广立，郭立杰，宣凤琴．2008．通辽市沙漠化地区干旱、风沙特征及对农业生产的影响［J］．内蒙古气象，（1）：32-34.

申晓晴，孔庆伟．2016．周口市 2016 年高温热害对夏玉米授粉及结实率的影响［J］．农技服务，33（12）：95，76.

沈光斌，姚卫平，刘成社，等．2006．安徽省农区害鼠发生种类、分布及发生规律初探［J］．中国媒介生物学及控制杂志，17（5）：370-372.

沈志远，王其传．2002．作物连作障碍发生原因及解决办法［J］．生物学教学，27（3）：39.

盛海洋，王付全．2007．我国的山地灾害及其防治［J］．水土保持研究，14（1）：129-131.

石伟光，韦玮，马林，等．2016.1971—2010 年铜陵市气候特征分析［J］．现代农业科技，（19）：251-252.

孙桂丽．2011．豫东地区常见小麦病虫害及综合防控措施［J］．吉林农业，（253）：106，157.

孙林海，陈兴芳．2003．南涝北旱的年代气候特点和形成条件［J］．应用气象学报，16（6）：641-647.

唐丽华．2006．区域森林主要灾害与空间结构关系的适应性评价方法研究［D］．北京：北京林业大学.

田再民，龚学臣，抗艳红，等．2011．植物对干旱胁迫生理反应的研究进展［J］．安徽农业科学，39（26）：16 475-16 477.

汪志国．2011．关于安徽古代自然灾害研究的现实思考［J］．宿州学院学报，26（8）：40-43.

王碧霞．2009．小麦冻害发生原因及防御措施［J］．小麦研究，30（1）：31-34.

王国强，徐威，吴道祥，等．2004．安徽省环境地质特征与地质灾害［J］．岩石力学与工程学报，23（1）：164-169.

王海梅．2007．影响植物病害发生和流行的因素浅析［J］．现代农业科技，（17）：118-119.

王建武．2003．土地退化与贫困相关性研究［D］．北京：中国社会科学院研究生院.

王磊．2004．钙与赤霉素混合浸种增强小麦抗旱性的机理研究［D］．郑州：河南大学.

王棚涛．2010．拟南芥 β-葡萄糖苷酶调节 ABA 含量动态变化与耐旱性关系研究［D］．郑州：河南大学.

王琦．2010．苗期涝害对玉米生长发育的影响及减灾技术措施［J］．中国种业，（10）：86-87.

王群，尹飞，李潮海．2004．水分胁迫下植物体内活性氧自由基代谢研究进展［J］．河南农业科学，43（10）：25-28.

王曙峰，孟祥平，郭锦昌．2014．邯郸市冬小麦锈病的发生与防控技术［J］．河北农业，（230）：35-36.

王廷文 . 2013. 浅析气温对华北地区玉米产量的影响 [J]. 农民致富之友，(2)：28-29.

王雍君 . 2006. 安徽省水土流失的类型、危害与治理 [J]. 工程与建设，20（6）：704-706.

魏兴琥，杨萍，董光荣 . 2004. 西藏"一江两河"中部地区的农业发展与农田沙漠化 [J]. 中国沙漠，24（2）：5.

吴积善，王成华 . 2006. 山地灾害研究的发展态势与任务 [J]. 山地学报，24（5）：518-524.

吴开亚，林保国，宋润朋，等 . 2007. 1990—2004 年安徽省生态足迹动态分析 [J]. 合肥工业大学学报（自然科学版），30（9）：1 134-1 138.

吴文有 . 2018. 树种病虫害综合防治技巧 [J]. 农民致富之友，(17)：1.

邢君，田灵芝 . 2005. 2005 年安徽省小麦冻害调查报告 [J]. 安徽农学通报，11（5）：52-55.

徐成怀，程筱华 . 2007. 低温冷害对水稻的影响及防御措施 [J]. 安徽农学通报，13（10）：159，123.

许州达 . 2007. 用水稻基因芯片筛选小麦耐旱相关基因的研究 [D]. 保定：河北农业大学.

薛金鱼，姬宝 . 2007. 气候条件与病虫害的发生关系 [C] //中国风景园林学会会议论文集 . 青岛：全国园林植保第十六次学术讨论会：36-37.

闫志利，牛俊义 . 2009. 作物对干旱胁迫的响应机制研究进展 [J]. 河北农业科学，13（4）：6-10.

杨奇华 . 1982. 农作物害虫防治基础知识 [J]. 河北农业科技，(3)：36-37.

杨起，王林娟 . 2002. 重茬大豆低产原因及对策 [J]. 黑龙江农业科学，(5)：24-26.

姚章福，姚正兰，李明元 . 2014. 2013 年遵义市夏旱特征及其影响评估 [J]. 农技服务，31（6）：147-148，150.

姚志川 . 2010. 玉米苗期涝害的田间管理措施 [J]. 农村实用科技信息，(12)：12

叶彩玲，霍治国，丁胜利，等 . 2005. 农作物病虫害气象环境成因研究进展 [J]. 自然灾害学报，14（1）：90-97.

叶正襄，秦厚国，李华 . 1994. 温度、食料条件对白背飞虱种群增长的影响 [J]. 植物保护学报，21（3）：209 -213.

由海霞 . 2007. 设施黄瓜不同种植模式的环境效应及其化感作用研究 [D]. 杨凌：西北农林科技大学.

游春梅，屠文，罗群 . 2009. 三七连作障碍解除措施的理论思考 [C]. 2009 全国可再生能源—生物质能利用技术研讨会论文集 . 上海：中国资源综合利用协会：95-99.

于景华，王丽娟，唐中华，等 . 2006. 植物对干旱胁迫的生理和分子反应 [J]. 现代化农业，(329)：1-4.

于萌 . 2017. 水稻三化螟综合防治要点 [J]. 农民致富之友，(5)：64.

余本付，何小东，丁常慧 . 1999. 浅析安徽省荒漠化土地的治理与开发 [J]. 南京林业大学学报，23（5）：79-82.

余庆来 . 2013. 安徽省应对重大农业灾害的科技策略 [J]. 安徽科技，291（5）：28-29.

余庆来 . 2013. 农业科技应对重大农业灾害的应急机制与策略 [J]. 农学学报，8（9）：75-78.

张彩丽 . 2014. 江淮地区小麦主要病虫害的识别与防治 [J]. 农业灾害研究，4（10）：1-8.

张翠娥 . 2012. 洪涝灾害对农作物影响及防治对策 [J]. 农民致富之友，(17)：103.

张丹梅 . 2018. 2009 年阜新市两次冰雹天气过程多普勒天气雷达产品的对比分析 [J]. 湖北农业科

学，51（7）：48-53.

张宏利，卜书海，韩崇选，等 . 2003. 鼠害及其防治方法研究进展［J］. 西北农林科技大学学报
　　（自然科学版），31（S1）：167-172.

张蕾，霍治国，王丽，等 . 2012. 气候变化对中国农作物虫害发生的影响［J］. 生态学杂志，31
　　（6）：1 499-1 507.

张美文，郭聪，王勇，等 . 2003. 鼠害对长江中下游可持续农业发展的影响及防治对策［J］. 中国
　　农业科学，36（2）：223-227.

张明红，张李娜，谭忠 . 2018. 临沂市小麦条锈病的发生规律及防治对策［J］. 农业科技通讯，
　　（1）：173-175.

张平 . 2010. 小麦冻害类型与发生原因及其预防补救调控关键技术［J］. 农业科技通讯，（8）：
　　162-163，216.

张伟 . 2009. 连作对棉花生长及棉田土壤生物活性的影响［D］. 石河子：石河子大学.

张小飞，徐林荣 . 2008. 岩土工程灾害分析与防治对策［J］. 山西建筑，34（9）：143-145.

张雁，刘自刚 . 2007. 桔梗连作障碍成因及其对策初探［J］. 陕西农业科学，（2）：107-109.

张养才 . 1989. 中国农业气象灾害的成因及其类型的研究［J］. 灾害学，（2）：9-15.

张志新 . 2009. 水分胁迫下番茄幼苗多胺代谢变化及其与抗旱性的关系［D］. 杨凌：西北农林科技
　　大学.

赵德群 . 2008. 小麦冻害发生原因及防御措施［J］. 现代农业科技，（13）：235-236.

赵红英 . 2009. 拟南芥 HARDY 基因的克隆及其在番茄中的表达［D］. 石河子：石河子大学.

赵俭波 . 2014. 土壤板结的成因与解决途径［J］. 现代农业科技，（13）：261-264.

赵敬领，梁大保，任德超，等 . 2012. 小麦冻害的发生规律及防御与补救措施［J］. 农业灾害研
　　究，2（6）：15-17.

赵磊，高秀华，李栋 . 2005. 滨州市旱涝灾害成因分析及防御对策［J］. 海河水利，（6）：11-12.

赵文翔 . 2016. 气候变化对农业的影响与对策［J］. 中国农业信息，（1）：28-29.

郑建中；邹正明 . 2006. 皖南山区环境地质特征与滑坡地质灾害防治［J］. 合肥工业大学学报（自
　　然科学版），29（1）：102-105.

钟小根，王珏 . 2014. 江西农业气象灾害危害及减灾对策研究［J］. 农业考古，（1）：140-143.

朱文达 . 2010. 湖北省油菜田灾害性杂草高效防控技术研究进展［J］. 中国油料作物学报，32
　　（1）：156-162.

朱震达 . 1998. 中国土地荒漠化的概念、成因与防治［J］. 第四纪研究，（2）：145-155.

庄浩瀚 . 2011. 噬菌体展示技术筛选与褐飞虱中肠刷状缘膜囊泡结合短肽［D］. 福州：福建农林
　　大学.

第三章　安徽省农业生产防灾减灾对策

第一节　粮食作物生产防灾减灾对策

一、水　稻

(一) 气象灾害

1. 旱灾

(1) 受害概况。水稻是沼泽植物，易受干旱影响。当土壤水分减少时，会使稻叶水分蒸发和根系吸水失去平衡而呈现凋萎现象，严重时稻株枯死。受害的水稻生育期显著延长，孕穗至抽穗期受旱，抽穗不良穗不能全部抽出叶鞘，穗小粒小甚至畸形；开花期受旱，空瘪粒大增，千粒重下降，有时雌雄蕊发育不良，成为"白穗"。

(2) 防灾减灾对策。

1) 改善灌溉设施和使用灌溉机械。修建工程性水利设施，能将平时多余的水蓄积起来，以满足缺水时的需求。安徽南方大部分地区水量充沛，所出现的干旱是工程性缺水，而非资源性缺水，水利灌溉设施的修建对于解决水稻干旱是很有帮助的，且有助于高产优质新品种在当地的采用。在修建灌溉设施的基础上使用一些大型或小型的灌溉设备能有效解决水源相对丰富地区的水稻干旱问题。

2) 采用水平旱作技术及节水栽培技术。水稻旱作。指采用常规的水稻品种旱育秧、旱移栽、旱管理，像旱作物一样种植水稻，不需泡田插秧，全生育期以雨水利用为主，辅以人工灌溉，灌溉不建立水层，渗漏少，需水量很小，整个生育期需水量仅为水种条件下的25%，对水源不足的高地易旱地区发展水稻生产具有重要意义。水稻栽培节水技术。主要包括旱育稀植、薄膜覆盖、节水灌溉等。

a. 旱育稀植技术。旱育稀植技术是采用旱育秧的方法培育秧苗，扩行减苗栽植，配套高产栽培的一项耕作技术。这种方法比传统的栽培方式可节水1/3~1/2，省种60%~80%，而且能提高秧苗的抗病耐旱能力。

b. 薄膜覆盖技术。该技术还处在试验阶段，试验表明：在覆膜湿润栽培条件下，与常规淹水栽培相比，其节水率达78.3%，单产增加33.9%。

c. 节水灌溉技术。根据水稻的需水规律灌溉，能大大提高灌溉用水的利用效率，减少水的浪费。

d. 使用保水剂或抗旱剂。

3）使用替代品种或耐旱新品种。一方面，用旱稻品种替代水稻，其耗水量仅为水稻的1/5～1/3，灌水量仅为水稻的1/5甚至更少，推广旱稻的种植是解决水稻干旱的一个可能的途径。培育本土旱稻品种和引进国外优良旱稻品种来替代部分地区的水稻品种，有助于解决粮食短缺和水源缺乏的问题。安徽北部水源相对南部较少，适合用旱稻代替水稻。另一方面，利用传统育种和基因改良方法来培育新的耐旱水稻品种。然而，我国目前还缺乏具有普遍适用的耐旱水稻品种，由于缺乏对我国干旱环境复杂性的全面认识及适当的水稻抗旱性标准评价体系，抗旱性育种进程相对较慢。

2. 热害

（1）受害概况。热害发生主要在水稻的抽穗开花期和灌浆成熟期。灌浆期的关键时期是在开花后5～10 d的乳熟前期，该时期是决定灌浆增重的关键时期。若受到持续高温的影响，则会导致植株早衰，灌浆成熟过程缩短，千粒重下降（李友信，2015）。乳熟期的高温危害可使黄熟期的籽粒增重大幅下降。高温逼熟导致籽粒灌浆不饱满，粒重减轻，产量下降，尤其会造成米粒疏松、碎米率提高、垩白增大、米质恶劣（冯德花，2011）。因此，在灌浆期高温会影响水稻的产量和稻米的品质。

（2）防灾减灾对策。

1）选用耐高温品种，适时播种移栽。不同品种对高温热害的受灾程度有一定差异。农民在生产中首先应选择高产耐高温品种，以减轻高温对品种灌浆结实的影响。如耐高温品种"红良优166""红良优5号"等，2003—2006年在安徽、湖北、江西等省大面积推广种植，表现出耐高温、抗旱性强、产量高、综合性状好等特点，深受农民欢迎。此外，应根据往年高温情况，适时播种移栽，使一季中稻的最佳抽穗扬花期安排在8月中旬，避开7月下旬至8月上旬存在的常发性的高温伏旱天气。

2）采用科学的水肥管理方法，及时选用应急措施。当水稻处于抽穗扬花期时，如遇可能形成热害的高温，可采用3种有效措施：

a. 采用日灌夜排或喷灌，以降低穗层温度，保护作物不受高温热害。据上海市气象局试验，当穗周围气温为32.7 ℃、相对湿度为71%时，灌8 cm水层后，穗部周围气温降为31.2 ℃，相对湿度增至83%。

b. 采取根外喷肥，根外喷施3%过磷酸钙溶液或0.2%磷酸二氢钾溶液，外加旱地龙、美洲星等营养液肥，可增强水稻植株对高温的抗性，有减轻高温热害、提高结实率和千粒重的效果。

c. 采取补救措施，对受害较轻田块要加强田间水肥管理，增加粒重，减少损失；对结实率特别低且受害较早的田块，可适当追肥，促使高节位芽速发成穗。

3. 风害

（1）受害概况。一般表现为水稻叶尖端灰白色枯死，叶片干枯处呈破裂状，病、健部不明显，且无病原物。大风使水稻后期倒伏，不但收割困难，而且倒伏后，光合作用差，空秕谷多，倒伏发生越早对产量影响越大。干热风使营养生长期的叶片退绿；幼穗分化期，减少颖花数量，并延迟抽穗；抽穗期，妨碍花粉发育，致使不能受精；乳熟期影响灌浆，千粒重下降；干热风对早稻影响较大，晚稻秧苗因干热风影响，生长迟缓。

（2）防灾减灾对策。

1）干热风防御措施。

a. 日灌夜排。加大昼夜温差，使稻株夜间呼吸作用减弱。

b. 适时灌排水。对于泥烂田和稻苗长势好的田，可于 11：00 前灌水，14：00—15：00排水，以调节中午前后高温阶段的温湿度。据测定，灌水比不灌水穗部温度低1.5 ℃，相对湿度高12%。

c. 清水喷洒。中午前后，当水稻闭颖后，每亩①用清水 200～250 kg 喷洒，可降温1～2 ℃，湿度增加 10%～15%，能维持 1～2 h。

d. 调整耕作时间。通过调整水稻的播种期及选用早熟品种，可有效避开干热风。

e. 喷磷酸二氢钾。为提高稻秆内磷、钾含量，增强抗御干热风的能力，可在水稻孕穗、抽穗和扬花期各喷 1 次 0.2%～0.4%磷酸二氢钾溶液，每次每亩喷液 50 ～75 kg。但要注意，该溶液不能与碱性化学药剂混合使用。

f. 喷施硼、锌肥。为加速水稻后期发育，增强其抗逆性和结实，可在 50～60 kg 水中加入 100 g 硼砂，在水稻扬花期喷施。或在水稻灌浆时，每亩喷施 50～75 kg 0.2%硫酸锌溶液，可明显增强水稻的抗逆性，提高灌浆速度和籽粒饱满度。

2）台风防御措施。

a. 因地制宜，优化水稻的生产区域布局。

b. 合理安排水稻的播期，避开台风期。

3）灾后补救措施。

a. 疏通沟渠，确保排灌畅通。

b. 清除叶片泥浆，洗苗扶理。

c. 及早补施恢复肥，适喷生长调节剂。

d. 灾后病虫害防治。台风过后，水稻植株叶片受伤、生长势弱、田间湿度大，稻田受淹导致病源增多。随气温上升纹叶枯病病症加快，褐飞虱、白背飞虱、稻纵卷叶螟等迁飞性害虫迁入量增加。必须及时用药防治灰飞虱和条纹叶枯病，中后期要加强稻飞虱、稻纵卷叶螟等病虫害防治。

4. 冷害

（1）受害概况。冷害的发生会造成水稻大面积减产，使国民经济遭受严重损失，对粮食安全产生很大的威胁。水稻一生中有四个时期最易发生冷害。芽期：该时期的耐寒性直接影响水稻的成苗率。苗期：该时期的耐寒性直接影响水稻根茎叶的生长和分蘖的

---

① 1 亩约等于 667m²，1 公顷等于 15 亩，全书同

多少及早晚、幼穗分化期的早晚、抽穗期的早晚以及最终的产量，是水稻延迟型冷害的关键期。孕穗期：该时期是影响水稻结实率的关键时期。开花灌浆期：该时期是直接影响水稻空秕率的关键时期（伍晓玲等，2017）。

（2）防灾减灾对策。

1）选育耐冷早熟高产品种。不同品种对低温冷害的抵抗力是不同的。在易发生冷害地区最安全的生产方法就是降低晚熟品种的种植比例，以早、中熟为主栽品种，品种搭配应考虑熟期和抗冷害的能力。因此，选择耐冷性强的 2～3 个早中熟品种同时种植，可以保证常温年高产、低温年稳产。所需积温与当地的无霜期相差 10 d，与当地积温相差 200 ℃。

2）提高稻田培肥地力。培养提高稻田土壤肥力，避免过分依靠化肥及追肥是抵御低温的基础，高肥力土壤能对气象变动起到一定的缓冲作用。提高土壤肥力的主要途径是改善排水条件、施有机肥、加深耕层。

3）栽培措施。

a. 适时早播和移栽。

b. 大棚旱育壮秧。有研究表明，培育壮苗，提高秧苗素质，可以增加秧苗的抗寒性，减轻苗期低温的危害。

c. 测土配方施肥，控制氮肥施用，增施磷钾硅肥。施肥对冷害有很大影响。在寒冷稻作区的低温年一般增加氮肥用量，抽穗期、成熟期都会延迟，产量构成因素中的颖花量会增加，结实率下降，更重要的是还会削弱低温敏感期对低温抵抗力。因此，在冷害年份要采取测土配方施肥，控制氮肥施用量及时期，增磷、钾肥，并合理配比，提高肥料利用率。

4）应用化控技术。在苗期喷施防寒药剂，提高幼苗存活力和成活率，增强苗期耐冷性和秧苗素质，秧苗的叶绿素含量、可溶性糖含量增加，根系的脱氢酶活性明显增加。用海藻糖或高效唑、烯效唑、DA-6 等植物激素浸种，可以显著提高水稻幼苗的抗寒性。

5. 冻害

（1）受害概况。冻害会引起农作物发育期延迟，或使生殖器官的生理机能受到损害，造成农业减产或失收。在三叶—秧田分蘖阶段，低温冻害容易对水稻造成大面积损害，水稻秧苗受到冻害后会出现不同程度发黄、枯尖、枯死，大田缺苗。

（2）防灾减灾对策。

1）巧管田水。巧用排灌技术，以水调温，用水护苗，日排夜灌，晴排阴灌。2～3 叶期以保温防冻为主，坚持浅水勤灌，寒潮来临灌深水护秧，但不能淹没秧尖。不宜长时间深水淹灌，每 2～3 d 在中午气温较高时，要落水露苗透气，寒潮过后的第一个晴天晚上，要注意灌水防霜冻，天气转晴时，温度急剧变化，切忌急速排水，应逐渐排水，以防止水分吸收和蒸腾的失衡，造成生理干旱，发生青枯死苗。

2）合理追肥。三叶期是水稻秧苗的断乳期，正是秧苗生长脆弱时段，各种病菌易侵染秧苗，因此，应加强秧苗营养供应，增强秧苗对各种不良条件的抵抗力。

a. 对于黄化苗和弱苗，应选择晴天多次追肥，先淡后浓，少吃多餐。

b. 对于白化死苗的秧田，及时进行秧田排水，撒施草木灰，或使用磷酸二氢钾进行秧苗根外追肥，提高秧苗抗逆性；使用硫酸亚铁、硫酸锌等微肥，提高秧苗叶绿素含量，增加光合作用。

3）药剂防治。当秧苗 1 叶 1 心期时，喷洒 65%～75% 敌克松 1 000 倍液，不但能有效地预防烂秧，而且还能促进已烂秧的秧苗重新生根，恢复生机。发生严重的冻害（地上部分基本没有绿叶）后，追施 50 g/m² 硫铵和生根剂，在 30 ℃ 以下时，尽可能保证温度和湿度促进秧苗发新叶，秧苗发出 2 叶后开始进入正常管理。上部有些叶受冻害时，一般对秧苗生长影响不大。

4）及时补种。选用高产生育期较短的品种，主要选择生育期<150 d 的中偏早熟的品种。全部实行温水浸种，催芽播种，地膜覆盖，争取早出苗。强寒潮到来时，对 3 叶以下的秧田进行重新覆膜保温；寒潮过后，注意天气变化，一旦出现高温天气要采取防御措施，如关水上厢，防止烧苗。

5）抢水整田，带药适时早栽。发病苗床的秧苗，凡已长到 3 叶 1 心以上的，应抢时翻犁大田，将秧苗及时移栽到大田去，防止继续死苗，促进早发分蘖。

6. 霜冻

（1）受害概况。霜冻主要发生在春、秋两季，春季霜冻也叫终霜冻，主要危害作物幼苗期；秋季霜冻也叫初霜冻，主要危害作物乳熟期，影响作物成熟。霜冻可导致水稻光合效率受抑制，稻根吸水减少，导致气孔关闭和叶片枯萎，稻株死亡。

（2）防灾减灾对策。

1）农业技术方法。

a. 合理施肥，喷洒激素。在水稻生育中后期叶面喷洒植物激素，喷施磷、钾混合液肥，不仅可以加快营养物质的运转和积累，提高千粒重，增加产量，而且有促进水稻提早成熟的作用。

b. 改变局部田间小气候。在水稻田块的北面，用玉米秸秆或高粱秆等筑成篱笆，阻挡北风南刮，提高田间温度。

c. 区别地块，重点设防。通常在空旷的南坡地，人河旁和水库附近的地块早霜冻害较轻，而在盆地、小河谷地的地块早霜冻害较重，对种植在后者地形下的水稻进行重点防御。

2）物理化学方法。

a. 熏烟法。该法是燃烧有机物形成烟雾，笼罩稻田，使接触稻田的空气层的温度不至下降到使水稻受害的程度。杂草、麦秆、玉米秆、树枝树叶、锯末等均可用来做燃烧材料。熏烟时应有专人管理烟堆，以保证烟堆发烟的浓度和持续时间。熏烟时间应持续到日出后 2 小时。

b. 烟幕法。是用燃烧生烟的化学物质形成烟幕来防御霜冻所用的化学物质以不伤害人和植物为前提。一般用硝酸钾、精茶、木粉、木炭、沥青，以及硫磺等配制成防霜烟雾弹使用。

c. 灌水法。在霜冻到来之前稻田灌深水，利用水的热容量较大的特点来减缓稻田气温下降速度，起到防止霜冻的作用。灌水时间愈接近霜冻来临防霜效果越好。

d. 喷雾法。用喷雾器等器械将水直接喷到水稻植株上。当水稻植株表面温度下降到高于受霜害温度 1 ℃时喷雾效果好。如霜冻较轻，每隔 15～30 min 喷一次，如霜冻较重，每隔 7～8 min 喷一次。

7. 雹灾

（1）受害概况。早稻及早播中稻育秧期间，经常有雹灾发生，导致秧苗冻死，缺秧少种，或延误季节。

（2）防灾减灾对策。如雹灾使大部分秧苗受损，应及时补种。对早稻来说，可选早、中熟品种（全生育期 105～108 d），实行本田直播。种子用 40 ℃温水浸种，并采用瓦缸热水蒸汽快速催芽，破胸后播种，最迟可在 4 月 20 日左右播完。直播没有返青期，加之生育期进入高温季节，品种的全生育期将缩短到 90 多天，可保早稻产量，而且仍可插晚稻，只是将晚稻改用中熟种即可。如果是中稻田，受季节限制较少，仍可补种育秧或直播。

8. 洪涝

（1）受害概况。洪涝灾害是发生比较频繁、危害较为严重的一种气象灾害。双季晚稻分蘖期：受淹后，稻株脚叶坏死，呈黄褐色或暗绿色，心叶略有弯曲，退水后有不同程度的叶片干枯，但不会引起腐烂死亡。水稻孕穗期：受淹后会出现烂穗、畸形穗等现象。水稻灌浆乳熟期：受淹后下部叶片枯萎，顶叶呈黄绿色，谷粒灰色有乳浆，少数谷粒在穗上发芽，千粒重下降，米质变劣，发芽率降低。水稻灌浆乳熟后期受涝，空秕粒增加，千粒重下降，茎秆纤细，容易倒伏造成减产。水稻受淹时，如果水层不淹没心叶，则还有收成，如果淹没心叶，则受灾严重；混浊的水比清澈的水危害重；水流速度大，容易使水稻倒伏，所以危害大；水温高，植株呼吸作用旺盛，体内积累的营养物质消耗快，所以危害加重。

（2）防灾减灾对策。

1）尽早排水抢救。涝灾后应立即组织人力，集中一切排水设备，进行排水抢救。先排高田，争取让水稻叶尖及早露出水面，尽量减少受淹天数，减轻损失。在排水时应注意，在高温烈日情况下，不能一次性将水稻田水排干，必须保留适当水层，使水稻逐渐恢复生机。如果一次性排干田水，容易造成水稻枯萎，反而加重损失；如果在阴雨天，可以将田水一次性排干，有利于水稻恢复生长。

2）打捞漂浮物，洗苗扶理。受涝水稻退水时，要随退水捞去漂浮物。同时在退水刚露出叶尖时，要不断进行洗苗。最好用汽油机喷雾器向水稻喷清水洗苗，洗去沾在茎叶上的泥沙，对水稻恢复生机效果较好。喷水时要注意对叶部喷不能对茎秆喷。喷清水洗苗时，要根据茎叶沾泥情况尽量加大用水量。一般在水质混浊、泥沙多的地区，泥沙容易压伤水稻，可以根据退水方向泼水洗苗扶理，结合清除烂叶、黄叶。

3）轻露田，补施肥料。排水后水稻恢复生机，就要进行 1 次轻露田，随后结合灌浅水补追 1 次速效肥料。一般处于分蘖期的水稻可追施尿素和氯化钾各 75 kg/hm²。如果处于孕穗期，应在破口前 3~5 d，补施尿素 37.5kg/hm²。抽穗后进行 1~2 次根外喷施磷钾肥等叶面肥。后期坚持浅水湿润灌溉。

4）加强病虫害防治。水稻受涝后，白叶枯病和纹枯病可能重度发生。要及时用药防治，尽早封锁白叶枯病的发病中心，药剂可选用叶青双、多菌灵等；纹枯病防治可选用井冈霉素、纹枯清等药剂。药剂用量应严格按照说明书进行。

5）改种"早翻晚"。"早翻晚"即利用早稻品种感温性强的特性作为晚稻种植，可实现迟播早熟，也能获得较理想的产量。该技术适宜在沿江、江南和江淮南部地区推行。播种时注意种子质量，应选用上年收获的早稻种子，对当年刚刚收获的早稻种子，必须晒 2~3 d，以打破休眠期，提高发芽率。种子以浸种催芽至破胸露白为度。改种前对残茬和杂草多的田块应选用触杀型的灭生性除草剂进行除草，排干田水后严格按照说明书用量进行喷雾，间隔 2~3 d 即可播种。不论直播还是移栽，都应采取免耕方式进行。

6）改种旱作物。可以选择改种甘薯、早熟玉米等，一般江淮南部和江南地区的栽播期下限为 7 月底至 8 月初。如果近期降水过大无法及时翻耕时，可采取免耕平地栽播甘薯和点播玉米的方式，等到墒情适宜时再扶垄、中耕。

（二）生物灾害

1. 病害

（1）稻瘟病。稻瘟病是水稻重要病害之一，可引起大幅度减产，严重时减产 40%~50%，甚至颗粒无收。无性态为灰梨孢 *Pyricularia grisea*（Cooke）Sacc. = *Pyricularia oryzae* Cav.，属半知菌亚门梨孢属真菌。有性态为 *Magnaporthe grisea*（Hebert）Barrnov.，属子囊菌亚门真菌，自然条件下尚未发现（陈娟，2014）。

1）为害概况。稻瘟病在水稻各个生育期均能发生，因发病时期不同，症状也有较大的差异，分别称为苗瘟、叶瘟、节瘟、穗颈瘟、枝梗瘟、谷粒瘟，其中以叶瘟发生最为普遍，颈瘟为害最重。

2）防灾减灾对策。

a. 农业防治。因地制宜地选用抗病品种。为减少病害，在施肥时要多施有机肥，合理配施磷钾肥，必要时增施适量硅肥，避免偏施迟施氮肥。在灌水上要做到前期浅灌勤灌，分蘖末期看苗、看天、看田搁田，后期干干湿湿、防止断水过早。秧田期以前彻底处理完病稻草，不能用陈稻草做盖种催芽保温覆盖物；种子不能作种用，以消灭越冬菌源。

b. 化学防治。药剂防治分种子处理和药剂喷施。种子处理：播种前进行种子消毒，可用 1% 石灰水浸种，早稻在 10~15 ℃时浸种 6 d，晚稻在 20~25 ℃时浸种 1~2 d，石灰水层要高出种子 15 cm 左右，加盖静置，浸种后用清水清洗 3~4 次；或用 2% 福尔马林浸种 20～30 min，取出用薄膜覆盖闷种 3 h。浸种灵对苗稻瘟也有一定的抑制作用，防效为52%左右。此外，还可以用40%多菌灵可湿性粉剂、70%甲基硫菌灵可湿性粉剂、50%稻瘟净乳油、40%异稻瘟净乳油浸种。早稻用 1 000 倍药液浸种 48～72 h，晚稻用500 倍药液浸种 24 h。药剂喷施：药剂可选用20%三环唑可湿性粉剂、40%稻瘟灵乳油或40%克瘟散乳油 1 000～1 500 g/hm²；或50%异稻瘟净乳油 1 500～2 250 g/hm²；或21.2%加收热必可湿性粉剂 900～ 1 200 g/hm²；或用 30% 克瘟散乳油 1 000～1 500 mL/hm²防治苗瘟、叶瘟，用 520 mL/hm²防治穗颈瘟，还可兼治纹枯病、菌核病、飞虱和叶蝉；或50%消菌灵粉剂 750 g/hm²；或40%克百菌悬浮剂 1 000～1 800 g/hm²。

（2）水稻纹枯病。水稻纹枯病是常发性、普发性病害，也是引起产量损失较多的一种病害。无性阶段为半知菌亚门丝核菌属真菌——立枯丝核菌（*Rhizoctonia solani* kühn）；有性阶段为担子菌亚门亡革菌属真菌——瓜亡革菌［*Thanatephorus cucumeris* (Frank) Donk］。

1）为害概况。主要为害叶鞘，叶片次之，严重时可侵入茎秆并蔓延至穗部，导致植株倒伏或整株枯死。

2）防灾减灾对策。

a. 农业防治。减少菌核残留量：春耕灌水耙田时，捞去浮渣带出田外烧毁或深埋；及时铲除田边和田间杂草，集中销毁或沤肥，可减少菌源基数。科学肥水管理：施足基肥，早施追肥，避免偏施氮肥，增施磷钾肥；分蘖期浅灌，中耕后适当灌水，分蘖盛期后及时晒田，孕穗后实行干干湿湿的管水原则，可保证稻苗稳健生长，增强抗病能力。选用较抗病品种：茎秆粗壮、叶型窄而直挺、耐肥的品种抗病性较强。

b. 生物防治。利用拮抗微生物进行防治，真菌有青霉属、镰孢属及丁霉属的一些种；细菌有假单胞杆菌属和芽孢杆菌属的一些细菌，可在一定程度抑制病害的发生。

c. 化学防治。可选用的药剂有井冈霉素、噻氟菌胺、纹枯利、禾枯灵、敌力脱等。

（3）稻曲病。病原有性态为稻麦角（*Claviceps virens* Sakurai）；无性态为稻绿核菌［*Ustilaginoidea oryzae*（Patou.）Bref = *U. virens*（Cooke）Tak.］。

1）为害概况。主要在抽穗扬花期感病，只发生于穗部，为害部分谷粒。病原侵入谷粒后，在颖壳内形成菌丝块，破坏病粒内部组织后，菌丝块逐渐增大，先从内、外颖壳合缝处露出淡黄绿色块状的孢子座，后转变成墨绿色或橄榄色，包裹颖壳，近球形，体积可达健粒数倍。最后孢子座表面龟裂，散布墨绿色粉末状的厚垣孢子。发病后期，有的孢子座两侧可生 2～4 粒黑色、稍偏平、硬质的菌核。菌核易脱落在田间越冬。

2）防灾减灾对策。

a. 农业防治。选用抗病品种：水稻不同品种对稻曲病的抗感反应差异明显，是防治稻曲病经济有效的措施；合理密植，适时移栽，减少田间郁闭，增加通风透光性。加强肥水管理：施足基肥，增施农家肥，少施氮肥，配施磷、钾肥，增施硅肥，慎用穗肥；适时晒田，齐穗后干湿交替，提高植株抗病力，减轻发病；及时摘除病粒带出田外深埋或烧毁，减少菌源数量；发病稻田水稻收割后要深翻、晒田，减少菌源数量。

b. 化学防治。可依据使用时的实际情况选择合适的药剂。药剂应混用或交替使用。每亩用 12.5% 稗利 WP 30 g 或 50% 多菌灵 WP 100 g 或 5% 井冈霉素 AS 100 mL 对水 50 kg 均匀喷雾。

（4）水稻白绢病。病原为齐整小核菌（*Sclerotium rolfsii* Sacc.），属半知菌亚门真菌。

1）为害概况。主要为害晚稻秧苗或成株的茎基部。病部呈褐色，表面产生白色绢丝状菌丝体，后期形成很多黄褐色小菌核。晚稻秧苗染病，引致苗枯。成株染病，病株叶片变黄，整株枯萎。影响水稻的生长和发育，并导致水稻减产。

2）防灾减灾对策。

a. 农业防治。不种植感病品种，选用抗病、无病、包衣的种子，如未包衣则用拌种剂或浸种剂灭菌；用无病土做苗床营养土，用药土做播种后的覆盖土；肥料管理：提倡施用酵素菌沤制的或充分腐熟的农家肥，采取"测土配方"技术和"早促、中控、晚保"的方针，重施基肥，科学施用氮肥，增施磷、钾肥。加强田间管理，培育壮苗；水分管理：选用排灌方便的田块，浅水勤灌，防止串灌；烤田适中；加强栽培管理，催芽不宜过长，拔秧要尽可能避免损根。做到"五不插"：即不插隔夜秧，不插老龄秧，不插深泥秧，不插烈日秧，不插冷水浸的秧；发现病株，及时拔除烧毁或高温沤肥，不用带菌稻草作苗床的覆盖物和扎秧草。

b. 化学防治。

种子处理。可用 70% 甲基托布津可湿性粉剂 500 倍液，或 50% 多菌灵可湿性粉剂 250 倍液，或强氯精可湿性粉剂 500 倍液，或 10% 浸种灵乳油 2 500 倍液，或 25% 施保克乳油 3 000～4 000 倍液浸种，浸种 48～72 h，不需淘洗即可催芽。

苗床消毒。药土：1 份甲霜灵或敌克松或立枯灵 +1 份杀虫剂 + 30 份干细土混匀，做播种时的覆盖土。播种前，苗床喷施 3.2% 恶甲水剂（育苗灵）300 倍液，或 95% 绿亨 1 号（恶霉灵）精品 4 500 倍液，或 25% 甲霜灵可湿性粉剂 800～1 000 倍液，或 65% 敌克松可湿性粉剂 700 倍液，或 30% 立枯灵可湿性粉剂 500～800 倍液。

药剂喷施。于 1 叶 1 心期喷施秧苗，药剂可选用 25% 甲霜灵可湿性粉剂 800～1 000 倍液，或 65% 敌克松可湿性粉剂 700 倍液，或 30% 立枯灵可湿性粉剂 500～800 倍液。

（5）水稻细菌性基腐病。病原为菊欧文氏菌玉米致病变种 *Erwinia chrysanthemi* pv. *zeae*（Sabet）Victria, Arboleda et Munoz.，属欧氏杆菌属细菌。

1）为害概况。水稻细菌性基腐病主要为害水稻根节部和茎基部。在种子萌芽过程中侵入，可造成种子烂种、烂芽，大田期一般在水稻分蘖期至灌浆期发生。

2）防灾减灾对策。

a. 农业防治。选用抗病良种，如"四梅 2 号""广陆矮 4 号""矮粳 23""浙福 802""农林百选""盐粳 2 号""武香粳""汕优 6 号""双糯 4 号""中粳 574""南粳 34"等，可因地制宜地选用；轮作，水旱轮作；栽培上，加强田间肥水管理。施足基肥，氮磷钾配合平衡施用。忌严重干旱，烤田勿过度、防伤根，保证水稻植株生长健壮；提高插秧质量，避免深插，以利秧苗返青快，分蘖早，长势好，增强抗病力；加强秧田管理，严防长期深水或脱水干旱，移栽前要重施"起身肥"，使秧苗好拔好洗，避免秧苗根部和茎基受损，小苗直栽浅栽，避免伤口，减少病害的侵入；加强水浆管理，湿润灌溉，避免长期深水灌溉。

b. 化学防治。发生水稻细菌性基腐病的田块应立即排干水，撒施生石灰中和土壤酸性抑制病菌，结合防治纹枯病、稻曲病，喷施 20% 噻菌铜（龙克菌）悬浮剂 3~4 小包，对水 60~75 kg 喷雾，隔 5~7 d 再喷 1 次，喷药后灌水，保持静水，对水稻细菌性基腐病有一定的兼治效果。噻菌铜对水稻植株具有明显的保护作用，农用链霉素可明显推迟水稻茎基腐病的发生期，减轻该病的发生程度。

2. 虫害

（1）白背飞虱。

1）为害概况。成、若虫群集在稻丛下部，吸食稻株内的汁液使稻株内水分含量迅速下降；其唾腺还分泌 1 种有毒物质，破坏稻株组织，使被害茎秆上出现许多褐色斑点，稻丛下部变黑褐色，阻碍水稻生长；雌虫产卵时，以尖锐的产卵管刺入叶鞘与茎秆组织，将卵产于其中，使稻株枯黄或倒伏，严重危害时，可在短期内导致全田叶片焦枯，似火烧状，稻丛基部变黑发臭，常引起烂秆倒伏（任竹，2015）。

2）防灾减灾对策。

a. 农业防治。选用抗虫高产良种；消灭越冬虫源：针对白背飞虱的越冬场所，冬春结合积肥，铲除田边、沟边的杂草，可消灭越冬虫源。在稻飞虱发生期内，采用干干湿湿灌水方法比长期保水田虫量明显减少，可调节肥料的供应，影响水稻长势。降低种植密度，改善田间通风透光性，降低田间湿度。合理轮作可减少田间虫口基数，是建立良好的稻田生态系统的基础，如稻蔗轮作、早稻与晚薯轮作等，可恶化稻田稻飞虱的生长环境。

b. 物理防治。利用害虫的趋光性，设置黑光灯诱杀害虫，常用的 DMGMM 15 型电子高频诱虫灯，1 盏诱虫灯可以覆盖 2 hm² 土地。

c. 生物防治。卵期主要有寄生蜂和黑肩绿育蝽、缨小蜂，成、若虫期寄生天敌常见有黑腹鳌蜂、稻虱线虫、虫生菌、白僵菌等。捕食性天敌常见有蜘蛛类（狼蛛、微蛛等）、瓢虫、步行虫、隐翅虫、蛙类等。

d. 化学防治。可用的药剂有 25% 噻嗪酮可湿性粉剂、20% 叶蝉散乳油、70% 艾美乐水分散颗粒剂、40% 毒死蜱乳油、50% 混灭威乳油、20% 速灭威可湿性粉剂等。

（2）褐飞虱。

1）为害概况。成、若虫群集在稻丛下部，吸食稻株内的汁液使稻株内水分含量迅速下降；其唾腺还分泌有毒物质，破坏稻株组织，使被害茎秆上出现许多褐色斑点，稻丛下部变黑褐色，阻碍水稻生长；雌虫将卵产入叶鞘与茎秆组织使稻株枯黄或倒伏，危害严重时，可在短期内导致全田叶片焦枯，似火烧状，稻丛基部变黑发臭，常引起烂秆倒伏。此外，它是水稻黄丛矮缩病的虫媒，能传播水稻纹枯病、小麦矮缩病、玉米粗皮病和玉米条纹矮缩病等病毒病。

2）防灾减灾对策。

a. 农业防治。选用抗虫高产良种。消灭越冬虫源：针对褐飞虱的越冬场所，冬春结合积肥，铲除田边、沟边的杂草。加强田间管理：合理施肥，施足基肥，及时追肥，浅水勤灌，适时晒田、除稗。

b. 物理防治。利用害虫的趋光性，设置黑光灯诱杀害虫。

c. 生物防治。卵期主要有寄生蜂和黑肩绿育蟓、缨小蜂，成、若虫期寄生天敌常见有黑腹鳌蜂、稻虱线虫、虫生菌、白僵菌等。捕食性天敌常见有蜘蛛类（狼蛛、微蛛等）、瓢虫、步行虫、隐翅虫、蛙类等。

d. 化学防治。可用的药剂有25%噻嗪酮可湿性粉剂、20%叶蝉散乳油、酷毕、40%毒死蜱乳油、50%混灭威乳油、20%速灭威可湿性粉剂等。在害虫发生初期（低龄若虫盛期），用25%噻嗪酮可湿性粉剂2 000～3 000倍液均匀喷雾防治。

（3）灰飞虱。

1）为害概况。一般群集于稻丛下部叶片，吸食稻株内的汁液使稻株内水分含量迅速下降；虫口大时，稻株汁液大量丧失而枯黄，同时因大量蜜露洒落附近叶片或穗子上而滋生霉菌，但较少出现类似褐飞虱和白背飞虱的"虱烧""冒穿"等症状；能传播条纹叶枯病、小麦丛矮病和玉米粗缩病等病毒病，所造成的为害常大于直接吸食为害。

2）防灾减灾对策。

a. 农业防治。选用抗虫高产良种。消灭越冬虫源：针对褐飞虱的越冬场所，冬春结合积肥，铲除田边、沟边的杂草。在稻飞虱发生期内，采用干干湿湿灌水方法比长期保水田虫量明显减少，可调节肥料的供应，影响水稻长势。合理轮作可减少田间虫口基数，是建立良好的稻田生态系统的基础，如稻蔗轮作、早稻与晚薯轮作等。

b. 物理防治。利用害虫的趋光性，设置黑光灯诱杀害虫。

c. 生物防治。卵期主要有寄生蜂和黑肩绿育蟓、缨小蜂，成、若虫期寄生天敌常见有黑腹鳌蜂、稻虱线虫、虫生菌、白僵菌等。捕食性天敌常见有蜘蛛类（狼蛛、微蛛等）、瓢虫、步行虫、隐翅虫、蛙类等。

d. 化学防治。可用的药剂有25%噻嗪酮可湿性粉剂、20%叶蝉散乳油、40%毒死蜱乳油、50%混灭威乳油、20%速灭威可湿性粉剂、10%氯噻啉可湿性粉剂等。

（4）三化螟。

1）为害概况。三化螟为害造成枯心苗，苗期、分蘖期幼虫啃食心叶，心叶受害或失水纵卷，稍退绿或呈青白色，外形似葱管，称为假枯心，把卷缩的心叶抽出，可见断面整齐，多可见到幼虫，生长点遭破坏后，假枯心变黄死去成为枯心苗，此时其他叶片仍为青绿色。受害稻株蛀入孔小，孔外无虫粪，茎内有白色细粒虫粪。仅取食叶鞘幼嫩而白色的组织或穗苞内的花粉和柱头，或茎秆内壁，基本上不吃有叶绿素的部分；蚁螟蛀入后在大量取食之前，必先在叶鞘和茎节间适当部位作环状切断，把大部分维管束咬断，切口颇整齐，被称为"断环"，幼虫在断环上部取食；受害稻株蛀入孔小，孔外无虫粪，茎内有白色细粒虫粪；断环形成后，由于水分和养分不能流通，稻株几天内就表现出青枯或白穗等被害状。

2）防灾减灾对策。

a. 农业防治。适当调整水稻布局，避免混栽；选用生长期适中的品种；及时春耕沤田，处理好稻茬；对冬作田、绿肥田灌跑马水；及时春耕灌水，淹没稻茬 7～10 d；栽培治螟。调节栽秧期，采用抛秧法，使易遭蚁螟危害的生育阶段与蚁螟盛孵期错开；人工捕蛾、采卵、拔除虫伤株。在秧田采用捕蛾采卵，在螟卵盛孵到幼虫转株前，将虫伤株拔除，带出田外沤肥。

b. 物理防治。成虫盛发期点灯诱蛾，采用黑光灯诱蛾效果更好。

c. 生物防治。利用天敌。螟卵有稻螟赤眼蜂、长腹黑卵蜂、等腹黑卵蜂等寄生性天敌；幼虫有寄生蜂、寄生蝇、线虫等天敌。另外，还有稻红瓢虫、蜘蛛、青蛙等捕食性天敌。

d. 化学防治。效果较好的方法有撒毒土法和喷雾法，药剂有杀虫双水剂、杀螟松乳油、三唑磷、21%氟虫腈·三唑磷乳油等。

（5）二化螟。

1）为害概况。幼虫侵蛀水稻的能力要比三化螟强，从秧苗期到水稻乳熟期均可侵蛀为害；幼虫蛀孔外虫粪较少且干，茎内虫粪多，黄色；蚁螟孵化后首先群集在叶鞘内为害，蛀食叶鞘内部组织，1 个叶鞘内有虫几头到百余头，被害叶鞘成水渍状枯黄，幼虫 2 龄以后才咬断稻心造成枯心苗。

2）防灾减灾对策。

a. 农业防治。冬春季铲除田边杂草，收拾外露稻桩，及早春耕灌水；合理调整耕作制度和水稻品种布局，尽量避免混栽，栽秧时间差异和水稻成熟期差异不宜太长；深水灌溉，在二化螟卵开始盛卵时，稻田排水，降低蚁螟为害的叶鞘部位，盛卵高峰后及盛卵末期，各灌深水 1 次，淹没叶鞘，保持 2～3 d；早稻随割随挑，远离稻田，收割后稻草经暴晒 8～10 d，同时将稻桩及时翻入泥下，灌满田水；人工捕蛾、采卵、拔除虫伤株；在秧田采用捕蛾采卵，在螟卵盛孵到幼虫转株前，将虫伤株拔除，带出田外沤肥。

b. 物理防治。成虫盛发期点灯诱蛾，采用黑光灯诱蛾效果更好；成虫盛发期应用性诱剂，可以诱杀成虫，减轻下代玉米螟的为害。

c. 生物防治。利用天敌。卵期有稻螟赤眼蜂、澳洲赤眼蜂、螟黄赤眼蜂等寄生性天敌；幼虫期有姬蜂、茧蜂、线虫等；幼虫期有蜘蛛、青蛙、蜻蜓等捕食性天敌。采用细菌杀虫剂 Bt（苏云金芽孢杆菌）乳剂，通常采用 500～800 倍液喷雾。温度在 20 ℃以上时，菌液中加 0.1%的洗衣粉，可提高药效。此外，在太阳落山后使用效果会更好。

d. 化学防治。幼虫期可选择的药剂有稻丰散、锐劲特悬浮液、杀螟丹、三唑磷乳油等。

（6）稻纵卷叶螟。

1）为害概况。稻纵卷叶螟以幼虫为害稻叶，除少数初孵幼虫偶尔取食嫩叶鞘外，叶片是其取食的唯一部位。初孵幼虫多在稻苗心叶、嫩叶鞘内以及老虫苞和稻蓟马为害的卷叶尖里，啃食叶肉，呈小白点状，称"啃食白点期"。2龄幼虫啃食叶肉留皮，呈白色短条状，吐丝纵卷叶尖1.5～5.0 mm，称"卷尖（束腰）期"。3龄幼虫啃食叶肉呈白斑状，纵卷叶片虫苞长10～15 mm，称"卷筒期"。4龄以上幼虫暴食叶片，食肉留皮，称"暴食白叶期"。即1龄心叶现白点，2龄嫩叶会束尖，3龄苞长叶纵卷，4龄绿叶白条现，5龄白叶虫逃潜。稻纵卷叶螟的为害特点是缀叶吐丝作苞，一叶一苞，一苞一虫；只啃食叶片的上表皮和叶肉，残留下表皮，受害处呈明显透明的白色条斑。

2）防灾减灾对策。

a. 农业防治。选用抗虫高产品种；合理施肥，要施足基肥，控制氮肥使用量，防止稻苗前期猛发嫩绿、后期贪青迟熟。促进水稻生长健壮、适期成熟，提高稻苗耐虫力或缩短为害期。

b. 物理防治。成虫盛发期点灯诱蛾，采用黑光灯诱蛾效果更好。

c. 生物防治。利用天敌，卵期寄生性天敌有稻螟赤眼蜂、拟澳洲赤眼蜂的幼虫，蛹期寄生性天敌有卷叶螟绒茧蜂、螟蛉绒茧蜂、扁股小蜂、多种瘤姬蜂等。此外，各期还有多种蜘蛛、步甲、红瓢虫、隐翅虫等捕食性天敌。在稻纵卷叶螟产卵始盛期至高峰期，分期分批放赤眼蜂，每次放45万～60万头/hm^2，隔3天1次，连续放蜂3次。卵孵化期，使用杀螟杆菌、青虫菌等生物农药，用含活孢子量100亿/g的菌粉800倍液喷雾，加入药液量0.1%的洗衣粉作湿润剂可提高生物防治效果。此外，如能加入药液量20%的杀螟松效果更好。

d. 化学防治。抽穗期是防治的关键，生长嫩绿的稻苗是防治的重点对象。施药最佳时期为盛孵期，利于天敌保护；防治适期为2龄幼虫高峰期。目前，常用的杀虫剂对稻纵卷叶螟都有一定效果。效果较好的农药及其使用方法：48%乐斯本乳油40～50 mL/亩，或5%锐劲特悬浮剂30～50 mL/亩，或10%吡虫啉可湿性粉剂10～20 g/亩对水喷雾，对低龄幼虫防效明显，且对稻飞虱有兼治作用；20%米满胶悬剂30～40 mL/亩或50%辛硫磷乳油1 000～1 500倍喷雾；50%杀螟松可湿性粉剂1 000倍喷雾或每亩100 g对水250～300 kg泼浇；25%杀螟松油剂100～200 mL/亩超低容量喷雾。

（7）稻蓟马。

1）为害概况。稻蓟马主要在水稻苗期和分蘖期为害水稻嫩叶。成、若虫以锉吸式口器锉破叶面，吮吸汁液，致受害叶产生黄白色微细色斑，叶尖两翼向内卷曲，叶片发黄。分蘖初期受害早的苗发根缓慢，分蘖少或无，严重的成团枯死。受害重的晚稻秧田常成片枯死似火烧状。穗期主要为害穗苞，扬花期进入颖壳里为害子房，破坏花器，形成瘪粒或空壳。

2）防灾减灾对策。

a. 农业防治。尽量避免水稻早、中、晚混栽，相对集中播种期和栽秧期。早春及9—11月，及时铲除田边、沟边、塘边杂草，清除田埂地旁的枯枝落叶。在施足基肥的基础上适期追施返青肥，要防止乱施肥，使稻苗嫩长或不长，为害加重。

b. 生物防治。捕食性天敌主要有花蝽、微蛛、稻红瓢虫等。

　　c. 化学防治。可选用的药剂有吡虫啉、溴虫腈、阿维菌素、菊酯类、锐劲特、敌百虫等。药剂防治的策略是：狠抓秧田，巧抓大田，主防若虫，兼防成虫。

　　3. 草害

　　稻田杂草种类较多、数量大，与水稻强烈地争夺水、肥、光照和生存空间，导致水稻生长度弱、产量下降。不少杂草还是水稻病虫害的中间寄主，因此，杂草发生严重的田块病虫害发生也重。

　　（1）稗草。

　　1）形态特征。禾本科。一年生草本，种子繁殖，丛生或单生。秆直立或基部膝曲，高50～130 cm。叶片条形，无毛，中脉白色；叶鞘光滑；无叶舌。圆锥花序较开展，小穗有芒。

　　2）防灾减灾对策。

　　a. 农业防治。科学安排茬口布局，实行多种形式的轮作换茬，尤其是对一些重草害虫，实行稻棉、稻玉米、稻油、稻麦等水旱轮作制度。精选稻种，汰除混杂在稻种中的杂草种子，实行统一供种。推行优质栽培技术培练壮苗，增强水稻抗逆力，创建荫蔽环境，使杂草种子和地下匍匐茎缺少光照形成自然死亡，以苗压草，达到生态控草的目的。提倡使用高温堆肥，杀灭杂草种子，降低杂草种子发生基数。提早泡田，诱发灭草。加强水稻中后期人工锄草。

　　b. 化学防治。可选用丁草胺、稻草畏、禾大壮等防除。

　　（2）矮慈姑。

　　1）形态特征。泽泻科。一年生沼生草本，球茎和种子繁殖，单生。茎短，在地下有纤匍枝，枝端有像慈姑状的小球茎；叶全部基生呈莲座状，条形或条状披针形。

　　2）防灾减灾对策。

　　a. 农业防治。同稗草农业防治法。

　　b. 化学防治。可选用丁苄、苄磺隆、甲磺隆等防除。

　　（3）鸭舌草。

　　1）形态特征。雨久花科。一年生沼生或湿生草本，种子繁殖，单生。茎直立或斜上，有时成披散状，高20～30 cm。基生叶具长柄，茎生叶具短柄，基部均具叶鞘；叶片卵状披针形或卵形；叶柄中部常有一纺锤形膨大部分。总状花序腋生，有3～7朵花；花被蓝紫色，裂片6，披针形或卵形，花梗长不及1 cm。

　　2）防灾减灾对策。

　　a. 农业防治。同稗草农业防治法。

　　b. 化学防治。可选用禾草丹、灭草松、扑草净等防除。

　　（4）眼子菜。

　　1）形态特征。眼子菜科。多年生水生漂浮草本，根茎和种子繁殖，单生。茎细长，长可达50 cm，具匍匐根状茎。浮水叶黄绿色，阔披针形至卵状椭圆形，长5～10 cm，宽2～4 cm，有长柄；沉水叶多为条状披针形，叶柄较短。

2）防灾减灾对策。

a. 农业防治。同稗草农业防治法。

b. 化学防治。可选用西草净、扑草净等防除。

（5）节节菜。

1）形态特征。千屈菜科。一年生小草本，匍匐种子繁殖，全生或单生。茎呈不明显的四棱形，高10～15 cm。叶对生，近无柄；叶片倒卵形或椭圆形。花序生于叶腋内，花萼钟状，花瓣极小。

2）防灾减灾对策。

a. 农业防治。同稗草农业防治法。

b. 化学防治。可选用苄磺隆、吡嘧磺隆等防除。

（6）四叶萍。

1）形态特征。萍科。多年生水生或湿生草本，根茎和孢子繁殖。根茎细长，横走泥中或生地面；每节上生1叶或数叶，节下生须根数条。叶柄细长；倒三角形，呈十字排列。根茎和叶柄之长短、叶着生之疏密均随水之深浅或有无而变异甚大。孢子果长圆状肾形，生于叶柄基部。

2）防灾减灾对策。

a. 农业防治。同稗草农业防治法。

b. 化学防治。可选用苄磺隆、甲磺隆等防除。

（7）异型莎草。

1）形态特征。莎草科，一年生草本，种子繁殖，秆丛生。秆直立，扁三棱形，高2～65 cm。叶基生，条形，短于秆；叶鞘稍长，淡褐色，有时带紫色。长侧枝聚伞花序简单或复杂，具3～9条辐射枝；小穗多数密集成球形。小坚果倒卵状椭圆形。有三棱，淡黄色。

2）防灾减灾对策。

a. 农业防治。同稗草农业防治法。

b. 化学防治。可选用甲磺隆、氯磺隆、丁草胺等防除。

（8）牛毛毡。

1）形态特征。莎草科。多年生小草本，根茎和种子繁殖，丛生。秆细如牛毛，密生成毡；穗状花序单一，顶生，卵形或狭长圆形；鳞片内全部有花。

2）防灾减灾对策。

a. 农业防治。建立地平沟畅、保水性好、灌溉自如的水稻生产环境；结合种子处理清除杂草的种子，并结合耕翻、整地，消灭土表的杂草种子；实行定期的水旱轮作，减少杂草的发生；提高播种的质量，一播全苗，以苗压草。

b. 化学防治。多数地方采用一次性封杀，就是在播种（催芽）后1～3 d，每亩用40%"直播青"可湿性粉剂60 g，对水40～50 kg，均匀喷雾，施药时田板保持湿润。3 d后恢复正常灌水和田间管理。通过化除后，如果后期仍有一定量的杂草，可采取针对法进行补除。如以稗草、千金子为主的田块，在杂草3～5叶期，可选用50 mL 10%千金乳剂，加水30 kg，采用针对法进行茎叶喷雾。用药前一天田间必须放干水，药后2 d再恢复正常管理。如以莎草、阔叶杂草为主的田块，在播后30 d左右，每亩用10%水星可湿性粉剂20 g加20%二甲四氯水剂150 mL混用，对水30 kg，采用针对法喷雾。水浆管理同上。如田间各种杂草共生，每亩可用48%苯达松水剂75～100 mL加20%二甲四氯水剂150 mL混用，采用针对法喷雾。

（三）药害

1. 受害症状

作物药害的症状有很多种。一般在作物的叶片上会出现斑点症状，有褐斑、黄斑、枯斑、网斑等。如果水稻喷洒丁草胺不当，稻叶上会发生不规则褐斑，这些斑点有时也出现在茎秆或果实表皮上。在作物的叶缘、叶尖、叶脉间，还会出现退绿症状，全叶也可能完全退绿，表现为黄化或白化症状。这是因为农药阻碍了作物叶绿素的合成，或阻断叶绿素的光合作用，或破坏了叶绿素造成的。

农药药害还可能引起畸形，茎叶、根部和果实都会发生，常见的有卷叶、根肿、畸形穗、畸形果等。比如水稻秧苗受杀草丹药害，出现多蘖、叶片扭曲、矮化症状。

由除草剂引起的药害通常还会造成生长停滞现象，作物生长缓慢，还可能出现枯萎症状。例如，在水稻苗期如果遭受草甘膦药害，植株表现枯黄死苗。

2. 防灾减灾对策

（1）预防。

1）合理选用农药。必须根据防治对象和农药性能，选择合适的农药。如果是在特殊环境中用药，比如在棚室内用药，还应选择合适的剂型，一般用粉尘和烟剂。

2）施药方法恰当。要根据农作物病、虫、草害的发生部位、危害方式、特点和农药的性能、用途等，采用适当的施药方法；如果是种苗传播的病害，应采取种苗处理，浸种或拌种；如果是空气传播的病害，应当采取喷雾法防治；而土传病害，要使用土壤消毒剂。

3）严格遵守配制标准。在配制农药时，要严格按照农药的配制标准进行配比，做到用量具配药，不得随意增减。一方面要准确掌握每种药剂对某种防治对象的使用浓度；另一方面还要掌握每种农药的药效期。根据农药的有效期长短和防治对象的生活习性确定施药次数。

4）适期用药。不同发育阶段的病、虫、草害对农药的抗药力不同，一般来说，防治虫害应在幼龄期用药，病害应在初发期或发病中心期进行施药，而杂草在萌芽和初生阶段对药剂较敏感，以后随着生长，抗药力逐渐增强。

另外，施药时最好避开苗期和花期，如果必须施用农药，用药量也要适当减少。施药应当选择晴朗无风的天气，对于没有特殊要求的农药，最佳的施用时间为8：00—10：00和16：00—18：00，避开中午阶段，因为在高温强光条件下，蔬菜耐药力减弱，容易发生药害。

综合考虑，用药时间要结合作物的生物学特性和生长情况，根据病、虫、草害的发生特点，及时用药，才能充分发挥药剂的防治作用。

5）合理轮换农药。在同一地区，长期单一地使用某一种农药，必然会导致防治效果下降，防治对象也会产生抗药性。而合理轮换使用不同种类的农药，对控制抗药性的发展有一定效果。比如长期使用叶蝉散防治稻飞虱，效果会越来越差，而改用吡虫啉后，防治效果一般较显著。

6）可合理混用农药化肥。以除草剂和肥料混用为例，肥料能使除草剂分布更均匀，还可促进作物吸收除草剂，而除草剂也能增进化肥的肥效，一般能增加土壤中的有效氮。在生产中常将农药和肥料混合，兼治地下害虫。另外，有机氯杀虫剂也可与化肥配成液体进行喷施，能有效地防治虫害并提高产量。目前，比较成熟的肥料与农药配伍有：除草剂 2,4-D、2,5-T、西玛津、阿特拉津、利谷隆、2 甲 4 氯、氟乐灵、氯苯胺等可与化肥混合；杀虫剂氯丹、艾氏剂、狄氏剂、马拉松、地亚农、保棉磷、七氯、2 溴氯丙烷、三硫磷等可与化肥混用。

值得一提的是，农药和化肥混用不会影响有效成分的化学稳定性从而降低效果。

（2）补救。

1）大量水淋洗。对于发现较早的药害，可用大量清水迅速喷洒受药害的作物叶面，尽量把植株表面的药物洗刷掉，同时也能使作物吸收较多的水，稀释已经进入作物体内的药剂，减轻药害。同样的道理，对于施药过量的田块，应及早灌水洗田，使大量药物随水排出田外，减少根部积累的有害物质。

另外，常用的一些农药比如大多数有机磷类和杀真菌的农药偏酸性或者呈微酸性，遇到碱性物质药效会降低。利用这个特性，如果造成药害的农药属于酸性物质，那么在清水中还可加入适量 0.2%小苏打溶液或 0.5%～1.0%石灰水，然后再淋洗或冲刷作物，加快药剂的分解。

2）追施速效肥。发生药害后，要及时追施速效肥料，可向作物叶面喷施 1%～2%尿素或 0.3%磷酸二氢钾溶液，每隔 5～7 d 喷 1 次，连喷 2～3 次，给作物补充养分，促使植株生长萌发，可以较明显地降低药害造成的损失。特别是对于受害较轻的种芽、幼苗来说，追施肥料的效果比较明显。对于抑制或干扰植物生长的除草剂，在发生药害后，可以喷洒赤霉素等激素类植物生长调节剂，缓解药害程度。对叶面药斑、叶缘枯焦或植株黄化等症状的药害，可喷施芸薹素等植物生长调节剂，促进植株恢复生长能力。

3）喷施缓解药害的药物。有的农药有相应的"解毒药"或者缓解药害的药物，所以在造成药害后，就要喷施这些药剂。例如，对于氧乐果造成的药害，可喷施 0.2%硼砂溶液来缓解；硫酸铜或波尔多液引起的药害，可喷施 0.5%石灰水等；而 0.2%的肥皂液可缓解有机磷农药造成的药害。

4）摘除受害器官。出现药害后，可及时摘除受害的果实、枝条、叶片，这种措施常在果树上使用。例如在果树上采用灌注、注射、包扎等方法，施用内吸性较强的杀虫药剂，如果因为施药浓度过高而发生药害，那么应当迅速去除受害较重的树枝，以免药剂继续往下传导和渗透,为害果树其他部位。

二、小 麦

（一）气象灾害

1. 旱灾

（1）受害概况。旱害是麦区的一种自然灾害,是影响小麦产量提高的主要因素。干旱对小麦生长发育影响较大的时期有播种期、拔节到孕穗期、灌浆期。

（2）防灾减灾对策

1）苗期旱灾的预防与补救。

a. 干旱寄种。据安徽省农业科学院试验,在淮北砂姜黑土地区干旱年份实行寄种是可行的（王冬艳等,2005）。萌动发芽的小麦种子在干旱的砂姜黑土中具有较强的耐旱性,寄种小麦的增产效果取决于供水时间,即降水早、出苗早、产量高。但降水迟,相对产量要低,其增产效果反而好;断水 40 d 供水,出苗率仍在 73.4%～85.4%。在断水 40 d 内,供水时间越晚,增产效果越加明显,寄种 20 d,增产幅度达 6.8%。根据寄种小麦所处的生态环境,其有关配套栽培措施较正常播种的要有所调整。土壤墒情掌握在 0～20 cm 土壤含水量低于 8%,选用春性品种,适当加大播量,播深掌握在 4～5 cm。

b. 抓住时机,迅速抗旱。针对不同类型田块,实行分类指导,切实提高抗旱保全苗的重要性和时效性认识。浇水有利于养分的吸收,能促使小麦多分蘖、多长根,从而使一部分弱苗转化成次壮苗,使大面积的次壮苗转化为壮苗。此外,浇水能沉实土壤,弥合缝隙,减轻根系冻害,对防寒抗冻有一定的作用,当日平均气温小于 3 ℃时,不再适宜浇水。

c. 因苗制宜,科学抗旱。要在全面把握苗情、墒情以及天气变化趋势的基础上,因苗因地制宜,分类指导,切实做好抗旱浇水工作,促进小麦苗情转化升级,确保小麦安全越冬。总的原则是"普浇一遍,弱苗宜早,壮苗宜迟"。沿淮、江淮稻茬小麦未出苗或弱苗的田块,要抓紧调度水源,利用已有的灌溉设施进行喷灌,也可采取快速漫灌,一次性解除旱情。对已浇过 1 次水,但分蘖少、群体小的小麦次壮苗田块,力争在 10 d 内再普浇 1 次水,促根壮蘖,促进苗情转化,实现壮苗越冬。对已浇过 1 次水且达壮苗标准的麦田,若半个月内旱情还未能有效缓解,再浇 1 次水,确保适墒壮苗安全越冬。对于部分播种过早、群体过大、过旺麦田,可暂缓浇灌,防止群体过大、生长过旺、控旺转壮,保苗安全越冬。

d. 针对麦情,科学田管,移栽补苗。对缺苗断垄严重的田块,可移稠补稀。移栽前先浇足水,洇墒后起苗,移栽时要取带 2～3 个分蘖的幼苗,带土移栽,并浇好活棵水。浇水与中耕相结合。近期已浇水的麦田,及时划锄保墒、灭草,防止土壤板结。对于基肥不足的 3 类苗和已经发黄的田块结合浇水,酌情追施少量速效肥料,以水调肥,促进盘根增蘖。冬前镇压。对于旋耕和秸秆还田导致土壤悬松以及耕种粗放、坷垃较多的地块，要进行冬前镇压，防止小麦冬季死苗。加强病虫草害的防控。重点做好小麦红蜘蛛、蚜虫、纹枯病等病虫害防治工作。对冬前杂草密度大的田块可在浇水后趁墒进行冬前化学防除工作。

2）生长后期旱灾的预防与补救。

a. 科学抗旱浇灌。扬花灌浆阶段是小麦对水分要求最迫切、反应最敏感时期。该时期一旦受旱严重，不仅会引起小花退化，部分花粉不育，导致结实率下降，穗粒数减少，而且还会导致叶片早衰，灌浆期缩短，籽粒干瘪，粒重下降。小麦扬花灌浆时期如果不能保证土壤适宜的墒情，将严重影响产量，其影响程度会大大超过前期，造成的损害也难以挽回。因此，一定要积极抗旱浇灌。方法可采用沟灌、洇墒，或小水匀灌、微喷。每亩灌水量不超过 30 m³，以地面不积水为宜。同时，浇灌时尽量避开大风天气，以防倒伏。良种繁育田要充分利用较优越的条件，开展抗旱浇灌，确保籽粒饱满，为小麦丰收打好基础。

b. 及时防治病虫害。小麦生育后期易发生多种病虫害，尤其要注意蚜虫、白粉病、赤霉病、锈病等病虫害的发生动态，及时进行防治。

c. 叶面喷肥防早衰。小麦生育后期叶面喷肥是弥补根系吸收能力不足，延长叶片功能期，促进籽粒灌浆，防治早衰，确保丰产的重要措施。叶面喷肥的最佳时期为小麦开花至籽粒灌浆初期。淮北地区可于 5 月上旬至 5 月中旬进行；沿淮、江淮地区于 4 月下旬至 5 月上旬进行。肥料可选用尿素、磷酸二氢钾、美洲星及黄腐类叶面肥。

在叶片发黄脱肥地块，每亩用 1%～2% 尿素溶液 + 0.2%～0.3% 磷酸二氢钾溶液 75～100 kg；或美洲星 50～60 mL，对水 500 倍；或庄福星 50～60 mL，对水 500 倍。在叶色正常地块，每亩用 0.2%～0.3% 磷酸二氢钾溶液 75～100 kg；或美洲星 50～60 mL，对水 500 倍；或庄福星 50～60 mL，对水 500 倍。

总之，叶面喷施 2～3 次，每次间隔 1 周左右；也可与蚜虫、白粉病、赤霉病等病虫防治相结合，实行"药肥混喷"，起到防病、防虫、防早衰、防干热风、防秕粒等多种作用。

2. 热害

（1）受害概况。小麦在灌浆阶段如果遇到高温低湿或高温高湿天气，特别是大雨骤晴后高温，使小麦植株提早衰亡，提前成熟，粒重减轻，称为高温逼熟（陈磊，2014）。

小麦灌浆的适宜温度为 20～22 ℃，高于 22 ℃就影响灌浆，超过 28 ℃就停止灌浆。如果在小麦灌浆阶段，连续出现 2 d 或 2 d 以上 27 ℃以上的高温，3 级以上的偏南或西南风，下午相对湿度在 40% 以下时，就会引起植株蒸腾强度增大，水分入不敷出。如果小麦遭受湿害，根系发生早衰，吸水、吸肥能力减弱，高温逼熟会更加严重。

（2）防灾减灾对策。防御小麦高温逼熟，重点应搞好开沟排水工作，减轻渍水危害，在抽穗灌浆阶段，根外喷施氮、磷肥料，养根保叶。

1）农业措施。首先建立农田防护林网，以降低温度，提高相对湿度，减少地面水分蒸发，提高土壤含水量，显著减少高温危害；其次加强农田基本建设，改良和培肥土壤，提高麦田保水和供水能力。选用早熟、丰产、耐高温、抗逆性强的品种；调整作物布局，适时播种，尽量减少晚茬麦，使小麦尽早进入蜡熟期，躲避或减轻高温危害；合理密植，培育壮苗，提高小麦抗性；因地制宜浇好小麦拔节孕穗肥，防止灌浆期干旱。

2）化学措施。在小麦生育中后期往叶面喷施化学制剂，是防御高温危害最经济、最有效和最直接的方法。可单喷 0.2%～0.4%磷酸二氢钾，隔 7 d 喷 1 次，连续喷 2～3次；或药肥混喷，一喷多防，起到事半功倍的作用，用 1.5 kg/hm² 4.5%高效氯氰菊酯+0.75 kg/hm² 50%多菌灵+0.75 kg/hm²磷酸二氢钾+15 袋/hm²活力素对水 750 kg 均匀喷雾，隔 7 d 再喷 1 次，可防治小麦蚜虫、黏虫、白粉病、赤霉病及预防小麦干热风等。

3. 风害（干热风）

（1）受害概况。干热风发生时，温度显著升高，湿度显著下降，并伴有一定风力，小麦植株蒸腾失水加剧，根系吸水不及时，体内水分供需失调，除了茎叶枯干、对光能的利用率降低外，灌浆速度减慢甚至停止，千粒重降低，迫使小麦提前枯熟，籽粒干秕，产量和品质同时降低（陈磊，2014）。

（2）防灾减灾对策。干热风的危害程度，一方面取决于其发生时期的早晚和轻重程度，另一方面又决定于小麦生长好坏、成熟期早晚和土壤墒情，所以要预防干热风需采取以下措施（陈磊，2014）。

1）营造护田林。护田林可改变气流运行情况，减弱风速，树根从土壤深层吸水供树冠蒸腾，增加近地面空气中的湿度。一般在林网树高 30 倍的范围内，风速可降低30%左右，夏季气温降低 1～4 ℃，地面蒸发量减少 20%～30%，空气相对湿度增加10%～15%，可以大大减轻干热风危害。

2）选用抗干热风品种。小麦各品种间抗干热风的能力有差异，可因地制宜，合理选用。一般高秆品种受害轻，矮秆品种受害重；有芒品种受害轻，无芒品种受害重；抗寒性强的品种受害重，抗寒性中等或偏弱的品种受害轻。穗下节间长的品种灌浆快，对干热风有较强的适应能力。

3）提前浇水。针对干热风"一是热害，二是干害"的特点，在干热风来到之前进行浇水，有预防和减轻其危害的作用。在干热风前灌溉，14：00 后测定 5～15 cm 土壤温度降低 3～5 ℃，小麦株高的 2/3 处降低 1～2 ℃。这种效应可维持 3～5 d。

4）适时早播。晚播小麦因生育期推迟，易在灌浆期遭遇干热风。因此，在适期范围内争取提前播种，可使小麦成熟期提前，避开或减轻干热风危害。

5）喷施磷酸二氢钾。提高小麦植株体内的磷、钾含量，能增强植株抵抗干热风的能力。可在小麦孕穗至开花期，往叶面喷洒 0.40%～0.55%磷酸二氢钾，每亩喷洒 50 kg左右，对预防干热风有一定的效果。

4. 冷害

（1）受害概况。农作物在生育期间，遭遇 0 ℃以上（有时在 20 ℃左右）的低温，引起生育延迟，或使生殖器官的生理机能受到损害，造成农业减产，称为低温冷害（包括热带作物的冬季寒害）。小麦生长发育进入孕穗阶段，因遭受 0 ℃以上低温发生的危害称为低温冷害。小麦拔节孕穗期，生长迅速，组织幼嫩含水量较多，抵抗低温能力减弱，是极易受低温冷害的关键时期。

（2）防灾减灾对策。

1）预防措施。

a. 浇水。保持充足的土壤含水量和湿润的田间小气候，对防止低温冷害具有重要意义，干旱会加重小麦冻害。由于水的热容量比空气和土壤热容量大，在寒流到来之前浇水可以调节近地面层小气候，使近地层空气中水气增多，在发生凝结时，放出潜热，减小地面温度的变幅，对防御低温冷害有很好的效果。同时，灌水后土壤水分增加，土壤导热能力增强，使土壤温度增高，减轻低温冷害。

b. 喷施植物生长调节剂。植物生长调节剂具有保持植物细胞膜稳定、激活植物体生命活力、提高植株免疫力和抗逆各种灾害的能力，并能快速修复各种灾害对作物造成的损伤，对防御小麦低温冷害作用显著。喷洒后能有效地预防低温、"倒春寒"和早霜危害；冻害发生之后及时喷洒，在缓解冻害、修复损伤等方面功效显著。

2）补救措施。

a. 补肥与浇水。小麦受冷害后应立即施速效氮肥和浇水，氮素和水分的耦合作用可以促进小分蘖成穗，提高分蘖成穗率，弥补主茎损失。一般每亩追施尿素 10 kg 左右。

b. 叶面喷施植物生长调节剂。小麦受冻后，及时叶面喷施"天达""爱多收"等植物生长调节剂，对小麦恢复生长具有明显的促进作用，表现为中、小分蘖的迅速生长和潜伏芽的快发，明显增加小麦成穗数和千粒重，可显著增加小麦产量。

c. 防治病虫害。小麦遭受低温冷害后，抗病能力降低，极易发生病虫为害，应及时喷施杀菌杀虫剂，防止病虫为害。

5. 冻害

（1）受害概况。冬小麦两个时期发生冻害对产量影响极大，一是越冬冻害，二是开花前后发生"倒春寒"冻害。根据小麦冻害程度受极端最低气温、低温持续时间和是否冷暖骤变等因素影响，冬季小麦冻害又可分为冬季严寒型、初冬温度骤降型和越冬交替冻融型 3 类。

（2）防灾减灾对策。

1）预防措施。

a. 选用抗旱品种及引种驯化。选用抗寒性较好且丰产性强的优质小麦新品种，如"济麦 22 号""良星 77"和"汶农 14 号"等；引种驯化是将国内外强冬性品种引入严寒地区，通过采用一系列栽培技术措施使冬小麦种植区域扩大，向更寒地区发展的技术措施。

b. 提高播种质量，培育冬前壮苗。小麦在播种前要施有机肥 $60.0 \sim 67.5 \ t/hm^2$、尿素 $300 \sim 375 \ kg/hm^2$、磷肥 $600 \sim 900 \ kg/hm^2$，以上 3 种肥料配合施用，随耕 1 次垫底。遇旱浇好底墒水，做到精细整地，达到地平、土细、墒好。小麦要适时、适量、适深播种。

根据小麦品种特性，选择适宜的播种期，冬（弱冬）性品种为9月28日至10月5日；半冬性品种为10月5日至10月15日；春（弱春）性品种为10月15日至10月底。

小麦的播种量应根据品种、地力和播期决定，小麦的播种量一般冬（弱冬）性品种为75～105 kg/hm²；半冬性品种为90～150 kg/hm²；春（弱春性）品种为120～210 kg/hm²。

c. 适时冬灌，安全越冬。适时冬灌是预防小麦冬季冻害的有效措施，并且可为小麦春季生长蓄足水分，达到冬水春用、春旱冬防的效果。拔节期肥水管理是防御后期冻害的关键措施，可形成良好的土壤水分环境，调节耕层中的土壤养分，提高土壤热容量，一般可提高地温1～3 ℃，同时可弥合土缝，促进长大蘖、育壮苗。冬灌要以气温在4 ℃时浇水为宜。

d. 加强冬前田间管理。小麦播种后进行灌溉的田块，土壤出现板结时要抓紧中耕划锄，疏松土壤，破除板结，促进麦苗出土和正常生长。及时间苗、疏苗。疏通"三沟"，保证排水通畅。追施腊肥，对群体小的麦田要早施肥，对生长正常的高产麦田，追肥时期要适当后移，促进麦苗均衡生长。适当镇压，弥合土壤裂缝，有利于保墒，抑制麦苗旺长，促进分蘖和根系生长。

2）补救措施。不可轻易毁掉发生冻害的麦田，而要及时采取追肥、浇水、喷洒生长素等补救措施，促进小麦生长发育。只要补救措施得当，仍能获得较好的收成。

a. 加强肥水管理。晚霜冻害最有效的补救措施是浇水。对叶片受冻而幼穗未完全受冻的，即麦苗基部叶片变黄、叶尖枯黄的干旱麦田，应抢早浇水，防止幼穗脱水致死；对主茎幼穗已受冻的，应及时追施速效氮肥，施尿素150 kg/hm²或碳酸氢铵300～450 kg/hm²，并结合浇水促使受冻麦苗尽快恢复生长，促进分蘖快长、成穗。

b. 中耕保墒，提高地温。要及时对受冻害的麦田进行中耕松土，蓄水提温，可有效促进分蘖成穗，弥补主茎穗的损失。

c. 加强中后期管理。小麦是具有分蘖特性的作物，遭受早春冻害的麦田不会将全部分蘖冻死，还有小麦蘖芽可长成分蘖成穗，只要加强田间管理，同样可获得较好的收成，减少灾害损失。

6. 霜冻

（1）受害概况。小麦晚霜冻，又称春霜冻，是由寒冷季节向温暖季节过渡时期使小麦植株体温降到0 ℃以下引起伤害的农业气象灾害。它主要为害北方冬麦区小麦幼穗分化进入药隔形成期和四分子期的小麦。由于晚霜冻在管理挽救时间上的限制，它的危害远远大于早霜冻与生理霜冻。随着全球气温的上升，暖冬年份增多，小麦晚霜冻的危害已成为小麦生产不安全的重要因素。

（2）防灾减灾对策。

1）预防措施。

a. 选用抗霜冻强的品种。弱冬性品种春季发育速度快，早起身早拔节，抗寒性丧失得早，一旦霜冻后损失严重。因此，冬麦区品种的选育和应用必须坚持冬性、强冬性的生态类型品种。品种生育特点要求 3 月底开始起身拔节，4 月底、5 月初抽穗，不可盲目追求早发早熟。品种布局上，在霜冻重发、常发区域，安排种植抗冻品种、早春发育稳健的品种、冬性强的品种，以防止大面积大规模冻害的发生。

b. 培肥地力，抗旱蓄墒。肥沃而墒情好的麦田土壤，既可增强小麦抗冻能力，也会促进越冬后的新蘖生长。从麦田备耕播种开始，就要施足底肥、浇好底水，冬春管理水肥要及时跟上，创造良好的土壤环境条件。旱地正茬麦田，伏期早深耕纳雨蓄墒，遇雨及时浅犁、耙耱保表墒。播种前浅犁，土壤干旱时少犁多耙或不犁只耙。通过耕作，蓄水保墒，配合增施有机肥和氮磷化肥，培育壮苗，提高麦苗抗冻能力。

c. 适时播种，培育壮苗。冬小麦播种期要适时，过早播种会形成徒长旺苗，过晚播种形成弱苗，苗小苗瘦，根系不发达，抗寒力差。应根据冬前积温及品种特性要求，确定适当播期，才能形成个体健壮、群体适当、与气候变化相适宜的生长发育进程的麦田苗情基础。

d. 春季镇压，抑制旺长。易受霜冻地区，旱地麦田冬春季用石磙压，可压实土壤，提墒防旱；对麦苗旺长也有抑制作用，能适当推迟拔节期。水地麦田镇压，同样能起到蹲苗作用，有防倒伏、延缓生长壮苗之功效。碾节蹲苗应在生理拔节期的 3 月底以前进行，霜冻来临前的镇压会加剧霜冻危害。

e. 霜冻来临前，浇水防御霜冻。在霜冻频发的 4 月初前，结合小麦春季管理，应浇 1 次起身拔节水，土壤含水量增加使土壤热容量增加，平衡温度变化，加大空气湿度，防冻效果很好。有条件的地方在预报霜冻来临前进行喷灌，调节田间小气候防御霜冻效果更好。

f. 加强预测预报。霜冻属夜间短时间低温冻害，气象预报准确率较高。要加强对 4 月份冷空气入侵过程的监测，及时进行中长期预报和即时预报，以便采取预防措施。霜冻时及时堆烧麦草，施放烟雾，可以达到较好的预防效果。

2) 补救措施。小麦是具有分蘖特性的作物，遭受早春霜冻的麦田不会将全部分蘖冻死，还有小蘖或蘖芽能够成穗。只要加强管理，仍可获得好收成。受到冻害的小麦，有水浇条件的，应该立即施速效氮肥和浇水，氮素和水分耦合作用会促进小麦早分蘖、小蘖赶大蘖，提高分蘖成穗率，减轻冻害的损失。没有水浇条件的旱地，冻害发生较轻的（植株有部分绿叶），应先喷施"活力久久"或植物生长调节剂，然后进行中耕，促进其生长，遇雨适量追施速效氮肥；冻害严重的（整株没有绿叶），应先中耕，促进生长，当长出新的叶片后，叶面喷施"活力久久"或植物生长调节剂，遇雨适量追施速效氮肥。通过合理的科学管理，可有效地减轻冻害的损失，获得较高的产量。

7. 冰雹灾害

（1）受害概况。冰雹对作物的危害很大，可使小麦遭受机械损伤。冰雹的危害取决于雹块大小、持续时间、作物种类及其发育阶段。雹块越大，下降后对小麦的伤害越重。轻则将叶片撕成条状，打落部分籽粒；重则造成光秆，甚至砸如平地。

（2）防灾减灾对策。小麦是一种抗灾能力较强的作物，在扬花期以前，无论遭受何种程度的雹灾，只要小翻种，都能重新成穗。因此，小麦遭受雹灾后，要及时加强管理，促使植株尽快恢复生长，以减少灾害损失。

1）追施肥料。冰雹过后，麦田气温高，地面覆盖度小，应结合浇水，及时追施适量速效化肥（施用尿素时，每亩施5～7.5 kg为宜），以促进植株尽快恢复生长。据早期资料介绍，在小麦雹灾达93%的地块，灾后22 d，结合浇水每亩施硫5 kg，小麦单产75 kg/亩，比未追肥的地块增产29.5%。

2）及时浇水。灾后小麦从新生分蘖到拔节、抽穗自至成熟，尚需60 d左右的时间，5、6月份正值春夏干旱高温季节，及时浇水对小麦恢复生长具有明显促进作用。据调查，灾后浇水比小浇水的小麦增产21.7%。

3）中耕松土。山于冰雹的重力作用，灾后地面严重板结，及时划锄，可以疏松土壤，提高地温，改善土壤通透性，促进根系生长，从而提高产量。据调查，灾后划锄比小划锄的小麦增产11%。

4）分期收获。灾后小麦生长参差不齐，成熟期很不一致，必须实行分期收获，成熟一批收获一批；如果一次收获，同时脱粒，就会把青穗挤成白浆，导致每亩要少收20 kg左右。

8. 雪灾

（1）受害概况。降雪持续时间长、强度大，会对小麦正常生长造成一定影响。雪灾对小麦的不利影响突出表现在：一是部分低洼地和"三沟"未配套田块土壤水分长期处于饱和状态，渍害严重，不利于小麦根系生长；二是持续低温对部分播种偏早的春性品种、旺长田块及晚播弱苗造成不同程度冻害，还有部分稻茬晚弱苗由于根系浅，在土壤水结冰冻融交替过程中有可能发生抬苗或凌截之类冻害现象；三是由于田间作业不便，草害可能严重；四是由于土壤水分含量高，气温回升后，田间湿度大，大群体的麦田易发生纹枯病危害。

（2）防灾减灾对策。

1）清沟降渍。由于雪灾会造成田间持水量过饱和，部分地块严重积水，尤其江淮、沿淮稻茬麦地区"三沟"未配套田块更加明显，清沟降渍是夺取小麦丰收的首要环节。各地应及时疏通沟系，清理好田间"三沟"，加深地头沟，促进排水降湿，养护根系，减轻渍涝危害。

2）巧施返青、叶面肥。2月中旬小麦开始进入返青期，返青肥的施用应因地、因苗而宜。对基肥不足、播种晚、长势差的弱苗，受冻害田块以及因养分流失严重而出现脱肥的田块，应于2月中旬追施返青肥，每亩追施尿素5 kg左右，以促弱转壮，争取足够的有效穗；前期肥料充足、生长较好的麦田，则应少施或不施返青肥，重点施用拔节肥，以控制无效分蘖，避免群体过大，造成后期倒伏和病害发生。此外，对于受冻害田块，可在叶面喷施美洲星液肥，按1 hm² 用量为375～750 mL对水喷施，可有效促使小麦尽快恢复生长，减轻因冻害造成的损失。

3）普施拔节肥。3月上、中旬，安徽省小麦自南向北先后进入拔节期，拔节至孕穗阶段是小麦一生吸收营养最多的时期。3月中旬至4月上旬追施1次拔节肥，能显著提高产量，改善籽粒品质，提高肥料利用率。用量视前期施肥情况而定，一般可追施尿素7.5～10.0 kg/亩。施用时间掌握在群体叶色退淡、小分蘖开始死亡、基部第1节间定长时施用，具体时间一般在3月中下旬。对于已经施过少量返青肥的，应根据拔节时的苗情，将拔节肥推迟到拔节以后至倒1叶露出之间（约4月初）。

4）适时防治病虫草害。待气温回升后，对冬前未进行化学除草或草害严重的地块，尤其江淮、沿淮地区的撒播田块，更应抓住拔节前的有利时机，进行一次化学除草。若田间湿度大，还要密切注意小麦纹枯病的防治，确保小麦稳健生长。

5）及时化控。针对因早播、群体过大或施肥过多而有旺长趋势和已经发生旺长的麦田，或种植高秆、抗倒伏能力差的品种（如"烟农19""皖麦19"等），在小麦返青起身期，每亩用35 mL壮丰安或麦业丰对水30 kg，均匀喷洒，可有效缩短基部第1节间的长度，控制植株过旺生长，促进根系下扎，以防冻害和倒伏。

6）中耕划锄，保墒增温。划锄可以保墒、增温、除草，对各类麦田都有促根壮蘖的效果，是小麦春季管理的一项重要措施。弱苗田适当浅锄，促其转化升级；对肥水较高和有旺长趋势的麦田适当深些，以控制无效分蘖。

9. 洪涝灾害

（1）受害概况。小麦洪涝灾害在长江中下游和江淮地区普遍存在，是造成小麦产量低而不稳的重要原因之一。小麦洪涝灾害以降水量与耕层滞水为条件，按程度分为轻、中、重3种类型。

（2）防灾减灾对策。

1）工程措施。因地制宜开展水利工程建设是防御洪涝灾害的首要任务。淮北地区要贯彻旱涝兼治，以治旱为主的水利建设。突出抓好淮河及其流域的治理，开挖新河道，拓宽疏浚旧河道，留住地上水，通过整修和新建机井，充分利用地下水，并注意开好田间"三沟"和挖好田外沟，做到沟沟相通，能灌能排。江淮丘陵地区要管好用好现有水库，整治好当家塘。沿江、沿淮稻茬麦地区，要加强田间沟渠建设，将地下水位控制在适宜的水平。

2）栽培措施。防御小麦洪涝灾害在不同的阶段应采取不同的技术对策。

a. 播种阶段。选用耐迟播的春性品种。因为春性品种一般春化时间短，幼穗分化开始早，时间长，争取的积温多，阶段发育进程快，易形成多粒大穗，可以弥补晚播小麦前期因积温少，生长发育慢，分蘖期缩短和成穗少的缺陷，能充分利用中期光热条件，发挥穗大粒重的优势。可选用"堰展4110""豫麦70""郑麦9023""皖麦44"等。

加大播种量。播种量要随播种期的推迟相应加大，晚麦单株分蘖数减少，成穗数也少，穗数不足是减产的主要原因。因此，晚播小麦必须相应增加基本苗数。一般每亩播种量为12.5～15.0 kg，基本苗在25万～30万。

催芽浅播。晚播小麦实行催芽播种，是加速利用前期积温，达到晚播早出苗的一种手段。播种前用20～30 ℃的温水浸种5～6 h，捞出晾干播种，可提早出苗2～3 d。而且播期越晚，早出苗的效果愈明显，从而为早发壮苗奠定了良好基础。晚播小麦适当浅播，可以减少种子内养分的消耗，能够早出苗，早分蘖，也是一项争取前期积温，培育晚播壮苗的措施。

b. 生长阶段。小麦大田生长阶段遇到洪涝灾害，首先是要做好清沟沥水工作。涝灾发生时，要及时清理田内"三沟"和田外沟渠，及时排除地面积水，迅速降低地下水位。其次要及时进行追肥除草和防治病虫草害。

c. 收获阶段。小麦收获期间若遇连阴雨，将对小麦的产量和品质造成很大影响，一般产量损失10%～15%。应选用早、中熟品种，适期早播，增施有机肥和磷、钾肥，促小麦早熟。此外，要大力推广机械化收割脱粒技术，缩短收割和脱粒时间，力争丰产丰收。

10. 湿害

（1）受害概况。湿害是小麦生产中的五害（湿害、冻害、干热害、草害、病虫害）之一。受湿害的小麦根系长期处在缺氧的环境中，根的吸收功能减弱，造成植株体内水分反而亏缺，严重时造成脱水凋萎或死亡，所以湿害又称为生理性旱害。淮北麦区，湿害发生率虽然不是很高但危害不容忽视。

（2）防灾减灾对策。

1）及时清理深沟大渠。开挖完善田间一套沟，排明水降暗渍，千方百计减少耕作层滞水是防止小麦湿害的主攻目标。对长期失修的深沟大渠要进行淤泥的疏通，抬田降低地下水位，防止冬春雨水频繁或暴雨过多，利于排渍，做到田水进沟畅通无阻。与此同时搞好"三沟"配套，旱地麦或水田麦都必须开好厢沟、围沟、腰沟，做到沟沟相连，条条贯通，雨停田干，明不受渍，暗不受害，提倡水浇麦大面积连片种植。

2）增施肥料。对湿害较重的麦田，做到早施巧施接力肥，重施拔节孕穗肥，以肥促苗升级。冬季多增施热性有机肥，如渣草肥、猪粪、牛粪、草木灰、沟杂马、人粪尿等。化肥多施磷钾肥，利于根系发育、壮秆，减少受害。

3）搂锄松土散湿提温。增强土壤通透性，促进根系发育，增加分蘖，培育壮苗。搂锄能促进麦苗生长，加快苗情转化，使小麦增穗、增粒而增产。

4）护叶防病。锈病、赤霉病、白粉病发生后及时喷药防治，可喷施"802"助壮素、植物抗逆增产剂、迦姆丰收液肥、惠满丰、促丰宝、万家宝等。也可喷洒"植物动力2003" 10 mL，对清水10 L，隔7～10 d喷1次，连续喷2次。提倡施用多得稀土纯营养剂，每50 g对清水20～30 L喷施，效果好。

（二）生物灾害

1. 病害

（1）小麦赤霉病。小麦赤霉病俗称烂麦头、红麦头、麦穗枯，是世界性病害。近年来，在江淮地区成为常发性病害，对小麦产量和品质影响较大。该病由多种镰刀菌引起。

1）为害概况。小麦赤霉病易发病时期为苗期和穗期，主要引起苗腐、茎基腐、秆腐和穗腐，以穗腐为害最大。湿度大时，发病处可见粉红色霉层，即病菌分生孢子和子座。发病麦穗上常呈现以红色为主基色的霉层，所以得名赤霉病。

2）防灾减灾对策。

a. 农业防治。选用"苏麦3号""扬麦4号""皖麦27号""早麦5号"和"西农881"等抗病、耐病品种；适时早播，避免抽穗扬花期遇雨；合理施肥，增施有机底肥，配合施用氮磷肥，早施、少施追肥；雨后及时排水，降低田间湿度；清除田间杂草，深耕灭茬，秸秆还田或堆沤后施用，以减少田间菌源；在小麦播种前，清除田间农作物残体。

b. 化学防治。5月初淮北北部麦区小麦扬花初期如果遇阴雨或多雾天气，应喷药预防。沿淮、江淮地区受干旱影响，前期发病偏轻，若后期遇连阴雨，酌情补治。每亩田块可喷施25%咪鲜胺乳油60 mL，或70%甲基硫菌灵可湿性粉剂100 g，或36%多·酮悬浮剂140 g，或30%戊福可湿性粉剂100 g，或80%多菌灵可湿性粉剂100 g，或40%多菌灵悬浮剂150 g。以上防治方法均为机动喷雾器每亩对水15 kg，手动喷雾器每亩对水30～40 kg喷雾。

（2）小麦白粉病。小麦白粉病从幼苗到成株均可发病，主要为害叶片，严重时也可为害叶鞘、茎秆和穗部。小麦白粉病病原为禾布氏白粉菌小麦专化型（*Blumeria graminis* f. sp. *tritici* Marchal）。

1）为害概况。病部最初出现1～2 mm大小的白色霉点，后逐渐扩大为近圆形至椭圆形白色霉斑，霉层的厚度可达2 mm左右，霉斑表面有一层白色粉状物。发病重时病斑连成一片，形成一大片白色至灰色的霉层。之后，白粉状霉层逐渐变为灰白色至淡褐色，并散出许多黄褐色至黑褐色的小圆粒，即病菌有性阶段产生的闭囊壳（郑秋红等，2013）。

2）防灾减灾对策。防治小麦白粉病应根据品种和地力，播种时合理安排播量，推迟播期，控制群体密度，增施磷钾肥，促使小麦生长健壮，而化学药剂防治是关键措施。当病叶率达15%时，进行药物防治。

a. 农业防治。因地制宜，选用抗病品种；加强栽培管理，多施堆肥或腐熟有机肥，增施磷钾肥；及时浇水抗旱，雨后要及时排水，防止湿气滞留；自生麦苗越夏地区，冬小麦秋播前要及时清除自生麦。

b. 化学防治。加强前期防治，对发病中心和中心病团要及时喷药防治，初春要全面检查，继续防治，药物防治要掌握最佳时期，争取在3月气温全面回升前消灭菌源，控制病害继续扩散。每亩田块可喷施12.5%烯唑醇可湿性粉剂60 g，或25%丙环唑乳油30 mL，或12.5%腈菌唑乳油30 mL，或20%三唑酮乳油50 mL，喷雾防治。

（3）小麦叶锈病。小麦锈病是真菌性病害，包括条锈病、叶锈病和秆锈病3种。小麦叶锈病只侵染小麦，各地均有发生，近年来在华北、西北及东北各地发生日趋严重。小麦叶锈病病原物为小麦隐匿柄锈菌小麦专化型（*Puccinia recondita* Rob. ex

Desm. f. sp. *tritici* Erikss et Henn.），属担子菌亚门柄锈菌属。

1）为害概况。小麦叶锈病主要发生在叶片上，也可为害叶鞘，很少发生在茎秆和穗部。叶片受害，产生圆形或近圆形橘红色疹状病斑，即夏孢子堆。夏孢子堆表皮破裂后，散出黄褐色粉末（夏孢子）。夏孢子堆较小，不规则散生，多发生在叶片正面。有时病原可穿透叶片，在叶片两面同时形成夏孢子堆。后期在叶背面散生暗褐色至深褐色、椭圆形的冬孢子堆，成熟时不破裂。

2）防灾减灾对策。

a. 农业防治。因地制宜选用抗锈良种，合理布局大区抗病品种，但应注意品种合理搭配及轮换，避免长期单一种植；适期播种，适当晚播，不要过早；施足堆肥或腐熟有机肥，增施磷钾肥，合理搭配氮磷钾；铲除自生麦苗和杂草；合理灌溉，雨后注意开沟排水，降低田间湿度；后期发病重的需适当灌水，可补充因锈菌破坏叶面而蒸腾掉的大量水分。

b. 化学防治。用种子重量 0.03% 的三唑酮可湿性粉剂，或 0.10%～0.15% 的 12.5% 特谱唑可湿性粉剂，或 0.10%～0.15% 的 2% 立克秀湿拌种剂拌种。小麦孕穗到抽穗期，叶锈病点片发生时，病叶率达 5% 左右立即进行防治，扑灭发病中心。可喷施的药剂有三唑酮、烯唑醇、霜脲锰锌和百菌清等。小麦叶锈病在小麦叶片的正面和背面均有发生，故喷药时为了提高药液在叶面的黏着力，可在配药时加少量洗衣粉，将药液充分搅匀后喷雾，可使药物更好地黏着在叶背面。药剂防治应掌握住最佳防治时期。在秋季和早春，田间出现发病中心，要及时进行喷药控制。

（4）小麦黑颖病。小麦黑颖病的寄主为小麦、大麦、黑麦，在小麦产区均有发生。病原为油菜单胞菌小麦致病变种 ［*Xanthomonas campestris* pv. *translucens*（Jones et al.）Dye］，属黄单胞杆菌属野油菜黑腐菌种黑颖病致病变种。

1）为害概况。小麦黑颖病主要为害小麦叶片、叶鞘、穗部、颖片及麦芒。有些品种的黑颖是品种遗传特征，无典型黑颖病症状，应加以区别。

2）防灾减灾对策。小麦散黑穗病属于系统性侵染病害。病菌潜藏在种胚内，防治的关键在于消灭种子上的病菌，所以对该病应该采用以种子处理为主的综合防治措施。

a. 农业防治。选用抗病品种。建立无病种子田，选留无病种子，可减少菌源。

b. 物理防治。种子处理可采用变温浸种法，先将种子在 28～32 ℃水中预浸 4 h，于 53 ℃水中浸种 7 min，可有效灭杀种子中携带的病菌。

c. 化学防治。发病初期开始喷洒 25% 叶青双可湿性粉 500 倍液，喷雾 2～3 次；或喷施新植霉素 4 000 倍液，每隔 7～10 d 喷 1 次，连续喷 2～3 次，防效很好。

（5）小麦纹枯病。小麦纹枯病又叫小麦立枯病、小麦尖眼点病。病菌有性态为禾谷角担菌 ［*Ceratobasidium graminearum*（Bourd.）Rogers］，为担子菌亚门角担菌属。无性态为禾谷丝核菌（*Rhizoctonia cerealis* Vander Hoeven），主要有 CAG-1、CAG-3、CAG-6 和 AGC1 共 4 个菌丝融合群；立枯丝核菌（*Rhizoctonia solani* Kühn.），主要有 AG-2、AG-4 及 AG-5 的融合群。二者均为半知菌亚门丝核菌属。茄丝核菌（*R. solani* Kühn）

也可引起小麦纹枯病。

1）为害症状。小麦纹枯病主要发生在叶鞘及茎秆上。小麦出苗后，根茎、叶鞘即可受害，根部也可被侵染。

2）防灾减灾对策。

a. 农业防治。筛选抗原，加强小麦的抗纹枯病育种，选用抗（耐）病品种。如"周麦18""新麦18"和"郑麦9023"等品种对纹枯病的抗性较好，病株率及白穗率均较低；而"豫麦18""豫麦54""豫麦69"和"豫麦70"等品种的小麦亦较耐病，发病后病势扩展慢，对产量影响小。

对小麦纹枯病进行农业防治主要的是避免早播、播量过大、密度过大及施氮过多。

b. 生物防治。南京农业大学植保系经多年研究，筛选出对小麦纹枯病有明显抑制作用的 B3 菌株，大田试验结果显示，通过 B3 菌粉拌种，对小麦纹枯病的防效在 60% 以上，并可提高种子的发芽率和出苗率，增产可达 13.7%。此外，还有一些生防菌（生物农药）亦可用于小麦纹枯病的防治。如从小麦植株上分离筛选出的 Rb2、Rb26 等芽孢杆菌及一些荧光假单胞杆菌，室内抑菌测定和苗期盆栽试验表明，它们对小麦纹枯病均有一定的控制作用。

c. 化学防治。对小麦纹枯病的大田防治应掌握最佳防治时期。一般情况下，施药最佳时间是 3 月上旬，最迟不超过 3 月中旬，当病株率在 15%～20%、病情指数为 3 时，应及时用药。

2. 虫害

（1）小麦蚜虫。小麦蚜虫分布极广，世界各产麦国几乎均有发生，主要有麦长管蚜、麦二叉蚜、禾谷缢管蚜和无网长管蚜。在江淮地区为害小麦的蚜虫有多种，发生普遍且危害较重的有麦长管蚜、麦二叉蚜和禾谷缢管蚜。

1）为害症状。小麦蚜虫以成、若蚜为害植株，在茎、叶和穗部取食。叶片被害处呈浅黄色斑点，严重时造成黄叶、卷叶，甚至整株枯死；穗部受害，造成麦粒干瘪，千粒重下降，严重减产。另外，麦蚜可传播小麦病毒病，大发生时，引起病毒病流行，造成更大的损失。

2）防灾减灾对策。

a. 农业防治。合理调整作物布局，冬、春麦混种区尽量使其单一化，秋季作物尽可能为玉米和谷子等；选种抗病虫害能力强的品种；调整小麦播种时期，使小麦抽穗成熟期相应提前或推后，以避开蚜虫发生高峰期。

b. 生物防治。麦蚜的天敌资源非常丰富，尤其是瓢虫、草蛉、食蚜蝇和蜘蛛类的种类多、数量大，对麦蚜种群的控制作用非常显著，因此，在蚜虫天敌盛发期，要尽可能在麦田少施或者不施广谱性化学杀虫剂，避免杀伤天敌，从而有利于发挥天敌的自然控制虫害的作用。

c. 药剂防治。应抓住小麦扬花末期和灌浆初期及时防治麦蚜。可用 10% 吡虫啉可湿性粉剂 2 000 倍液，或 25% 快杀灵乳油 1 000 倍液，或 3% 啶虫脒乳油 1 500 倍液，或 50%

抗蚜威可湿性粉剂 4 000 倍液，或 2.5% 保得乳油 2 500 倍液均匀喷雾，施药应均匀周到。

（2）吸浆虫。吸浆虫广泛分布于亚洲、欧洲和美洲，在我国遍布全国主要产麦区，在安徽省主要发生于淮河流域以及长江的产麦区。

1）为害症状。麦红吸浆虫可为害花器、籽实和麦粒，以幼虫潜伏在颖壳内吸食正在灌浆的麦粒汁液，造成秕粒、空壳。大发生年可造成全田毁灭，颗粒无收。麦黄吸浆虫的为害情况与麦红吸浆虫大体相似。不同的是侵入麦壳后多停留在小麦柱头端毛或腹沟中，常影响麦花的正常发育甚至吐不出花药，以后逐渐转移到麦粒背面基部继续为害。

2）防灾减灾对策。

a. 农业防治。选用抗虫品种，生产上应选用芒长多刺、口紧、小穗密集、扬花期短而集中、果皮厚的小麦品种；采用轮作倒茬：麦田连年深翻，小麦与油菜、豆类、棉花、大蒜、圆葱和水稻等作物轮作。

b. 生物防治。利用主要天敌，如宽腹姬小蜂、光腹黑蜂、蚂蚁、蜘蛛等。

c. 化学防治。采用土壤处理法和喷雾法，见效快，但为防止害虫产生抗药性，应交换使用药物。

（3）麦蜘蛛。小麦返青至灌浆期，主要害虫为小麦蜘蛛。麦蜘蛛属蛛形纲蜱螨目。国内为害小麦的螨类主要由麦圆叶爪螨和麦岩螨两种。前者属真足螨科。麦圆叶爪螨发生在北纬 29°～37° 的冬麦区；麦岩螨分布偏北，主要发生在北纬 34°～43° 的小麦产区。在安徽省多数地区发生为害的是麦圆叶爪螨，皖北部地区如砀山，2 种麦蜘蛛混合发生。

1）为害症状。麦圆叶爪螨和麦岩螨的为害方式和症状相似，均以成螨、若螨和幼螨用刺吸口器于春秋两季吸取寄主汁液，受害叶上先出现细小白点，麦叶逐渐变黄、枯萎，植株矮小，穗小而少，严重者叶片枯焦，植株死亡。秋苗严重被害后，抗寒力显著降低。此外，麦岩螨还可传播洋葱花叶病毒。

2）防灾减灾对策。必须根据害虫及其天敌的种群数量，采取天敌控制与农药防治相结合的方法，防治时应协调农业防治、生物控制、化学防治等多种手段。

a. 农业防治。结合当地栽培制度，采用合理的轮作方式，避免连作。麦收后深耕灭茬，及时机耕，破坏麦蜘蛛适生环境，当虫口密度大时，耙耱草坪，可大量杀伤虫体。冬春季合理灌溉，增施速效肥。

b. 生物防治。保护和利用天敌，主要天敌为七星瓢虫、蜘蛛等。

c. 化学防治。可选用 50% 辛·氰乳油、20% 丁硫克百威乳油、10% 溴氟菊酯乳油、2% 氟丙菊酯乳油、10% 吡螨胺可湿性粉剂、1.8% 阿维菌素乳油等药剂，在低龄若螨高峰期进行防治。

（4）小麦黏虫。小麦黏虫分布除新疆未见报道外，遍布全国各地。寄主为麦、稻、粟、玉米等禾谷类粮食作物及棉花、豆类、蔬菜等 16 科 104 种以上植物。

1）为害症状。黏虫幼虫取食叶片，对农作物产量和品质影响较大，大发生时常将叶片全部吃光，仅剩光秆，尤其是在幼虫成群结队迁移时，更是饥不择食，除极少数几种植物外，几乎所有绿色作物被掠食一空，造成大幅度减产甚至颗粒无收的严重灾害。因其具有群聚性、迁飞性、杂食性、暴食性，成为全国性的重要农业害虫。

2）防灾减灾对策。应以农业防治为基础，生物防治、物理防治相结合，化学防治为辅。

a. 农业防治。冬季和早春结合积肥，彻底铲除杂草，减少在杂草中越冬的虫源。合理布局、用肥，施足基肥，防止贪青迟熟。科学灌水。

b. 物理防治。采用多佳频振式杀虫灯或黑光灯诱杀成虫。根据成虫产卵喜产于枯黄老叶的特性，在田间按 150 把草/hm² 的密度设置草把，5 d 左右更换 1 次，并集中烧毁。根据黏虫成虫具有嗜食花蜜、糖类酸甜气味的发酵水浆的特性，采用毒液诱杀成虫，药液配比为糖∶酒∶醋∶水 = 1∶1∶3∶10，加总量 10% 的杀虫丹，傍晚置于田间距地 1 m处。

c. 生物防治。主要天敌有步行甲、蛙类、鸟类、寄生蜂、寄生蝇等。

d. 化学防治。可选择 90% 晶体敌百虫、20% 除虫脲胶悬剂、50% 辛硫磷乳油、25% 杀虫双水剂、2.5% 溴氰菊酯乳油。

3. 草害

（1）葎草。葎草属桑科一年生草本植物，别名拉拉藤、牵牛藤。除新疆、青海外，全国均有分布。主要为害小麦、玉米、棉花、果树等。

1）形态特征。茎缠绕，茎长 1～5 m，具纵行棱角；茎、叶柄上具倒钩刺。叶具长柄，对生，叶片掌状 5～7 深裂，裂片卵圆形，边缘有锯齿，两面均具粗糙的毛。单性花，雌雄异株，雄花序圆锥形，雄花浅黄绿色，雌花序穗状，一般 10 余朵花相集下垂；花梗细长，有短钩刺。瘦果浅黄色，扁圆形，先端有圆柱状突起。成熟后形成球状果，种子繁殖。

2）防灾减灾对策。防除葎草效果最好的药剂为嗪草酮、苯磺隆；防除葎草效果较好的药剂有 2，4-滴异辛酯、2，4-滴丁酯、嘧草硫醚、苄嘧磺隆；莠去津、2 甲 4 氯、麦草畏对葎草有一定控制作用；溴苯腈、辛酰溴苯腈、嗪草酸甲酯、唑草酮、氯氟吡氧乙酸对葎草的防除作用差。

（2）豚草。豚草属菊科一年生草本植物，别名艾叶破布草，分布在长江流域、东北、山东等地，是一种影响人类健康和农牧业生产的危险性杂草。

1）形态特征。茎直立，株高 20～150 cm，具分枝，有糙毛。叶对生或互生，1～2 回羽状分裂，裂片条状具短糙毛。头状花序单性，雄头状花序居多，在枝顶形成总状花序，总苞碟形，有波状圆齿；雌头状花序无梗，生在雄头状花序下部叶腋处，2～3 朵簇生或单生，各具一没有花被的雌花。瘦果包在总苞内，总苞倒卵形，周围具短喙 5～8 个，先端有锥状喙。以种子随作物、水流及交通工具携带进行传播。

2）防灾减灾对策。

a. 农业防治。主要措施为人工拔除和人工割除。可根据不同地区气候差异造成的豚草长势不同，确定适宜铲除时期，即豚草开花结实之前。但人工拔除费工大，难以全面清除，且处理不当易造成人为携带和传播的危险。

b. 化学防治。针对非农田与农田不同地域，喷施草甘磷、农达、灵达或氟磺胺草醚水剂等灭生性除草剂杀死豚草。

c. 生物防治。引进豚草天敌昆虫豚草卷蛾和广聚萤叶甲进行生物防治，有良好效果。

d. 植物替代。利用紫穗槐、早熟禾等进行替代控制，消灭荒地，种植作物，勤于管理。

（3）狗尾草。狗尾草别名谷莠子、莠草，禾本科一年生草本植物，分布广泛。

1）形态特征。颖果长卵形，扁平，长 1.3～2.2 mm，宽 0.7～1.0 mm，厚 0.5～0.8 mm，表面浅灰绿色或黄绿色，具点状突起排列成的细条纹。胚芽鞘阔披针形，紫红色，长 2.5～3.0 mm；第一片叶长圆形，长 10 mm 左右，宽 2.5～3.0 mm，浅绿色或鲜绿色；第二片叶较长，叶舌为一圈 1.0～2.0 mm 长的密集柔毛。茎直立或基部膝曲；叶鞘松弛裹茎，鞘口具柔毛。叶片扁平，长 10～20 cm，宽 0.8～1.5 cm，先端渐尖，基部阔而稍抱茎，两面及边缘皆具极洲顺刺毛。圆锥花序紧密呈圆柱状，长 2～20 cm，穗轴多分枝，每枝生数个小穗，密集呈球状；小穗长椭圆形，长 2.0～2.5 mm；外颖卵形，长为小穗的 1/3，具 3 脉，内颖与外稃与小穗近等长，具 5～7 脉，内稃膜质，长为小穗的 1/2。小穗基部具 5～6 条刚毛，长 4～12 mm，绿色、黄色或变成紫色。

2）防灾减灾对策。

a. 人工防治。尽量勿使杂草种子或繁殖器官进入作物田，清除地边、路旁狗尾草；严格杂草检疫制度，精选播种材料；将农家含有杂草种子的肥料腐熟成有机肥料后再用；注意灌水清洁，将河渠、塘边狗尾草清除。在杂草萌发后或生长时期直接进行人工拔除或铲除，或结合中耕施肥等农耕措施剔除杂草。通过人工除草消灭狗尾草，须遵循除早、除小、除了的原则，及时消灭。

b. 机械防治。结合农事活动，利用农机具或大型农业机械进行各种耕翻、耙、中耕松土等措施，进行播种前、出苗前及各生育期的除草，直接杀死、刈割或铲除杂草。

c. 农业防治。深耕可将地表的大部分杂草种子翻到 15～20 cm 土层中，使其不能发芽出土。当年种植谷子的地块 2～3 年内不再种谷子，改种其他作物。间苗时，应认真识别，将狗尾草的幼苗除净。抽穗时应及时拔除狗尾草，防止产生大量种子为害下年。

d. 化学防治。在狗尾草发生盛期，5～6 叶时，每公顷用 10% 草甘膦水剂 15.0～22.5 kg，对水 300～450 kg，直接严格定向喷雾杂草茎叶。狗尾草 3～5 叶时，每公顷用 15% 精稳杀得乳油 600～1 125 mL，均匀喷雾。

（4）猪殃殃。小麦猪殃殃草生于路旁或草地及林缘。全国各省、区均有分布。

1）形态特征。茎有 4 棱角；棱上、叶缘、叶脉上均有倒生的小刺毛。叶纸质或近膜质，6～8 片轮生，稀 4～5 片，带状倒披针形或长圆状倒披针形，顶端有针状凸尖头，基部渐狭，两面常有紧贴的刺状毛，常萎软状，干时常卷缩，1 脉，近无柄。聚伞花序腋生或顶生，花序常单花，花小，4 数，有纤细花梗；花萼被钩毛，萼檐近截平；花冠黄绿或白色，辐状，裂片长圆形，镊合状排列；子房被毛，花柱 2 裂至中部，柱头头状。花期 3—7 月。果干燥，有 1 个或 2 个近球状的分果爿，直径达 5.5 mm，肿胀，密被钩毛，果柄直，长达 2.5 cm，较粗，每一爿有 1 颗平凸的种子。果期 4—9 月。

2）防灾减灾对策。

a. 农业防治。大力推行条播麦，改撒播为条播，便于管理。开春后，当第 2 个出苗高峰过后，可人工锄草 1 次。合理轮作：对猪殃殃多的麦田，前作改种水稻，把草籽淹在泥水里，致使猪殃殃逐年减少。对无法实行水旱轮作的高坡地，改种油菜或绿肥。从猪殃殃多的地块收来的麦种，播前进行人工或机器筛种，将混在麦种中的草籽筛选出来。

b. 化学防治。通过药效试验防治猪殃殃发现，以 20% 敌稗乳油+20% 2 甲 4 氯乳剂防治效果最好，喷药后 8 d，杀草效果达 100%；其次是 50% 苯达松乳剂，喷药后 17 d 杀草率也达 100%；3 月中旬气温回升，药效能充分发挥，此时用药效果最佳。

（5）阿拉伯婆婆纳。阿拉伯婆婆纳属玄参科一年生或越年生阔叶杂草。阿拉伯婆婆纳是一种长江流域和华北地区的区域性恶性杂草，繁殖力强，防除较为困难，危害性较大。

1）形态特征。全株有毛。茎自基部分枝，下部倾卧，高 15～45 cm，茎基部叶对生，有柄或近于无柄，卵状长圆形，边缘有粗钝齿。花序顶生，苞叶与茎生叶同型，互生。花单生于苞腋，花梗明显长于苞叶；花萼 4 裂，花冠淡蓝色，有深蓝色脉纹。蒴果肾形，宽过于长，顶端凹口开角大于 90°，宿存花柱明显超过凹口。种子表面有颗粒状的突起。花期 3—5 月。种子繁殖。

2）防灾减灾对策。由于阿拉伯婆婆纳处于作物的下层，所以通过作物的适度密植，可在一定程度上控制这种草害；将旱旱轮作改为水旱轮作，可有效地控制这种杂草的发生；绿麦隆、绿磺隆、甲磺隆、杀草丹、除草醚等除草剂能够有效地杀灭该种；刺盘孢属某些真菌可使该种染炭疽病。

（三）药害

目前，小麦药害主要来自于除草剂危害。药害直接影响小麦的生长发育，导致减产减收。

1. 受害症状

药害常使小麦新陈代谢发生变化，生长发育受到抑制，外部形态出现畸形。同时小麦在幼穗分化期对农药敏感性增强，因此，易出现叶片扭曲，穗不能正常抽出，或抽出畸形穗、小穗等现象。典型症状有药后生长受抑制、麦穗失绿发黄、叶片干枯、小麦不结实等（唐建明等，2009）。

2. 防灾减灾对策

（1）预防方法。小麦药害的防治应注重预防，田间施药后的 1 周内要加强田间检查，一旦发现药害，要立即加强田间管理，中耕除草，增温保墒，积极防除病虫害，以提高小麦抵抗药害的能力，缓解小麦药害。

正确选择除草剂。用药量准确。严格掌握施药时期。选择适宜的气象条件施药。应用植物油型除草剂喷雾助剂。

（2）补救方法。及时查田补种。增施肥料。喷施植物生长调节剂。采取促早熟增产措施。喷清水冲洗。

三、玉　米

（一）气象灾害

1. 旱灾

（1）受害概况。玉米对干旱胁迫比较敏感，依据干旱发生季节的不同，可分为春旱、夏旱和秋旱，不同时期的干旱对玉米生长会产生不同的影响。春旱可能导致播种面积下降，播期延迟，出苗不全、不齐，缺苗断垄等现象，将直接影响玉米生产。夏旱致使穗粒数减少，空秆率增加，百粒重下降。秋旱主要是影响玉米灌浆。

（2）防灾减灾对策。

1）选育高产、稳产、抗旱的优良品种。

2）加强田间管理、科学施肥。改善土壤环境，平衡施肥，增施有机肥，重视微量元素。在旱地上，除强调前期多中耕松土，保持墒情，减少土壤水分的无效散失外，在进入灌浆期之后，应根据墒情、气候及时中耕松土。可叶面喷施"旱地龙"500～1 000倍液或"喷宝"1 000～1 500倍液等抗旱剂。亦可叶面喷施尿素600～800倍液或磷酸二氢钾800～1 000倍液等。既可直接补充一定的水分，又可增加植株营养，提高抗旱能力。

3）合理密植，优化群体结构，增强适应能力。在玉米生产中，在同等条件下，不同种植密度对异常的气候现象具有不同的适应性。密度越大，个体发育越差，其适应性就越差；反之，密度越小，个体发育越好，其适应性就越强。因此，合理密植、优化群体结构既能保证产量又能增强适应性。

4）改变传统耕作方式，营造田间小气候。采用大小垄耕作方式，可有效改善田间小气候，增加玉米的通风透光性，加强对养分的吸收，发挥玉米高光效性能。在低密度条件下，个体间争夺水肥的矛盾较小，个体发育较健壮，增强了个体和群体对不良环境的适应能力，抵御干旱伤害的能力增强，能够减轻干旱伤害。

5）合理配置作物品种和播期。种植早熟高产品种，生育期以90～95 d为宜；同时力争早播种，如果播种时间分别为2月上旬、中旬、下旬或7月上旬，则玉米生长发育与降水时间分布相符合的情况分别为较好、大部分符合、1/2符合、大部分不符合。光、热、水资源的利用情况也与之相应。

2. 冷害

（1）受害概况。低温影响玉米全生育期的生长和产量，主要表现在抑制玉米干物质积累、生理生化指标及光合作用的变化。有研究表明，当温度在 6～8 ℃时玉米种子停止萌发、幼苗停止生长，会导致细胞和组织产生不可逆伤害。在高纬度寒冷地区，低温冷害发生的频率较高，极易造成玉米产量及品质下降。

玉米播种至出苗遇有低温，出现出苗推迟，苗弱、瘦小，种子发芽率、发芽势降低等现象，且对植株功能叶片的生长有阻碍作用，到四展叶期，植株明显矮小，表现生长延缓，植株功能叶片的有效叶面积显著降低，光合能力下降；四展叶期至吐丝期，低温持续时间长，株高、茎秆、叶面积及单株干物质重量受到影响；吐丝至成熟期，低温造成有效积温不够，导致授粉困难，灌浆期延长，干物质积累缓慢，造成减产。

（2）防灾减灾对策。

1）选育耐寒、早熟、高产杂交种。这是提高玉米抗寒性，扩大玉米向寒冷地区发展的重要途径。

2）适当早播和低温锻炼。根据品种的发芽临界温度，适当早播可避免延迟型冷害的发生。播前将种子在 20 ℃左右的水中浸 12～15 h。种子萌动后，在 0 ℃低温下锻炼 10 d 左右再播种，则出苗快，抗寒力增强。

3）保护地栽培防冷促熟技术。

a. 地膜覆盖。地膜覆盖栽培玉米，可使早春 5 cm 地温早、晚提高 0.3～5.8 ℃，中午提高 0.5～11.8 ℃。晚春 5 cm 地温早、晚提高 0.8～4.0 ℃，中午提高 1.0～7.5 ℃。土壤含水量增加 3.6%～9.4%，早出苗 4～9 d，吐丝期提早 10～15 d。还可以促进土壤微生物活动，使作物吸收土壤中更多的有效养分，促进玉米生长发育，提高抵抗低温冷害的能力。

b. 育苗移栽。玉米育苗移栽是有水源地区争取玉米早熟高产的有效措施。在上年秋季选岗平地打床，翌年 4 月 16—25 日播种催芽种子，浇透水，播后立即覆膜，出苗至 2 叶期控制温度在 28～30 ℃，2 叶期至炼苗前控制温度在 25 ℃左右，以控制叶片生长，促进次生根发育。移栽前 7 d 开始炼苗，逐渐增加揭膜面积，并控制水分，育壮苗。

4）加强田间管理，促进玉米早熟。

a. 科学施肥。每亩施优质有机肥 1 t 做基肥；种肥要侧重施磷钾肥，每亩用磷酸二铵 10 kg 和钾肥 6 kg，结合埯种或精量播种时隔层施用。按玉米需肥规律在生育期间应追 2 次肥。第一次在拔节期，第 2 次在抽雄前 5 d，追肥原则是前多后少。低温年份生育期往往拖后，应 2 次并作 1 次，只在拔节期每亩施尿素 12.5～15.0 kg，可避免追肥过多导致贪青晚熟。

b. 铲前深松或深趟一犁。玉米出苗后对于土壤水分较大的地块可进行深松，深度在 35 cm 左右，能起到散墒、沥水、增温、灭草等作用；土壤水分适宜的地块，进行深趟一犁，可增温 1～2 ℃。

c. 早间苗，早除蘖。在玉米 2～3 叶期 1 次间苗打单棵，留大苗、壮苗、正苗。另外，在玉米茎基部腋芽发育成的分蘖为无效分蘖，应及早去掉，以减少养分消耗。

d. 早铲勤趟，放秋垄。玉米开花授粉后，人工铲除大草，同时去掉雌穗以下的衰老黄叶，可消灭大草，通风透光，减少养分消耗，增加粒重，减少秃尖，促进早熟 3～4 d，增产效果明显。

e. 隔行去雄。在雄穗刚露出顶叶时，隔 1 行去掉 1 行雄穗，使更多的养分供给雌穗，早熟增产。

f. 站秆扒皮晾晒。在玉米蜡熟中期，子粒有硬盖时，扒开苞叶，可以加速果穗和籽粒水分散失，提高籽粒品质，使收获期提前。

g. 适时晚收。玉米是较强的后熟作物，适当晚收可提高成熟度，增加产量，也有利于子实脱水，干燥贮藏。一般玉米收获期以霜后 10 d 左右为宜。

3. 热害

（1）受害概况。淮河流域 3 天以上的持续高温，西部多于东部，淮北西部最多。高温一般出现在 7 月下旬到 8 月上旬，个别年份部分地区出现在 9 月份。若以梅雨期为界，可分为初夏高温和盛夏高温两个阶段。初夏高温多以淮北为主；盛夏高温易出现持续性全省高温天气。连续高温在 5 天及其以下，一般不会对玉米造成严重危害。如遇更长且往往伴随干旱发生，容易对玉米造成高温灾害，从而影响玉米开花授粉，导致玉米结实不良，引起严重减产。

（2）防灾减灾对策。

1）选育推广耐热品种，预防高温危害。应筛选和种植高温条件下授粉、结实良好、叶片短、直立上冲、叶片较厚、持绿时间长、光合积累效率高的耐逆品种，这是降低高温伤害的有效措施。

2）调节播期，避开高温天气。在玉米生产上要设法避开高温。较长时间的持续高温，一般集中发生在 7 月中旬至 8 月上旬，春播玉米可在 4 月上旬适当覆膜早播，夏播玉米可推迟至 6 月中旬播种，使不耐高温的玉米品种开花授粉期避开高温天气，从而避免或减轻危害程度。

3）人工辅助授粉，提高结实率。如果在开花散粉期遇到 38 ℃ 以上持续高温天气，建议采用人工辅助授粉提高玉米结实率，减轻高温对作物授粉受精过程的影响。

4）适当降低密度，采用宽窄行种植。采用宽窄行种植有利于改善田间通风透光条件、培育健壮植株，使植体耐逆性增强，从而增加对高温伤害的抵御能力。

5）加强田间管理，提高植株耐热性。科学施肥，重视微量元素的施用。苗期蹲苗进行抗旱锻炼，提高玉米的耐热性。适期喷灌水，改变农田小气候环境。

4. 风害

（1）受害概况。玉米营养生长阶段遇到大风，可导致叶片间相互碰撞和直接摩擦产生机械伤害，出现枯白色不规则性斑块，有时叶片撕裂呈宽窄不等条状。玉米授粉后，果穗重量逐渐增加，重心上移，加上浇水或大雨过后遇到大风，容易造成植株倒伏或折断，致使倒伏后的植株透风透气不良，相互遮阴，受光面积减少，以致光合作用降低，有氧呼吸减弱，消耗加大，合成减少，即造成严重减产。

（2）防灾减灾对策。

1）选用抗倒伏优质高产的玉米品种。为了提高玉米抵御风灾的能力，宜选用株型紧凑、茎秆组织较致密、抗风能力强的高产优质玉米良种。如"掖单 22 号""掖单 51 号""登海 1 号""西玉 4 号""西玉 5 号""鄂玉 4 号""鄂玉 7 号""华玉 4 号""鲁单 984"等。在风灾较严重的地区，尤其要注意抗风玉米良种的选择。

2）建立农田防风林。建立农田防风林，不仅具有防风害的效果，而且形成了防风林小气候，对玉米的生长非常有利。在风灾严重的地区，应该将植树造林、构建防风林带与玉米抗风栽培进行有机结合。

3）适当调整玉米种植行向。在风灾较重的地区，农民在对抗风灾时还将迎风面 2～3 株玉米穗位部捆扎一起使其形成一个三角形，从而增强其抗风能力。

4）合理密植。根据品种特性进行合理密植是降低玉米倒伏的关键性栽培措施之一。在一定的密度范围内，密度与倒伏呈正相关。

5）增施钾肥，合理供应肥水。玉米是需钾较多的作物，而且钾可促进碳水化合物的合成与运输，减少茎秆中非蛋白氮的积累，使机械组织发达，增强茎秆强度，提高抗倒伏能力。玉米切忌偏肥，尤其是偏施速效氮肥。

6）喷洒植物生长调节剂及其他物质。大喇叭口期喷矮壮素、壮丰灵、翠竹牌玉米专用生长调节剂可使玉米高度降低、叶片增重、颜色增绿、茎秆变粗抗倒伏。风害的直观影响就是加大蒸发量，因此，喷施蒸腾抑制剂能降低风对玉米的伤害作用。

5. 阴害

（1）受害概况。玉米阴害是指长期光照不足造成营养生长不良，授粉受阻，灌浆缓慢。不同时期遮光试验表明，以抽雄到吐丝期遮光减产最为严重。阴害年看上去玉米枝青叶绿，产量却很低。

（2）防灾减灾对策。

1）选用耐阴品种。改善株型结构，矮秆、叶片上冲、雄穗较小、叶片功能期长的品种都有较好的耐阴性。

2）选择适宜播期。使敏感期躲过连阴雨期，如黄淮平原套种玉米就比夏播玉米受连阴雨的危害轻。

3）增施氮肥，提高绿度，促进光合作用。

6. 雹灾

（1）受害概况。冰雹灾害一般来势凶猛，危害重，在短时间内就可能造成玉米田绝收。

（2）防灾减灾对策。

1）防御措施。

a. 加强预测预报。准确及时的冰雹预测预报对防御冰雹、减少灾害损失有着重要意义。在做好冰雹预测预报的同时，还要充分做好防雹准备。

b. 人工防雹减雹。可以利用火箭、高炮或飞机等防雹设施，直接把碘化物、干冰等催化剂送至云中，以降低冰雹形成的条件，从而达到有效预防和消除冰雹的目的，减少灾害的发生。

c. 植树造林。在冰雹多发地带积极进行植树造林，改善生态环境及大气热力条件，营造有利的田间小气候环境，破坏形成雹云的条件，降低冰雹发生的概率，从而达到减少雹灾的目的。

2）灾后管理及补救措施。

a. 扶苗。雹灾过后，应及早将倒伏或淹没在水中的幼苗扶起，使其尽快恢复生长。

b. 整苗。雹灾过后，应及时用手将粘连、卷曲的心叶放开，以便使新生叶片及早进行光合作用。

c. 清理植株残体。灾后要及时清理破烂的枝叶，减少病虫害的发生，促使健康枝叶快速恢复生长。

d. 加强中耕。及时进行中耕松土，破除土壤板结，改善土壤环境，使土壤通气提温，以确保玉米根系生理活动的正常进行，从而促进植株快速恢复生长。

e. 补施速效肥。雹灾后，为促进玉米茎叶快速恢复生长，应根据苗情和生育期及早追施速效氮肥，可追施尿素 $75\sim150$ kg/hm^2。另外，还可待新叶长出后，叶面喷施磷酸二氢钾等叶面肥补充营养。

f. 加强病害防治。及时做好受伤组织的杀菌处理，以减少病害的发生。可用农用链霉素、甲基托布津等杀菌剂，对适量水进行整株喷施。

g. 提前收获。对处于穗期受损严重的玉米，因叶面积减少，养分供应不足，直接影响籽粒形成及灌浆，导致果穗秃尖、籽粒败育、千粒重降低。为减少损失，可以在授粉后 $20\sim25$ d 提前收获，以鲜果穗形式进行出售，遗留的玉米秸秆可用作青贮饲料。而对于雹灾造成多数玉米发生茎折的田块，由于茎秆组织坏死严重，养分运输受阻，已无保留意义，可提早毁种生育期适合的其他作物，以降低损失。

7. 洪涝灾害

（1）受害概况。涝灾发生后，土壤通气性能差，根系无法正常呼吸，得不到生长所需肥水，叶色退绿，植株基部呈紫红色并出现枯黄叶，造成生长缓慢或停滞，严重的全株枯死。另外，在受涝的土壤中，还会产生一些有毒物质，使玉米发生黑根或烂根现象。在发生涝害时，由于天气阴雨，光照不足，湿度增大，还会加重草荒和病虫害蔓延。

（2）防灾减灾对策。

1）预防措施。

a. 选用地势较高、排水性能好的地块种植玉米。种植玉米的地块，要选择地势高、质地疏松的土壤，排水快，渗漏性强，雨水不易形成积水。

b. 选用耐涝的玉米品种。不同的玉米品种在抗涝方面有明显的差异。经过自然鉴定，北京、广西等地区初步筛选了一些比较抗涝的品种，如"京杂 6 号""京早 7 号"单交种和"墨白"综合种等。

2）补救措施。

a. 及时排水，防止渍害。对受灾严重地块，要及时清理田内排水沟，做到尽快排除地面积水，保证玉米正常生长发育和成熟。

b. 及时扶正植株，减少损失。对发生根倒的地块，要尽早扶起倒伏植株并培土固牢；对发生弯倒的地块，尽可能利用植株自身能力恢复直立，避免由于人工扶直导致茎秆断折，造成更大损失。

c. 田间清理，恢复生长。涝灾后田间杂草易旺长，土壤易板结，要抓紧中耕除草，破除板结，为后期生长创造适宜的环境条件。同时清理掉叶片上残存的淤泥、杂物。

d. 中耕施肥，及时散墒。对于田间积水已经排净或未形成明显积水的地块，要结合增施氮肥，如大喇叭口期的玉米，可每亩追施尿素 15～20 kg。可适当喷施 0.5%磷酸二氢钾，有条件的地方也可补充适量微肥。

e. 加强监测，防控病虫。由于田间积水，植株损伤，土壤水分较大，空气湿度大，易引起各种病虫害如茎腐病、穗腐病、叶斑病以及玉米螟等虫害的发生，要加强监测预警，密切关注田间病虫发生动态，适时开展防治，减少病虫害损失。

f. 采取促进早熟措施。洪涝灾害后，作物生育期往往延迟，易遭受低温冷害和早霜威胁，可适时采取叶面喷肥（磷酸二氢钾、喷施宝等），加快灌浆速度，促进安全成熟。玉米还可采取隔行去雄、乳熟后站秆扒皮晾晒、割空株、打底叶、放铺子等促早熟措施，促进灌浆成熟。

（二）生物灾害

1. 病害

（1）玉米大斑病。病原菌无性态为玉米大斑凸脐蠕孢菌 [*Exserohilum turcicum* (Pass.) Leonard & Suggs]，有性态为大斑刚毛座腔菌 [*Setosphaeria turcica* (Luttrell) Leonard et Suggs]。

1）为害概况。病菌主要为害叶片，严重时也可为害叶鞘、苞叶和子粒。叶片发病后，发病部位先出现水渍状（室内）或灰绿色（田间）小斑点，随后沿叶脉方向迅速扩大，形成黄褐色或灰褐色梭形大斑，病斑中间颜色较浅，边缘较深。严重发病时，多个病斑相互汇合连片，致使植株过早枯死。枯死株根部腐烂，果穗松软而倒挂，籽粒干瘪细小。田间湿度较大或大雨过后或有露时，病斑表面常密生一层灰黑色的霉状物（病菌的分生孢子梗和分生孢子）。叶鞘、苞叶和子粒发病，病斑也多呈梭形，灰褐色或黄褐色。

2）防灾减灾对策。

a. 农业防治。选种抗病品种，主要有 "Mo17"、掖单系列品种（如 "掖单 13" 等）、登海系列品种、"吉单 101" "吉单 111" "中单 2" "郑单 2" "吉 713" "四单 12" "四单 16" "掖 107" "沈试 29" 等；适期早播，使整个玉米生育期提前，可缩短后期处于高湿多雨阶段的生育日数；玉米是一种喜肥作物，加强肥水管理，可提高抗病力。另外，大斑病是一种兼性寄生菌，植株生育不良易受侵染，即使抗性品种在缺肥缺水时也不能表现出其抗病潜力；在病害发生初期，底部 4 个叶发病以前，打掉下部病叶；轮作倒茬。另外，玉米收获后应彻底清除田间病残体，并及时深翻。

b. 化学防治。对于价值较高的育种材料及丰产田玉米，可在心叶末期到抽雄期或发病初期喷洒 40%克瘟散乳剂 500～1 000 倍液、50%退菌特可湿性粉剂 800 倍液、50%穗瘟净 1 000 倍液、70%代森锰锌可湿性粉剂 500 倍液、50%甲基托布津 500～800 倍液等。

（2）黑粉病。病原为玉蜀黍黑粉菌 [Ustilago maydis（DC.）Corda]，属担子菌亚门。各玉米产区普遍发生。

1）为害概况。玉米黑粉病是局部侵染性病害，侵染时间长，玉米苗期至成熟期均可侵染。一般苗期发病较少，抽穗后发病迅速增多。植株地上部幼嫩的茎、叶、雄花序、果穗乃至气生根均可受害，受害组织因受病原菌的刺激而肿大成瘤，病瘤未成熟时，外披白色或淡红色、具光泽的薄膜，后转呈灰白色或灰黑色，病瘤成熟时外膜破裂，散出黑粉，即为病原菌的厚垣孢子（冬孢子）。这为该病症状的最大特点。

2）防灾减灾对策。

a. 农业防治。减少菌源。收获后彻底清除田间病残体，深翻土壤；重病地实行轮作；播后出苗前地面喷施兼有杀菌作用的除草剂；施用净粪，勿施带病残体堆沤的土杂肥；及时割除病瘤并烧毁。选用抗病品种：在杂交种中，"坊杂 2 号""春杂 2 号""双跃 4 号""双吉 107""单吉 101"等抗性较强，可因地制宜选用。加强管理：注意防治玉米螟等害虫，减少虫伤口；避免偏施氮肥；合理用水，防止旱涝不均，抽雄前适度灌水，勿使受旱。

b. 化学防治。用种子重量 0.5%～0.7%的 50%多菌灵可湿性粉剂，或 0.4%的 25%三唑酮可湿性粉剂拌种；在玉米抽雄前 10 d 左右喷 50%福美双可湿性粉剂 500～800 倍液；也可用 1%的波尔多液进行喷雾。

（3）纹枯病。病原无性态为立枯丝核菌（Rhizoctonia solani Kühn），属半知菌亚门。有性态为瓜亡革菌 [Thanatephorus cucumeris（Frank）Donk]，在自然界不常见。各玉米产区普遍发生，尤以南方夏玉米区发病较为严重。玉米纹枯病为土传病害，是玉米的主要病害。田块发病率为 10%～30%，重病田在 50%以上，甚至 100%。

1）为害概况。该病主要为害叶鞘和果穗，也可为害茎秆和叶片。叶鞘：最初多由近地面的 1～2 节叶鞘发病，病斑初呈水渍状，椭圆形或不规则形，后病斑中央变为灰白色，边缘褐色，病斑扩大后常多个病斑汇合成云纹状大斑，包围整个叶鞘，致叶鞘腐败，叶片枯死；果穗：受害果穗苞叶上也产生云纹状大斑，其内籽粒和穗轴腐烂。茎秆叶片：被害茎秆上的叶片呈褐色，不规则形，严重时根茎基部组织变为灰白色，次生根黄褐色或腐烂。多雨、高湿持续时间长时，病部长出稠密的白色菌丝体，菌丝进一步聚集成多个菌丝团，最后形成褐色不规则形的菌核。成熟的菌核极易脱离寄主，遗落田间。

2）防灾减灾对策。

a. 农业防治。选用高产抗病品种：结合当地实际，不同生态区域选用适宜的高产抗病品种。科学施肥：结合测土配方，合理施用，重施底肥、补施追肥，主攻穗肥、补施粒肥。规范化、合理密植：玉米的种植密度应根据土壤、水肥条件、品种特征特性、气候条件、播种节令等因素决定。提倡高垄栽培，宜用宽窄行，有条件的地区可用地膜覆盖栽培技术；实行科学轮作，合理品种布局，防止连作重茬，改良黏土、涝洼地，实行沟系配套；清洁田园，清除或降低初侵染菌源；及时进行病叶鞘、叶片摘除处理，一般在发病初期及时发现、及时处理治疗，摘除病叶鞘、叶片或病株，并将其远离田地。

b. 化学防治。①浸种：播种前用种子重量 0.2% 的 25% 粉锈宁可湿性粉剂或用种子重量 0.25% 的 33% 纹霉净可湿性粉剂拌种，防效可达 30%～40%。②喷施：玉米抽雄期喷 5% 井冈霉素水剂 1 500 倍液，或 50% 甲基硫菌灵可湿性粉剂 500 倍液，或 40% 菌核净可湿性粉剂 1 000 倍液，或 50% 多菌灵可湿性粉剂 600 倍液，或 50% 乙烯菌核利可湿性粉剂 1 000～2 000 倍液，或 50% 苯菌灵可湿性粉剂 1 500 倍液，或 50% 退菌特可湿性粉剂 800～1 000 倍液。

（4）粗缩病。玉米粗缩病毒（Maize rough dwarf virus，MRDV）主要由灰飞虱以持久性方式传播，不经土壤、种子、病草、病汁液及其他昆虫传播。

1）为害概况。苗浓绿，叶片僵直，宽短而厚，心叶不能正常展开。病株生长迟缓，矮化叶片背部叶脉上产生蜡白色隆起条纹，用手触摸有明显的粗糙感。植株叶片宽短僵直，叶色浓绿，节间粗短。9～10 叶期病株矮化现象更为明显：上部节间短缩粗肿，顶部叶片簇生，病株高度不到健株一半，多数不能抽穗结实。

2）防灾减灾对策。

a. 农业防治。选用抗病品种，如"群壮 101""京黄 113""豫农 704""2569×获白""西单 7 号""中单 2 号""中单 4 号""农单 5 号"和"郑单 4 号"等较耐病；提倡连片种植，避免单一抗病品种的大面积种植，做到播种期基本一致；玉米播种前或出苗前大面积清除田间、地边杂草，提倡化学除草；合理施肥、灌水，加强田间管理，缩短玉米苗期时间，减少传毒机会；麦田冬灌防治灰飞虱；调整玉米播期，为避开灰飞虱迁飞高峰并利于化学防治，夏播玉米应集中在 5 月底 6 月上旬；套种距麦收前 7 d 左右，抢茬直播或毁茬播种；春玉米应提前到 4 月上旬播种。

b. 化学防治。药剂拌种，用内吸杀虫剂对玉米种子进行包衣和拌种；玉米苗期喷洒 5% 菌毒清可湿性粉剂 500 倍液、15% 病毒必克可湿性粉剂 500～700 倍液；串种玉米在麦收后，直播玉米在播种后出苗前用 3% 啶虫脒乳油 1 000 倍液或 2.5% 吡虫啉可湿性粉剂（450 g/hm², 对水 750 kg/hm²）全田喷雾，靠近沟渠、路旁的田块还应在田外喷 2～3 m 的保护带，之后 10～15 d 仍出现病株，可再喷 1 次。

（5）细菌性茎腐病。别名烂腰病。病原为细菌，菊欧文氏菌玉米致病变种 *Erwinia chrysanthemi* pv. *zeae*（Sabet）Victoria, Arboleda et Munoz。

1）为害概况。玉米细菌性茎腐病主要为害中部茎秆和叶鞘。玉米 10 多片叶时，叶鞘上初现水渍状腐烂，病组织开始软化，散发出臭味。叶鞘上病斑呈不规则形，边缘浅红褐色，病健组织交界处水渍状尤为明显。湿度大时，病斑向上下迅速扩展，严重时植株常在发病后 3～4 d 病部以上倒折，溢出黄褐色腐臭菌液。干燥条件下扩展缓慢，但病部也易折断，造成不能抽穗或结实。

2）防灾减灾对策。

a. 农业防治。合理搭配种植抗病高产品种；实行轮作，尽可能避免连作；合理施肥，增施磷钾肥，在苗期避免偏施氮肥；雨后及时排水、培土，促进玉米生长健壮；玉米种植前及早清除田边、地头病株残体，生长期发现病株及时拔除，集中销毁。

b. 物理防治。发病初期剥开叶鞘，在病部涂刷浓度为1%的石灰水，有较好的防病作用。

c. 化学防治。苗期开始注意防治虫害，及时喷洒50%辛硫磷乳油1 500倍液防治玉米螟等，10%吡虫啉可湿性粉剂2 000倍液，或20%氰·马乳油3 000倍液喷雾防治蚜虫、蓟马，或用10%菊马乳油1 500倍液、2.5%功夫乳油5 000倍液喷洒防治黏虫、棉铃虫等，均可有效控制害虫危害，降低介体昆虫传病；在玉米喇叭口期喷洒25%叶枯灵或20%叶枯净可湿性粉剂加60%瑞毒铜或瑞毒铝铜或58%甲霜灵·锰锌可湿性粉剂600倍液有预防效果；发病后马上喷洒5%菌毒清水剂600倍液，防效较好。

2. 虫害

（1）玉米螟。玉米螟是玉米生产上的重要害虫，主要有亚洲玉米螟和欧洲玉米螟，以亚洲玉米螟为优势种。

1）为害概况。

a. 亚洲玉米螟［*Ostrinia furnacalis*（Guenée）］属于鳞翅目螟蛾科。除玉米、高粱、谷子、棉花、大麻外，也为害小麦、大麦、马铃薯、豆类、向日葵、甘蔗、甜菜、茄子、番茄等多种植物，但取食明显偏向玉米。

亚洲玉米螟仅为害玉米地上部分，具体部位常随幼虫大小和玉米生育期而定。玉米螟幼虫在玉米抽雄前集中在喇叭口内，咬穿卷着的心叶，叶展后被害状呈"排孔"现象；玉米抽雄后，蛀食雄花使折断，此后又可蛀害花丝或茎叶；玉米生长后期，幼虫可蛀入穗内，食害籽粒，蛀孔外排泄锯末状粪便；蛀入雌穗附近茎节，阻碍籽粒灌浆，且遇风易折断。

b. 欧洲玉米螟［*Ostrinia nubilalis*（Hübner）］属于鳞翅目螟蛾科。寄主食性较杂，有200多种植物，包括甜菜、玉米、高粱、粟、棉、大麻、大麦、水稻、黍子、甘蔗、芦苇、向日葵、艾蒿、苍耳、黄麻、苎麻、甘薯和番茄。与亚洲玉米螟为害症状相似。

2）防灾减灾对策。

a. 农业防治。玉米品种间在抗玉米螟方面有差异，应根据不同地区的特点选择抗虫品种。科学种植，进行合理的间、混、套种，如玉米与花生和红花苜蓿间作，玉米套红薯、间大豆、间花生等。在春季蛹化羽之前及时将上年的秸秆完全处理干净。玉米螟多集中在即将抽出的雄穗上为害，可人工去除2/3的雄穗，带出田外烧毁或深埋。

b. 物理防治。利用高压汞灯诱导玉米螟成虫。在田外村庄每隔150 m装1盏高压汞灯，灯下修直径为1.2 m的圆形水池，诱杀玉米螟成虫。采用人工合成的性信息素诱杀雄虫或干扰雄虫寻觅雌虫交配的正常行为。在长势好的玉米行间，每公顷安放15个诱盆，使盆比作物高 10～20 cm，把性诱芯挂在盆中间，盆中加水至 2/3 处。

c. 生物防治。利用卵寄生性天敌赤眼蜂。选择晴天大面积连片放蜂，一般每公顷释放 15 万～30 万头，分 2 次释放，每公顷放 45 个点。利用白僵菌和苏云金芽孢杆菌。在卵孵化期，可用含菌量 100 亿/g 的制剂 1 kg，搅拌经过筛的煤渣颗粒 10～15 kg，制成颗粒剂，撒于玉米心叶内。另外，也可加水 500 倍喷雾，或加水 1 000～1 500 倍灌心。

d. 药剂防治。撒施颗粒剂。在玉米心叶期，1、2 代初孵幼虫在春、夏玉米心叶内取食为害时施用颗粒剂。用 1% 辛硫磷颗粒剂、3% 广灭丹颗粒剂，用量为 15～30 kg/hm²，使用时加 5 倍细土或细河沙混匀撒入喇叭口，或用 0.15% 氟氯氰颗粒剂，拌 10～15 倍煤渣颗粒，每株用量为 1.5 g。喷施杀虫剂技术。在雄穗打苞期，用 20% 氰戊菊酯乳油（速灭杀丁）1 500 倍液或 2.5% 溴氰菊酯乳油（敌杀死）2 500 倍液喷雾。在小麦与玉米间作田还可选用辛硫磷乳油主防玉米螟，兼治玉米蚜、叶螨、黏虫等。

（2）桃蛀螟。桃蛀螟 [*Dichocrocis punctiferalis*（Guenée）] 属于鳞翅目螟蛾科。该虫寄主广泛，在果园中为害桃、梨、苹果、板栗等，在作物上为害玉米、高粱、向日葵、棉花、大豆等。

1）为害概况。桃蛀螟食性杂、寄主广泛，可为害多种果树和农作物，主要为害桃和梨的果实。蛀孔大，孔内充有虫粪，孔外也有大量粪便排出。

2）防灾减灾对策。

a. 农业防治。冬季将周围玉米秆残枝落叶及危害部位清除烧毁，消灭越冬幼虫。在成虫产卵前套袋。结合冬季整形修剪，刮除树的粗皮。刮皮应在 11 月进行，刮皮后再用硫酸铜或硫黄配制白涂剂涂白。秋收后至春节前，进行科学施肥。

b. 物理防治。成虫具有强烈的趋光性和趋化性，可利用糖醋液及黑光灯诱杀成虫，每公顷放置 75 盆。

c. 生物防治。利用和保护天敌，如姬蜂、小茧蜂和赤眼蜂。产卵盛期喷洒苏云金杆菌 75～150 倍液或青虫菌液 100～200 倍液。温度在 20 ℃ 以上时，菌液中加 0.1% 的洗衣粉，可提高药效。

d. 药剂防治。桃蛀螟有 2 个关键防治时期：第 1 代和第 2 代卵孵化期，其中第 1 代尤为重要。在产卵盛期喷洒 50% 辛硫磷乳油 1 000 倍液。产卵盛期及初孵期用 20% 丁硫克百威乳油（好年冬、乐无虫）1 000～1 500 倍液喷雾。在第 1、2 代幼虫初孵期，向树冠均匀喷施 25% 灭幼脲 3 号悬浮剂 1 500～2 000 倍液，或 2.5% 溴氰菊酯乳油（敌杀死）2 000 倍液，或 5% 高效氯氰菊酯 1 500 倍液。采前 1 个月停止用药。

（3）黏虫。黏虫 [*Pseudaletia separata*（Walker）] 属鳞翅目夜蛾科。寄主为麦类、水稻、甘蔗、玉米、高粱、豆类、白菜等 16 科 104 种以上的植物，尤其喜食禾本科植物。

1）为害概况。黏虫为间歇性猖獗的杂食性害虫，分布于全国。白脉黏虫、劳氏黏虫在南方各地常与黏虫混合发生，但多以黏虫为主，在北方可见其他黏虫，但数量较少。初龄幼虫仅能啃食叶肉，使叶片呈现白色斑点；3 龄后可蚕食叶片成缺刻，大发生时可将叶片全部食光，造成严重损失。因其群聚性、迁飞性、杂食性、暴食性，成为全国性的重要农业害虫。

2）防灾减灾对策。

a. 农业防治。冬季和早春结合积肥，彻底铲除田埂、田边、沟边、塘边、地边的杂草。合理布局，实行同品种、同生产期的水稻连片栽种，避免不同品种的"插花"栽培。合理用肥，施足基肥，及时追肥，避免偏施氮肥，防止贪青迟熟。科学管水，浅水勤灌，避免深水漫灌、长期积水，适时晒田。

b. 物理防治。在成虫盛发时，采用佳多频振式杀虫灯或黑光灯诱杀成虫。根据成虫喜产卵于枯黄老叶的特性，在田间设置草把 150 把/hm^2，草把可稍大，适当高出作物，5 d 左右换草把 1 次，并集中烧毁。根据黏虫成虫具有嗜食花蜜、糖类及甜酸气味的发酵水浆等特性，采用毒液诱杀成虫，其药液配比为糖∶酒∶醋∶水＝1∶1∶3∶10，加总量 10% 的杀虫丹，每天傍晚置于田间距地面 1 m 处。

c. 生物防治。保护和利用天敌，天敌主要有步行甲、蛙类、鸟类、寄生蜂、寄生蝇等。

d. 药剂防治。喷施 25% 杀虫双水剂 500 倍液，或 2.5% 溴氰菊酯乳油（敌杀死）4 000 倍液，或 90% 晶体敌百虫 1 000 倍液，或 20% 除虫脲胶悬剂 1 200 倍液，或 50% 辛硫磷乳油 1 000 倍液。最好几种药剂交换使用，防止害虫产生抗药性。

（4）玉米蚜。玉米蚜［*Rhopalosiphum maidis*（Fitch）］属同翅目（Homoptera）蚜科（Aphididae）。寄主为高粱、玉米、粟、谷子、小麦、大麦、燕麦、青稞、狗尾草、狗牙根、虎尾草、黑麦草和唐菖蒲等禾本科植物。世界性分布，国内发生地区相当广泛。

1）为害概况。玉米蚜以成、若蚜刺吸植株汁液。苗期，蚜虫群集于叶片背部和心叶造成为害，严重时植株生长停滞，甚至死苗。此外，春玉米蚜还会传播玉米矮花叶病毒病。玉米孕穗期，成、若蚜聚结在雄花花萼及穗梗上、雌穗苞叶花丝及其上下邻叶上为害。蚜量大时，形成"黑穗"，造成玉米雌穗出现明显的少行缺粒和"秃顶"。蚜虫分泌的大量"蜜露"污染叶片，形成霉污，使玉米整株变黑。同时蚜虫大量吸取汁液，影响玉米正常灌浆，导致秕粒增多，甚至造成"空株"。

2）防灾减灾对策。

a. 农业防治。采用麦棵套种玉米栽培法，比麦后播种的玉米提早 10～15 d；拔除中心芽株的雄穗；铲除田间杂草。

b. 生物防治。天敌有异色瓢虫、七星瓢虫、龟纹瓢虫、食蚜蝇、草蛉和寄生蜂等。

c. 药剂防治。可选用的药剂有杀螟松、溴氰菊酯、杀灭菊酯等。拌种：用玉米种子重量 0.1% 的 10% 吡虫啉可湿性粉剂浸拌种，播后 25 d 防治苗期蚜虫、蓟马、飞虱效果优异。喷雾：玉米进入拔节期，当有蚜株率在 30%～40%，出现"起油株"（指"蜜露"）时，喷施 50%辛硫磷乳油 1 000 倍液；在玉米大喇叭口末期喷洒 40.64%加保扶悬浮剂 800 倍液，或 10%吡虫啉可湿性粉剂 2 000 倍液，或 2.5%保得乳油 2 000～3 000倍液。

（5）棉铃虫。棉铃虫（*Heliothis armigera* Hübner）属鳞翅目夜蛾科。寄主有 200 多种，在蔬菜上主要为害茄科和豆类，其中以番茄和辣椒受害最重，还为害十字花科蔬菜和瓜类；在作物上是棉花、花生、大豆的重要害虫，还可为害小麦、玉米、高粱、豆类、烟草、芝麻、向日葵、苹果、梨、桃、葡萄等。

1）为害概况。棉铃虫在生长旺盛茂密且抽穗早的玉米田比长势差的玉米田产卵量明显增多。产卵部位多在雌穗刚吐出的花丝上和刚抽出的雄穗上。幼虫孵化后先食卵壳，以后取食幼嫩的花丝或雄穗，也取食叶片。幼虫 3 龄前多在外面活动为害，此时是防治的有利时机。3 龄以后多钻蛀到苞叶中为害玉米穗，取食量和对玉米穗的为害程度明显比玉米螟大，也不宜防治。

2）防灾减灾对策。

a. 农业防治。种植转 Bt 基因抗虫棉。提倡棉花与小麦、玉米、油菜等作物间作套种或相邻种植。冬耕冬灌，消灭越冬蛹。结合整枝、打顶和打杈，可有效地减少卵量。盛发期适时去除植株下部的老叶。利用温室、塑料大棚、塑料中棚、地膜设施对番茄、辣椒进行春提早或秋延后栽培。

b. 物理防治。利用黑光灯、高压汞灯及性诱芯诱杀成虫。田间用杨树或柳树枝把诱蛾，用 0.6 m 左右长的杨树或柳树枝条，每 10 根 1 把绑在木棍上，插于田间，顶端要求略高于蔬菜作物顶部。

c. 生物防治。卵期的主要天敌有拟澳洲赤眼蜂、松毛虫赤眼蜂，在棉铃虫产卵初盛期开始释放赤眼蜂 2～3 次，每次 22.5 万头/hm²。幼虫期天敌主要是白僵菌，其次是寄生蜂类、姬蜂等。捕食性天敌常见的有蜘蛛、草蛉、猎蝽、隐翅虫和步甲等。当 2 代棉铃虫百株累计卵量达 30 粒时，喷施含 100 亿活孢子/mL 以上的 Bt 乳剂 300～400 倍液（30 ℃以上施药效果最好），或棉铃虫核多角体病毒 1 000～2 000 倍液，或把含活孢子48 亿/g的青虫菌粉 400 倍液喷在烟草心叶背面。

d. 药剂防治。掌握在卵孵盛期至 2 龄幼虫时期喷药防治，药剂可选用 1.8%阿维菌素乳油 3 000 倍液，或 10%吡虫啉可湿性粉剂 1 500 倍液，或 5%氟啶脲乳油 2 000 倍液，或 25%灭幼脲悬浮剂 600 倍液。在防治 2 代时，主要喷洒在棉株上部嫩叶和顶尖上，采用"点点划圈"的喷药方式。防治第 3 代、第 4 代时要喷洒在群尖和幼蕾上，四周打透。另外，在防治蔬菜上的害虫时，应使用低毒、低残留农药，如 52.5%三氟氯氰菊酯乳油 2 000～3 000 倍液，或 5%氟虫脲乳油 1 500 倍液，或 50%辛硫磷乳油 1 000 倍液，或5%氟虫腈悬浮剂 2 500 倍液，每季菜各最多施用 2 次。

3. 草害

（1）受害概况。淮河地区玉米草害主要有马唐、马齿苋、牛筋草、田旋花、藜、绿狗尾、反枝苋、苘麻等。长江流域玉米草害主要有马唐、牛筋草、千金子、稗草、双穗雀稗、空心莲子草、牛繁缕、婆婆纳等。玉米苗期受杂草为害严重，中后期的杂草对玉米生长影响不大。玉米苗期受杂草为害时，植株矮小，秆细叶黄，导致中后期生长不良，双穗率降低，空秆率提高，穗粒数和粒重明显下降，严重减产。

（2）防灾减灾对策。

1）检疫措施。在引种或调运种子时，严格杂草检疫制度，防止检疫性杂草（如假高粱）的输入或扩大蔓延。

2）农业措施。实行秋翻春耕，破坏杂草种子和营养器官的越冬环境或机械杀伤，以减少其来源；高温堆肥，有机肥要充分腐熟，以杀死其内的杂草种子；有条件的地方实行水旱轮作，可有效地控制马唐、狗尾草、山苦菜、问荆等旱生杂草，在禾本科杂草发生严重的田块，也可采取玉米与大豆等双子叶作物轮作，在大豆生育期喷洒杀禾本科杂草的除草剂，待其得到控制后，再种植玉米；合理施肥、适度密植，促进玉米植株在竞争中占据优势地位，也是减少草害的重要措施。提倡中耕除草，以改善土壤通透性，同时，减轻草害，尤其是第二次杂草高峰期，及时铲除田间杂草，对改善田间小气候、阻断病虫害的传播有重要意义。

3）物理除草。利用深色地膜覆盖，使杂草无法光合作用而死亡。

4）化学除草。玉米田化学除草主要在播种后出苗前和苗期两个时期施药防治。

a. 苗前封闭。玉米播种后、出苗前且土壤较湿润时，要趁墒对玉米田进行封闭除草，是目前玉米田化学除草的主要方法。一般情况下，苗前除草剂对玉米植株的安全性较高，较少产生药害；盲目增加药量、多年使用单一药剂、几种除草剂自行混配使用、施药时土壤湿度过大、出苗前遭遇低温等均会产生药害。

b. 苗期喷雾。玉米苗 3～5 叶期是喷洒苗后除草剂的关键时期，这是由于玉米贴茬播种技术的普遍使用受田间残留小麦秸秆的影响，使播后苗前除草（封闭）的效果变差，因此，目前普遍使用苗后除草剂来防治杂草。

第二节　经济作物生产防灾减灾对策

一、棉　花

（一）气象灾害

1. 棉花旱灾

（1）受害概况。长江流域棉区，年降水量虽然在 1 000～1 500 mm，但由于降水常集中在春末夏初，盛夏多在副热带高压控制之下，晴热少雨，也易发生伏旱。另外，在降水变率太大的地区和季节亦易发生干旱。

从农业生产角度来看，干旱的发生是一个很复杂的过程，不仅受到降水偏少的影响，还受到农业结构、耕作制度、作物种类、生育时期、自然地理条件、社会经济条件等的影响。如农业技术先进，灌溉条件又好，干旱时期因温度高、日照强，大旱之年还能夺得大丰收（朱淼，2014）。

（2）防灾减灾对策。

1）抗旱。

a. 开源节流，合理灌溉。一是要根据作物生育各阶段耗水规律、本地区气候特点，如降水、蒸发等气候条件、土壤水分状况，制定一套合理的灌溉制度，既满足作物需要，又不浪费水资源；二要改大水漫灌为小水沟灌、隔沟灌、轻灌等，发展喷灌、滴灌、提灌等节水灌溉技术。

b. 使用各种耕作措施保墒。根据土壤不同条件，采用不同耕作措施，减少土壤水分蒸发，保墒抗旱。当土壤含水量较大时，水分通过毛细管蒸发，采用浅锄保墒，切断毛细管，使土壤变疏松，形成薄层干土，阻碍下层土壤水分蒸发，还具有除草、增温作用。在土壤墒情较差时，表土是干土层，下层水分主要以气态水形式向外扩散，若表层土壤疏松，空隙度较大，气态水扩散阻力较小，有利于水分蒸发，应采用镇压保墒措施。免耕法是一次完成耕耙、播种、施肥、洒除草剂等作业。由于留茬覆盖地面，减少水分流失，抑制蒸发，可保持土壤团粒结构，减轻板结，增大土壤吸水性和持水性。

c. 覆盖保墒。用地膜、砂砾、植物的残留物覆盖农田表面，能抑制土壤蒸发，保墒效果好。

d. 育苗移栽，躲过春旱。在干旱严重、水源又缺乏的地区，大面积等墒播种会延误农时。可采用塑料薄膜或塑料营养钵等育苗移栽，以集中用水、用肥，再分期造墒移栽，或等阴雨后移栽，能躲过春旱。

2）防旱。

a. 兴修水利，搞好农田基本建设，是防御干旱的根本措施。

b. 深耕改土，增强土壤蓄水能力，是旱地农区防旱抗旱的重要措施。

c. 绿化荒坡隙地，改善生态。环境森林和草地不仅可防止水土流失，还可增加土壤渗水能力。

d. 选育、应用抗旱品种，提高抗旱能力，是防御干旱危害的一条经济有效的途径，也是安排品种布局，实现高产、优质、高效的重要环节。

e. 棉花抗旱播种技术。棉花一播全苗，是夺取丰收的第一个重要环节。但我国北方广大棉区由于干旱，多风少雨，往往不能按时播种或播种后不能全苗，一再补种、移栽等，贻误农时，造成生育期推迟，霜后花增多，影响棉花产量和纤维品质，特别是近年来干旱严重，问题更加突出，因此，一方面应及时耙耢保墒，另一方面应搞好抗旱播种，提高播种质量。

2. 冷害

（1）受害概况。棉花是喜温作物，对温度非常敏感，寒潮来临时往往伴随着阴雨天气，低温会导致棉花细胞代谢功能失调，光照严重不足；寒潮过后，棉苗子叶干枯，严重影响棉花的生长。低温冷害会使棉花生育进程推迟，植株矮小，群体生长量不足，成铃少，从而降低棉花的产量。

（2）防灾减灾对策。

1）播种期低温。播种期遇低温，一般选用以下 3 种方法应对：

a. 选用耐低温品种或早熟品种，耐低温品种一般具有子叶较大、出苗所需积温较低的特点，早熟品种各生育阶段的积温需求均低于中晚熟品种。

b. 采用营养钵双膜育苗技术，即在正常的育苗苗床钵土上加盖一层地膜，以增加苗床地温，当出苗达 80% 左右时，于晴天 9：00 左右及时抽取地膜，以防高温烫苗。

c. 合理密植。

2）苗床苗期低温。

应加强苗床管理，晚开早关，使苗床既能通风散湿，防止苗病，又能暖床过夜，促使棉苗生长，移栽前 5～7 d，加强炼苗，加大通风口，延长通风时间，逐步由日揭夜盖过渡到日揭夜露，以增强棉苗对低温的适应性和抵抗能力。

3）移栽期低温。应根据苗情及气候情况合理确定移栽时间，尽量避开低温影响，移栽可采用地膜覆盖栽培，增温保墒，促进棉苗根系发育，缩短缓苗期，栽前 1～2 d 喷施促根剂，活棵后及时喷施叶面肥，促其早发，以增强棉苗抗低温能力。

4）吐絮后期低温。防御吐絮后期低温，可采取合理的肥水管理、化学调控等技术，使棉花整体素质提高，达到老而不衰、青而不贪，对迟熟棉田及时采用乙烯利催熟，即在始霜前 15～20 d，气温在 20 ℃ 以上时，于晴天中午喷施 40% 乙烯利 2.25～3.00 kg/hm²，喷后 6 h 内遇雨应重喷。

3. 涝渍

（1）受害概况。长江流域棉区涝害一般发生在 7—8 月，此时棉花处于现蕾和开花结铃期，往往给棉花生产带来很大损失。棉花受雨涝后，一般会出现以下特点：一是果枝缺位现象。果枝侧芽发育成果枝，正芽潜伏，棉田及时排水后，原本应该出现果枝的倒数第 2 叶节至第 4 叶节上，出现果枝缺位现象，即使加强管理，也很难恢复。二是果枝多极化现象。基部果枝几个叶节发生叶枝，受淹果枝的生长点分化叶枝芽，发育成边心叶枝，上部果枝节增长速度快，果节增加，有利上部结桃，果枝日增高峰一般在排水后 20 d 左右。三是蕾铃增长受到影响。不同受害等级棉花，蕾铃增长受到不同程度影响，受害等级越高，受影响程度越大。如一级（轻度危害）棉株，一般排水后 40 d 蕾数增长达到高峰。而三级（严重危害）棉株则向后推迟，有相当一部分花蕾不能发育成铃。四是营养生长势较强。如株高增长相对加快，主茎叶出叶速度加快。五是光秆棉株恢复生长一般排水后 4～5 d 根基部发生新根，5～7 d 新生 1 片绿叶，有的单株可结有效成铃 0.4～4 个，有一部分无铃株。

（2）防灾减灾对策。

1）预防。修筑水库、堤防，治理河道。大力开展植树造林和水土保护。修建排水渠道。改良土壤结构，实行防渍栽培。

2）补救。

a. 分析灾情，科学决策。棉花受雨涝灾害等级共 5 级（表 3-1）。针对 1 级（轻度危害）、2 级（中度危害）、3 级（重度危害）受灾棉田，一般不要毁种，应及时采取各种措施进行抢救，将损失降至最低，针对 4 级（严重危害）受灾棉田，一般不轻易毁种，如受灾后棉株仍在有效恢复期内，可及早采取补救措施，严重缺株时补种其他作物。针对 5 级（特重危害）受灾棉田，应尽早改种适宜作物，减少损失。

表 3-1　棉花受雨涝灾害的等级划分

受灾等级	受灾程度
1 级（轻度危害）	棉花持续淹水 10 h 左右，最多不超过 24 h。及时排水后，棉株呈轻度萎蔫，如遇高温天气，也可能严重萎蔫，下部果枝下垂，幼蕾脱落，叶片发黄，基本无死苗，再次受淹时不出现萎蔫现象。棉花生长发育恢复较快，若及时管理，措施得力，可基本不减产
2 级（中度危害）	棉花持续淹水 2~3 d。棉田积水未淹没整个棉株，蕾花和叶脱落严重。有轻度死苗现象。如及时排水，加强管理，棉花可较快恢复生长发育，减产较轻
3 级（重度危害）	棉花持续淹水 2~3 d，棉田积水 40~50 cm，70% 以上的棉株没顶，排水后棉株顶心不死，多数蕾花脱落，死苗率在 20% 左右。一般排水 3 d 后侧芽及上部枝叶开始恢复生长，如及时管理，一般减产 30%~40%
4 级（严重危害）	棉花持续淹水超过 4~5 d，棉田积水淹没整个棉株，棉花处于死亡临界，排水后棉花出现假死现象，80% 棉株顶心死亡，叶、花、蕾全部脱落，根系发黑，死亡率在 50% 以上，严重缺株。一般排水 6 d 后，幸存棉苗开始长出新果枝、侧芽、白根系，但恢复生长缓慢，减产幅度较大
5 级（特重危害）	棉花持续淹水 5 d 以上。在排水 7 d 以后，棉花基本全部死亡，果枝、花蕾、叶片等器官基本全部腐烂

b. 清沟排水。棉田积水受淹时间越长，受害越大。对受渍涝灾害的棉田要抓紧清理"三沟"（腰沟、围沟、垄沟），及时有效地排除田间明暗积水，降低地下水位，降低田间土壤湿度。

c. 扶理棉株。棉田淹水后，往往造成棉株倒伏，应在水未退去之前，从水中扶起棉苗，使棉苗心叶露出水面，防止死苗，减轻棉花根系和叶片损伤。对于因淹水而使棉叶沾满淤泥的棉田，应趁退水之时洗去叶片上的淤泥，也可在水退后及时用喷雾器喷水清洗枝叶上的淤泥，露出叶片，以利于棉叶恢复正常进行光合作用。

d. 及时整枝。苗期淹水后，应及时去除棉苗下部叶片，仅保留顶部平展的心叶。蕾期淹水后要及时去除棉株下部黄化、腐烂的叶片，整去叶枝和果枝，摘除即将开花的蕾。花铃期淹水后要及时摘除蕾、花及小铃，剪去空果枝，摘除棉株下部主茎叶。

e. 中耕培土。灾后棉田土壤板结、通透性差，棉苗生长不旺，可进行 2~3 次中耕松土、培土，以改善土壤通透性，增强根系活力。特别是盐碱地，更要及早中耕松土，以防返盐死苗。

f. 补施肥料。受淹棉株应在萎蔫消除、根系吸肥能力开始恢复后，区分苗情，及时补施速效肥料（恢复肥），对保证棉花生长的营养需要、恢复叶片功能都十分重要。

g. 防治病虫。棉田淹水以及排除积水后，田间小气候发生了较大改变，因此，病虫害的发生情况也有所变化。防治上，要结合扶理棉株，摘除残枝病叶，防止病虫源滋生；及时检查枯萎病发生情况，对发病严重的棉株要及时拔除；对轻微的病株，应及时清理病株病叶带离田间，可选用杀菌剂进行灌根防治。

h. 推迟打顶。由于现蕾、开花结铃高峰延迟，应推迟打顶时间（一般比不受灾棉田后推 7 d 左右），充分利用棉花纵向生长优势，长枝增节，增加棉花顶部果节量，提高秋桃成铃率。

I. 其他措施。如看苗化调、抢摘黄铃、改种补种等。

4. 雹灾

（1）受害概况。安徽省地处北半球中纬度地带，属大陆性季风气候，地貌类型复杂多样，冰雹灾害频发。从降雹发生的季节看，安徽省以春夏季降雹为主，占总降雹次数的96%。一般冰雹发生持续时间短，影响范围小，但突发性强，破坏性大，常打烂棉叶、打折枝茎、打坏生长点、打落棉铃，甚至造成棉花绝收，对棉花安全生产构成了严重威胁。冰雹主要发生在苗床期、移栽后苗期及蕾铃期。苗床期受灾，膜破裂，透风透水，床温下降，未出苗苗床因床温下降而影响出苗，出苗苗床受冰雹冲砸易造成幼苗茎叶折断、倒伏；移栽后大田苗期受灾，地膜破裂，植株茎叶折断、倒伏，甚至光秆；蕾铃期受害，造成机械损伤，蕾铃脱落，植株倒伏。雹灾对棉花生育的影响可分为 5 级（表3-2）。

表 3-2　棉花受冰雹灾害的等级划分

受灾等级	受灾程度
1级（轻度危害）	叶片破损，主茎顶尖完好，果枝砸掉不足10%，花蕾脱落不严重，生育进程处于盛花期以前，能很快恢复，基本不减产
2级（中度危害）	落叶破叶严重，主茎完好，果枝断枝率在30%以下，断头率不足50%，多数花蕾脱落，生育进程处于初花期前后。若加强管理，能较快恢复生育，减产较轻
3级（重度危害）	无叶片，主茎基本未破裂，叶节完好，腋芽完整，果枝断枝率在60%以上，断头率在50%～70%。在有效蕾期内，若加强管理，能恢复生育，一般减产30%～40%
4级（严重危害）	无叶片，无果枝，光秆，主茎表皮破裂不足50%，30%以上腋芽完好，叶节大部分完好。在有效蕾期内，加强管理，能长出一定数量的果枝和花蕾，有一定收获，但减产幅度较大
5级（特重危害）	光秆，主茎砸破率大于50%，伤裂度超过50%，叶节大部被砸坏，腋芽不足30%。很难恢复，必须毁种

（2）防灾减灾对策。

1）监测和防灾措施。冰雹的出现很突然，降雹的范围又小，事先进行预报还有一定困难。但随着我国科学技术的发展，气象台现采用我国自制的气象雷达、闪电仪等设备，观测、监视雹云的出现，已在及时预报，以便开展防御冰雹工作，将损失减轻到最小程度方面取得了进展。

从根本上消雹有两个途径：一是改良生态环境，植树造林，绿化荒山秃岭，以减轻强对流的发展，使冰雹不易在该地区生成；二是人工消雹，具有良好的效果。人工消雹有两种方法：一是爆炸法，即用人工土炮消雹；二是催化剂法，即当雹云开始形成时，设法把碘化银、碘化铅或干冰等撒到云里。

2）减灾措施。

a. 科学分析决策。对于 1 级（轻度危害）、2 级（中度危害）、3 级（重度危害）棉田，应该及时抢救，加强管理，争取不减产或少减产，一般不毁种。对于 4 级（严重危害）棉田，应根据受灾时间决定，只要受灾时间不很晚，仍能争取一定的有效花蕾，可考虑不毁种，及时采取措施，促其及早恢复，取得一定收成。严重缺株，可补种其他作物；如受灾时间较晚，超过有效花蕾期，应及时改种。对于 5 级（特重危害）棉田，应尽早改种适宜作物，争取有一定的收成。

b. 排水，扶苗，中耕，培土。棉田受灾后，应迅速排水降渍，待 2～3 d 地表无积水时，尽快突击中耕松土，通气散墒，提高地温，促使根系恢复正常，促进棉株生长发育。特别是盐碱地，更应抓紧中耕，防止返盐溺苗。在降雹时多伴有狂风暴雨，不仅棉株枝叶受损，而且植株倒伏严重，根系受到不同程度伤害。因此，对受灾棉田必须及早培土扶苗，使棉株迅速恢复正常生长，中耕培土一般进行 3 次，中耕逐渐加深，培土逐渐增高。

c. 科学施速效肥。受灾棉株根系受损，如立即大量追肥，易加剧根系死亡，受灾后可以单用 2% 尿素溶液，或加高效叶肥和 3 000 倍增长素叶面喷施，弥补根系受伤和地上部受损对养分吸收的不足，并加快植株的生育进程。在受灾后 5～7 d，棉株生理功能达到新的稳定平衡状态，开始萌发新芽后，根据受灾时间，及时追施灾后恢复肥，苗蕾期可追施 225～300 kg/hm² 磷酸二铵，促进尽早发棵。花铃期追施 124.5～225.0 kg/hm²尿素，干旱年份追肥后必须补水，促进肥效发挥，使棉株迅速恢复生长。

d. 及时防治虫害。受灾后，棉田绿色面积损失较大，恢复生长后的棉株芽嫩叶小，蚜虫、棉铃虫等害虫极易集中为害，特别是中后期锦铃虫常偏重发生，同时也易感染病害，加重灾情。

e. 合理整枝整形。

f. 酌情适当化控。遭雹灾的棉花前期生长较弱，因此，在蕾期和初花期尽量少化控或不化控，盛花期可根据棉苗生长情况适当轻控，以减少无效花蕾，防止棉株疯长，提高秋桃成铃率。在棉株叶枝现蕾后，根据长势，适当化控，应采取少量多次的方法，调节植株微循环，防止徒长，以减少蕾铃脱落，促其长大桃。

g. 喷乙烯利促早熟。受灾棉花生育期推迟，伏桃少，秋桃特别是晚秋桃比例较大，因此，应喷施乙烯利催熟，提高霜前花率和衣分。一般在 10 月 1 日前后，每亩用 40%乙烯利 100～150 g 对水 40 L 叶面喷施催熟。

5. 风害

（1）受害概况。棉花苗期的大风会造成植株倒伏，部分茎秆折断，加重春旱程度，严重时可造成棉田缺苗断垄；夏季雷雨大风，直接使棉花茎秆折断或倒伏，若伴随冰雹则使大量蕾铃脱落。

风沙侵害后能恢复生长的棉株有一个共同的形态特征，即棉株生长点和子叶生长正常，无萎蔫、青枯和弯头现象。受害级别较轻棉田均有较好的保留价值，只需人工催芽补种；受害棉株较多时，虽然受害植株可能出现短期恢复生长的现象，但由于风沙侵害的伤势过重，缺乏自养能力，恢复到正常的时间也较长，生育期向后推迟，都是霜后花，产量也很低，甚至有的棉株后期因缺水干枯死亡，因此，要采取有效措施，抓住时机，及时重播。

（2）防灾减灾对策。

1）及时决定是否改种，不改种棉花应及时进行补苗等应急措施。苗情在七成以上的，可不进行补苗。在定苗时利用借苗、留双株等方式保证亩株数。四周缺苗的，一埯最多可以留4株。苗情在五成以下的，要及时翻种；苗情在5～7成的，可进行补种或栽苗。补种或翻种时，将棉籽冷水浸泡24 h，然后座水播种，3～4 d即可出苗。

2）根据地区生态条件，选育抗倒伏、矮壮株型的品种。

3）适时播种，地膜覆盖深播。在台风季节前进入花铃期。

4）加强田间管理，及时清理和扶持倒伏的棉株，改善棉田通风透光性。铃絮期受灾，及时采摘烂铃，整枝打老叶，改善棉田小气候，保证植株正常生长。灾后要及时中耕松土，防止土壤板结。

（二）生物灾害

1. 病害

（1）棉花黄萎病。

1）为害概况。自然条件下，棉花黄萎病一般在播后1个月出现病株，由于受棉花品种抗病性、病原菌致病力及环境条件的影响，黄萎病呈现不同症状类型。

2）防灾减灾对策。

a. 植物检疫。加强检疫，保护无病区，严禁从病区调入棉种、棉籽饼和棉籽壳。提倡建立供种基地或留种田，就地繁育无病良种。

b. 农业防治。种植抗病品种轮作倒茬，与禾谷类作物轮作，能显著减轻黄萎病的发生。加强棉田管理，如清洁棉田、及时清沟排水、平衡施肥，氮、磷、钾合理配比使用等措施。

c. 化学防治。种植前，可用50%多菌灵胶悬剂药液浸泡脱绒棉种，也可用五氯硝基苯等同肥料一同撒施深翻入土进行土壤消毒。棉花苗期以预防为主，喷施70%代森锰锌或乙蒜素。花铃期是棉花黄萎病发生的高峰期，对病情较轻的病株及周边健康棉株用乙蒜素或无氯硝基苯1 000倍液均匀喷施，同时可用喷施药液0.25～0.50 kg/株进行灌根；对较重病株用上述药剂重复喷灌2～3次；严重者拔除棉田病株，连同枯枝落叶及时烧毁，同时对病株土壤进行灌根处理，以防当年或次年侵染循环。

幼苗期，病叶边缘退绿发软，呈失水状，叶脉间出现不规则淡黄色病斑，病斑逐渐扩大，变褐色干枯，维管束明显变色；有些病株在苗期不明显，外观看上去正常，但切开棉花横截面，部分木质部和维管束已变成暗褐色。

成株期，病株由下部叶片开始逐步向上发展，叶脉间产生不规则的淡黄色斑块，叶脉附近仍保持绿色，病叶边缘向上卷曲；有时叶片叶脉间出现紫红色失水萎蔫不规则的病斑，病斑逐渐扩大，变成褐色枯斑甚至整个叶片枯焦，脱落成光秆；有时生长在主干上或侧枝上的叶片大量脱落枯焦后，在病株的茎部或落叶的叶腋里可长出许多赘芽和枝叶；在七八月份，棉花铃期，在盛夏久旱遇暴雨或大水漫灌时，田间有些病株常发生一些急性型黄萎病症状，先是棉叶呈水烫样，继而突然萎垂，逐渐脱落成光秆；有些黄萎病黄化但植株不矮缩，结铃少；有些黄萎病株变得矮小，几乎不结铃，甚至死亡。

（2）棉花枯萎病。

1）为害概况。棉花枯萎病曾经是严重影响我国棉花生产的重要病害，被称为棉花的一种"癌症"。现在由于抗病基因的引入，棉花枯萎病得到了较好的控制，已不是制约我国棉花生产的主要病害。棉花整个生育期均可受害，是典型的维管束病害。

2）防灾减灾对策。

a. 加强检疫。严禁从病区调入棉种、棉籽饼和棉籽壳。

b. 农业防治。种植抗病品种，加强棉田管理，对轻病田拔除病株，并进行土壤消毒；对重病田实行轮作换茬，南方可水旱轮作2～3年，北方可与小麦、玉米等禾谷类作物轮作3～4年；勤中耕，深中耕，提高地温，降低土壤湿度；开沟排水，降低地下水位；增施腐熟的有机肥和磷、钾肥，避免偏施氮肥。

c. 化学防治。播种前，用50%多菌灵胶悬剂浸泡脱绒棉种。对零星病点进行土壤消毒，1.2 m用98%棉隆颗粒剂140 g拌入病土中。发病初期用3%广枯灵水剂500倍液喷施苗床，也可用于病株喷施穴；或用25%咪鲜胺1 500倍液加12.5%烯唑醇2 000倍液喷病株穴。

（3）棉花炭疽病。

1）为害概况。棉籽从开始发芽直到棉铃成熟均可受害，但棉花炭疽病主要为害棉苗和棉铃，常造成严重损失。成株的茎、叶受害轻微。在天气潮湿情况下，各部位的病斑表面都会产生橘红色的物质（分生孢子团）。

2）防灾减灾对策。

a. 农业防治。选用高质量棉种，适期播种、育苗移栽；合理轮作、深耕改土；施足基肥、合理追肥；加强田间管理。

b. 化学防治。播种前必须精选高质量棉种，经硫酸脱绒，以消灭表面的各种病菌，淘汰小籽、瘪粒、杂籽及虫蛀籽，再进行晒种30～60 h。棉苗在低温多雨情况下易发生多种病害，因此，一般在出苗80%左右时进行喷药，以后根据病情决定喷药次数及药剂种类和浓度。常用药剂有 10.25%～0.50% 等量式波尔多液。在棉苗发病初期可喷洒 70% 甲基硫菌灵可湿性粉剂、70% 百菌清可湿性粉剂、70% 代森锰锌可湿性粉剂等。

（4）棉花茎枯病。

1）为害概况。棉花整个生育期均可发病，苗期、蕾期受害重。棉花茎枯病可侵染植株的子叶、真叶、叶柄、茎部及棉铃。

2）防灾减灾对策。

a. 农业防治。合理轮作、深耕改土，减少土壤中病原菌积累；适期播种、育苗移栽：在不误农时的前提下，适期播种；施足基肥、合理追肥：棉田增施有机肥，促进棉苗生长健壮；注意清洁田园，及时拔除病菌，及时清除田间的枯枝、落叶、烂铃等，集中烧毁；加强棉花病虫害的防治，保证棉花健壮生长。

b. 化学防治。可选用的药剂有波尔多液、代森锰锌和苯菌灵等。应结合治蚜防治棉花茎枯病，预测该病在雨后 1～3 d 将会流行且蚜虫数量大时，喷洒 1：1：200 倍式波尔多液或 70% 代森锰锌可湿性粉剂 500 倍液、50% 苯菌灵可湿性粉剂 1 500 倍液，并在上述药液中加入适当药剂，兼治棉蚜。

2. 虫害

（1）为害概况。棉田常见的害虫约 30 种，从棉株受害的主要时期来看，大致可分为苗期害虫和蕾铃期害虫两大类。

1）苗期害虫。从播种到现蕾前，为害种子和幼苗根部的有种蝇、金针虫、蛴螬等；咬断嫩茎和咬食叶片的有地老虎、蜗牛、蛞蝓等；刺吸汁液的有蚜虫、蓟马、棉叶螨等。为害后造成叶片卷缩、变色及棉株畸形等症状。

2）蕾铃期害虫。从现蕾到收花期，刺吸嫩头、嫩叶和蕾铃的有棉盲蝽；刺吸叶片汁液的有棉叶螨和棉叶蝉等；蛀食蕾铃的有棉铃虫、红铃虫、金刚钻、玉米螟等，后两者还钻蛀嫩茎和叶柄；蛀食棉茎的有棉茎木蠹蛾；食叶的有棉小造桥虫、棉大卷叶螟、甜菜夜蛾、斜纹夜蛾、棉蝗、负蝗、数种灯蛾、襄蛾等。为害后造成叶片变色、脱落、破叶、卷叶、枯头（茎）、落花、落蕾、落铃、棉铃僵瓣和烂桃等（朱淼，2014）。

棉花害虫的发生和为害受多种环境因子的影响。一些棉花全生育期害虫，既可在苗期为害，也可在蕾铃期为害。因此，棉花害虫分为苗期害虫和蕾铃期害虫两大类也不是绝对的。从主要棉虫的寄主种类来看，大致可分为两类：一类是以为害棉花为主的锦葵科植物的害虫，其中需从早春寄主过渡后侵入棉田的有金刚钻、棉大卷叶螟等，越冬后直接侵入棉田的有红铃虫；另一类属多食性害虫，寄主种类复杂，其发生受棉田外寄主植物组成的影响很大，其中有迁飞性害虫如小地老虎，非迁飞性害虫中多数种类是要先在早春寄主上繁殖后再转入棉田为害，如棉铃虫、棉蚜、棉盲蝽、棉蓟马、棉叶螨等。

（2）防灾减灾对策。

1）农业防治。农业防治是综合防治中重要的措施之一，可有目的地改变环境因子，直接或间接地压低或抑制害虫的发生和为害。合理布局作物品种和种植结构，改变害虫生息食料场所，秋耕冬灌，农时操作，改变和破坏害虫的生活环境，可减少棉铃虫

46%、地老虎蛹64%；轮作倒茬，特别是水旱轮作是控制棉叶螨发生为害的有效措施，合理安排茬口与邻作，使棉田四周减少或不种植棉铃虫的密源植物，强调棉田要远离苜蓿田。

2）物理防治。在农业防治的基础上，重点是保护天敌，尽量减少化防次数或改变施药方法，以诱杀成虫、压低卵量、减少幼虫为害为目的。

3）生物防治。利用生物制剂和对天敌杀伤力较小的杀虫剂，最大限度地保护天敌，发挥天敌在生态防治中的巨大作用。

4）化学防治。化学防治是综合防治中不可缺少的重要组成部分，当有益生物不能控制有害生物时，以不造成经济损失为准则，按化学防治指标，强化化学防治措施，每种广谱性杀虫剂1年尽量只使用1次或最多不超过2次。

3. 草害

（1）受害概况。长江流域棉区属亚热带的湿润气候区，热量条件好，雨水充沛、土壤肥力高，日照条件稍差。土壤类型较多，棉田耕作制度比较复杂。不论是旱粮棉区还是水旱棉区，多以麦棉套作为主要轮作形式，近年在长江下游正逐步扩大麦后移栽棉。杂草种类多，但以喜温喜湿的种类居多。出现频率较高的有马唐、千金子、稗草、马齿苋、凹头苋、鲤肠、通泉草、铁苋菜、大马蓼，其他如牛筋草、狗尾草、香附子、狗芽根、苘麻、泽漆等多有发生。

（2）防灾减灾措施。从现有技术水平、棉田耕作类型及杂草危害特点来看，控制危害的总目标是：在防除杂草对象上，应一次性防除单、双子叶两类杂草；在防除时期上，应以控制早期杂草为主；在除草剂选择上，要有针对性，既要高效又要安全。

1）生态措施。合理布局、改善生态环境、改变杂草群落结构，减少发生数量，要避免连作，多实行轮作，如有条件的水旱棉区，实行水旱交替可有效地抑制杂草发生。

2）农业措施。露地直播棉田、春季结合保墒、浅耕细耙，出苗后至蕾期及时浅锄灭茬。麦套棉田，麦收刈留高茬，盖秸秆，抑草保墒，促苗生长，梅雨前后浅锄灭茬除草。

3）化学除草。乙氧氟草醚、异丙隆、莠灭净、二甲戊乐灵等对棉田杂草杀草谱广、活性高的药剂可与乙草胺、异丙甲草胺、异丙草胺、氟乐灵等对棉田杂草活性高但杀草谱窄的药剂使用。

二、大 豆

（一）气象灾害

1. 旱灾

（1）受害概况。2011年长江中下游地区的春、夏大豆受旱面积就有$143.1×10^3$ hm²，成灾面积达$91.3×10^3$ hm²。尤其对于花荚期，因其处于营养生长和生殖生长的并进阶段，该时期的耗水量约占全生育期耗水量的50%，蒸腾强度在这个时期也达到最大，是需水关键期，该时期干旱对大豆产量和品质可能会造成不可估量的损失。而大豆吸水萌动期虽然需水量很少，其需水量与一生相比微不足道，但缺水就不能正常出苗，也能造成严重的影响。

（2）防灾减灾对策。为了使大豆避开旱期，提高大豆的抗旱性，最大限度地提高单位水分的利用效率，减少干旱对产量的降低作用，多年来生产上采取各种措施，主要有以下几方面：

1）选用适宜的耐旱大豆品种。选择生态适应、抗旱性符合当地水分胁迫要求的高产品种，是最经济有效的措施。

2）耕作措施。主要通过适当的耕作措施尽可能保存多量的雨水，节制地面蒸发，减少土壤中水分的不必要消耗，以达到经济有效地利用土壤水分，发挥土壤潜在肥力，调节水、肥、气、热关系，提高作物抗御干旱能力的目的。主要有 3 个方面的耕作措施：秋深耕、冬春碾耱和深中耕。

3）培肥土壤与施肥。要多施有机肥，巧施氮肥，合理调节氮、磷、钾的比例。大豆虽具有自身固氮的能力，但也需要适当施用氮肥，如在水土流失严重地区，土壤极缺氮素；黄土高原干旱地区，有效根瘤少而小，固氮能力下降不能满足大豆生育需求；在大豆需氮素敏感时期的终花期前后都要注重合理施用氮肥。合理施用磷、钾肥，也能增强大豆植株的抗旱能力。如李舒凡等研究表明，施施钾能使大豆植株产生系列抗旱特性，根茎叶的维管束组织进一步发达，细胞壁和厚角组织增厚，保水能力提高。

4）调整播期及合理密植。适宜的播期取决于温度和水分 2 个主要条件，当土表 5 cm 地温稳定在 10 ℃以上时就可以播种了，但干旱地区往往达不到要求，不能适时播种，需对播期和播法进行适当调整，在适宜播种期范围内可提前或推后播期，趁土层解冻含水量高时播种，一般在土层解冻 10 cm 时开始，或趁降水后立即播种。

5）化学调控和使用生物制剂。

a. 矿质营养对干旱胁迫下大豆的缓解效应。矿质元素的施用可有效促进大豆植株的生长。例如氮素营养和适度水分胁迫可以通过增强叶片的渗透调节作用来提高大豆植株的抗旱能力。

b. 植物生长调节剂。对干旱胁迫下大豆的缓解效应为大豆节水栽培，施用微量有利于作物生长发育和对产量与品质有提高效应的植物生长调节剂在农业上得到了广泛的应用。如烯效唑浸种能够降低大豆幼苗高度，提高叶片含水量、生物量及渗透调节物质的含量，同时一定程度促进叶片中保护酶活性的升高，降低细胞膜的渗透性，提高了大豆幼苗的抗旱性。

另外，在干旱胁迫下，利用抗旱拌种剂、化控种衣剂等能够提高大豆种子的发芽率、出苗率和植株的生长速度，促进幼苗根系生长，提高植株的保水能力和抗旱性。

2. 霜冻

（1）受害概况。春霜冻为害幼苗，秋霜冻使鼓粒终止，对产量的影响更大，夏秋冷害发育延迟，而初霜冻又来得早的年份损失极大。大豆苗期较为耐寒，最低气温在

0 ℃左右，地面最低温度在-3～-2 ℃，或叶面最低温度在-5～-4 ℃时幼苗才遭受霜冻危害。成熟期当最低气温低于3 ℃，地面最低温度在0 ℃以下时，大豆可遭受危害。霜冻会导致大豆落叶，因此，大豆作物将难以获得结荚的能量，进而降低作物的质量。

（2）防灾减灾对策。

1）选用适宜品种，适时播种。根据当地无霜期的长度和生长期积温多少选择适宜的品种，在生长季短的地区要选择早熟高产和抗寒力强的品种。适时早播，促苗早发，争取早成熟。

2）熏烟法。霜冻之夜，在田间熏烟可有效地减轻避免霜冻灾害。但要注意两点：一是烟火点应适当密集些，使烟幕能基本覆盖全园；二是点燃时间要适当，应在上风方向，午夜至凌晨2：00—3：00点燃，直至日出前仍有烟幕笼罩在地面，效果最好。

3）喷水法。在霜冻发生前，用喷雾器对植株表面喷水，可使其体温下降缓慢，而且可以增加大气中水蒸气含量，水气凝结放热，以缓和霜害。明显的霜冻天，可多次喷水。

4）湿地法。潮湿的土壤热容量大，导热率也大，表层冷却慢，所以在霜冻发生前，浇湿地面，可减轻霜冻强度，该方法一般与喷水法同时采用。

5）洗霜法。万一遭霜冻，在太阳出来以前，浇水或喷清水洗霜，可减轻作物霜冻危害。

3. 冷害

（1）受害概况。大豆冷害主要有生育不良、延迟、障碍三种类型。生育不良是在出苗、幼苗生长、分枝和花芽分化期遇较长时期低温，使出苗率降低，幼苗生长缓慢，根系弱，叶片少，分枝发育不良，花芽分化受阻，开花数减少，导致后期减产。延迟型是因较长时期低温使发育延迟，秋季来不及在霜冻前成熟而减产。障碍型是在开花前期遇较强异常低温，15 ℃左右低温能使雄蕊发育受阻，花粉萌发力下降，花药不开裂；低于18 ℃有机物质运输受阻，落花落荚增加，结荚率和结实率降低，以开花前11～17 d最为敏感。由于大豆开花期长，回暖对前期有补偿作用，短时的低温不会造成严重影响。因此，合理掌握大豆各生育期适宜温度与冷害临界值，做好准备工作，及时采取防护措施，才能够有效降低危害，保障大豆正常生长发育。

（2）防灾减灾对策。

1）播种期。如播种期发生低温冷害，致使播期延后，要做好以下工作：一是播期不宜过早，不可冒进提早播种，当土壤5 cm土层内日平均温度在7～8 ℃时为播种适期；二是应选用相对早熟和耐寒性较强的品种，同时做好种子的精选与播前晒种工作，搞好种子处理；三是可采取简化播种，实施原垄卡种，抢时播种；四是提高土壤肥力，适当增施磷肥，使植株营养状况良好，易于抵抗低温和恢复。

2）出苗期。在出苗以后的田间管理关键是抓好铲趟管理，改善土壤物理环境，壮苗促早熟。铲前趟一犁，在大豆刚出土尚未展开前，采用小铧犁趟一犁，做到深松不培土，起到防寒保温、保根护叶、促进幼苗快速生长的作用。增加铲趟次数，抓住晴好天气，发挥机械作用，隔 7～10 d 再增加 1 次。生育期内保证三铲四趟，以利于消灭杂草，提高地温，增加土壤通透性，增强根系活力，提高植株抗逆能力。

3）分枝期。及时中耕，散寒增温保墒。苗高 10～13 cm 时进行第 2 次中耕，深约 5 cm；开花前进行第 3 次中耕，2 次中耕结合培土进行，既可促进根系生长、提高作物抗性又可防止倒伏。根据大豆生长情况喷施叶面肥，加速大豆生育进程，安全促早熟。

4）开花期。大豆花期遭遇障碍性低温冷害情况较少，但也要注意加强田间管理，及时中耕，散寒增温保墒。封垄前继续锄草，看苗酌情给水肥，弱苗初花期追肥，壮苗不追肥防止徒长。可喷施矮壮素或缩节胺等矮化壮秆剂，促进大豆矮化，平衡生长，抗逆抗倒伏。在盛花末期摘顶心（打去 2 寸顶尖）可以防止倒伏，促进养分重新分配，多供给花荚，加速大豆生育进程，安全促早熟。

5）结荚期。如果出现花荚少、脱落多、叶色淡、植株细弱等生育不足现象，在开花期未追肥的地块应及时追肥，补充土壤养分，根外追肥宜于阴天或下午 4 时后喷施，可以和防病治虫相结合。大豆开花结荚期的病虫害较多，要及时采取有效措施进行防治。

6）鼓粒期。大豆是喜温作物，生长后期对温度特别敏感。鼓粒期温度低，种子发育受到影响，会增加秕粒并延迟成熟。可喷施磷酸二氢钾、芸薹素内酯等高浓度的叶面肥，还可喷施缩节胺、矮壮素等抗逆叶面制剂，迅速补充养分，增强植株抗御低温的能力。

7）成熟期。黄叶开始至完全成熟，发生低温冷害或早霜时不要急于收脱，适当延长后熟生长时间，充分发挥根茎储存养分向籽粒传送的作用，提高产量和品质。

4. 涝灾

（1）受害概况。大豆遭受涝害、渍害后，由于根系缺氧，易造成烂根、烂叶、落花落荚，导致减产甚至死亡。此外，土壤渍害还会使病害加重，有时会形成大范围的次生灾害。据研究，大豆花荚期受涝 2～10 d，就会减产 10%～40%。

洪涝会导致大豆新生叶片扩展速率下降，小而黄，叶片自下而上缺绿变黄、早衰脱落；水中茎肿大、发霉；植株生长缓慢、矮化，茎重下降；根系发育不良，侧根和根毛少，老根变黑霉烂；根系向氧性生长，不定根形成，根冠比减小；根瘤明显减少，只有正常植株根瘤总数的 1/3～1/2；成熟期延长或缩短；根腐病发生；坐荚率下降，大豆减产 30% 以上，严重时植株死亡，颗粒无收。

（2）防灾减灾对策。

1）选育和种植耐涝品种。选用耐涝品种是提高淹涝条件下大豆生产率的中心环节。生产实践表明，东北地区培育的"宝丰 2 号""通农 6 号""通农 8 号""通农 9 号""德豆 1 号""沈豆 91-H5064"（又名"沈豆 4 号"）和淮北阜南县的"诱变 4 号""阜阳 335""蒙城 1012""宝交 83-5029"等品种（系）比较耐涝。

2）搞好农田基本建设，提高抗御淹涝能力。在低洼易涝地区，因地制宜修建条田、台田，采用明沟与暗沟相结合的方法，遇到涝害能及时排除地面积水和降低地下水位。同时还要搞好平整土地工作，有利于灌溉排水和田间管理。可减少涝害发生时造成的田间积水，促进整个田块大豆群体植株均衡生长。

3）开好"三沟"（墒沟、围沟、排水沟）。在大豆播种前开好"三沟"，使沟沟相通，遇涝能排，连续降水仍能排水畅通，雨停后水走地干，田间基本无积水，大豆受涝害很轻。

4）采用防涝的种植方法。采用垄作不但可以提高春季地温，保墒保苗，而且还利于秋季排涝。垄沟与排水系统结合能顺利排水，减轻淹水危害。

5）加强田间管理。及时排除积水，冲洗掉沾污在茎叶上的泥沙，疏通气孔和皮孔。地面稍干后，及时松土，破除土壤板结层，促进水分蒸发，改善土壤通气状况，促使根系恢复正常生理功能。

6）及时追施速效化肥和根外喷肥。应根据大豆苗情适当追施复合肥，每亩 7.5～10.0 kg，最好氮、磷、钾肥配合使用，促进植株恢复生长。适当喷施生长调节物质（施用化学调控剂），见效快，效果好，可促进叶片恢复生长。

7）防治病虫害。大豆涝害过后虫源减少，治虫可以少考虑，但防病极为重要。因涝后大豆的根部通气不良，植株组织软化，抗病力减弱，再加上灾后的高温高湿天气，为病菌滋生、蔓延创造了有利条件，极易造成大豆病害发生和流行。应注意的是，当受涝大豆恢复生长后出生的叶、茎较嫩绿，也易遭受虫害。因此，必须抓好中后期病虫害防治。

（二）生物灾害

1. 病害

（1）大豆白粉病。

1）为害概况。大豆白粉病是主要为害大豆叶片的真菌性病害。病菌生于叶片两面，菌丝体具有永存性。叶上病斑圆形，具暗绿色晕圈，不久长满白粉状菌丛，即病菌的分生孢子梗和分生孢子，后期在白色霉层上长出球形，黑褐色闭囊壳。

2）防灾减灾对策。防治大豆白粉病以农业防治和药剂防治为主，使用无病种子和较抗（耐）病品种，在加强栽培管理，提高植株抗性的基础上，采用生长期喷药保护为重点的综合防治措施（郭志学，2015）。

（2）大豆赤霉病。

1）为害概况。大豆赤霉病是主要为害大豆豆荚、子粒和幼苗子叶的真菌性病害。大豆豆荚染病，病斑呈近圆形至不整形块状，发生在边缘时呈半圆形略凹陷斑，湿度大时，病部生出粉红色或粉白色霉状物，即病菌的分生孢子或黏分生孢子团。严重的豆荚裂开，豆粒被菌丝缠绕，表生粉红色霉状物。

2）防灾减灾对策。防治大豆赤霉病以农业防治和药剂防治为主，使用无病种子和较抗（耐）病品种。在加强栽培管理，提高植株抗性的基础上，采用生长期喷药保护为重点的综合防治措施（江懿，2016）。

（3）大豆顶枯病。

1）为害概况。大豆顶枯病在我国发生较普遍，发生率仅次于花叶病。病害类型有2类：一类为顶枯。病株自顶部沿茎向下变褐枯死，也可使叶脉坏死或产生坏死大叶斑。病害往往发生在豆株生长的中期气温高时，病株矮小，提前干枯。发病率低时病株常被健株掩盖，不易被人发现。病株提早枯死，多不结实，危害性很大。另一类症状为轻花叶，南方发生较多。病叶轻度花叶或皱缩，或沿叶脉抽缩，对病株生长影响较小。顶枯病株的种子也可产生斑驳。

2）防灾减灾对策。大豆顶枯病的发病时间较长，药剂防治较困难，因此，提倡以预防为主。

a. 农业防治。因地制宜选用抗病品种，并要经常更换，不宜沿用时间过长，可减少病害的发生。用新高脂膜进行拌种处理，能有效隔离病毒感染，预防大豆顶枯病，且不影响萌发吸胀功能，加强呼吸强度，提高种子发芽率。按要求适期播种，与高秆作物间作加强田间检疫，及时中耕除草，可减轻顶枯病的发生。

b. 化学防治。在开花前、幼荚期和膨果期各喷施1次菜果壮蒂灵，可强花强蒂，提高抗大豆顶枯病的能力，促进果实发育，无空壳、无秕粒。

（4）大豆花叶病。

1）为害概况。大豆花叶病是各种病毒病中发生最普遍的一种病毒病。大豆花叶病的症状因寄主品种、病毒株系、侵染时期和环境条件的不同而呈现不同的病状类型。

病害从单叶期到成株期都可发生，最明显的症状为叶片上有退绿斑块，称为花叶，可呈黄色花叶。严重时叶片皱缩，沿叶脉有深绿色疱斑，植株矮小，有时因叶脉坏死引起卷叶，或茎自顶端向下逐渐枯死，形成顶枯。

2）防灾减灾对策。防治大豆花叶病应采取不播种带毒种子，选育抗病品种和加强治蚜防病的综合防治措施（许艳丽等，2009）。

a. 农业防治。因地制宜选用抗病品种，是减轻病害的主要措施。播种前严格筛选，清除褐斑粒，可防止混杂病种。大豆生长期间彻底拔除病株，可防止混杂病种。大豆生长期间彻底拔除病株，减轻病害为害。种子田应与周围毒源（大豆及其他寄主作物）隔离100 m以上，防止外源传播。避免晚播，使大豆易感期避开蚜虫高峰期。

b. 物理防治。有条件的铺银灰膜驱蚜，但该方法只适用于小规模田，防病效果可达80%。

c. 防治蚜虫。在有翅蚜迁飞前防治，可喷洒40%乐果乳油1 000～2 000倍液，或2.5%溴氰菊酯乳油2 000～4 000倍液，或50%抗蚜威可湿性粉剂2 000倍液，或10%吡虫啉可湿性粉剂2 500倍液，减少传毒媒介。

病害防治：发病重的地区可在发病初期喷洒0.5%抗毒丰菇类蛋白多糖水剂300倍液，或10%病毒五可湿性粉剂500倍液，或1.5%植病灵Ⅱ号乳油1 000倍液。

2. 虫害

（1）大豆食心虫。

1）为害概况。大豆食心虫属鳞翅目小卷蛾科，是为害大豆的重要食心害虫。大豆食心虫主要以幼虫为害寄主。幼虫蛀入豆荚，咬食豆粒，轻者沿瓣缝将豆粒咬成沟，重者把豆粒吃掉大半，豆荚内充满粪便。

2）防灾减灾对策。

a. 农业防治。大豆食心虫食性单一，成虫飞翔能力弱，所以可实行远距离大区轮作。及时翻耙豆茬和豆后麦茬地，可消灭部分越冬幼虫。适期早播，铲豆茬地，适期早收。

b. 物理防治。利用成虫的趋光性，在果园设置黑光灯进行诱杀。

c. 生物防治。寄生大豆食心虫幼虫的天敌主要有食心虫白茧蜂、中国齿腿姬蜂、红铃虫甲腹茧蜂；卵寄生蜂主要有螟黄赤眼蜂、广赤眼蜂、玉米螟赤眼蜂，其中螟黄赤眼蜂可人工繁殖。

d. 药剂防治。防治大豆食心虫多以防成虫为主，防治幼虫为次。防治成虫的时间以田间发生蛾团，蛾子雌雄比达到1∶1时为宜，时间一般在8月上中旬。防治幼虫则在卵孵化峰期进行。常用的药剂有2.5%功夫乳油3 000～4 000倍液、2.5%溴氰菊酯乳油2 500倍液、2.5%保得乳油2 000～4 000倍液和45%马拉硫磷乳油1 000～1 500倍液。

（2）豆荚斑螟。

1）为害概况。豆荚斑螟属鳞翅目螟蛾科，是为害大豆的重要食心害虫。豆荚斑螟主要以幼虫为害寄主。幼虫一般从荚中部蛀入，在豆荚内蛀食豆粒，被害粒轻则成缺刻，重则被蛀空，被害籽粒还充满虫粪，变褐以致霉烂。

豆荚斑螟主要以老熟幼虫在寄主植物附近土表下5～6 cm处结茧越冬。4月上旬为化蛹盛期，4月下旬至5月中旬开始羽化，6—9月为为害盛期。

2）防灾减灾对策。

a. 农业防治。合理轮作，避免豆科植物连作，可采用大豆与水稻等轮作，或玉米与大豆间作的方式。在水源方便的地区，可在秋、冬灌水数次，提高越冬幼虫的死亡率。选早熟丰产、结荚期短、豆荚毛少或无毛品种种植。豆科绿肥在结荚前翻耕沤肥，种子绿肥及时收割，尽早运出本田。及时清除田间落花、落荚，并摘除被害的卷叶和豆荚。

b. 生物防治。天敌有豆荚螟甲腹茧蜂、小茧蜂、豆荚螟白点姬蜂、赤眼蜂等，可于产卵始盛期释放赤眼蜂。老熟幼虫入土前，田间湿度高时，可施用白僵菌粉剂。

c. 药剂防治。从现蕾开始，每隔10 d喷蕾、花1次，可控制为害，如需兼治其他害虫，则应全面喷药。常用的药剂有2.5%溴氰菊酯乳油3 000倍液、2.5%保得乳油2 000～4 000倍液、21%增效氰·马乳油6 000倍液等。

（3）大豆蚜。

1）为害概况。大豆蚜属同翅目蚜科，是大豆的主要害虫。苗期发生若不防治，轻者减产20%～30%，重者减产50%以上。大豆蚜以成、若蚜集中在豆株的顶叶、嫩叶、嫩茎上刺吸汁液，被害处形成鲜黄色不规则形的黄斑，继而黄斑逐渐扩大，并变为褐色，严重时叶片卷缩、脱落，分枝、结荚数减少，百粒重下降，更有甚者造成大豆光秆甚至死亡。此外，大豆蚜还能传播病毒病。

大豆蚜每年发生 10～20 代。春季均温高于 10 ℃时，越冬卵孵化为干母，繁殖几代后开始孤雌胎生繁殖后代，产生有翅蚜。有翅孤雌蚜开始迁飞至大豆田，为害幼苗。6 月下旬至 7 月中旬进入为害盛期，7 月下旬蚜量开始减少。

2）防灾减灾对策。

a. 农业防治。及时铲除田边、沟边、塘边杂草，减少虫源。种子处理用大豆种衣剂拌种。

b. 物理防治。利用银灰色膜避蚜和黄板诱杀。

c. 生物防治。利用天敌瓢虫、草蛉、食蚜蝇、小花蝽、烟蚜茧蜂、菜蚜茧蜂、蚜小蜂、蚜毒菌等控制蚜虫。

d. 药剂防治。当田间点片发生蚜虫，有蚜株率达 10%或平均每株有虫 10 头，在蚜虫盛发前应用药剂进行防治。施药以傍晚时分用药为宜。常用的药剂有 10%吡虫啉可湿性粉剂 2 000～3 000 倍液、3%啶虫脒乳油 1 500～2 000 倍液、50%抗蚜威可湿性粉剂 1 500 倍液等。药剂应轮换使用，以免产生抗药性。

（4）斜纹夜蛾。

1）为害概况。斜纹夜蛾属鳞翅目夜蛾科，为世界性害虫，寄主较多，可为害 99 科 290 种以上植物。以幼虫为害大豆植株。初孵幼虫群集在叶背啃食，只留上表皮和叶脉，被害叶好像纱窗一样；3 龄后分散为害，将叶片吃成缺刻，发生多时可吃光叶片，甚至咬食幼嫩茎秆；4 龄后进入暴食期，取食叶、花及果实，严重时可将全田作物吃光，仅剩枝梗，造成严重为害。斜纹夜蛾每年发生 4～9 代。斜纹夜蛾发育适温为 29～30 ℃，一般高温年份和季节有利于其发育、繁殖，低温则易引致虫蛹大量死亡。

2）防灾减灾对策。

a. 农业防治。及时清除杂草，收获后翻耕晒土或灌水。摘除卵块和群集为害的初孵幼虫。

b. 物理防治。根据成虫趋光性，利用黑光灯诱杀成虫。利用成虫趋化性，按酒：水：糖：醋＝1：2：3：4 的比例配制诱虫液，将盆于傍晚放于田间（用支架等方法使盆高于植株），诱杀成虫。

c. 生物防治。采用细菌杀虫剂（苏云金芽孢杆菌）乳剂或青虫菌六号液剂喷雾。也可利用天敌赤眼蜂、黑卵蜂和小茧蜂等进行防治。

d. 药剂防治。近年来，斜纹夜蛾对有机磷农药和菊酯类农药已产生较强抗性，可选用杀虫机理不同的药物防治。在虫害发生量大时可使用锐劲特防治，宜加大用药量，或者与米满、敌杀死、除尽、阿维菌素等药混用。喷药宜在午后和傍晚进行。

3. 草害

（1）受害概况。杂草是造成大豆减产的重要原因之一。春夏大豆产区中被菟丝子寄生的大豆田一般减产 10%～20%，重者达 70%～80%，甚至颗粒无收。安徽大豆草害主要有马唐、千金子、旱稗、反枝苋、铁苋菜等。

（2）防灾减灾对策。

1）农业防除。

a. 合理轮作。

b. 中耕培土。在大豆生育期间，分期适当中耕培土，是清除大豆田间杂草的重要措施。

c. 适期播种，加强田间管理，及时进行化学除草，科学施肥，防病治虫，促使大豆健壮生长发育，创造一个有利于大豆生长不利于杂草发生的生态环境，对抑制杂草生长，增强大豆对杂草的竞争能力也是十分有利的。

2）化学防除。

a. 土壤处理。每亩豆田可用48%氟乐灵乳油100～150 mL，或72%杜耳乳油100～150 mL，或50%扑草净可湿性粉剂125～150 g，或50%乙草胺乳油150～170 mL，或25%豆威可湿性粉剂4 g，或5%普施特水剂100～130 mL，于大豆播后苗前均匀喷雾。其中，前4种除草剂可有效防除马唐、旱稗、狗尾草、千金子等一年生禾本科杂草和部分阔叶杂草，后2种除草剂可有效防除豆田大部分一年生阔叶杂草和莎草科杂草香附子、碎米莎草等。

b. 茎叶处理。每亩用10%禾草克或5%精禾草克乳油40～75 mL，35%稳杀得乳油或15%精稳杀得乳油60～120 mL，12.5%盖草能乳油50～75 mL，12.5%高效盖草能乳油25～30 mL，20%拿捕净乳油100～150 mL，于豆苗三片复叶期前、杂草3～5叶期，对水40～50 kg均匀喷雾，可有效防除一年生或多年生禾本科杂草，如马唐、狗尾草、旱稗、千金子、狗牙根等；每亩用25%虎威水溶剂40～60 mL，或21.4%杂草焚乳油50～75 mL，或25%苯达松水剂200～250 mL，或20%豆草隆可湿粉5 g，或25%豆威干悬浮剂4 g，对水40～50 kg，于大豆苗后3片复叶期、杂草3～5叶期均匀喷雾，可有效防除多数一年生和部分多年生阔叶杂草。苯达松、豆草隆、豆威可兼防莎草科的香附子、碎米莎草等。

c. 在大豆2～3片复叶期，用苯达松、杂草焚、虎威低限量和精禾草克、高效盖草能、精稳杀得、拿捕净等，可防除阔叶杂草和禾本科杂草混生的豆田杂草。

d. 防除以莎草科为主的豆田杂草，于香附子充分出苗后大豆播种前一天，每亩用10%草甘膦水剂10～15 kg，对水40～50 kg，均匀喷施土表；或用25%豆威干悬剂4～6 g，于大豆1片复叶期茎叶处理，防效一般在80%～90%。

（三）药害

1. 受害概况

大豆在整个生长发育过程中遭受病虫为害较多。生产上用药频繁，免不了产生药害。凡药剂对作物生长发育产生不良的后果均称为药害。选用杀虫剂、杀菌剂、除草剂、植物生长激素等农药种类不当，或施用浓度过高、喷药时间不对、花期用药或使用了对大豆敏感的除草剂等均可产生药害。大豆药害中，除草剂引起的药害是很重要的一种。如施用 2，4-D、二甲四氯、2，4，5-涕等除草剂常产生内吸性类型的药害，又称慢性型药害，用药较长时间才表现出植株矮化、畸形、叶肉增厚、叶色浓绿、叶片皱缩等。严重时侧枝丛生，生长点坏死。大豆受 2，4-D 药害后，叶片呈鸡爪状，叶片变小变窄；氟乐灵过量造成的药害致大豆主根形成肿瘤等。

2. 防灾减灾对策

（1）预防。

1）正确选择除草剂。所选除草剂既要有较高的除草效果，还应对作物安全。应对杂草群落、药剂特点、大豆品种耐药性等因素进行综合考虑。

2）用药量准确。除草剂用药量要准确，施药应均匀一致，做到不重喷、不漏喷，喷雾机械应达到要求。

3）严格掌握施药时期。在保证除草剂对大豆安全的前提下，视杂草大小进行施药。在大豆具有耐药性时期内，选择有针对性的除草剂，也是避免药害产生的一项措施。

4）选择适宜气象条件施药。施药时适宜温度为 15～27 ℃，空气相对湿度在 65% 以上，风速在 4 m/s 以下，只有在相对适宜的气象条件下施药，才能保证苗后除草剂的药效，避免药害产生或加重。

5）应用植物油型除草剂喷雾助剂。

（2）补救措施。及时查田补种。增施肥料、足量浇水。喷施植物生长调节剂。采取促早熟增产措施。喷清水冲洗，可清除或减少叶片上农药残留量。针对导致发生药害的药剂，可喷施赤霉素或撒草木灰、活性炭等缓解；光合作用抑制剂和某些触杀型除草剂的药害，可施用速效肥，促进大豆恢复生长；土壤处理剂的药害可通过翻耕等处理，尽量减少残留。

三、油　菜

（一）气象灾害

1. 旱灾

（1）受害概况。长江中游油菜主产区常常受到秋冬旱危害，而长江上游油菜主产区和北方春油菜主产区则常常受到春旱的危害。易造成直播油菜播种期偏晚，旱情严重时大量油菜花干枯死亡，干旱气候易造成蚜虫和菜青虫暴发。

油菜播种后生长分为发芽期、幼苗期、莲座期、结球期和休眠期，其中苗期管理是关键。高温季节播种的油菜，播种后 2～3 d 即出苗，在出苗过程中，如遇有天气持续干燥、土壤中缺水，中午阳光强烈，气温升高，造成地温过高且持续时间长，靠近土壤表面幼苗的根茎部就会发生灼伤。

油菜在生育阶段，如遇连续高温干旱天气，尤其是在苗期，就会严重影响油菜生长发育，甚至造成幼苗干枯死亡。

（2）防灾减灾对策。

1）选用耐旱品种。采用耐旱性强的品种是生产上既经济又有效的途径。

2）节水灌溉抗旱。利用局部灌溉或喷灌等节水措施，可以改善油菜土壤墒情，劳力投入少，灌溉后浅锄松土，可以保蓄水分和防止板结，有条件和劳力的地区用稀薄粪水进行局部定位浇淋，可显著提高抗旱效果。

3）抗旱栽培措施。适当增加油菜留苗密度育苗移栽；采用少（免）耕技术，通过前作的残茬覆盖涵养保水采取盖土保苗的措施可以保蓄土壤水分，减少油菜苗期蒸腾作用。

4）其他措施。例如，施用抗旱剂和追施硼肥。干旱易导致油菜硼素营养不足，造成叶片变红变紫、矮化、变形花期花而不实，对此以硼肥作底肥，或在苗期和初花期各喷 1 次硼液，可增强植株生长势，提高结实率。

2. 冻害

（1）受害概况。油菜植株体内含水量较高，是越冬作物中抗寒性较差的作物之一，遇到低温易发生冻害。油菜生长发育要求的温度为 0～32 ℃，当温度降低到 0 ℃以下时，地上部停止生长，此时较易发生冻害。营养生长时期，若遇到 0 ℃以下的气温，油菜蕾薹受冻，生长受阻，导致死蕾，产量降低。越冬期当气温持续下降，平均气温在 0 ℃以下，极端最低温度达-20 ℃时，油菜即停止生长，叶片干枯。此时若遇到干旱，则会发生干型冻害，对油菜的影响极为严重。

（2）防灾减灾对策。

1）清沟排渍。油菜遭受冻害往往主要是因为冰雪天气持续时间长，田间积水较多。对于这样的冻害，其防御措施主要是化雪后要利用晴好天气彻底清理田内"三沟"，降低田间湿度，同时加深田外沟渠，降低地面水位，地面水位降低后，土壤通透性得到提高，可以避免渍害的发生，就不会出现冻害和渍害对油菜的双重影响。

2）摘除冻薹，清理冻叶。对于已经受冻的早薹油菜，解冻后应在晴天及时摘除冻薹，摘除冻薹可以促进薹基部分枝的生长，摘薹时保留薹茬 10 cm 左右，以利于新芽生长。摘除冻薹不能在雨天进行，因为雨天伤口可能遭受病菌感染，引起伤口腐烂。另外，油菜基部受冻的老黄叶也要及时打掉，防止冻伤危害整个植株。冻伤叶片被清理后不应该直接留于田间，防止病菌繁殖侵染植株。

3）培土保温。解冻后，利用清沟的土壤进行培土壅根，尤其是高脚苗的油菜，在低温条件下容易出现根拔现象，更应该进行培土壅根，培土厚度以 7 cm 以上为宜。

4）补施追肥，喷施硼肥。油菜受冻后，叶片被积雪压断，根系遭受根拔而撕断以及摘薹后的田块，要视情况适当施肥，以促进分枝生长。对于叶片受冻的油菜，适当追施速效肥能够帮助植株恢复，促使植株尽快恢复生长。对于长势较差的田块，可以适当增加用量，在追施氮肥的基础上，要适量补施钾肥。

5）预防病害。需要加强油菜病虫害的预测、预报，密切注意病害的发生动态。

6）选用抗冻性强的品种。因地制宜地选用抗寒性强的油菜品种，抗冻性较强的品种是增强油菜抗寒、抗冻的基础，降低冻害的发生概率，减少冻害损失。

7）控旺防冻。油菜在苗床上 3～4 叶期时，对生长过旺的苗床应叶面喷施多效唑，增加抗寒能力。或者在越冬前，根据大田油菜的生长情况，用 15% 多效唑 750～1 125 g/hm² 对水 750 kg 喷施，能有效防止早薹，调整株型，增加抗寒能力。

8）浇越冬水。水的热容量比空气大 3 倍以上。冬前浇水，可以满足冬前生长发育的需要，并提高土壤含水量，缩小温差，减轻冻害影响。

9）摘除早薹。如果在 12 月至次年 1 月初甚至 11 月中旬出现早薹早花，应及早摘除早薹，并结合施肥、中耕培土，可以有效预防冻害。

10）撒草木灰。在低温天气持续，来不及进行其他防冻措施的情况下，可以在低温的夜晚，在油菜叶面和田间撒施一层草木灰，直接保护叶片，防止冻害发生。

3. 冷害

（1）受害概况。低温对油菜的正常生长产生不利影响而造成的危害，油菜叶片、根部、花、薹均可受害。冷害是黄淮和长江中下游地区冬油菜的主要灾害。

高产油菜冬发势强，若春发不足，则易产生早薹、早花现象，寒潮袭击时可伤害薹花。春性和半冬性油菜品种易现早花；肥料不足、土壤干燥，播种量过大的油菜田也易出现早花。

（2）防灾减灾对策。

1）培育壮苗。培育壮苗是提高油菜抗性的基础，油菜以幼苗越冬，为了防止低温产生的冷害伤害到油菜，冬前应抓住有利时机早追苗肥。特别是晚栽的小苗和迟播的晚苗，要尽早中耕松土、施肥、间苗、补苗，使得冬前油菜体内细胞中淀粉含量增加，入冬后淀粉水解可使细胞内可溶性糖含量增加，从而有利于增强植株的抗寒力。

2）旱地推广朝阳沟移栽法。朝阳沟移栽法以南北向做畦、东西向开沟，在种植沟内北坡向阳的一面移栽油菜，这种方式保湿保墒，背风向阳，可以使油菜早发，易形成冬壮冬发苗势。

3）中耕培土结合施腊肥。在土壤封冻前中耕、除草和培土，尤其是高脚苗，培土壅蔸后，根茎变短，有利于保暖。培土不是越高越好，土以培至第 1 片叶基部为宜，培土这么高，既能直接保护根部，又能预防后期倒伏。

4）覆盖防寒。覆盖防寒能够有效预防油菜遭受冻害，降低低温灾害损失。覆盖防寒即在寒潮来临前或入冬后，撒施谷壳灰、草木灰、火土灰、麦糠于田间，或用稻草、谷壳等作物秸秆覆盖行间保暖，可提高地温 2～4 ℃，从而减轻冻害。也可在寒潮来临前将稻草等轻轻盖在苗上，减轻叶部受冻，寒潮过后，随即揭除，防止覆盖物限制油菜生长。

4. 寒害

（1）受害概况。油菜开花的适宜温度为 12～20 ℃，最适温度为 14～18 ℃。一般至少在 12 ℃才能满足油菜开花适温的要求。寒潮过境，常使油菜幼苗叶片普遍变红，看起来很像缺磷。油菜开花期，长江中下游常现低温寒潮，即"倒春寒"，降温至 10 ℃

以下。进入生殖生长时期的油菜抗冻能力明显下降，对低温十分敏感。在日均温度低于 5 ℃时，油菜生长速度变得缓慢；当冬季温度降至 3 ℃以下时，油菜便会生长停滞。当温度陡然下降时，油菜光合产物供应不足，不适宜开花受精，使得油菜开花明显减少，并造成死蕾、落花和落果，以致花序上出现分段结角的现象，导致产量下降，平均减产 10%～20%，部分地区减产高达 30%。寒潮对油菜开花受精影响较大，结籽率与开花后受精时的温度关系密切，受精时温度过低，不利于受精，会降低结籽率。

（2）防灾减灾对策。

1）促进壮苗。在低温胁迫下，外喷 0.1% $CaCl_2$ 可增加油菜叶片过氧化物酶（POD）活性，减缓叶绿素下降；促进植株地下部和地上部生长，增加根冠比，有利于形成壮苗，增强油菜抗寒性。

2）培土。培土同样是有效预防寒害发生的有效措施，主要方法是土壤封冻前结合中耕培土壅根，培土以 7～10 cm 厚为宜。

3）覆盖。覆盖可以有效提高地温，在油菜行间盖一层稻草等秸秆，或施猪牛粪 30 000～45 000 kg/hm^2，可提高土温 2～3 ℃，既防寒保暖，又可提供油菜春后的养分。至气温下降到 0 ℃时，还可在油菜叶片上撒一层谷壳灰或草木灰等，以防止叶片受冻。

4）施肥。科学的施肥能够提高地力，促进油菜植株苗壮生长，形成抗性强的壮苗。在严寒到来之前追施腊肥，增施磷钾肥。一般撒草木灰 6 000～7 500 kg/hm^2，或土杂肥 45 000 kg/hm^2，再配合施普钙 150～225 kg/hm^2、氯化钾 75～120 kg/hm^2。

5）灌水。冰冻或严寒来临前及时灌水能避免地温大幅度下降，缓解冻害程度。灌水前清理好"三沟"，灌水要灌透，随灌随排。

6）冻后恢复措施。如果油菜遭受寒害，需要采取有效的恢复措施，促进油菜恢复生长，降低寒害损失。恢复措施主要如下：在油菜田解冻后撒施草木灰，并及时向叶面喷清水，防止油菜缺水死苗；对出现根拔现象的油菜，及时碎土培根 7～10 cm 厚；及时摘除蕾薹破裂和严重受冻叶片；叶面喷施惠满丰、新丰产灵、强力增产素等新型生化制剂；解冻后及时追施速效肥料。

5. 湿害

（1）受害概况。油菜发芽的适宜土壤湿度范围为田间最大持水量 60%～70%，苗期要求的适宜土壤湿度范围为田间最大持水量 70%～80%。油菜虽然是耗水量较大的作物，但水分过多，则会为害油菜的根系，根系因缺氧而影响其正常的生理活动，造成作物生长滞缓减产。油菜出苗阶段土壤水分过饱和，往往会导致种子窒息死亡。返青期雨水过多，常常会出现"倒春寒"。春季气温回升较快，大量积雪融化，往往会造成油菜烂根死苗。油菜的花角期若春雨较多，则会加重湿害，蕾果脱落，这也是长江中下游地区油菜减产的主要原因。成熟时期遇到连阴雨，会导致油菜籽发霉变质。油菜生长中后期遇湿害导致生长不良，病害加重，易早衰倒伏。

（2）防灾减灾对策。

1）选育抗倒伏、耐菌核病能力强的品种。

2）厢沟、围沟、腰沟"三沟"配套，高垄种植。在低洼地区，要开深沟，保证雨水能及时排除。及时清沟，排水晒田，降低水位和田间土壤含水量，提高地温，减轻病害，确保后期正常生长。

3）加强田间管理。水分过多时，由于体内氮磷不足而糖分过剩，往往会出现红叶，应增施有机肥和氮磷肥。通过深中耕、勤松土，可以改善土壤通透性。

6. 其他气象灾害

（1）受害概况。油菜在生育期内还会遭遇风灾、雹灾、热害等气象灾害。

开花至角果期出现日风级≥6级，或 10 min 风速≥11 m/s 的天气过程，会造成结角率降低、倒伏、裂荚等。春季风害会造成幼嫩薹茎扭曲、断裂甚至折断倒伏，严重影响后期千粒重及含油率。冬油菜生育期间的风害主要发生在冬季、春季至初夏。春季至初夏的风害发生在油菜抽薹至收获前，风害引起的沙尘天气影响油菜的授粉，而且易造成倒伏。

冰雹对油菜的危害主要是它的机械破坏作用，不仅造成叶片破碎、茎秆折断、植株倒伏、花果脱落，而且还会造成土壤板结，以及作物受到突然的低温胁迫，往往由此引起各种生理障碍和病虫害。我国北方的山区丘陵地区，地形复杂，天气多变，夏秋冰雹多，受害重；南方则以春季的 4 月多雹且主要下在夜间。

油菜生育期如遇连续高温干旱天气，则会严重影响油菜生长发育。苗期如果遇到高温天气，中午阳光强烈气温升高，常常造成地温过高，若持续时间较长，会导致油菜根茎部位灼伤，幼苗萎蔫，甚至死亡。

（2）防灾减灾对策。

1）风灾的防御。选育抗倒伏、株型紧凑的品种。合理密植，中耕培土。适宜的种植密度可增强油菜整体抗倒伏能力。中耕培土不仅能增加土壤通透性，增强植物抗寒能力，而且可促进根系发育，提高根冠比，起到很好的防风抗倒伏的作用。

2）雹灾的防御。清沟排水，防涝除渍，减轻阴雨影响。深耕松土，防止土壤板结。及时追肥。根据苗情，适量追施或喷施尿素、磷酸二氢钾等速效肥料。促进植株恢复生长，或喷施植物生长调节剂，促进油菜恢复生长。加强气象预报机制，将灾情降低至最低。

3）热害的防御。因地制宜选用抗热或耐热品种。根据当地气候特征以及品种特性，确定合适播种期。合理密植，注意田间通风透气，预防高温引起的病虫害。加强水肥管理，科学施肥，防止幼苗徒长，增强植株抗病力。

（二）生物灾害

1. 病害

（1）油菜枯萎病。

1）为害概况。苗期在茎基部产生褐色或黄褐色病斑，严重时或土壤湿度低、气温高时叶片失水、卷曲至枯死。初花期前后茎秆出现隆起和沟状的长斑，并造成落叶，根和茎的维管束有菌丝或分生孢子，并为黑色黏状物所填塞，植株矮化、萎蔫最后枯死。

2）防灾减灾对策。

a. 农业防治。种植抗病品种；重病地实行 3～4 年轮作，尤其是水旱轮作在收获后及时清除地里的遗留病残株；加强肥水管理，及时间苗、中耕除草；收获前在无病田或无病株上选留种子。

b. 化学防治。播种前可用 0.5%硫酸铜液浸种 0.5 h；喷淋或浇灌 54.5%恶霉·福 700 倍液，或 50%甲基硫菌灵悬浮剂 600 倍液，或 50%百·硫悬浮剂 500 倍液，或 20%二氯异氰脲酸钠可溶性粉剂 400 倍液，每株浇灌 100 mL，隔 10 天左右防治 1 次，防治 1～2 次。

（2）油菜炭疽病。

1）为害概况。白菜型油菜苗期发生较多，初在叶、茎、角果上产生圆形至椭圆形斑点，中心白色至黄白色，边缘紫褐色，大小 1～2 mm，湿度大时，病斑上溢有红色黏质物。叶片初时产生苍白色或退绿水浸状小斑点，后扩展为 1～2 mm 大小的圆形至长圆形病斑。病斑中心白色至黄白色，边缘紫褐色，略凹陷。叶柄、茎染病，斑点呈长椭圆形或纺锤形，淡褐色至灰褐色；果荚染病病斑与叶上相似。湿度大时，病斑上均可溢出红色黏质物。

2）防灾减灾对策。

a. 农业防治。种植"新油 8 号""新油 9 号""中双 4 号"和"两优 586"等抗病品种；发病较重的地区，与非十字花科作物轮作 1 年以上；适期晚播，避开高温多雨季节；选择地势较高、排水良好的地块栽种，及时排除田间积水，合理施肥，增施磷钾肥；收获后清洁田园，深翻土壤。

b. 物理防治。播前用 50 ℃温水浸种 5～10 min，捞出，阴干后播种。

c. 化学防治。种子处理：用种子重量 0.4%的 50%多菌灵可湿性粉剂拌种；药剂喷施：可喷施的药剂有多·硫悬浮剂、炭特灵、绿叶丹和炭疽福美等。

（3）油菜菌核病。

1）为害概况。茎部染病初期现浅褐色水渍状病斑，后发展为具轮纹状的长条斑，边缘褐色，湿度大时表生棉絮状白色菌丝，偶见黑色菌核，病茎内髓部烂成空腔，内生很多黑色鼠粪状菌核。病茎表皮开裂后，露出麻丝状纤维，茎易折断，致病部以上茎枝萎蔫枯死。叶片染病初呈不规则水浸状，后形成近圆形至不规则形病斑，病斑中央黄褐色，外围暗青色，周缘浅黄色，病斑上有时轮纹明显，湿度大时长出白色绵毛状菌丝，病叶易穿孔。花瓣染病初呈水渍状，渐变为苍白色，后腐烂。角果染病初现水渍状褐色病斑，后变灰白色，种子瘪瘦，无光泽。油菜从苗期到成熟期都能发生菌核病，以中后期发病最普遍。茎、叶、花、荚各部都可受害，以茎部受害最重。病部长出棉絮般的菌丝，并形成黑色的菌核，即为油菜菌核病的典型特征。

2）防灾减灾对策。

a. 农业防治。选用抗病、耐病品种；实行稻油轮作或旱地油菜与禾本科作物进行 2 年以上轮作；雨后及时排水；合理密植；改善油菜生态环境，如重施基肥、苗肥，早施或控施蕾薹肥，施足磷、钾肥，防止贪青倒伏；深沟窄畦，清沟防渍；在油菜开花期摘除病、黄、老叶。

b. 化学防治。在 3 月上、中旬油菜盛花期喷 80%多菌灵超微粉 1 000 倍液或 40%多硫悬浮剂 4 000 倍液，7 d 后进行第 2 次防治。40%菌核净可湿性粉剂 1 000～1 500 倍液 1～2 次，50%多菌灵粉剂或 40%灭病威悬浮剂 500 倍液 2～3 次，70%甲基托布津可湿性粉剂 500～1 500 倍液 2～3 次。

（4）油菜黑腐病。

1）为害概况。叶片染病现黄色"V"形斑，叶脉黑褐色，叶柄暗绿色水渍状，有时溢有黄色菌脓，病斑扩展至叶片干枯。抽薹后主轴上产生暗绿色水渍状长条斑，湿度大时溢出大量黄色菌脓，后变黑褐色腐烂，主轴萎缩卷曲，角果干秕或枯死。角果染病产生褐色至黑褐色斑，稍凹陷，种子上生油浸状褐色斑，局限在表皮上。该病可致根、茎、维管束变黑，后期部分或全株枯萎。

2）防灾减灾对策。种植抗病品种。与非十字花科蔬菜进行 2～3 年轮作。从无病田或无病株上采种。进行种子消毒，100 mL 水中加入 0.6 mL 醋酸、2.9 mL 硫酸锌溶解后温度控制在 39 ℃，浸种 20 min，冲洗 3 min 后晾干播种。发病初期喷洒 72%农用硫酸链霉素可溶性粉剂 3 500 倍液或新植霉素 100～200 mg/kg 或氯霉素 50～100 mg/kg。

2. 虫害

（1）油菜茎象甲。

1）为害概况。油菜茎象甲是油菜上的重要害虫，以幼虫在茎中钻蛀为害，成虫也可咬食叶片和茎皮。髓部被蛀中空，风吹折伏；茎受刺激肿大、扭曲、崩裂、枯死。油菜茎象甲年生 1 代，越冬成虫于 2 月中、下旬出土活动，3 月上旬交配产卵，3 月中、下旬孵化出幼虫即在茎中钻蛀取食为害，4 月中、下旬至 5 月上旬末龄幼虫化蛹，5 月中、下旬羽化为成虫，油菜收后，成虫潜入土中越夏，10 月份后入土越冬。

2）防灾减灾对策。

a. 农业防治。在 12 月份进行冬灌，2 月中旬春灌，有条件的可保水 1 d；加强管理，增肥灌水；收获后及时清洁田园；秋冬结合积肥，清除菜田残株败叶，铲除杂草；成虫越冬前，在田间、地埂、畦埂处堆放菜叶杂草，引诱成虫，集中杀灭。

b. 化学防治。成虫期防治是关键，每年 2—3 月或 9—10 月成虫开始活动时，喷洒 90%晶体敌百虫 1 000 倍液，或 40%乐果乳油 1 500 倍液，或 2.5%溴氰菊酯 5 000 倍液，喷药部位应当以油菜根茎及根际土壤为重点。

（2）油菜蓝跳甲。

1）为害概况。油菜蓝跳甲以幼虫为害造成的损失大。在油菜苗期取食叶肉，咬成穿孔，严重时叶肉被吃光，只留白色表皮，使叶片发黄干枯，根茎被害严重时，可萎蔫死亡。

2）防灾减灾对策。

a. 农业防治。油菜及其他十字花科作物在播种、移栽前后收获后，对田间及周围的杂草要集中烧毁沤肥，并进行深耕灭茬、晒土；在油菜开花前后摘除基部老叶，携至田外深埋或烧毁；油菜田及附近禁止堆放麦垛、草堆、烂菜叶、杂草等；选用适应性广、抗虫性强、经过包衣的种子；选用排灌方便的地块。

b. 化学防治。可选用的药剂有辛硫磷、氟虫腈、敌百虫、毒死蜱、菊酯类、灭幼脲等。

3. 草害

（1）为害概况。杂草是制约油菜生产的关键因素之一，与油菜竞争养料、水分和空间，大大地阻碍了油菜的正常生长。我国油菜杂草危害较为严重，通常可以造成油菜减产 10%～20%，草害严重时减产达 50%，甚至颗粒无收。近年来，随着直播和免耕面积的不断扩大，油菜田的草害发生更为迅速。据调查，我国冬油菜田草害面积占种植面积的 60%，而春油菜田草害更为严重，占种植面积的 70%以上。

在冬油菜区，油菜田的主要杂草有看麦娘、日本看麦娘、稗、千金子、棒头草、早熟禾等禾本科杂草，繁缕、牛繁缕、雀舌草、碎米荠、通泉草、稻槎菜、猪殃殃、大巢菜、小藜、婆婆纳等阔叶杂草，以及牛毛毡等莎草科杂草，其中稻茬油菜田以看麦娘和日本看麦娘最多。

（2）防灾减灾对策。

1）杂草检疫和种子精选。

2）农业防除。包括人工防除、机械除草、轮作、合理密植、加强管理、合理施肥等措施。

3）化学防除。

a. 播前土壤封闭处理。野麦畏防除野燕麦，对阔叶杂草基本无效，适用于野燕麦危害严重而阔叶杂草发生较少的油菜田。氟乐灵在油菜播种或移栽前进行土壤处理，主要防除看麦娘、日本看麦娘、稗、棒草、野燕麦等一年生禾本科杂草，对繁缕、牛繁缕、雀舌草等小粒种子阔叶杂草也有一定的防效。氟乐灵在播后施用常有药害产生，不宜在播后苗前施用，也不宜在杂草出苗后施用。大惠利杀草谱广、持效期长；可防除稗、马唐、狗尾草、野燕麦、千金子、看麦娘、早熟禾、牛筋草、雀稗、稷、野黍、藜、猪殃殃、繁缕、马齿苋、野苋、锦葵、苦苣菜、千里光等一年生禾本科杂草及多种阔叶杂草；对油菜安全；下茬不宜种植高粱、玉米、莴苣、甜菜及苜蓿等敏感作物。

b. 播后苗前土壤处理。以禾本科杂草为主的油菜田，常选用 50%乙草胺乳油、60%丁草胺乳油、50%杀草丹乳油等药剂。以阔叶杂草和禾本科杂草混生的油菜田，在免耕稻直播油菜播前，用 25%绿麦隆可湿性粉剂 3 750 g/hm^2，加水配成适量药液喷洒，既能防除看麦娘、日本看麦娘、硬草等禾本科杂草，又能防除牛繁缕、荠、稻槎菜等阔叶杂草。在气温较高时，喷雾法易产生药害，药土撒施法使用比较安全。

c. 苗后茎叶处理。防除禾本科杂草：在冬油菜产区防除看麦娘等，分别用 10.8%高效盖草能乳油、5%精禾草克乳油、15%精稳杀得乳油 450～750 mL/hm²。防除阔叶杂草：防除雀舌草、繁缕、牛繁缕等用 10%高特克乳油 1 950～3 000 mL/hm²，防除苍耳、猪殃殃等用 3 000～4 050 mL/hm²。若这两类杂草发生时间一致，可将高特克与防除禾本科杂草的除草剂混用，一般以 10%高特克乳油 1 950～4 050 mL/hm²加 15%精稳杀得乳油或 10.8%高效盖草能乳油或 5%精禾草克乳油 450～750 mL/hm²。

（三）油菜药害

1. 为害概况

近年来安徽直播油菜种植面积扩大，乙草胺、异恶草松等原先主要用于移栽油菜田的除草剂被大面积应用于直播油菜田播后苗前作土壤封闭处理，乙草胺、异恶草松药害有加重发生的趋势。胺苯磺隆等残留期长、残留药害重的除草剂在油菜田仍有较大应用面积，由此造成的对当茬油菜和后茬水稻等作物产生药害的事故时有发生。二氯吡啶酸等新型药剂在油菜田施用，也表现出了较大的药害风险。油菜在抽薹结角期对烯草酮等吡喃唑酮类药比较敏感，油菜进入生殖生长阶段后施用这类除草剂可能出现"白化"现象，并导致油菜开花结实不良。

2. 防灾减灾对策

油菜田用乙草胺进行土壤封闭处理，应严格控制乙草胺用量，避免药害发生。对乙草胺抗耐性较强和杂草较多的地区，可以选用乙草胺与异恶草松的复配剂，有利于降低乙草胺的绝对用量，并扩大杀草谱，提高对禾本科杂草及多种阔叶杂草的防效。另外，要特别注意配套田间沟系，保证下雨时田水能够及时排出，雨后田间不长时间积水。

为防止药害发生，移栽油菜田施用异恶草松，应在整地后用 36%异恶草松乳油 390～495 mL/hm²喷施，过 1～3 d 移栽。移栽的油菜苗必须是 5 叶以上的大苗、壮苗。直播油菜田一般不提倡使用异恶草松化除。直播油菜田施用异恶草松，宜将其减量与乙草胺混用，并要求播种后严密盖土再喷药。露籽多的田块不宜藏药，油菜出苗后不能施药。播种较迟的直播油菜，播后易遇低温寒流，不宜施药。

无论是移栽油菜还是直播油菜，遇低温寒流或在阴雨天、积水田，均不宜施用异恶草松及其与乙草胺的复配剂。施药要均匀，防止漏喷、重喷，不能超量用药。在持续干旱的情况下可以适当洇水，但不能全田大水漫灌。

四、烟　草

（一）气象灾害

烟草的主要气象灾害有旱害、涝害、风雹灾害和低温灾害等。

1. 旱灾

（1）为害概况。种子发芽到出苗期短时干旱就可使幼苗死亡。营养生长期需水量大，叶片含水量比正常偏少 6%～8%时就发生萎蔫，生长变慢，下部叶片开始干枯，产量降低。受旱烟叶组织紧密，叶重而小，叶脉密，叶色暗，成熟不一致，烘烤时变黄慢，成色发暗，叶中累积的蛋白质和尼古丁较多，糖类少，品质差。旺盛生长期受旱则产量和品质都大受影响。幼嫩烟叶受旱后叶尖叶缘变硬，旱象解除后叶片虽积极生长，但变皱粗，延迟成熟，成为劣质烟叶。采收期高温干旱易引起烟碱含量升高。白天温度高，烟株蒸腾量加大，得不到降水补充，土壤极易发生干旱，所产烟叶薄而小，组织粗糙，总氮、蛋白质和烟碱明显增加。

（2）防灾减灾对策。

1）兴修水利，加强烟田基本建设，提高烟草种植业的抗灾能力。

2）及时灌溉。起垄种植，移栽时浇足水，当发现叶片卷曲时应及时灌水。

3）遮光降温。可采用遮阳网之类的遮阳物遮阳，减少直射光。增加散射光。

4）使用抗旱剂。用抗旱剂对水均匀喷洒在烟叶上，抑制叶片蒸腾量。

5）抗旱育苗和移栽，如栽后浅锄保墒，促进早缓苗，适当中耕保墒，使用塑料薄膜或秸秆覆盖保墒。遇到伏旱，有条件的成片烟区可进行人工降水，对于提高烟株抗旱性、抑制病害发生、增加烤烟产量和产值、改善内在质量都有良好作用。

2. 涝害

（1）为害概况。烤烟需水量大，但土壤过湿和积水也会影响烟草生长。过湿影响烟草根系发育，减少地上部分生长量，延迟成熟，诱发各种病害，并使单位叶面干重和弹性降低，香气不足。涝害的危害更大，水淹使根系吸水机能受阻，出现萎蔫症状，叶片从下往上逐渐枯黄，植株变矮，茎细叶短，产量和品质都显著下降。淹水 2～4 h，根系不能正常呼吸，烟株生长受阻，涝害 2 d 将大部分死亡。烟草生育前期的涝害危害比后期大。同时连续降水常伴随低温天气出现，易诱发病害的出现和蔓延。降水过多，土壤供氮过高的情况下，土壤后期仍保持余氮在释放，使烟株吸氮增加，烟叶中的烟碱含量保持在较高的水平；氮肥适中或较低条件下，调制后烟碱含量较低。降水量适宜、土壤氮肥过多，或降水量过少、土壤干旱，都会使烟碱含量升高。

（2）防灾减灾对策。

1）适期早栽。适期早栽是避开生长后期涝渍危害最简便有效的措施。同时，适期早栽可以使烤烟大田生育进程提前，避开后期高温胁迫，有利于保证产量，改善品质，同时也可保证后季晚稻的生育季节。

2）开沟整地，及时排水。为了防止暴雨引起的洪涝渍害，在移栽前要整好垄沟、腰沟、围沟"三沟"。高垄单行栽培，开好垄沟，垄沟深 25 cm 左右。腰沟和围沟是排水的主干道，较垄沟要宽且深，以利于渍水快速排出。

3. 风雹灾

（1）为害概况。烟草遭受风雹灾害袭击后，会造成不同程度的倒伏、茎叶损坏。冰雹具有来势迅猛、灾害重和破坏力强等特点。雹块下降时的机械破坏作用使烤烟的叶片、茎秆遭受损伤，其危害程度与冰雹大小、数量、密度和降雹持续时间有关。冰雹灾情轻重还取决于烤烟的品种以及生育期。一般说来，多叶型品种比少叶型品种受害重。

其中，雹块的大小最直接地决定灾情的轻重。轻雹灾下，烤烟的叶片被打落或打成麻斑，茎秆折断或打成秃茬；中雹灾下，烤烟茎秆被打折，茎叶被打断成茬子，造成倒伏；重雹灾下，烤烟地上部分被砸光，地下部分也受到一定程度的伤害，影响烤烟的再生。苗期遭受冰雹危害后，可使幼苗受伤不能正常生长，若幼苗被砸伤过重，则需重新移栽而延误农事季节；在旺长期受灾，使烤烟叶片残破不堪、嫩茎折断，造成地上部与地下部生长失调，直接影响并阻碍正常成熟采收，造成严重减产和品质变劣；成熟期受灾，带有雹伤的叶片的商品价值会大幅度降低，甚至造成绝收等无法弥补的经济损失。

（2）防灾减灾对策。

1）选用抗倒伏品种，增强植株抗倒能力。如选用茎基粗壮、根系发达、株型紧凑的烤烟品种。培育强大的根系，减轻暴风雨造成的倒伏程度。

2）清理烟田，恢复烤烟生长能力。受灾较轻的烟田，要及时排除田间积水，清除残枝落叶。扶正烟株，减少烟叶感染发病。及时追施速效化肥，做好病虫害防治，适时中耕松土，破除土壤板结层，促进根系恢复生长。对倒伏严重、茎叶断损严重的，应根据不同生育期决定是否帮扶，如受害严重，已无恢复可能，则应及时改种其他作物。尽管雹灾影响较大，但只要留有根茬，通过培育二茬烟，仍可获得 30%～50% 的产量。雹灾后如果培育二茬烟，一般成熟期较晚，要多追施磷肥，或在后期利用催熟剂促进早熟。

3）灵活留杈。雹灾过后，要根据遭冰雹袭击的时间、烟株生育时期和受灾程度等因素，采取相应措施。对受灾较轻的烟田，可以只进行扶苗培土；对旺长以前的烟苗，烟株尚未长齐叶或基本长齐叶，雹灾往往使上部叶片严重受损，可将被冰雹损坏的上部割掉，保留中、下部受损小的叶片，腋芽萌发后，从顶向下第 2～3 片叶的叶腋处留烟杈，待杈烟长叶 10 片左右时打顶；对雹灾严重，全部叶片受损的烟田，从离地面20～30 cm 处割掉主茎，留叶 3～5 片进行光合作用。

4）防治病虫。受灾烟田易引起病害流行，要及时防治。注意田间操作卫生，每割 1 株都要用肥皂水将镰刀消毒 1 次，并经常用肥皂水洗手。同时，把打掉的烟秆、废叶以及病株全部清理，远离烟田深埋。要注重对当地常发病虫的防治，及早喷施对路农药，保护受灾烟叶恢复生长。

5）加强人工影响天气基础设施建设。为提高防雹作业的反应速度和作业效果，应增加人工防雹人力和设备投入。根据冰雹灾害特点和烟区分布，在冰雹多发区的烤烟重点乡（镇），机动作业和固定作业相结合，布设半固定式炮点，建设固定作业点技术人员值班室，招聘一定数量的经过培训的防雹作业技术人员，组建防雹作业队伍，在各县（市、区）气象局人工防雹专业技术人员的指挥下，实施全面的防雹作业。

（二）生物灾害

1. 病害

（1）烟草黑胫病。

1）为害概况。烟草黑胫病在苗期和大田期均可发生，主要为害大田烟草。侵染幼苗，首先在茎基部产生黑斑或褐斑，或从底叶发病蔓延至茎，当苗床湿度大时，黑斑或褐斑很快向烟苗扩展，布满白毛，并迅速传染附近烟苗。茎秆染病后向髓部扩展，很快阻塞茎部水分运输，病叶自下而上依次变黄，尤其中午烈日、高温、蒸发量大，全株叶片会突然凋萎下垂，然后变黑枯死。纵剖病茎髓部呈褐色，干缩呈碟片状，内有稀疏如棉絮状的菌丝体。此外，根部有时也发病变黑。在多雨潮湿时，中下部叶片生有浓绿线条的暗绿色大斑纹，无明显边缘，常出现浓绿相间轮纹，可在数日内通过主脉、叶柄蔓延到茎部，干燥时叶斑扩展缓慢，常形成孔洞。不论茎或叶发病，在潮湿条件下，病部表面生一层稀疏白毛，即菌丝体。

2）防灾减灾对策。

a. 农业防治。选用抗病品种，与禾本科作物及甘薯轮作3年以上或水旱轮作。推广高垄栽培，建全排灌设施，注意排水，防止田间积水。适时早栽，使烟株发病阶段躲过高温多雨季节。施用充分腐熟的有机肥，及时中耕除草、注意排灌结合，降低田间湿度。发现病株及时拔除，带出田外集中烧毁。

b. 化学防治。播种前苗床用25%甲霜灵可湿性粉剂10 g/m^{2}与10～12 kg 干细土拌匀，播种时1/3药土撒在苗床表面，播种后其余2/3覆盖在种子上。成苗期，用25%甲霜灵可湿性粉剂500倍液喷施或浇灌，移栽后28～42 d再灌根1次，防治黑胫病效果较好。烟株培土后发病前用58%甲霜灵·锰锌可湿性粉剂600～800倍液，或25%霜霉威可湿性粉剂500倍液，或40%甲霜铜可湿性粉剂600倍液灌根。

（2）烟草青枯病。

1）为害概况。安徽南部产区受害较重。烟草青枯病是典型的维管束病。根、茎、叶各部均可受害，最典型的症状是枯萎。染病萎垂的叶片，初期仍为青色，故称"青枯病"。烟株感病后，先是茎和叶脉里的导管变黑，随着病势的发展，病菌侵入皮层及髓部，外表出现黑色条斑。在感病初期，田间病株常表现一边枯萎，无"低头"现象。如将病株连根拔出，可看到发病一侧的维管束变成黄褐色或黑褐色。病势继续发展，病害从茎部维管束向附近的薄壁组织和皮层扩展以后茎上出现纵长的黑色条斑，有时条斑一直伸展到病株顶部，甚至达到枯萎的叶柄上。在发病中期，病株全部叶片萎缩，条斑的表皮组织变黑腐烂，根部亦变黑腐烂。此时如将病茎横切，用力挤压切口，导管中即渗出乳白色的黏液，即细菌的溢脓。茎髓部呈蜂窝状或全部腐烂形成空腔，仅留木质部。发病后期，则整株死亡。

2）防灾减灾对策。

a. 农业防治。因地制宜地选用抗青枯病的品种，与禾本科作物进行3年以上的轮作，烟稻轮作防病效果最好。选择土质疏松、排水良好的田块种烟。适当早播早栽，发病高峰躲过雨季可减少受害。采用高畦栽培，雨后及时排水，防止湿气滞留。施净肥，不施用病残体沤制的堆肥，在缺硼烟田适当增施硼肥。不在雨天或露水未干前进行各种有利于病菌传播的农事操作。发现病株应立即连同泥土挖起带出田间深埋，病穴撒生石灰消毒。收获后清除田间病残体，深翻土壤。

b. 化学防治。发病初期用14%络氨铜水剂300倍液，或77%氢氧化铜可湿性粉剂600倍液，或47%加瑞农可湿性粉剂700～800倍液灌根，隔10 d灌根1次，连灌2～3次。

（3）烟草赤星病。

1）为害概况。烟草赤星病主要在成熟期发病，是烟叶成熟期的主要叶部病害。多从烟株下部叶片开始发生，后逐渐向上发展。最初在叶片上形成黄褐色圆形小斑，以后变成褐色，边缘明显，具有明显的同心轮纹，外围有淡黄色晕圈，病斑直径可达10～25 mm。天气潮湿时，病斑中央会出现黑色霉状物，天旱时有的病斑破裂。发生严重时，许多病斑相互连接合并，叶片枯焦脱落，有时在叶脉和茎秆上形成深褐色梭形小斑。

2）防灾减灾对策。

a. 农业防治。选种抗病品种，实行轮作，发展春烟，适时早栽，培育壮苗，使发病阶段避开雨季。合理密植，加大行距，改善通风透光条件，降低田间湿度。合理施肥，增施磷钾肥，增强植株抗病能力。适时采收烘烤，及早摘除底脚叶，可减少田间再侵染菌源。搞好田间卫生，彻底销毁烟秆等残体，减少侵染菌源。

b. 化学防治。药剂应在烟草底脚叶发病时及时喷施，可喷洒40%菌核净可湿性粉剂400～600倍液，或50%多菌灵可湿性粉剂600～800倍液，或70%甲基硫菌灵可湿性粉剂600～800倍液，或75%百菌清可湿性粉剂800倍液，或50%异菌脲可湿性粉剂1 500～2 000倍液，或1.5%多抗霉素150倍液，或50%腐霉利可湿性粉剂1 500～2 000倍液，或12.5%异菌脲可湿性粉剂2 000倍液，或1∶1∶（150～200）倍式波尔多液，隔7～10 d喷1次，连续2～3次。药剂要交替使用，以防产生抗药性。

（4）烟草病毒病。

1）为害概况。烟草生产上常见的病毒病有黄瓜花叶病毒病、普通花叶病毒病、烟草马铃薯Y病毒病，其中黄瓜花叶病毒病在安徽烟区的发生程度最重，严重时常造成减产50%左右。

2）防灾减灾对策。植物病毒病一旦显示症状，治疗十分困难，只能以预防为主，用药抑制病毒病的增殖，应用施肥及农作措施，促进植株生长增加抗性，切断传播途径，控制传媒，且预防必须从苗期抓起。

a. 农业防治。选用抗病品种，苗床应选用2年以上未种植寄主作物的田块，要远离菜地、烤房、晾棚，施用净肥，培育无病壮苗。施足氮、磷、钾底肥，尤其是磷、钾肥，及时喷施多种微量元素肥料。田间操作时，严格按照"先无病田，后有病田的无病株，再操作有病烟株"的原则进行。在苗床和大田操作前，手和工具要消毒，且在露水干后进行。

b. 物理防治。盖银灰或白色地膜栽培，对减缓或抑制大田期第1次蚜量高峰具有重要作用，明显减少有翅蚜的数量。还可进行烟麦套种，根据蚜虫趋黄性，小麦可吸引蚜虫优先降落。

c. 化学防治。种子处理：播种前，剔除混杂在种子中的碎屑，然后进行种子消毒。

用0.1%硝酸银溶液，或0.1%硫酸锌溶液，或0.1%磷酸三钠溶液浸种10 min，浸种后要反复冲洗。防治烟蚜：可用击倒性较强的农药，如用50%抗蚜威3 000～4 000倍液，或80%蚜必治200～300倍液进行防治，均可取得较好的防治效果。值得注意的是，防治蚜虫时，要大面积连片统防统治，统一进行，否则起不到理想的防治效果。防治病毒：从苗床期开始到大田旺长后期，发病初期喷2%菌克毒克水剂200～250倍液，或18%抑毒星可湿性粉剂350～500倍液，或3.95%病毒必克可湿性粉剂500～600倍液，或0.1%硫酸锌溶液，或20%病毒A可湿性粉剂500倍液，或6%病毒克可湿性粉剂800倍液，或1.5%植病灵乳油600～800倍液，或22%金叶宝可湿性粉剂300～400倍液，隔7～10 d喷1次，连续3～4次。

2. 虫害

（1）烟蚜。

1）为害概况。以成、若蚜刺吸为害烟株叶片、嫩茎、花等，现蕾前受害最重，严重受害的烟株，顶叶卷曲，不仅降低产量，且易诱发煤污病，导致烟叶品质下降。烟蚜还可传播多种病毒病，如黄瓜花叶病毒、马铃薯Y病毒等，造成的损失往往大于直接为害。

2）防灾减灾对策。

a. 农业防治。适当调整播期，避开蚜虫发生高峰。施足底肥，轻施苗肥，重施薹肥，增施花肥。选用抗虫品种。用玉米、马铃薯、韭菜、芹菜与白菜间作或套作。结合修剪，摘除有蚜虫的底叶和老叶。清除田间及附近杂草，结合间苗、定苗或移栽，除去有蚜株。

b. 物理防治。利用蚜虫的趋黄性，可在保护地内距离地面30 m均匀悬挂黄板300块/hm²，上面均匀涂抹黄油。有翅蚜虫对银灰色有拒避作用，可在地表覆盖银灰色地膜。

c. 生物防治。重要的捕食性天敌有异色瓢虫、七星瓢虫、龟纹瓢虫、大草蛉、丽草蛉、小花蝽、黑食蚜盲蝽、黑带食蚜蝇、大灰食蚜蝇等。寄生性天敌主要有蚜茧蜂和蚜小蜂两类。寄生菌有蚜霉菌。

d. 化学防治。应在蚜虫发生初期及时施药，常用药剂有10%吡虫啉可湿性粉剂2 500～4 000倍液、3%啶虫脒乳油1 500～2 000倍液、0.3%印楝素乳油1 000倍液、50%抗蚜威可湿性粉剂2 000～3 000倍液等。

（2）烟夜蛾。

1）为害概况。1～2龄幼虫取食叶肉仅留表皮或食成小孔；3龄后食量大增并转株为害，取食叶片和嫩茎，开花结果时，也取食花蕾及蒴果。被害叶片轻则有大小不等的穿孔，重则全被食光，仅留主脉，花蕾及蒴果被蛀食后重则仅留空壳。

2）防灾减灾对策。

a. 农业防治。在烟草收获后，及时深翻烟田，杀灭越冬蛹。有条件的烟区可改变耕作制度，采取轮作、变夏烟为春烟等。烤烟田，每15行烤烟种1行黄化烟，以诱集成虫产卵，便于集中施药。结合整枝、打杈，摘除部分卵粒、虫果，集中销毁。

b. 物理防治。利用黑光灯、高压汞灯及性诱芯诱杀。用 0.6 m 左右长的杨树或柳树枝条，每 10 根一把绑在木棍上，插于田间，顶端略高于作物顶部，诱集成虫产卵。

c. 生物防治。在幼虫孵化盛期，可采用苏云金杆菌对水叶面喷雾；或在卵盛期施用棉铃虫核多角体病毒。保护和利用自然天敌。

d. 化学防治。幼虫 3 龄前进行防治，可选用的药剂有 50%辛硫磷乳油 1 000 倍液、2.5%三氟氯氰菊酯乳油 2 000～3 000 倍液、5%氟啶脲乳油 2 500 倍液、5%氟虫脲乳油 1 500 倍液、2.5%高效氯氟氰菊酯乳油 2 000 倍液等。

（3）烟粉虱。

1）为害概况。成虫、若虫聚集植株背面，刺吸叶片汁液，密度大时，叶片正面出现成片黄斑，叶片卷曲，严重时植株死亡；成、若虫还大量分泌蜜露，可诱发煤污病。烟粉虱可传播多种病毒，引起植物病害。

2）防灾减灾对策。

a. 农业防治。烟田周围避免种植烟粉虱越冬寄主，并且远离蔬菜大棚，特别是辣椒、番茄大棚。保护地秋冬茬种植芹菜、白菜、小白菜、叶用莴苣等粉虱非嗜食、耐寒性蔬菜。温室和大棚使用前应先进行清洁，并于通风口、门窗加设 30 目防虫网。多种烟田杂草都是烟粉虱喜食的寄主植物，应及时清洁。发生严重的烟区应避免与甘薯间作。

b. 物理防治。可在大田内设置黄板诱杀成虫。

c. 生物防治。寄生性天敌有丽蚜小蜂、浆角蚜小蜂等；捕食性天敌有中华草蛉等，应加以保护、利用。

d. 化学防治。灌根法。幼苗定植前可用 25%噻虫嗪水分散粒剂 6 000～8 000 倍液，按 30 mL/hm² 用量灌根。

喷雾法。在粉虱虫口密度较低时（2～5 头/株），可选用 25%噻虫嗪水分散粒剂 5 000～6 000 倍液，或 10%吡虫啉可湿性粉剂、1.8%阿维菌素乳油 2 000～2 500 倍液，或 25%噻嗪酮可湿性粉剂 1 000～1 500 倍液，或 2.5%联苯菊酯乳油 1 500～2 500 倍液，或 99%矿物油 200～300 倍液等。10 d 左右喷 1 次，连喷 2～3 次。施药时最好选择早晨或傍晚，药液加入少量洗衣粉可提高防效。

3. 草害

（1）为害概况。安徽省南部属于东南烟草种植区，安徽北部徐淮地区属于黄淮烟草种植区。

黄淮烟区属于温带半湿润季风气候，温度适宜，热量丰富，主要禾本科杂草有马唐、牛筋草、狗尾草、稗、谷莠、芦苇等，阔叶杂草有铁苋菜、反枝苋、凹头苋、马齿苋、苘麻、鳢肠、半夏、田旋花、打碗花、鸭跖草等，莎草科杂草有香附子、黄颖莎草等。东南烟区杂草种类最多的科是菊科和禾本科。

（2）防灾减灾对策。

1）植物检疫。杜绝外来恶性杂草随种子或苗木的调运传入烟田。

2）农业防除。作物轮作；施用腐熟的有机肥；精耕细作，勤中耕。

3）物理防除。覆盖有色薄膜；覆盖除草膜。

4）化学防除。目前用于防除烟田杂草的除草剂主要有敌草胺、异恶松·仲灵、异丙甲草胺、双苯酰草胺、甲草胺、精异丙甲草胺、氟吡甲禾灵、吡氟禾草灵等，主要用于防除一年生杂草，尤其对一年生禾本科杂草防效最好。砜嘧磺隆、异恶松·仲灵、异丙甲草胺对烟田单子叶和双子叶杂草防效明显。

a. 土壤处理。50%敌草胺可湿性粉剂，975～1950 g/hm²；40%异恶松·仲灵乳油，1 050 g/hm²；72%异丙甲草胺乳油，1 296 g/hm²；90%双苯酰草胺可湿性粉剂，4 050～5 400 g/hm²；96%精异丙甲草胺乳油，216～864 g/hm²；48%甲草胺乳油，3 600 g/hm²。前4种药剂对水 750 L/hm²，在烟草移栽前 5 d 内或移栽后当日，均匀喷于土表，或混于 2～5 cm 浅土层中，或在移栽后结合培土进行墒面施药，可防除多数单子叶杂草和双子叶杂草。最后 2 种药剂对水 750 L/hm²，在烟草移栽前 1～2 d，杂草种子萌发前施用。

b. 茎叶喷雾处理。25%砜嘧磺隆干悬浮剂，18.75 g/hm²；10.8%高效氟吡甲禾灵乳油，81 g/hm²；15%吡氟禾灵草乳油，168.75 g/hm²；6.9%精恶唑禾草灵水乳剂，51.75～62.10 g/hm²。第 1 种药剂对水 450～600 L/hm²，在烟株生长期，杂草基本出齐后 3～5 叶期，均匀喷于烟株行间杂草茎叶上，防除单子叶和双子叶杂草。其余药剂对水 450～600 L/hm²，在烟株生长期，禾本科杂草 3～6 叶期，均匀喷于烟株行间杂草茎叶上，防除禾本科杂草。

五、茶 树

（一）气象灾害

1. 旱灾

（1）为害概况。安徽茶区旱害多发生在夏季，通常都出现在 7 月中旬到 8 月中旬，为伏旱，茶树在高温干旱的袭击下，7 d 左右土壤水分就迅速减少，茶树开始出现受害症状，树冠丛面叶片首先受害，即在短期内，叶片主脉两侧的叶肉泛红，并逐渐形成界线分明但部位不一的焦斑。随着部分叶肉红变与支脉枯焦，继而逐渐由内向外围扩展，由叶尖向叶柄延伸，主脉受害，整叶枯焦，叶片自行脱落。与此同时，枝条下部成熟较早的叶片出现焦斑焦叶，顶芽、嫩梢亦相继受害。随着高温、旱情的延续，植株受害程度不断加深、扩大。因此，茶树旱害的发生症状可归纳为两点：一是叶片焦斑界线分明，部位不一；二是受害过程是先叶肉后叶脉，先嫩叶后老叶，先叶片后顶芽、嫩茎，先上部后下部。

（2）防灾减灾对策。

1）选用耐旱品种。选育具有较强抗旱性的茶树品种是提高茶树抗旱能力的根本途径。茶树扎根深度影响茶树的抗旱性，根浅的品种抗旱性弱，根深的品种抗旱性强。茶树叶片的解剖结构，如栅栏组织厚度与海绵组织厚度的比值、栅栏组织厚度与叶片总厚度的比值、栅栏组织的厚度、上表皮的厚度等均同茶树的抗旱性呈一定的相关性。

2）灌溉补水。包括沟灌、喷灌、滴灌等，它们功效各有利弊，近十几年来在茶园中以喷灌的方式进行防旱抗旱，日益为各茶园所采用。

3）松土、培肥、地面铺草保墒，从而减轻干旱对茶园的危害。

4）遮阴抗旱。在一些幼龄茶园，在茶树幼苗期间，常间种一些矮秆绿肥（如田菁、猪屎豆等），或在茶苗旁边插上杉树、樟树等枝叶，从而为茶树幼苗遮阴抗旱。

5）使用外源物质，提高茶树抗旱能力。在茶树上使用抗蒸腾剂、抗旱剂、保水剂等，能不同程度地提高茶树的抗旱性。对于已经遭受旱害的茶树，应及时采取挽救措施，如在旱情解除后，视受害程度的轻重，适当修剪掉一部分枝叶，可以减少茶树蒸腾耗水；加强肥培管理，使茶树恢复生机；进行留叶采摘，保持适当的叶面积指数，增强树势；受害严重的幼年茶园，应采用补植或移栽归并，保持良好的园相。

6）对于已经遭受旱害的茶树应积极采取挽救措施。例如，在旱情解除之后，对焦叶枯枝进行不同程度的修剪；及时施用速效性氮、钾肥料，使受害茶树迅速恢复生机，促进新梢萌发，培育秋梢；还可根据当年受害程度，秋茶采取留叶采摘或提早封园的办法，养好秋梢，恢复树势；秋季结合深耕，增施基肥，增强茶树抗旱能力。

2. 热害

（1）为害概况。茶树热害是指在长期高温、干燥的气候条件下，造成茶叶减产，茶树生长受阻或植株死亡的气象灾害。

热害症状常表现为新梢上午挺立，午后随着温度升高萎蔫下垂；新生幼嫩叶片由于其对高温的抵抗力较弱首先灼伤，出现失绿、焦斑或枯萎，发生位置不一；受害顺序为先嫩叶芽梢后成叶和老叶，先蓬面表层叶片后中下部叶片。

旱热害是热害与旱灾的综合气象灾害，表现为新梢生育停滞、幼嫩茎叶枯焦、叶片枯萎脱落、枝叶由上而下逐渐枯死，甚至整枝枯死。发生严重危害的茶园，土壤缺水导致的旱害常常居主导地位。茶树旱热害可分为轻度受害、中度受害和重度受害。①轻度受害：受害茶树仅部分叶片出现变色、枯焦，茶枝上部芽叶仍呈现绿色。②中度受害：受害茶树多数叶片变色、枯焦或脱落，但茶枝顶端叶片或茶芽虽变色但尚未完全枯死。③重度受害：受害茶树叶片变色、枯焦脱落，且蓬面枝条已出现干枯甚至整株死亡。

（2）防灾减灾对策。

1）茶园覆盖。茶园覆盖多采用行间铺草形式。行间铺草经济实惠，各种杂草、树叶、秸秆等均可使用。据福建省茶叶研究所报道，铺草茶园 0～50 cm 土层全年土壤含水率比未铺草茶园提高 1% 以上，伏旱期间提高 4%。茶园行间铺草应在灾情发生前进行，否则会影响效果。一般在 6 月底 7 月初铺草效果较好。铺草量以 22 500 kg/hm² 为宜，厚度约 10 cm。

2）茶园灌溉。对地下水位低、土壤干燥的茶园，可适时灌水。茶树在灌溉时最好采取叶面喷洒，一方面可以为茶叶降温解暑，另一方面可以降低茶园空气温度。

3）茶园间作。在 1～2 年幼龄茶园间作乌豇豆、绿豆、伏花生等，既能代替茶园铺草，增加土壤有机质，改良土壤结构，又能改善茶园夏季小气候，防止阳光直接照射，减少茶树蒸腾和土壤水分蒸发，从而起到防热抗旱保苗的作用。

4）肥培管理。就茶园管理而言，提高茶树防热抗旱能力的措施很多，除上述措施外，肥培是一个重要环节。茶树营养充足，长势就旺盛，其抗逆能力也相应增强。在茶树热害调查中发现，受害较重的茶园往往是上一年冬季基肥未施或者施肥不足的茶园。因此，冬季应给茶园施足基肥，春茶后适施追肥，以提高茶树的抗热能力。

5）建立茶林（果）复合生态茶园。从生态学角度看，茶林（果）复合生态茶园，能有效改善茶园小气候，为茶树生长创造一个良好的复合生态环境，有利于茶树防热抗旱，提高茶叶的品质。对于已经遭受到热害的茶树，在旱情消失后，根据受害情况，对受害茶树的枯枝干叶采取不同程度的修剪，及时增施有效氮肥和钾肥，并提早封园或留叶等，以培养秋梢，恢复茶树生机。

3. 冻害

（1）为害概况。冻害是当温度短时间下降到 0 ℃以下，使茶树遭受伤害或死亡的气象灾害。茶树作为一种典型亚热带作物，在深秋或冬季往往会受到来自北方的强冷空气的侵袭，在低温下冻伤或冻死，特别是在大陆东岸的季风区域内，温带或亚热带北缘地区，茶树更容易受到冻害。受到冻害后的茶树不仅产量下降，茶叶品质也会受到很大影响。茶树在受冻以后，其成叶呈紫褐色，边缘变褐，而嫩叶则会出现"麻点"和"麻头"，均会影响成茶品质。

安徽省的产茶区主要位于淮河以南地区，该区域属于北亚热带湿润季风气候，每年3月初开始，逐渐受偏南风的影响，雨水明显增加，春季很少出现干旱现象，而早春和冬季的低温冻害是影响春茶产量的重要因素。受到冻害后的茶树不仅产量下降，茶叶品质也会受到很大影响。

（2）防灾减灾对策。

1）新建茶园的防御冻害措施。

a. 地形选择。在山区新建茶园时，要选择避风向阳的山坡；若在两山之间建园，应选择坡地，因为坡地气温往往高于谷地 4～5 ℃。山顶的寒风大且土壤干燥，而山底夜晚较为寒冷且冻霜严重。因此，茶树应种植在山坡的窄幅梯田上，不仅可以保护茶树根系，而且能防止寒流对茶树树冠的直接危害。

b. 选用抗寒良种。

c. 深垦施肥。种植前深垦施基肥，能提高土壤肥力，改良土壤，提高地温，培育健壮树势。

d. 营造防护林带。营造防护林能降低茶园内的风速、调节温度、减少蒸发量，改善茶园的小气候，是一条永久性的保护措施。对于高山茶园，迎风口的防护林带是抵御寒潮袭击的重要手段。一般以林木高度的 15～20 倍作为有效防风范围来建设防护林带。修筑水平梯田和道路、沟渠旁种树绿化是坡地种茶的主要防护措施。在平地、缓坡地种茶，可以在茶园周边种植防护林、茶树和果树间作，形成复合型生态茶园，创造温暖潮湿的茶园小气候。

2）现有茶园的防御冻害措施。

a. 农业措施。包括深耕培土，茶园施肥，合理灌溉、修剪和采摘，适时封园等措施。

b. 物理方法。熏烟法。熏烟防冻是我国传统的防冻措施。形成烟时直接放热；烟的遮蔽使夜间辐射减少以及水汽凝结于吸湿性烟粒上时释放出潜热，都会起到在霜冻发生时防止土壤和茶树表面大量失热，该法主要用于山坞和洼地茶园防御晚霜。

屏障法。流入的冷空气会导致平流霜冻的形成。屏障法可以有效防止平流霜冻。防风林、防风墙、风障等的设置可以减低空气的平流运动，从而提高气温以及减少土壤中水分的蒸发，同时也提高了土温。

喷水法。夜间有霜时，茶树表面达到冰点，可喷水防止冻害。但需注意的是，一旦开始喷水必须要喷至日出前，若中途停止，由于茶芽中水温度下降到 0 ℃ 以下，则比不喷水时更易发生冻害。

冬季覆盖。在常年冻害来临之前，用稻草或野草覆盖茶丛，开春后要及时掀除，该法防冻效果极其显著，在我国各茶区应用较为普遍。

c. 化学方法。秋末喷施 2，4-D、乙烯利以及越冬期在茶树叶面和土壤表面喷施抑蒸保温剂可以起到保温、减少蒸腾、促进新梢老熟、提高木质化程度的作用。

3）补救措施。

a. 及时清雪。

b. 及时修剪。气温回暖后，应立即修剪受冻枝叶。按茶树受害程度分别对待，做到冻死的剪除，冻害轻微的轻剪。对于受冻轻的枝叶，坚持"宁浅勿深"的原则；对于受冻较重的则进行台刈或重剪，及时剪去受冻部位，以促进新梢萌发。在冻死部分与健康部分界线分明时，剪口比枯死部分深 1～2 cm，以防止整个枝条枯死，刺激剪口以下的不定芽或腋芽萌发。

c. 浅耕施肥。越冬期冻害发生后，为茶树恢复生机，需要重施春芽的催芽肥，应同时配施一定量的磷、钾肥。在茶芽萌发以后，要勤施氮肥，但是需要严格控制秋季施用氮肥时间和数量，以及防止新枝徒长，以提高复壮枝的木质化程度，利于安全越冬。

d. 培养树冠。受冻重的茶树，经整枝修剪或台刈后，应着重培养树冠，轻采或迟采甚至不采。采养结合，对于受晚霜冻伤的茶树"麻头"，应及时摘去，避免消耗养分，妨碍新梢的萌发。

e. 药剂喷施。植物育成剂"波曼 L"是由日本国际化学合成公司研制而成。在受冻茶树喷洒该药剂，对恢复茶树树势有显著效果，同时可增产 8%～18%。

4. 寒害

（1）为害概况。寒害是指茶树在其生育期间遇到反常的低温而遭受的灾害，温度一般在 0 ℃ 以上。如春季的寒潮、秋季的寒露风等，往往使茶萌芽期推迟，生长缓慢。

（2）防灾减灾对策。

1）及时摘除或修剪受冻茶芽。及时摘除受冻茶芽，以促进下面的芽头尽快萌发生长。若劳力不够，也可根据茶树受寒害程度采取适当的修剪方式，剪除上面和边缘受冻坏死的茶芽。

2）及时追肥。及时追肥，最好是喷施沼液、0.2%磷酸二氢钾和尿素混合液、氨基酸类叶面肥（卢博士、四季风等）。注意也要喷叶子背面，因为叶背的吸收效果更好。喷到肥液在叶片上欲滴不滴的程度为宜。也可以在茶行间开沟施入沼渣、尿素、硫酸铵等速效固体肥。

3）调整茶类生产结构。除了茶园管理方面要采取补救措施外，加工方面要精心组织，待新梢长出后及时勤采，尽量多制高中档茶，通过提高收入和效益来减少损失；同时要加强夏秋茶园以肥培为重点的综合管理，多采制中档茶，通过增加夏秋茶产量和收入来弥补春茶损失。

4）防寒防冻措施。为防止茶园今后受冻受寒，茶农应加强茶园防冻保护措施，维护茶区森林植被。对易冻茶园采取秋冬培土、早施基肥、多施有机肥、适当增施钾肥和茶园铺草等管理措施。在寒流到来前，可在茶蓬上喷施营养液、覆盖薄膜或稻草，以降低茶树寒害程度。

（二）生物灾害

1. 病害

（1）为害概况。茶树病害，据报道全世界有 380 余种，我国约有 100 余种，常见的病害有 50 余种，其中发生较多，较普遍的有 30 余种。茶树病害往往不易引起人们注意。这是因为病害引起的减产，是病原物致使茶树的生长发育受到阻碍和破坏，而不像害虫将生长的芽叶吃掉那样一目了然，所以难以目测减产程度。多次测试表明，以叶病为例，一般发病率在 10% 以下，减产 3% 左右，发病率在 10% 以上，减产 7% 左右，如发病率超过 20%，减产 20% 以上，高者达 40.46%。如果同时发生枝干病害和根部病害，可导致茶树严重落叶，未老先衰，减产更为严重。一般常见的表现是一季春茶采摘后，夏秋茶生长十分缓慢，对夹叶明显增多，枯枝逐年增加，直至茶树整株枯死，造成严重减产，品质低劣。

1）芽叶病害。

a. 茶饼病。茶饼病是为害很严重的茶树病害之一，主要为害嫩叶和新梢，对茶叶产量影响极大。若用病叶制茶，则成茶味苦、碎片多，严重影响茶叶的品质。初在嫩叶上先出现淡黄色或红棕色半透明小点，随后逐渐扩大成圆形病斑，直径为 0.6~1.2 cm。病斑正面凹陷，淡黄色或暗红色，背面突起，呈馒头状疱斑，上面生有灰白色或粉红色粉末，最后粉末消失，突起部分萎缩成淡褐色枯斑，边缘一圈灰白色，形似饼状。叶中脉发病，病叶常扭曲畸形。叶柄、嫩茎感染后，肿胀并扭曲，严重时病部以上新梢枯死。全年发病时间各地不同，西南茶区在 7—11 月；华东和中南茶区在 3—5 月和 9—10月；海南茶区在 9 月中旬至翌年 2 月。

b. 茶芽枯病。茶芽枯病仅为害春茶期的幼芽和嫩叶，尤以1芽1叶至第3叶发生较多。成叶、老叶和枝条不发病。发生严重的茶园，梢发病率可达70%，春茶减产约30%，而且茶叶品质下降，开采期推迟，使茶农经济效益大大下降。芽叶发病多在叶尖或叶缘，先产生黄褐色小斑，后逐渐扩展为褐色或黑褐色的不规则形大斑，无明显边缘，病叶扭曲或向上、下卷曲枯焦，并易破裂。后期在病部正、背两面均散生许多黑色小粒点（分生孢子器），尤以正面较多。嫩梢发病，一般多在叶柄基部，病斑初呈褐色，后向周围扩展并呈黑褐色，严重时使病部以上组织萎缩不伸展或枯死。后期在表面也散生少数黑色小粒点。茶芽枯病病害常与小绿叶蝉的为害状相似，但小绿叶蝉为害病斑初期对光照视略呈半透明状，叶背常有虫蜕存在，叶片黄绿色，叶背叶脉呈红褐色，后变枯焦变色部分不产生黑色小粒点。

茶芽枯病在3月底至4月初（春茶萌芽期）开始发生，4月中旬至5月上旬（春茶盛采期）为发病盛期，5月下旬至6月上旬（夏茶期）病情发展重，6月中旬以后停止发病。

c. 茶炭疽病。茶炭疽病主要发生在茶树成叶上，老叶和嫩叶上也偶有发生。茶炭疽病病叶质脆，易于破碎，也易于脱落，因此，在发病严重的茶园，可引起大量落叶，嫩茎部一般不被侵染。病斑先从叶缘或叶尖部发生，初期病斑呈暗绿色水渍状，小圆斑常沿叶脉蔓延扩大，并变为褐色或红褐色，后期可变为灰白色。病斑形状不一，但一般在叶片近叶柄部，形成大型红褐色枯斑，病健部分界明显。病斑正面可散生许多黑色、细小的突起粒点，即病原菌的分生孢子盘。茶炭疽病全年均可发生，但有2个高峰：一是在5—6月梅雨期；另一是在秋季多雨条件下，尤其以秋季发病最多。

d. 茶白星病。茶白星病是一种重要的芽叶病害，主要为害嫩叶和幼茎，病梢上叶片变小，节间短，百芽重降低，致使茶叶产量下降，而且病芽叶制成干茶，味苦涩，具异臭，汤色浑暗，茶叶品质和风味也明显下降。

发病初在嫩叶和幼茎上初生针头状褐色小点，后逐渐扩大成圆形病斑，直径在0.5～2.5 mm，灰白色，中央凹陷，边缘有暗褐色或紫褐色隆起线，病健交界处明显。在潮湿条件下，病斑上散生黑色小粒点。后期病斑互相融合呈不规则形大斑。叶脉发病可使叶片扭曲畸形。嫩茎上病斑暗褐色，后变灰白色，上生小黑粒点，严重时可蔓及全梢，致使梢枯。嫩梢及叶柄发病时，病斑呈暗褐色，后逐渐变为灰白色圆形病斑。严重时，病部以上组织全部枯死。

2）茎部病害。

a. 茶黑点病。主要为害茶树枝梢，一般发生在当年生半木质化的红色枝梢上，致使夏茶生长受阻，芽叶稀疏，瘦弱发黄，对夹叶增多，发生严重时，甚至全梢枯死。病梢初期出现不规则形灰褐色斑块，以后逐渐向上、下扩展，长达10～20 cm，此时病部呈灰白色，其上散生圆形或椭圆形稍有光泽的突起黑色小粒点。

b. 地衣、苔藓类。地衣和苔藓的发生轻重与树龄、茶园环境及栽培管理水平密切相关。老茶园树势衰弱、树皮粗糙易发病。苔藓多发生在阴湿的茶园，地衣则在山地茶园发生较多。山区茶园有大量地衣和苔藓附生在枝干上，覆盖率可达90%～100%。生产上管理粗放、杂草丛生、土壤黏重及湿气滞留的茶园发病重。大量苔藓和地衣附生在枝干上时，会严重影响茶树的正常生长和发育，以致无茶可采。

3）根部病害。茶苗白绢病是茶苗上常见的一种病害，通常发生在苗木和幼树的根颈部，发生严重时，茶苗成片枯死，造成缺株断行。感病植株根颈部皮层逐渐变成褐色坏死，严重的皮层腐烂。苗木受害后，影响水分和养分的吸收，以致生长不良，地上部叶片变小变黄，枝梢节间缩短，严重时枝叶凋萎，当病斑环茎一周后会导致全株枯死。在潮湿条件下，受害的根颈表面或近地面土表覆有白色绢丝状菌丝体。后期在菌丝体内形成很多油菜籽状的小菌核，初为白色，后渐变为淡黄色至黄褐色，以后变茶褐色。菌丝逐渐向下延伸及根部，引起根腐。有些树种叶片也能感病，在病叶片上出现轮纹状褐色病斑，病斑上长出小菌核。

（2）防灾减灾对策。

1）芽叶病害。

a. 农业防治。在农业防治方面，冬季或早春清除田间枯枝落叶可减少第二年病菌数量；加强茶园管理，增强茶树抗病性；不同品种对各种芽叶病害有不同抗病性。

b. 化学防治。

茶饼病。目前国内药剂防治上以喷施铜素、汞素和有机硫杀菌剂为主。铜素杀菌剂耐雨水冲刷，因一般茶饼病的发生期大多为降水季节，因此，铜素杀菌剂的防治效果较好。对历年发病较重的茶园，秋季采茶结束或早春开采前喷 0.6%～0.7%石灰半量式波尔多液，有良好的防治效果。喷 0.2%～0.5%的硫酸铜也有较好的防效，一般喷后 10 d 即可采茶。70%甲基托布津 1 000 倍液效果也很显著。

茶芽枯病。防治以农业防治和药剂防治为主，使用无病种子和较抗（耐）病品种。在加强栽培管理、提高植株抗性的基础上，采用生长期喷药保护为重点的综合防治。喷药日期是防治茶芽枯病成败的关键，春茶萌芽期喷药保护是至关重要的。一般在春茶萌芽期和发病初期各喷药 1 次，即可收到良好的防效。在发生严重的茶园，可在秋茶结束后再喷药 1 次，全年喷药 2～3 次，能阻止病害的流行。药剂可选用 50%托布津 800～1 000 倍液、70%甲基托布津 1 000～1 500 倍液或 50%多菌灵 800 倍液。停采茶园可喷洒 0.6%石灰半量式波尔多液进行保护。

茶炭疽病。5 月下旬至 6 月上旬、8 月下旬至 9 月上旬雨季到来前后是防治该病适期，生产上应掌握在各轮新梢 1 芽 1 叶期喷洒 50%苯菌灵可湿性粉剂 1 500 倍液、36%甲基硫菌灵悬浮剂 600 倍液、25%炭特灵可湿性粉剂 600 倍液、75%百菌清可湿性粉剂 800 倍液、40%百菌清悬浮剂 600 倍液。也可在非采茶期喷洒 12%绿乳铜乳油 600 倍液、30%绿得保悬浮剂 400～500 倍液、47%加瑞农可湿性粉剂 800 倍液、0.7%石灰半量式波尔多液。

茶白星病。以春梢为重点，抓好喷药保梢工作。在春茶萌芽期，可选用 50%福美双可湿性粉剂 600 倍液，或 50%托布津或 70%甲基托布津可湿性粉剂 1 000～1 500 倍液，或 50%多菌灵可湿性粉剂 1 000 倍液，或 65%代森锌可湿性粉剂 600 倍液，必要时在施药后 7～10 d 再喷第 2 次。

2）茎部病害。

a. 农业防治。茶树茎部病害的发生与茶树生育情况有很大关系。树势健壮的茶树一般不易发生，因此，加强茶园肥培管理，增施磷钾肥，增强对病害的抗性，是防治这类病害的根本性措施。对地衣、苔藓类发生严重的茶园，可进行台刈更新，并喷施波尔多液进行防除。品种间具有抗病性差异，尤其对茶红锈藻病，云南大叶茶、印度阿萨姆种容易感病，海南大叶种、台湾种表现抗病，因此，选育并推广抗病品种对茎部病害的防治很重要。

b. 化学防治。

茶黑点病。可选用的药剂有苯菌灵、多菌灵、甲基硫菌灵等。发病盛期及时喷洒 50%苯菌灵可湿性粉剂 1 500 倍液，或 50%多菌灵可湿性粉剂 1 000 倍液，或 70%甲基托布津（甲基硫菌灵）可湿性粉剂 900～1 000 倍液。全年喷药 1～2 次。喷药后的安全间隔期为 7～10 d。

地衣、苔藓类。秋冬停止采茶期，喷洒 2%硫酸亚铁溶液或 1%草甘膦除草剂，能有效地防治苔藓。在茶树休眠期喷洒 1∶1∶100 倍式波尔多液或 12%绿乳铜乳油 600 倍液草木灰浸出液煮沸以后进行浓缩，涂抹在地衣或苔藓病部，防效好。

3）根部病害。

a. 农业防治。茶树根病的发生和栽培技术（特别是土壤环境）有很大关系，因此，在防治技术上应以预防为主。茶苗白绢病的防治关键在于选用无病地，尽量采用生荒地种茶，避免在种过易感染该病的作物地上种茶，注意茶园排水，增施有机肥，提高抗病能力。病株应及时清除，土壤用五氯硝基苯等药剂进行消毒。当病株成片发生时，除采用农业防治措施外，可在病苗周围土表撒施五氯硝基苯，并轻松表土，为使泥土与药剂混匀，最好之后 10～15 d 再撒施 1 次。

b. 化学防治。茶苗白绢病：加强土壤管理，增施有机肥，改良土壤，以提高茶树抗病力，减轻发病，一旦发现病株，立即拔除，并将周围土壤一起挖除，换以新土并施入杀菌剂，如 0.5%硫酸铜液，或 50%多菌灵 500～800 倍液进行消毒后，再行补植茶苗。

2. 虫害

据不完全统计，我国记载的茶树害虫、害螨种类已有 300 余种。这些虫害给茶叶生产带来很大损失，因此，防治虫害是保证茶叶高产优质的重要措施之一。其中常发、需要加以防治的害虫主要有小绿叶蝉、茶蚜、茶尺蠖、茶毛虫、茶黄蓟马、茶橙瘿螨、茶卷叶蛾、黑刺粉虱、扁刺蛾、茶蓑蛾、茶树角蜡蚧等。

（1）为害概况。

1）假眼小绿叶蝉。假眼小绿叶蝉是我国茶区重要的害虫。成虫、若虫刺吸寄主植物嫩梢、芽叶汁液，且雌成虫在嫩梢内产卵，导致输导组织受损，养分丧失，水分供应不足。芽叶受害后表现凋萎、叶脉变红、叶尖叶缘红变以致枯焦、节间短缩、质地变脆。

假眼小绿叶蝉在长江流域 1 年发生 9～11 代。在一年中的消长以双峰型为主，第 1 个高峰期在 5—6 月，主要为害夏茶（第 2 轮茶），第 2 个高峰期在 9—10 月，主要为害秋茶（第 4 轮茶）。一般第 1 峰虫量高于第 2 峰，是全年的主害峰。

2）茶蚜。茶蚜若虫和成虫刺吸嫩梢汁液为害，使芽梢生长停滞、芽叶卷缩。此外，由于蚜虫分泌"蜜露"，诱致煤病发生。

茶蚜趋嫩性强，因此，在嫩梢生长幼嫩的茶园、台刈后复壮的茶园、修建留养茶园和苗圃中发生较多。一年发生 20 余代，偏北方茶区以卵在茶树叶背越冬。在翌年 2 月下旬开始孵化，3 月上旬盛孵，全年以 4—5 月和 10—11 月发生较多，4 月下旬至 5 月中旬为全年盛发期。

3）茶尺蠖。茶尺蠖是茶树主要害虫，发生代数多，繁殖快，蔓延迅速，很容易暴发成灾。1 龄幼虫仅咬食芽叶上表皮和叶肉，致叶面成褐色点状凹斑；2 龄则从嫩叶边缘向里咬食形成缺刻；3 龄后食量大增，往往连叶脉、叶柄一并食尽。严重发生时，叶片全部被吃光，仅留秃枝，致使树势衰弱，耐寒力差，易受冻害。

茶尺蠖在江苏南部和安徽 1 年发生 5～6 代。一般 4 月上中旬第 1 代幼虫开始发生，为害春茶。第 2 代幼虫于 5 月下旬至 6 月上旬发生，第 3 代幼虫于 6 月中旬至 7 月上旬发生，均为害夏茶。以后大体上每月发生 1 代，直至最后 1 代以老熟幼虫入土化蛹越冬。1 年中以 7—9 月份的夏秋茶期间为害最重。

4）茶蓑蛾。茶蓑蛾在茶园普遍发生，以幼虫在护囊中咬食叶片、嫩梢或剥食枝干、果实皮层，造成局部茶丛光秃。茶蓑蛾 1 年发生 1～3 代，在福建、广东、台湾 1 年发生 2～3 代，多以中老龄幼虫在护囊内越冬。翌年春季气温达 10 ℃左右即开始活动取食，每年 4—5 月和 7—8 月是第 1 代、第 2 代幼虫为害高峰期。

（2）防灾减灾对策。

1）农业防治。

a. 品种选择。换种改植或发展新茶园时，选用对当地主要虫害抗性较强的品种。

b. 合理间作。小绿叶蝉发生严重地区，茶园不宜间作花生、猪屎豆、蚕豆等。不少果树、林木上的多种害虫，如蚧虫、粉虱、刺蛾、蓑蛾、卷叶蛾等也为害茶树，故应注意邻作和遮阴树的选择。

c. 正确施肥。正确施肥可以增进茶树营养，提高抗逆能力；反之，施肥不当，常可助长害虫为害。例如，偏施化学氮肥可使茶树枝叶徒长，抵抗力减弱，增加叶蝉、蚧、螨类吸汁型有害种群数量。

d. 适时排灌。地下水位过高，茶树根病、红锈藻病和茶长绵蚧等病虫害发生较重。

e. 及时采摘。茶园中的某些害虫（如小绿叶蝉、绿盲蝽象等）不仅为害茶树嫩梢，而且在芽梢内部产卵；跗线螨、茶橙瘿螨、茶黄蓟马等多种病虫都在嫩叶上为害，通过分批多次采摘可以将大量上述害虫采下，起着直接去除的作用。

f. 修剪调控。在长白蚧、黑刺粉虱等害虫为害严重的茶园，台刈是行之有效的防治方法。此外，轻修剪对钻蛀性害虫、茶树上的卷叶蛾具有明显的防治作用。

2）物理防治。

a. 直接捕杀。利用人工或简单器械捕杀害虫。如振落有假死习性的茶黑毒蛾、茶丽纹象甲；用铁丝钩杀天牛幼虫；对茶毛虫卵块、茶蚕、蓑蛾、卷叶蛾虫苞、茶蛀梗虫、茶堆沙蛀虫、茶木蠹蛾等目标大或为害症状明显的害虫也可采取人工捕杀的方法进行；对局部发生量大的介壳虫等可采取人工刮除的方法防治。

b. 物化诱杀。黑光灯诱虫；利用某些害虫的趋化性，在诱蛾器皿内置糖、醋、酒液，可诱杀多种害虫；用牛、马粪可诱集蝼蛄；有些颜色，如黄色对有翅茶蚜、小绿叶蝉、茶叶蓟马有一定引诱力，可利用黏性黄皿、黄板诱杀作为测报和防治的措施；用昆虫性外激素防治害虫。

3）生物防治。生物防治是利用有害生物的天敌对有害生物进行调节、控制，使农业生产的经济损失减少到最低程度的一种方法。

生物防治可通过改善茶园生态条件，增加茶园生物多样性，如种植杉棕、苦楝等行道树和遮阴树，或采用茶林间作、茶果间作；在梯坎和梯壁上种植绿肥或护坡植物，梯壁杂单以割代锄，茶园内保留一些非恶性杂草，在幼龄茶园或更新改造后茶园种植绿肥、夏冬季茶园铺草覆盖等均可给天敌创造良好的栖息、繁殖场所。保护和利用当地茶园中的草蛉、瓢虫和寄生蜂等天敌昆虫，以及蜘蛛、捕食蝽、蛙类、蜥蜴和鸟类等有益生物，减少人为因素对天敌的伤害。

4）化学防治。

a. 假眼小绿叶蝉。在各代若虫孵化盛期及时喷施10%吡虫啉可湿性粉剂2 000倍液，或1.8%阿维菌素水剂3 000～4 000倍液，或25%速灭威可湿性粉剂600～800倍液，或3%啶虫脒乳油1 500倍液，施药应均匀、周到。

b. 茶蚜。当有蚜芽梢率达10%，有蚜芽梢下第2叶平均虫口在20头以上时，可喷施40%乐果乳油、50%马拉硫磷乳油1 000倍液，2.5%溴氰菊酯乳油、2.5%天王星乳油4 000～6 000倍液。安全间隔期相应为10 d、10 d、3 d和6 d。零星发病时可组织挑治。

c. 茶尺蠖。茶尺蠖防治的重点是第4代，其次第3代、第5代，第1代、第2代提倡挑治。应严格按防治指标实施，以第1代、第2龄幼虫盛期施药最好。药剂可以选用0.2%苦参碱1 000～1 500倍液，或1%印楝素·苦参碱乳油800倍液，或20%除虫脲悬浮剂1 500～2 000倍液，或2.5%溴氰菊酯乳油2 000～3 000倍液。施药方式以低容量蓬面扫喷为宜。

d. 茶蓑蛾。防治适期应掌握在1、2龄幼虫期，施药集中在发生为害中心，施液量以将护囊喷湿而药液不下滴为宜，采收前7 d停止用药。常用的药剂有25%灭幼脲3号胶悬剂500～600倍液、2.5%溴氰菊酯乳油4 000倍液、90%晶体敌百虫800～1 000倍液、50%辛硫磷乳油1 500倍液。

3. 草害

（1）为害概况。茶园中发生数量很多、危害很严重的杂草主要有马唐、狗尾草、蟋蟀草、狗牙根、辣蓼等。该类杂草对周围环境条件都有很强的适应性，尤其一些严重危害茶园的恶性杂草具有繁殖力强、传播蔓延广、在短期内就能发生一大片的特点。各种杂草在其个体发育阶段中也有共同的薄弱环节。一般而言，杂草种子都较细小，顶土能力一般不强，只要将杂草种子深翻入土，许多种子就会无力萌发而死亡；杂草在其出土不久的幼苗阶段，株小根弱，抗逆力不强，抓住这一时机除草，效果较好；极大部分茶园杂草都是喜光而不耐阴，只要适当增加种植密度或茶树行间铺草，就会使多种杂草难以滋生。因此，生产上要尽量利用杂草生育过程中的薄弱环节，采取相应措施，就能达到理想的除草效果。

（2）防灾减灾对策。

1）预防。

a. 土壤翻耕。在新茶园开辟或老茶园换种改植时进行深垦，可以大大减少茶园各种杂草的发生，这对于茅草、狗牙草、香附子等顽固性杂草的根除也有很好的效果。浅耕可以及时铲除1年生的杂草，但对宿根型多年生杂草及顽固性的蕨根等杂草以深耕效果较好。

b. 行间铺草。在茶园行间铺草，可以有效地阻挡光照，被覆盖的杂草会因缺乏光照而黄化枯死，从而使茶树行间杂草发生的数量大大减少。茶园覆盖物可以是稻草、山地杂草，也可以是茶树修剪枝叶。一般来说，茶园铺草越厚，减少杂草发生的作用也就越大。

c. 间作绿肥。幼龄茶园和重修剪、台刈茶园行间空间较大，可以适当间作绿肥，不仅增加条园有机肥来源，而且可使杂草生长的空间大大缩小。在1~2年生茶园可选用落花生、大绿豆等短生匍匐型或半匍匐型绿肥。3年生茶园或台刈改造茶园可选用乌豇豆、黑毛豆等生长快的绿肥。一般种植的绿肥应在生长旺盛期刈青后直接埋青或作为茶园覆盖物。

d. 提高茶园覆盖度。实践表明，凡是茶园覆盖度在80%以上时，茶树行间地面的光照明显减弱，杂草发生的数量及其危害程度大大减少，覆盖度在90%以上时，茶行就互相郁蔽，行间光照很弱，各种杂草就更少了。

e. 梯壁及时割草。

f. 使用腐熟堆、厩肥。

2）除草。

a. 人工除草。茶园一发生杂草危害，就需要耕锄除草，以免酿成草荒而造成损失。对于生长在茶苗、幼年茶树以及攀缠在成年茶树上的杂草，需要人工拔除。对于苗圃和幼龄茶园，拔草宜在阴天或雨后土壤比较湿润时进行，以免茶树根部松动，一经日晒而发生萎蔫。拔除的杂草应集中深埋于土中，以免复活再生。

b. 化学除草。茶园使用的除草剂必须具有除草效果好、对人畜及茶树都较安全、对茶叶品质无不良影响、对周围环境污染少的特点。我国茶园可以推广使用的除草剂品种主要有西玛津、阿特拉津、扑草净、除草剂1号、敌草隆、灭草隆、茅草枯、百草枯、草甘膦等多种。

4. 药害

（1）为害概况。在茶园栽培管理过程中，喷雾化学药液（即农药）来防治茶树病虫害仍然是茶树植保上一种非常重要的手段。其优点在于用量少、见效快、受环境因子的制约较小等，但是单纯依赖和长期使用化学农药防治病虫，将会使茶园内的不良副作用如害虫的抗药性、植株残留量、环境污染等加剧，还会导致危险性病虫不断发生且越来越严重。农药施到茶树表面上或渗入茶叶植株体内，影响茶树的生理过程，随着剂量和作用时间的不同，表现出对茶树生长的刺激、抑制或毒杀作用，对茶叶的生长及其产品的产量和质量产生不利影响，就叫"药害"。

假使不下雨的话，茶树药害在喷后 24 h 即可出现，48 h 后表现明显症状，症状多出现于茶芽和茶芽下二、三叶上。轻微的药害表现为叶片微凹，茶芽生长比较缓慢；重者叶片严重凹陷，背面突起，叶缘枯焦，茶叶生长停滞，甚至枯死。药害容易和某些病害及小绿叶蝉的为害症状相混淆，一般来说，药害为突发性的，除叶缘外，叶片中央不会出现枯死斑；病害和虫害为渐发性，叶面上会出现枯死斑；药害叶缘枯死斑四周分布均匀，叶脉变色，叶面凹陷；小绿叶蝉为害后，先是萎蔫，接着叶脉逐渐变红，最后叶尖枯焦，叶背凹陷，乃至整叶呈红褐色焦枯。

（2）防灾减灾对策。

1）正确选择药剂。

a. 严禁使用茶树上禁用的农药，并掌握合理浓度。

b. 看农药的悬浮性。把配液瓶口堵好，来回振摇后，静置 10 min，如果药液仍然浑浊，瓶底沉下的药粉不多时，就是悬浮性比较好的可湿性粉剂。

c. 看农药的乳化性。把 1 份体积的乳油倒进 19 份体积的水里，混合以后反复摇晃，然后静置 30 min，看是否有油状物或膏状物浮在水面，再检查底部是否有沉淀物，如果都没有，就表明该药剂的乳化力很好。

2）正确施药。使用农药前要仔细阅读标签的内容，了解农药的适用作物、最佳施药时期、施药剂量范围及注意事项等，严格按照标签上推荐的施药方法使用，就可以避免错施或误施农药及过量使用农药；同时要保护药械性能良好；避免重喷、漏喷农药。在安全间隔期内施药。防止农药漂移。改进施用技术，控制用药量。合理地混用、轮用农药。严禁使用高毒高残留农药，如甲胺磷、甲基对硫磷、亚胺硫磷、三氯杀螨醇、氰戊菊酯等。科学配制药液。

3）选择有利的气象条件施药。

a. 选择有利的温度条件。农药施用的最佳时间应选在晴天 8：00—10：00 和 16：00以后进行，从而提高药效，降低药害。

b. 选择有利的湿度条件。湿度高可以加速某些药剂的化学分解作用，使药剂失效或产生药害。如叶面湿度大，易黏附粉剂农药，使农药施用不均匀而导致药害。

c. 注意风、雨条件。粉剂、烟剂受风力、风向影响很大。在大风时，不宜施用农药治虫防病，如急需防治，可用受风影响较小的乳油及可湿性粉剂；一般药剂对雨水的抗冲刷力不强，尤其是粉剂和非内吸剂。因此，即将下雨时，不能施用农药；如果施药后，遇到降水，待雨停后天晴时及时补施。

参考文献

白玉宝，杨文华.2014.蔬菜病虫害绿色防控技术［J］.蔬菜，（8）：67-70.

陈娟.2014.安徽省水稻主要病害的识别与防御措施［J］.农业灾害研究，（10）：9-14，27.

陈磊.2014.安徽省小麦干热风、高温逼熟、贪青晚熟、雪灾、倒伏灾害的防御［J］.农业灾害研究，（10）：53-57.

陈磊.2014.安徽省小麦旱、涝（湿）、（霜）冻及冰雹灾害的预防与补救［J］.农业灾害研究，（10）：67-73.

董汉伟.2013.葡萄病虫害的发生特点及无公害综合防治技术［J］.现代农业科技，（16）：114-115.

冯德花.2011.安徽省高温热害分布规律及其中稻产量风险研究［D］.合肥：安徽农业大学.

郭志学.2015.大豆病害防治方法［J］.吉林农业，（3）：88.

黄媛媛.2011.合肥市园林树种对灾害性天气抗性的研究［D］.合肥：安徽农业大学.

江懿.2014.安徽省茶树冻害的发生及防御补救措施［J］.农业灾害研究，（10）：63-66.

江懿.2016.安徽省大豆主要虫害的识别与防治［J］.农业灾害研究，（8）：9-12，15.

姜猛.2015.苹果树病虫害预测与防治决策支持系统研究［D］.泰安：山东农业大学.

揭良波.2008.2008年我国油菜冻害发生特点、症状及补救措施［J］.农技服务，（2）：7-8.

李燕辉，彭昌家，苟建华，等.2014.柑橘病虫害绿色防控技术［J］.安徽农学通报，（23）：77-80，100.

李友信.2015.长江中下游地区水稻高温热害分布规律研究［D］.武汉：华中农业大学.

刘满兴.2008.果树冻害预防及冻后处理技术［J］.农技服务，（2）：21-22.

刘伟.2008.阴雪天棚室辣椒的管理和育苗技术［J］.农技服务，（2）：14-15.

刘先锋.2013.柑橘常见病虫害的诊断与管理［J］.北京农业，（27）：117-118.

吕凯.2008.茶树冻害预防及补救措施［J］.农技服务，（2）：25-26.

吕凯.2014.玉米洪涝灾害发生原因及减灾措施［J］.农业灾害研究，（10）：74-77.

罗守进.2008.受冻柑橘的挽救措施［J］.农技服务，（2）：23-24，26.

罗守进.2014.柑橘几种主要病虫害的识别与防治［J］.农业灾害研究，（10）：28-33，47.

罗守进.2014.蔬菜栽培中药害的发生与防治［J］.农业灾害研究，（10）：34-38，66.

毛小荣，杜一新，蓝金珠.2014.柑橘病虫害绿色防控技术［J］.现代农业科技，（6）：165-166.

彭曙光，单雪华，姚强，等.2015.烟草虫害绿色防控技术研究进展［J］.中国农业信息，（21）：55-56.

彭曙光，唐前君，肖启明，等.2010.烟草病害诊断专家系统的建立与应用［J］.中国烟草科学，（4）：28-32.

饶勇.2008.油菜冻害的发生与防治［J］.农技服务，（2）：9-10.

任竹.2015.2015年安徽省水稻主要虫害的识别与防控［J］.农业灾害研究，（11）：1-4，6.

宋蜜蜂，蒋跃林.2007.安徽油菜生产的气象条件分析［J］.安徽农学通报，（21）：44-46，95.

孙素芬，冷翔鹏，周顺标，等 .2013. 桃无公害生产病虫害综合防治技术 [J]. 江苏农业科学，（12）：129-132.

唐建明，王勇，方雅琴 .2009. 小麦田常用除草剂药害及其规避措施 [J]. 杂草科学，（4）：68-71.

王冬艳，朱军 .2005. 淮北地区小麦冻害的发生、防御和补救措施 [J]. 现代农业科技，（10）：25.

王新茹 .2006. 陕西省设施大棚蔬菜病虫害发生特点及无公害防治技术 [J]. 陕西农业科学，（3）：91-94.

王永存，刘桂芳 .2008. 保护地蔬菜低温冷害和冻害补救措施 [J]. 农技服务，（2）：13，15.

王云平 .2008. 雪灾后棚室修复和环境管理技术 [J]. 农技服务，（2）：36-37，39.

伍晓玲，于堃，罗艳，等 .2017. 安徽省水稻关键生育期低温冷害特征分析 [J]. 江苏农业科学，（6）：68-71.

夏浩英，王海彦 .2008. 持续冰冻灾害天气对林木病虫害发生的影响及防治措施 [J]. 农技服务，（2）：29.

谢柏树 .2015. 柑橘栽培管理及病虫害防治 [J]. 南方农业，（3）：45，47.

许艳丽，战丽莉，李春杰，等 .2009. 大豆病害发生特点和综合防治技术 [J]. 大豆科技，（3）：15-17.

张飞跃 .2014. 无公害鲜食葡萄病虫害综合防治新技术 [J]. 现代农业科技，（19）：150-151，155.

张勇 .2008. 持续低温雨雪冰冻灾害天气对树种的影响及补救措施 [J]. 农技服务，（2）：27-28，32.

赵荣艳，杨靖华，蒋士君 .2006. 烟草病害生物防治研究进展 [J]. 安徽农业科学，（22）：5 918-5 919，5 968.

赵增锋 .2012. 苹果病虫害种类、地域分布及主要病虫害发生趋势研究 [D]. 保定：河北农业大学.

郑大玮，李茂松 .2013. 农业灾害与减灾对策 [M]. 北京：中国农业大学出版社.

郑秋红，杨霏云，朱玉洁 .2013. 小麦白粉病发生气象条件和气象预报研究进展 [J]. 中国农业气象，（3）：358-365.

周学杰 .2009. 温州市主要蔬菜病虫害发生规律及其预测预报 [D]. 南京：南京农业大学.

朱淼 .2014. 安徽省棉花主要气象灾害类型及减灾措施 [J]. 农业灾害研究，（10）：58-62.

朱淼 .2014. 棉花主要病虫害发生特点及防治方法 [J]. 农业灾害研究，（10）：21-27.

第四章　安徽省农业防灾减灾预警和管理

农业作为受自然灾害影响最大的产业，虽然在历史上最早积累了防灾减灾的经验与技术，但在开展农业灾害规律与减灾技术及减灾管理研究方面与其他领域或学科相比却相对滞后。农业减灾领域的研究与农学、土壤、气象、水文、遥感科学、环境科学、农业生物学等涉农学科相比，研究基础相对薄弱。但农业减灾内容极其广泛，涉及大量的气象灾害、生物灾害、地质灾害及不同农业产业，且具有极强的区域性；减灾研究跨越自然科学、技术科学及社会科学，其复杂性、综合性、交叉性、前沿性却比传统农业科学强，要构筑完整的现代农业减灾理论与技术体系，还需要经过长期的艰苦努力。安徽省自20世纪50年代起大力发展农业，不断积累了很多关于自然灾害、生物灾害和地质灾害等方面的防灾减灾预警与管理经验，且随着社会发展、气候变化以及农业产业的多样化，现阶段安徽省已经有相对比较系统的防灾减灾预警与管理经验，但在具体防灾减灾技术方面还不够深入，有待进一步的基础研究和技术探索。

第一节　农业灾害的监测与预测预报

据国家统计局公布的数据显示，安徽省2016年的粮食总产量为341.75亿 kg，比2015年减产12.05亿 kg。减产的一个重要原因是不能精准预测天气以及不能及时准确地防汛抗旱、防灾减灾。对农业灾害的监测与预测预报不仅对降低农业生产灾害风险、预防生命与财产损失，而且对人民的生活品质也具有重要的影响。因此，对农业灾害各灾种进行监测进而进行特征分析，最终实现精准预测预报，是防灾减灾研究的根本任务之一。

一、农业气象灾害监测与预测预警

安徽省在气候上具有北温带与北亚热带过渡特点，受季风影响显著，冷暖气团常常在江淮流域上空交汇出现异常而导致各种气象灾害的发生，如暴雨、干旱、西北季风、低温等引起的洪灾、旱灾、风灾、高温酷暑、低温冷灾、冰雹等，其中最频繁和严重的是旱涝灾害。因此，对安徽省农业气象灾害的监测与预测预报，对于安徽省的防灾减灾工作具有重要意义。

（一）干旱

近年来安徽省对于干旱灾害的监测与预警研究既有对干旱指标的探讨，也有根据已有旱灾数据建立不同的干旱预警模型。干旱的定义和干旱指标的确定由于地理状况和气候特点的差异，具有很强的地域性，即使同一个指标，在不同地区也有不同的阈值。安徽省地处中纬度地带，干旱是常见的主要气象灾害之一。该研究采用安徽省 78 个气象代表台站 1961—2008 年逐日气温和降水资料，运用国家气候中心 2006 年制定的国家标准《气象干旱等级标准》（GB/T 20481—2006）中降水距平百分率（Pa）、Z 指数、标准化降水指数（SPI）、相对湿润度指数（MI）、综合气象干旱指数（CI）5 种干旱指标来计算每个指标的逐日数值，再把全省 78 个代表站 48 年共 136 多万个样本资料放在一起进行排序，结合各干旱等级所对应的累积频率，分别计算出各个干旱等级所对应的适合安徽省的修正阈值。由 5 种干旱指标在安徽省干旱的年际变化、季节演变、空间分布上的综合应用对比安徽省干旱发生的实际状况进行分析可知，Z 指数和 SPI 应用效果较差，Pa、MI、CI 三种指标相对较好，在这 3 种干旱监测指标中，对于安徽省干旱监测业务来说，CI 指数为最优选择（谢五三等，2011）。

为及早识别干旱灾害风险，及时发布干旱预警信号，为政府部门制订灾前防御、灾中应对、灾后恢复等具体应对方案，已有研究利用安徽省长江以北地区的气象资料以及对应的土壤相对湿度资料，从统计学角度建立干旱预警模型。研究针对安徽省地形、地貌、气候等自然生态条件差异，根据安徽省气候区划，将安徽省长江以北地区分为淮北气候区、沿淮气候区和江淮气候区。以 1990—2001 年 3 个气候区干旱时段各气象台站同步时间较好的气象观测资料和土壤相对湿度资料为数据源，应用 SPSS 12.0 分析软件进行逐步回归分析，得到淮北气候区、沿淮气候区和江淮气候区的回归方程，再以 2005 年淮北气候区、沿淮气候区和 2002 年江淮气候区典型干旱时段的气象观测资料和土壤相对湿度资料，按照以上的回归模型分别计算出相对应的土壤相对湿度值，并与实际土壤相对湿度值进行对照，做散点图，验证模型的有效性，结果表明干旱预警模型具有较好的干旱预警效果，可用于对应气候区的干旱灾情预警预报（孙秀邦等，2007）。

另外一个干旱预警模型研究也是针对安徽省淮北地区，但构建了旱情评价指标体系，划分了旱情等级标准，相对较为复杂。该研究以安徽省淮北地区为研究区，选取降水量距平百分率、降水排频、连续无雨日数、土壤墒情和地下水埋深构建干旱评价指标体系，并将春旱（3—5 月）、夏旱（6—8 月）、秋旱（9—11 月）和冬旱（12 月至次年 2 月）分别划分为轻度干旱、中度干旱、严重干旱和特大干旱 4 个等级，主要采用频率分析法确定各指标的旱情等级划分标准。将其应用到安徽省淮北地区 2008 年冬旱评价中，评价结果为：淮北市、亳州市部分地区为严重干旱，蚌埠市、宿州市、亳州市部分地区和阜阳市部分地区为中度干旱，阜阳市其他区域为轻度干旱，基本反映干旱的实际情况。然后建立基于土壤墒情预测模型、降水量和地下水埋深评价方法为一体的旱情综合评估预测模型。该模型以土壤墒情预测模型为基础，结合降水量预报，预测未来 5～10 天的各指标变化，并根据建立起来的干旱评价指标体系等级划分标准对各指标进行评价，进而判断干旱状况。将模型应用到 2009 年 3 月份进行干旱状况预测评估，结果为：区域各地的旱情得到了缓解，大部分地市的土壤相对湿度适合冬小麦生长，仅有灵璧县和淮北市部分区域土壤相对湿度偏低，评价结果为中度干旱，与实际情况基本相符（陈小凤等，2014）。

（二）暴雨、洪水等

我国国家气象局地面观测规范规定，降水量仅指垂直降水，一天之内 50 mm 以上降水为暴雨，75 mm 以上为大暴雨，200 mm 以上为特大暴雨。洪水一般是由暴雨、急骤融冰化雪、风暴潮等自然因素引起的江河湖海水量迅速增加或水位迅猛上涨的水流现象。安徽省因为地理位置及自然特点等，洪水引发的原因往往是强降水。目前，安徽省对降水量、暴雨、洪水的监测与预测预警的研究较为深入。

由于气象条件和影响降水因素的复杂性、多样性以及变异性，致使降水过程呈现出较大的随机性和不确定性，因此，为通过数学模拟的方法准确地预测降水量带来一定的难度。在实际工作中，通常只需预测出未来某时段降水量的适当变化区间，即可满足工作精度的需求，而马尔科夫链模型比较适合预测波动较大的随机动态过程。已有研究运用马尔科夫链模型，将降水量序列分为枯水年、偏枯水年、平水年、偏丰水年、丰水年 5 个状态，分析安徽省庐江县 1952—2009 年 58 年的年降水量序列，经模型检验与校核，预测结果与实测值误差较小（韩璞璞等，2012）。

另有研究采用统计降尺度方法来精细化预报夏季降水。研究中利用 1999—2009 年安徽省淮河以南地区 60 个县市站夏季逐日降水资料和安庆市探空站逐日资料，探究中低层不同风向配置下局地降水与大尺度降水场之间的关系，以 3 种不同预报对象及相应的预报因子分别采用神经网络和线性回归方法设计 6 种预报模型对观测资料进行逼近和优化，从而实现空间降尺度。分析对比 6 种预报模型 46 站逐日降水量的拟合和预报效果，结果表明：采取相同的预报对象及预报因子的 BP 神经网络模型在拟合和预报效果上均好于线性回归模型，可见夏季降水场之间以非线性相关为主；神经网络模型预报结果同常用的 Cressman 插值预报相比，能很好地反映出降水的基本分布及局地特征；预报对象为单站降水序列的神经网络模型在以平原、河流为主要地形的区域预报效果较好，预报对象为 REOF 主成分的神经网络模型则在山地和丘陵地形区域预报效果较好（黄惠镕等，2014）。

针对传统降水预测方式中存在的不足，有研究提出一种基于协整理论的极限学习机模型（CEM）。近年来，由于人工智能方法对提取系统非线性关系的突出效果和传统时间序列方法提取系统线性关系的优秀能力，人工智能方法（人工神经网络和支持向量机）和传统时间序列方法（自回归移动平均模型）作为数据驱动型模型已被大范围应用于降水预测中，CEM 即是其中一种验证效果较好的模型。研究选取 1999—2014 年皖南地区芜湖、马鞍山、铜陵、宣城、池州和黄山 6 市月尺度降水数据，经 SPSS 计算处理后以皖南地区 6 组序列前 49 个数据为训练集，后 10 个数据为测试集进行季度平均降水预测。经协整检验后将皖南地区 6 组季度平均降水数据合并为模型的输入和输出。在

Matlab 下进行极限学习机（ELM）建模预测，预测结果表明模型精度较高、效果较好。为验证 CEM 模型的可行性和有效性，同时构建 2 个经典模型，即基于协整理论的 BP 神经网络模型（CNM）和极限学习机模型（EM），比较 3 种模型在皖南地区季度平均降水中的预测效果。结果表明，CEM 模型对皖南地区季度平均降水预测效果最佳，其平均相关系数为 0.976，平均绝对误差为 6.709，平均相对误差为 0.063，该模型的三指标均远好于 CNM 模型和 EM 模型，其原因在于 EM 模型未考虑周围序列的相关性，而 CEM 模型在建模时运用了更多信息（孔德萌等，2017）。

淮北地区每年夏季都会有 2~3 次暴雨发生，常常对社会造成较大影响。暴雨的形成和发展受到各种因素的制约，涉及各种尺度天气系统的相互作用以及中小尺度的边界层和地形的影响等。由于其影响因素错综复杂，导致暴雨预报准确率不高。为此，已有研究针对 2000—2009 年安徽省淮北地区夏季 22 例暖式切变线暴雨过程，利用 MICAPS 平台获取的多种资料、NCEP 逐 6 h 的 2.5°×2.5° 再分析资料和 T213 资料，应用天气分析、对比订正等方法，研究暖式切变线暴雨气候特征及其预报预警。其过程首先是基于大气环流形势分析暴雨影响系统，再根据暴雨发生前后的物理量变化得出 NCEP 资料的物理量阈值，然后利用 T213 资料对物理量阈值进行订正，根据满足指标阈值的物理量个数分 3 个等级进行暴雨的可能性预警，通过预报预警系统界面实现暴雨预报的自动化实时显示，并对预报效果进行试报检验和实际检验。预报结果显示，淮北地区有 1 级暴雨预警信息，实际情况是淮北地区出现了暖切变暴雨，所以预报基本成功（张屏等，2013）。

因暴雨预报的准确度受到多重因素影响，对暴雨特征的大量研究为预报准确度的提高也提供了更多基础数据。针对皖西北地区 2000—2012 年的 10 次春季暴雨过程，已有研究对春季暴雨的环流特征、影响系统以及物理量特征进行分析总结，得到了皖西北地区春季暴雨的典型概念模型和物理量指标，可为今后的春季暴雨预报提供参考（黄利萍等，2016）。

面雨量预报是洪水预报中非常重要的参数，也是各级政府组织防汛抗洪以及水库调度等决策的重要依据。开展流域面雨量预报方法研究及其应用效果评估，对于提高流域防汛决策气象服务水平具有重要意义。为此，相关研究基于站点观测资料和欧洲中期天气预报中心（European Centre for Medium-Range Weather Forecasts，ECMWF）全球模式、日本气象厅（Japan Meteorological Agency，JMA）全球模式、安徽省气象台业务中尺度模式 MM5（Mesoscale Model Version 5）和 WRF（Weather Research & Forecasting）4 个数值模式预报资料，以 2011—2012 年汛期（6—8 月）为例，评估 4 个模式对淮河流域 15 个子单元客观面雨量预报效果。15 个子单元面雨量预报值采用网格算术平均法计算，面雨量实况值采用泰森多边形法计算。检验评估采用平均绝对误差、模糊评分、正确率以及 TS 评分。检验评估结果表明：ECMWF 预报效果整体上优于其他模式，尤其是在小雨到大雨等级优势明显；JMA、MM5 以及 WRF 的预报效果依次降低。各模式预报效果均表现出随降水等级（小雨、中雨、大雨、暴雨）增大而下降的趋势。随预报时效（24 h、48 h、72 h）延长，各模式预报效果逐渐下降。分析典型个例发现，ECMWF、JMA 及 WRF 对于 24 h 预报时效的强、弱降水过程，预报效果存在较明显差异，对于强降水过程预报等级偏小；MM5对于强、弱过程预报等级均有所偏大（刘静等，2014）。

淠史杭灌区位于安徽省中西部江淮地区，灌区面积为 13 130 km²，灌溉面积为 68.4 万 hm²，是一个集排涝、灌溉、供水、养殖等多功能相结合的大型灌区。由于该灌区位于大别山余脉丘陵地区，山洪灾害频率高、波及范围广、破坏程度大，其预警预报工作意义重大。鉴于灌区水利工程人工调度运行时可能影响各流域内洪水预报质量的问题，基于既有的灌区山洪灾害监测预警系统，建立水情、工情遥测系统，采用相应的工情信息传输与接收协议、数据存储库表结构，实现灌区工情信息与水雨情信息的同步实时监控，建立基于工情信息的山洪灾害监测预警系统，并探讨工情信息对洪水预报质量的修正方法，从而为工情信息应用于传统洪水预报中的校正分析、提高传统洪水预报的准确性提供了可能（程嫣嫣等，2014）。淠史杭灌区山洪预警系统总体结构见图4-1，加入工情信息的山洪灾害监测预警系统见图4-2。

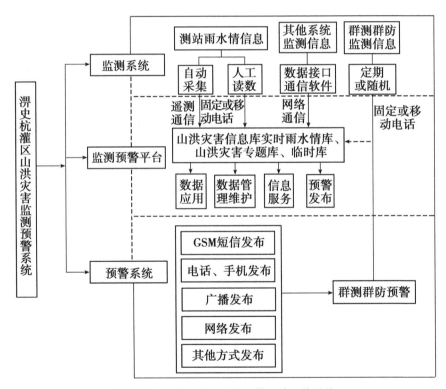

图4-1 淠史杭灌区山洪预警系统总体结构

合肥市董铺水库建于1956年，1960年正式蓄水运行，位于南淝河主源上游，属长江流域巢湖水系。董铺水库作为安徽省（湿润区）重点大型水库，在城市防洪、供水、灌溉等方面发挥着重要作用，但目前水库洪水的预报精度较差。新安江模型作为我国湿润半湿润地区重要代表性水文模型，在洪水预报中发挥着重要作用，且获得广泛应用。为此，有研究基于DEM提取流域边界及陆面和水面部分，通过水库水位和水库泄用水

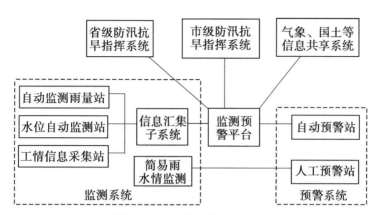

图 4-2 基于工情信息的山洪灾害监测预警系统

资料反推入库径流过程，采用实码加速遗传算法对模型参数进行率定，构建基于新安江模型的董铺水库洪水预报模型。对董铺水库坝址以上所控制流域进行的模拟计算结果表明，日模型率定期 14 年中，径流深合格率为 92.9%，确定性系数为 0.94；日模型验证期 18 年中，径流深合格率为 100%，确定性系数为 0.93；次洪模型率定期 34 场洪水中，径流深合格率为 88.2%；次洪模型验证期 26 场洪水中，径流深合格率为 92.3%；60 场洪水时水库水位推算合格率 90%；方案整体预报精度达到甲级。该研究结果表明，考虑大中型水库流域产汇流特点和水文观测资料的现状，将水库流域的产流分为陆面和水库水面两部分，反推入库径流过程，基于三水源新安江模型进行大中型水库的洪水预报是可行的，其预报精度达到水库洪水调度的要求（王玉虎等，2016）。

在洪涝灾害监测、预测与评估工作中，遥感技术和地理信息系统的作用至关重要，上述两个洪水预报研究中均直接或间接地用到了这两种技术。在安徽省沿淮县市洪水淹没区土地利用信息提取研究中，详细介绍了这两种技术在洪涝灾害监测中的作用。2007 年 6 月 29 日至 7 月 25 日安徽省淮河流域普降暴雨、大暴雨，局部地区特大暴雨，降水普遍偏多，比常年同期多 1～2 倍。受连续强降水影响，淮河干流发生了 1954 年以来最大的全流域性大洪水。该研究中选取洪水泄洪前、泄洪期和退水期 3 个时相的 MODIS 数据进行水体识别。具体地，首先在 ArcGIS 中把 3 个时相的卫星遥感 MODIS 数据转换成 GIS 栅格数据，然后进行严格的配准，在 CH2 与 CH1 比值方案的基础上结合阈值法识别水体。其次，将识别水体后的栅格数据转换为矢量数据，并叠加土地利用和县市境界数据，进行空间分析。最后，确定洪水淹没区，按县市提取洪水淹没区土地利用信息，并计算各土地利用类型的面积，从而为区域洪水灾害评估提供参考依据。相关研究成果已在 ArcGIS 中建成模型，为洪水监测业务服务（张宏群等，2010）。

（三）高温热害

随着全球气候变暖，水稻高温热害的发生愈加频繁。为更好地为防灾减灾工作提供基础研究支撑，已有研究基于卫星遥感 MODIS 数据与气象站数据开展了对安徽、江苏两省的水稻高温热害的监测与评估模型建立工作。这一研究首先利用卫星遥感数据反演逐日最高气温和平均气温，云覆盖区域则以相应站点气温数据插值后补充，生成"卫星—插值"气温时间序列数据。同时提取水稻种植区域并判别其是否在高温热害的关键期——抽穗开花期。然后基于以上数据，依据水稻高温热害指标展开水稻高温热害监测和评估，对热害进行等级划分与统计。模型可实现任意时间点之前水稻高温热害的快速监测与评估，也可以给出全研究区域水稻全生育期总体的高温热害监测与评估结果。水稻高温热害的监测与评估模型工作流程见图4-3。以安徽、江苏两省为例进行2013年夏季水稻高温热害监测和评估模型的应用，结果表明该模型达到了较好的使用效果，将有很好的应用前景（郭建茂等，2017）。

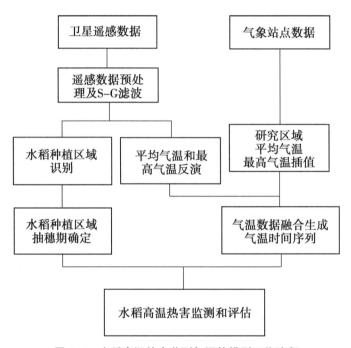

图4-3 水稻高温热害监测与评估模型工作流程

（四）低温寒害

寒露风在安徽省称为"秋分寒"，是南方双季稻地区晚稻生长发育过程中的主要农业气象灾害，也是安徽省危害水稻的三大低温冷害之一。寒露风引起的低温主要影响双季晚稻的抽穗扬花，严重时花而不实或抽不出穗，极易导致空壳、瘪粒而减产。安徽省之前一直缺少对寒露风预测预报的相关研究，目前已有研究根据安徽省寒露风初日的时空分布规律及其与9月平均气温的联系，构建适用于安徽省的寒露风初日趋势预测模型。这一研究以安徽省沿江和江南地区为研究区，以1961—2013年安徽省沿江江南除天柱山和黄山两个高山站外的37个气象观测站的逐日平均气温数据集为数据源，采用线性回归分析方法，探索寒露风初日的长期变化趋势；利用线性相关分析方法，研究寒露风初日和9月气温之间的联系及其与126项环流指数之间的联系。利用多元逐步回归分析方法，筛选有用的环流指数并建立寒露风初日和环流指数之间的线性回归预测模型。

预测模型验证结果表明，寒露风初日与9月平均气温不论是气候平均态和多年变化趋势的空间分布型，还是两者在1961—2013年的时间演变特征均十分一致，为利用9月平均气温趋势预测寒露风初日趋势提供了科学依据。但值得注意的是，21世纪以来寒露风初日明显提前，尤其2010—2013年连续4年偏早，这一点必须引起各有关部门和粮农的高度重视（段春峰等，2014）。

寒露风专项气候预测业务虽然在寒露风初日趋势方面已取得良好的服务效果，然而目前气候预测业务水平与服务需求仍存在巨大差距。在政府决策部门和双季晚稻生产部门十分关注的寒露风引起的低温程度、发生时段、气象灾害风险等级等预测服务需求方面，气候预测水平十分有限，预测业务仍然空白。有待从寒露风气象灾害角度加强对寒露风专项预测业务技术的研发。

（五）雷电

安徽省蚌埠地区地处江淮丘陵和淮北平原过渡地带，是雷电活动和强对流天气的多发地。已有研究对蚌埠地区雷电活动时空分布特征进行了分析，而对于该地区的致灾雷电预报近期也有研究进行报道。致灾雷电预报研究利用2007—2013年安徽省闪电定位资料和蚌埠地区雷电灾害资料，选取安徽省蚌埠地区36个致灾雷电样本作为建模样本，采用全球预报系统GFS（Global Forecasting System）模式的强对流参数作为预报因子，利用Logistic回归法建立了蚌埠地区4种类型致灾雷电的预报模型。结果表明，对流有效位能（CAPE）、表面抬升指数（LFTX）和大气可降水量（PW）3个参数可作为蚌埠地区致灾雷电预报的指标；建立的4种类型致灾雷电模型的预报效果较好，其中08—14时雷电预报模型的总体预报准确率最高，可达83.00%。当雷电预报模型输出概率偏高且超过0.7时，4种致灾雷电预报模型的预报技巧评分最高，且预报准确率最高，失误率和虚警率较低，预报效果较好。夏季致灾雷电预报模型的整体预报效果较好，平均预报准确率达82.20%，特别是在雷电发生的密集地区，预报出了雷电的高概率分布（周丽雅等，2013；周丽雅等，2016）。其中2012年7月3日13时蚌埠地区过程B闪电定位实况与夏季（a）和14—20时（b）模型输出雷电发生概率分布对比见图4-4。

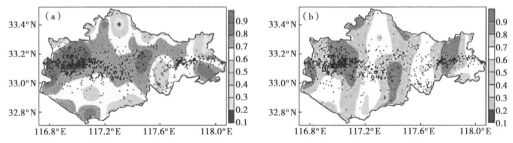

图4-4　2012年7月3日13时蚌埠地区过程B闪电定位实况与夏季

（a）和14—20时（b）模型输出雷电发生概率分布对比

注：·为闪电定位实况；彩色区域为雷电发生概率

（六）雾

雾是一种常见的灾害性天气现象，可影响工农业生产和交通以及人们的身体健康等。近年来，基于卫星遥感的雾相关研究已经引起越来越多的研究工作者和相关部门的注意，基于遥感影像的雾检测和雾物理属性反演也已取得深入的进展，但尚未业务化拓展应用到雾气象预报中，其原因在于雾属性随雾生消发展的规律未能有效挖掘，进而无法为某一地区乃至更大区域防范和减少雾灾带来的损失提供更多和有益的理论支持。

鉴于常规地面气象站雾预测预报主要依靠点状的地面观测数据，而基于遥感影像反演可获得面状的雾参数，其可为进一步详细探究不同地区雾发展过程中参数的变化规律提供一定的数据基础，以发生于2006年12月豫皖苏地区和2013年1月发生于京津冀地区的雾为研究对象，选取TERRA/MODIS数据和FY-3A/VIRR数据进行时序遥感影像的雾参数反演并对两个地区的雾参数动态变化及地区差异性进行分析。该研究可为提取雾灾特征信息，进行雾灾实时监测及预报提供数据基础（马慧云等，2017）。

（七）气候变化

气候变化对农业影响问题是国内外农业研究领域的焦点。冬小麦是安徽省主要粮食作物，在全国粮食生产中占有重要位置。淮北平原是冬小麦种植气候适宜区域，然而受气候过渡地带影响，尤其是随着全球气候变化，冬小麦生长季气候风险增大。因此，有相关研究针对淮北平原冬小麦进行了气候适宜度分析，为作物年景评估提供依据。该研究选取安徽省淮北平原37个气象站1960—2016年逐日气象资料，构建气温、降水、日照及气候适宜度模型，分析气候变暖背景下冬小麦气候适宜度时空演变特征，揭示冬小麦生育期气候风险。分析结果表明，淮北平原冬小麦气候综合适宜度灌浆—乳熟期最高，分蘖期降水适宜度最低，并且其序列变异系数大，常遭遇秋冬连旱，引起产量波动；全生育期气候适宜度呈东高西低分布，淮北中东部较高，而淮北西部及沿淮地区较低，冬小麦生产风险相对较高。1961—2016年全生育期温度适宜度线性增大趋势显著，降水适宜度线性趋势不明显，而日照适宜度呈显著线性减小趋势；综合来看，全生育期气候适宜度无明显线性增减趋势，空间上淮北东部略有增大，而西部及沿淮地区略有减小，气候风险增加。淮北平原多数年份气候适宜度适中，适宜性偏差年发生概率高于偏好年。基于气候适宜度评判冬小麦气候年景等级，评估结果与实际产量增减情况基本相符，表明农业气候年景模型评估精度能满足业务服务需求，具有推广应用价值（王胜等，2017）。

（八）其他

安徽省对于农业气象灾害的监测预测研究随着技术的发展、科研支持力度的增加以及防灾减灾任务的加重而呈现出日益深入的趋势。而一些与农业气象灾害有各种内在联系的基础研究的发展对于农业气象灾害的监测预测也都具有重要的增益作用。

长江安徽省段长约416 km，流域面积6.6万 km²，平原圩区面积大，农业产量高，城镇、工业、交通、经济发达，在全省国民经济中占很大比重。长江防洪安全历来是安徽省防汛工作的重点。皖江水道也蕴藏着丰富的江砂资源，在采砂过程中对水下地形的测量监测对于确保防洪和航道通行安全可及时提供基础资料。采区现场监管加强水下地形动态监测与分析，可采用采砂作业前、作业过程中及作业结束后对采砂区和所在河道进行水下地形动态监测，必要时可对作业区上下进行水文观测。以前水下地形数据采集适合采用横断面法观测，目前多波束测深系统能够更加有效地获取水下地形高精度数据。水文观测采用声学多普勒流速剖面仪（ADCP）施测，并采用 DGPS 定位系统和外接高精度 GPS 罗经（罗经与 3# 探头方向一致性校正）进行航迹定位和底沙运动校正。观测方法采用走航式，分别在采砂区上、下游各布设一条水文观测断面，观测内容包括水位、流速、流量等（马继东，2017）。

在干旱灾害发生时，灌溉作为重要的减灾措施，在农业生产中发挥着重要作用。然而农田灌溉常因缺乏科学技术指导，易存在大水漫灌等粗放式灌溉现象，水资源浪费问题突出。已有研究基于安徽省智慧灌区发展的实际需要，依托现有信息化基础设施，引进物联网、云存储等先进技术，特别是将安徽省灌区信息化建设与物联网技术紧密结合，完善信息感知与监测系统建设，以水利专网、公网、无线网络等多种传输方式为传输网络，将水利信息采集、传输、处理与灌区水利业务管理联系起来形成安徽"灌联网"系统，为安徽省防汛抗旱、水资源调度、灌区管理等职责提供了数据支撑，也为后期开展数据挖掘、云计算等做好了铺垫，因省级信息中心具有控制平台，还可对全省防汛、抗旱进行控制与管理（王铭铭等，2017）。

日径流量的准确预测对于流域内可能发生的水文灾害预测以及水资源的有效配置及管理具有十分重要的意义。目前有研究基于安徽省黄山市月潭流域 2009—2012 年的日径流量监测数据分别构建了 BPNN 及 SVM 模型，两个模型均利用 PSO 算法进行优化，并应用十折交叉验证提高模型结果的稳定性。分别基于训练数据（2009—2010）和验证数据（2011—2012）进行模型结果比较，结果发现每种方法在两个阶段的统计量均无明显差异，表现出较好的拟合及泛化能力。其中将连续 3 d 流量数据作为输入数据的 PSO-SVM 模型的模拟及预测精度较高，可以认为是月潭流域日径流量估算的最优模型。然而模型对于流量峰值的预测精度较差，在流量峰值点容易出现低估现象，造成较大误差。因此，虽然 PSO-SVM 模型可以用来预测小流域内的日径流量，但在今后的研究中需要进一步优化算法，改进模型在流量峰值处的预测（马乐宽等，2016）。

二、农业生物灾害监测与预测预警

安徽省是农业大省，农作物病虫害频繁发生，常年发生面积超过 2 000 万 hm^2。小麦和水稻均是安徽省的主要粮食作物之一。在小麦生长发育过程中，经常遭到赤霉病、白粉病、吸浆虫及蚜虫的为害；水稻易受稻瘟病、稻曲病、稻纵卷叶螟、稻飞虱等各种病虫的为害，致使小麦和水稻的产量受到严重影响。对农作物病虫害的发生、发展进行及时、准确地监测预警是解决病虫为害的重要途径，目前安徽省在病虫害监测预警方面已有比较深入的研究。

（一）病害测报

安徽省贵池区地处长江中下游南岸，是小麦生长的次适宜区，小麦赤霉病是该区小麦的主要病害，自 2010 年起，有 4 年呈偏重至大发生程度，流行频率较高，严重影响小麦产量和质量，因此，做好小麦赤霉病的预测预报工作，为防治提供实时有效的情报非常重要。针对贵池区小麦赤霉病的预测预报研究，以 1991—2015 年近 25 年贵池区小麦赤霉病最终发生程度为研究对象，选取 3 月各旬平均温度、降水量、雨日数及 3 月底 4 月初稻桩带菌率为因子，进行灰色关联度分析，并在逐步回归分析的基础上建立贵池区小麦赤霉病发生级别中期预测模型。模型预测结果表明，贵池区小麦赤霉病发生程度与 3 月上旬降水量、3 月中旬降水量、3 月底至 4 月初稻桩枝带菌率呈显著正相关，可作为今后预测小麦赤霉病发生与流行的重要监测预警窗口，同时该中期预测模型预测基本正确率在 88.00% 以上，模型预报效果较好，历史平均吻合度达 71.32%，可为防治提供科学依据（姚卫平，2016）。

另外针对小麦赤霉病的预测模型建立研究以安徽省贵池、桐城、阜南与颍东区为研究区，以安徽省病虫害监测预警管理系统中 1986—2011 年的年报数据为病害观测值数据源，进行小麦赤霉病 CBR 预测模型的参数优化。优化后的参数应用于小麦赤霉病常规发生年份的预测，符合率较高，达 84.21%，但应用于大发生年份，其符合率也仅为62.50%，因此，若将该模型应用于大流行年份小麦赤霉病的预测，其参数尚需进一步优化（关东等，2014）。

（二）虫害测报

安徽省宿松县位于长江中下游平原的长江北岸，植棉历史悠久。自从 2000 年大面积推广转 Bt 抗虫基因杂交种棉花以来，当地斜纹夜蛾就从次要害虫上升为主要害虫之一。2010—2011 年利用斜纹夜蛾性信息素和夜蛾类通用诱捕器诱杀雄蛾进行防治示范，并利用斜纹夜蛾性信息素诱捕器诱蛾与测报灯诱蛾相比较，结合冬后挖蛹，进行测报技术研究。结果表明，斜纹夜蛾在安徽省宿松县一年发生 6～7 代，发生期在 5—11 月；以 3 代、4 代、5 代为主害代，主要为害棉花；6 代、7 代为害蔬菜及油菜，7 代为不完全代；在自然环境下，在宿松县冬前不进入休眠期，不做越冬准备，所以不能安全越冬（吴习水等，2012）。

茶树尺蠖类（茶尺蠖、茶用克尺蠖）害虫是皖南丘陵茶区主要害虫，对茶叶生产危害大，目前已有研究采用众数法对茶树尺蠖类害虫进行测报。全体害虫中数量最多的一个集团对这一害虫种群发生实态是具有代表性的，数量占最多的集团（虫龄、虫态等）就形成了整个世代的"盛发期"。因此，可以用调查所得到的各龄幼虫数量中出现最多的虫龄，结合历期推算法，预测下一代幼虫出现的时期和防治适期，即众数法。通过近年在郎溪县的实际运用，预测预报准确率达 95% 以上，尤其在茶尺蠖和茶用克尺蠖世代重叠发生期，能准确预测多个发生高峰期。然而，在特殊情况下，如果没有出现众数，就需要利用常规方法开展预报（张勇等，2015）。

（三）病虫害监测预警

为满足安徽省植保部门传统数据上报和病虫害预测的需求，研制具有智能化、定量与定性结合、移动便携信息采集和发布终端的病虫害监测预警方法，帮助工作在一线的植保人员上报和获取第一手资料，相关项目采用移动客户端和 SOA 的体系架构，构建了安徽省主要农作物病虫害数据库、知识库和基于时序 CBR、GAHP 的病虫害预测模型；采用 WebService 方式对外提供松耦合的信息服务和知识服务，建立了安徽省农作物病虫害监测预警系统（陈海中等，2013）。系统主要功能模块见图 4-5。

安徽省农作物病虫害监测预警系统在安徽省植保系统已经运行了 4 年以上，在全省 92 个植保站使用。根据系统登录日志记载，截至 2012 年 9 月 1 日，共登录 33 000 人次以上。采集数据和知识 30 万条，可以完成小麦、水稻 20 种以上病虫害预测分析，为全省植保系统提供了一种随时、随地、随身的作物病虫害监测预测模式。

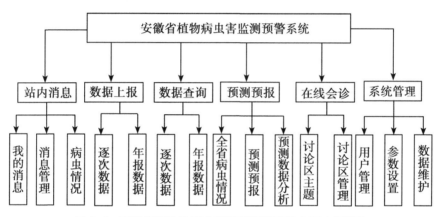

图 4-5　安徽省农作物病虫害监测预警系统主要功能模块

三、农业地质灾害监测与预测预警

地质灾害防治的基本原则是"以防为主，防治结合，综合治理"。加强地质灾害的科学研究、地质环境的调查、评价和地质灾害预测预报，特别是地质环境和人类活动的互馈作用研究是首要环节。

（一）一般性地质灾害

安徽省属于亚热带与暖温带的过渡地带，过渡性气候特征明显。地形处于中国东部第三梯级内，区内地形复杂，地貌类型多样化。基岩山区山丘破碎，地形切割强烈，沟谷密集，形成深谷陡崖地貌景观；平原区岗坡、洼地地形突出；淮河、长江两岸支流发育，湖泊星罗棋布。多元化的自然、地貌和地质条件，加上人们不规范的生产活动而引发各种外生地质灾害和环境地质问题，如岩溶、土洞塌陷，崩塌，滑坡，地面沉降，地下水位持续下降，水资源污染，水土流失，土地沙化，地方病，河、湖岸冲刷、塌岸等。其发育和分布受区域环境地质条件的制约，同时也受水文、人类工程、经济活动等因素的影响（王国强等，2004）。安徽省地质灾害分区及主要特征见表4-1。

地质灾害是地质环境恶化的终极反应，研究的核心和目的是预测预报、地质工程治理及生态环境的恢复。综合分析安徽省环境地质条件、地质灾害的发育规律，并考虑到未来的经济发展规划，有些地质灾害将呈现发展的趋势。

两淮煤田地面采空塌陷范围将继续扩大，到2020年、2050年将分别达463.97 km^2、981.506 km^2，其中危害区面积分别为287.437 km^2、602.423 km^2，重害区面积各为176.533、379.083 km^2。淮北矿区塌陷区的中心将随着煤炭生产向南部的临涣、宿州、涡阳等矿区转移，而淮南矿区主要分布于淮河北岸新矿区。

铜陵地区的岩溶塌陷危险将继续存在，铜陵地区碳酸盐岩岩溶发育，岩溶地下水丰富，上覆松散沉积物厚度一般小于30 m，当长期疏排和开采地下水时，在浅部岩溶发育的低洼部位存在着岩溶土洞塌陷的危险，若遇雨季，特别是暴雨将加速其发生。其中以新桥、小街地区危险性最大。此外，在沿江浅部隐伏岩溶发育地区存在着岩溶土洞塌陷问题，将对工业民用建筑和各类道路工程的地（路）基稳定性构成威胁。

表4-1 安徽省地质灾害分区及主要特征

区名	亚区名	主要特征
淮北平原地面变形、土壤盐渍化为主的地质灾害区	萧县—砀山土壤盐渍化亚区 两淮采空塌陷及矿井灾害亚区 利辛—涡阳—萧县地氟病亚区 阜阳—界首地面沉降亚区 沿淮及黄泛区砂土液化流砂亚区	氯盐渍土 42.5×10^4×666 m^2，硫酸盐渍土 3.6×10^4×666 m^2 塌陷面积 190 km^2，突水、瓦斯爆炸、岩爆 受灾人口 1 200 万，儿童多患氟斑牙 沉降范围 410 km^2，最大沉降量达 1.4 m 受振动易液化，工程开挖后易产生流砂
江淮丘陵膨胀土变形、边坡滑塌为主的地质灾害区	江淮膨胀土滑波、地基变形亚区 嘉山—滁州变质岩边坡滑塌亚区 巢湖塌岸、风化层状岩滑坡亚区	渠道、道路边坡滑移，地基变形房屋开裂 路堑边坡滑坡、崩塌较严重，北东岸塌岸长 45 km，西南、东南沿岸淤积
沿江平原、丘陵塌岸、地面塌陷为主的地质灾害区	月山—铜陵—繁昌岩溶塌陷亚区 铜陵—马鞍山采空塌陷滑塌亚区 沿江塌岸、渗透变形亚区	矿坑排水引起岩溶土洞尤以铜陵市严重 局部采矿引起的塌陷和边坡崩滑较严重 北岸土质差崩岸、淤积和渗透变形严重
大别山区水土流失、崩塌、滑坡为主的地质灾害区	霍山—岳西崩塌—滑坡亚区 金寨—太湖水土流失、泥石流亚区	以陡沙河段崩塌、滑坡、泥石流较严重 植被破坏，风化岩层裸露，集中降水引起，大别山区安庆—六安所辖各县、市严重
皖南山区滑坡、崩塌、水土流失为主的地质灾害区	黟县—绩溪滑塌、水土流失亚区 泾县—宁国矿井地质灾害亚区	黄山浅变质岩、风化岩层滑坡、崩塌，旌德—绩溪—歙县水土流失严重、河床淤积 瓦斯含量高，易造成瓦斯爆炸、岩爆

淮北平原开采深层地下水将出现新的地面沉降危险，淮北平原第四系砂层厚度大，

地下水丰富，特别深层地下水水质好，是城市供水目的层，但该区深层承压水补给条件差，上覆黏土层具有压缩性，当强烈开采深层地下水时易产生地面沉降。阜阳市如不能有效控制开采深层地下水水量，预计地面沉降量将持续增大。近期界首、亳州、宿州、潘集等城镇是地面沉降的危险区，太和、涡阳、阜南、蒙城等城镇若不合理规划开采深层地下水也将面临地面沉降的危险。

滑坡、崩塌、泥石流灾害将集中在雨季发生于淮河以南地区。如大别山区的105线，皖南山区的106线、205线以及黄山风景区的公路边坡将在雨季沿着层面、片理面或风化面滑移、崩塌；集中的强降水将导致山洪和泥石流暴发；大型水利工程淠史杭灌区水利渠道的膨胀土边坡，由于风化，水力冲刷、渗透、软化、侵蚀作用，发生膨胀、收缩、蠕变等情况，导致边坡强度逐渐衰减，仍将是滑坡灾害的多发地段；沿江及皖东丘陵地区露采边坡、道路等工程切坡地段将产生崩滑或风化残坡积层滑坡。

巢湖由于其流域的上游水土流失携带入大量泥沙，淤积问题以及部分土岸的塌岸问题将逐渐发展。长江由于环流侵蚀作用，特别是在洪涝年份北岸仍存在崩岸的危险；在一些沙性土堤基地段，堤外某些盖层黏土较薄部位，尤其是人为取土形成较深的沟塘处，在高洪水位的渗透压力作用下，仍存在管涌、流土问题。

（二）地震

安徽省是一个地震活动居中等水平的省份，历史上曾发生23次5级以上地震，最大、最近的为1917年霍山$6_{1/4}$级地震。2005年江西九江发生5.7级地震后，安徽省的地震活动呈现日益活跃的态势，至2015年已先后发生4级以上强有感地震4次，且各类前兆异常交替出现，震情形势复杂多变：2006—2015年这10年里，安徽省共有6年被划为全国年度地震重点危险区，另有2年列为值得注意地区。从涉及区域看，皖东北、皖北占6次，皖中南、皖中西占2次，其中，合肥、宿州、蚌埠、滁州4个城市各占5～6次。尤其是2012年，"皖中南地区及邻区"被列为全国年度4个强化监视危险区之一，涉及安徽省8个省辖市的41个县（市、区），涵盖面积达5万km^2（朱煌武等，2016）。

1. 震前信号

地震孕育过程中，其表现的前兆异常时间和空间变化并不是无序，是存在规律性，通过对不同程度前兆异常变化进行捕捉和研究对于地震的预测预警具有重要意义。

2011年1月19日，安徽省安庆市发生M4.8级地震。2013年，相关研究计算并分析了这次地震前后地震震中周边主要地磁台站地磁转换函数参数变化特征，总结了地震前华东片主要地磁台站地磁资料垂直分量变化特征。结果表明，在安徽安庆、江西瑞昌与湖北阳新交界发生的两次中强地震前，九峰、泾县、金寨3个地磁台的转换函数部分参数出现不同程度的异常变化。安徽省安庆市地震前，中国大陆东部地磁低点时间出现位移，地磁日变形态还发生了明显的畸变。进一步深入分析结果显示，地磁低点位移的产生机理主要与地下介质的电性质改变有关（戴苗等，2014）。

另有研究利用安徽省蒙城地震台57个典型地震震前几分钟的脉动资料，对其进行傅里叶频谱测量，刻画出每个脉动的频谱特征，提取出来各个震前分钟值脉动的优势频率和卓越周期，揭示了地脉动信号来源与震级强度和地理位置关系密切。这个关系就是，同一个地理位置或相同的构造单元所孕育地震的震前地脉动频谱具有一致的形态特征。利用这一现象可以较好地估计某个地区因孕震而引起的地脉动异常，从而对地震的发生进行有效预测（张明明等，2016）。

还有研究试图运用信息熵的原理和方法提取地震前兆异常信息。该研究对安徽省庐江地震台汤池1号井水氡各项数据进行统计并在其信息熵值的基础上计算其变化率的绝对值，提取信息熵的变化特征，在不同时间窗，利用5日均值，以10个5日均值为窗长作滑动，求取信息熵，再对信息熵求均值，当熵值低于其均值时，认为出现了熵减的现象，并以一倍均方差作为阈值，把低于一倍均方差的熵值视为异常。研究从水氡信息熵曲线可以看出信息熵的变化幅度大小和地震震级大小有一定的关系，呈正相关关系，变化幅度大（马城城等，2017）。

2. 地震灾害网络

安徽测震台网数字化系统自2009年正式运行，重要的功能包括向预报中心提供波形数据、地震目录、地震观测报告和地震新参数等，进行地震会商和科学研究；向信息中心提供基础波形数据、地震信息，建立数据共享服务。测震台网在产出地震基础数据的同时，对数据进行精细分析处理，特别是地震新参数的推广应用，为预报人员提供了更多的数据产品，在数据产出与应用方面发挥了测震台网的效能。开发的震情信息发布平台和地震台站综合智能管理系统，满足了测震台网的工作需求，提高了数据连续率，并为下一步地震预警和烈度速报提供了有效的支撑（张佑龙等，2015）。

（三）水土流失

安徽省水土流失监测工作起步于1986年，当时是为配合全国第一次土壤侵蚀遥感调查，省水利厅水土保持办公室购置了全省范围的航拍图片，在有关单位和部门的积极配合下，动员全省各级水行政主管部门参加，在对图片进行仔细研究、现场调查的基础上，首次较为准确地推算出了全省范围的水土流失状况。1998—2002年，安徽省水利厅与安徽省水文局联合，利用大量水文和水保试验资料，通过对全省河流的悬移质和推移质泥沙监测资料的分析（全省有40个水文站进行了悬移质含量的监测），研究了全省土壤侵蚀量、土壤侵蚀模数以及土壤侵蚀时空分布规律。2005年，安徽省发布了首次《安徽省水土保持监测公报》。2017年，安徽省发布了第二期《安徽省水土保持公报》（2011—2015年），该期公报对全省的水土流失状况、水土保持监督管理、水土流失综合治理、水土保持监测与信息化、水生态文明建设进行了全面论述和分析评价（夏小林，2011）。

安徽省的开发建设项目水土保持监测工作也于2002年开始启动，随着"中部地区崛起"战略的实施，开发建设项目逐年增多，开发建设项目水土保持监测成了安徽省水土保持工作的一个新的方向。截至2011年，安徽省拥有3家甲级水土保持监测资质单位，分别承担了全省50多个大中型开发建设项目的水土保持监测工作，涉及公路、铁路、矿山、石化等多个行业，采用GPS技术和常规定点监测相结合的方法，除对建成的水土保持工程的安全、稳定运行情况进行监测外，更主要的是对这些水土保持措施实施后的效果，即水土流失面积和水土流失量的变化情况进行监测，及时掌握工程建设全过程的水土流失及其防治情况。

（四）土壤侵蚀

据全国第一次、第二次水土流失遥感调查，安徽省水土流失面积分别占总面积的20.67%和13.45%，但有关安徽省土壤侵蚀空间动态变化的研究报道较少。目前已有研究基于修正的通用土壤流失方程（RUSLE）和GIS技术，定量分析1980年、2000年、2010年安徽省土壤侵蚀空间分布及动态变化特征，并利用马尔科夫模型预测了未来30年土壤侵蚀变化趋势。根据预测结果，若按现在的土壤侵蚀状况和水土保持措施发展下去，未来30年全省土壤侵蚀状况总体上逐渐减轻，微度土壤侵蚀面积逐渐增加，其他侵蚀等级的面积持续减少，其中轻度以上侵蚀面积变化较明显。轻度以上土壤侵蚀面积总和，到2020年减少到总面积的1%以下，预计到2040年减少到总面积的0.5%以下。与2010年相比，2020年轻度以上土壤侵蚀面积减少幅度较大，均减少50%以上（赵明松等，2016）。安徽省不同土壤侵蚀等级面积的预测结果见表4-2。

表4-2　安徽省不同土壤侵蚀等级面积预测结果　　　单位：km²

侵蚀等级	实际值		预测值		
	2000年	2010年	2020年	2030年	2040年
微度	117 251.74	121 151.89	125 595.79	126 795.05	127 593.71
轻度	12 893.82	10 461.04	7 526.81	6 700.11	6 138.95
中度	1 983.84	1 327.84	661.54	496.19	389.94
强度	1 318.54	858.87	390.47	274.24	200.37
极强度	863.65	592.14	260.11	177.68	125.61
剧烈	150.06	69.87	26.93	18.37	13.06

四、农作物长势及产量监测预测

目前，安徽省已有研究根据2005—2014年的市域农业生产统计数据，利用面板数据模型，分析农业气象灾害对安徽省粮食产量的影响。结果表明，生物灾害对粮食生产的影响受制于气象因子，通常气象灾害严重的年份，有些生物灾害也加重发生。因此，对农作物长势及产量的监测预测是防灾减灾工作中必不可少的重要部分，已经引起很多农业科研工作者的重视。

（一）苗情监测

安徽省阜南县位于淮河中游北岸，属暖温带半湿润季风气候区南缘。全县常年小麦种植面积8万hm²左右，2016年全县小麦在中后期遭遇连续低温阴雨等不利天气影响的情况下，平均单产6 330 kg/hm²，总产50.4万t，与2015年基本持平，实现了大灾之年不减产的目标。阜南县小麦生产能够取得丰产丰收，一方面得益于农业生产条件的改善，另一方面得益于农业新技术的推广应用，其中小麦苗情监测工作对促进小麦生产实现"11连增"贡献很大。小麦苗情监测指在小麦出苗、分蘖、越冬、返青等关键生长发育阶段，通过定点、定期（特殊自然灾害除外）地对各地区各种有代表性的品种和地块的小麦叶蘖动态、个体素质、群体质量、产量形成及气候灾害进行调查和分析，提出管理意见，开展分类管理的方法。根据安徽省农业委员会统一部署，阜南县建立6个小麦苗情监测点，监测点的分布围绕主导品种、主播期、土壤肥力状况、栽培管理水平、小麦播种出苗及苗情长势情况等因素，于小麦出苗后选择能够代表不同产量水平的田块设立。重点监测小麦品种、播期、播量、出苗情况，探索小麦高产途径；监测小麦叶蘖发展动态，考察小麦个体生长情况和群体消长，根据小麦苗情分类标准，进行综合评价，分析发展趋势，提出管理对策；监测小麦灌浆速率，进行预产和测产，准确判断小麦生产形势、制定田管意见；开展小麦生产成本监测，了解小麦生产效益；开展小麦灾害监测，指导小麦抗灾生产（杨泽峰等，2017）。

安徽省宿州市埇桥区地处淮北平原，属暖温带半湿润气候，奎、濉、沱、浍等河流经过，是传统的农业大区。小麦在埇桥区种植面积为 12.3 万 hm^2，平均产量约 7 500 kg/hm^2，埇桥区小麦苗情监测工作自开展以来，为农业决策工作提供了重要的参考依据，同时也有不足和需要改进的地方。监测主要内容为小麦播种、出苗基本情况，小麦全生育期苗情基本情况，苗情评价及小麦气象灾害监测。以小麦拔节期苗情监测情况为例，监测结果如下：埇桥区全区小麦进入拔节期时间一般在3月15日左右，此时50%以上植株茎基部第一节间露出地面 1.5～2.0 cm，两极分化已进行，无效分蘖开始死亡，此时小麦由匍匐状转为直立状态，生长加速，主茎叶龄在 10 叶左右，单株茎蘖在5个左右（徐国锋，2017）。

（二）长势与产量预测

棉花是我国重要的纺织工业原料，影响农业生产和国民经济健康、可持续发展，为科学提供棉花产前信息化、产中科学化和产后市场服务等信息，中国农业科学院棉花研究所提出中国棉花生长指数（CCGI）、中国棉花生产景气指数（CCPPI）等模型。CCGI模型是记录和评价棉花生长发育及品质变化的数量指标，能够对气象灾害、生物灾害和栽培管理做出积极的响应。为了预测和分析2013年安徽省棉花的逐月生长发育和总体生产情况，已有研究通过多点多户连续监测数据，采用CCGI评价体系来监测预警全省棉花的产前、产中和产后的生产和发展。结果表明，2013年安徽省气候灾害频发，对棉花生长发育极为不利，全省CCGI平均为92，整体生长态势明显差于2012年；全省棉花种植面积为 $255.6×10^3 hm^2$，较2012年下降10.1%，总产为 $237×10^3 t$，降低18.8%，单产为 927 kg/hm^2，减少6.5%（刘小玲等，2014）。

淮河流域地处我国南北气候过渡地带，多种农作物在生产期频频受到各种气象灾害的影响，导致大面积减产甚至出现绝收，粮食产量的波动必然会引起国民经济的不稳定，因此，需要精确可靠地预测、估计农作物长势及产量。在粮食产量预测方面安徽省已有研究根据 2006—2014 年全省粮食统计资料，利用灰色预测模型 GM（1，1）对未来几年粮食总产量进行预测。预测结果表明，未来几年安徽省粮食总产量将呈持续上升趋势，2015 年、2016 年、2017 年、2018 年、2019 年安徽省粮食总产量预计分别为 3 460.40万 t、3 534.54万 t、3 610.27万 t、3 687.62万 t、3 766.64万 t。实际上，2015 年、2016 年、2017 年安徽省粮食总产量分别为3 538.10万 t、3 417.50万 t、3 476.00万 t，这 3 年预测准确率均高于 95%（张耀兰等，2016）。

对于水稻产量的预测安徽省也有研究进行探索。在产量预测模式研究中常用的回归参数估计方法是最小二乘法，但该方法以某些统计假设为前提，计算也比较复杂，特别是在应用短序列资料建模时会受到很大的限制。而累积法是对原始数据序列按一定的规律进行相应叠加，用之建立线性模型，其估计量具有无偏、线性、有效、唯一等特点，估计效果与最小二乘法相同且计算过程更简便。因此，安徽省桐城市应用累积法建立了一季稻产量预测模式，并介绍了累积法的建模过程和误差分析方法。应用累积法建立的桐城一季稻产量预测模式的历史回代误差率平均为 3.90%，2011 年、2012 年两年试报准确率分别为 95.7% 和 97.0%，与最小二乘法建立的预测模式误差率相近且略小，其估计精度完全符合业务要求。投入业务使用后，2013 年、2014 年实际预报准确率分别为 92.9%、98.5%（江胜国等，2017）。

目前，随着遥感技术在农业领域应用的广泛深入，遥感估产技术应运而生，并且逐步在大面积区域内获取粮食播种面积、产量等信息方面展现出优势。遥感估产是一种利用卫星传感器记录地球表面信息，基于收集和分析得到的农作物光谱特征，辨别作物类型，监测作物长势，建立光谱反射率与产量的关联性公式，从而提前预测作物总产量的技术方法。国外学者已经应用雷达数据针对冬小麦进行识别、长势监测和估产等相关研究。国内应用雷达数据对农作物识别估产也有相关研究，但对冬小麦进行估产才刚刚起步。安徽省农业科学院农业灾害风险分析研究科技创新团队通过研究选择不同时相（冬小麦不同生长期）星载合成孔径雷达（SAR）影像不同极化影像，结合地面人工测产结果，建立冬小麦产量和多个时相后向散射系数关系的估产模型，优选出最佳的估产模型，实现冬小麦大面积估产。首先在安徽省涡阳县进行基于星载 SAR 的冬小麦估产模型预研究。在冬小麦收割前夕 1 周左右进行试验田产量人工取样，并结合同期的 SAR 影像，提取后向散射系数，建立一元线性估产模型，估产精度超过 80%（范伟等，2013）。

该团队在之前预研究基础上，2013 和 2014 年连续选择安徽省淮河流域 4、5 月份的星载 SAR 影像——RADARSAT-2，同时收集该区域 5 月底冬小麦收割前的试验田产量资料。对卫星影像数据和试验田产量资料进行预处理和统计，应用 RADARSAT-2 不同极化（HH，HV）的后向散射系数，结合试验田人工估测产量，建立估产模型；优选出最佳的估产模型，实现冬小麦大面积估产，2013 年计算的冬小麦种植面积和估产精度均接近 90%。而 2014 年由于冬小麦出现大面积倒伏，人工取样样本完备性和取样估算比例经验不足，导致估产精度相比 2013 年下降。研究中选择冬小麦两个重要生长期——冬小麦返青分蘖期孕穗期成像的雷达影像图各 1 张，这些时期的影像图能够反映该区域冬小麦的生长趋势。而且，乳熟期是冬小麦重要的生长时期，乳熟期冬小麦的灌浆已经基本完成，即将成熟，此时的穗鲜质量能直接反映产量，该时期冬小麦的几何形态受到麦穗的变化影响较大，雷达遥感对结构变化比较敏感，SAR 对麦穗变化的敏感性可以用于直接估算冬小麦的产量。选择极化比 VV/VH 建立估产模型，实现了接近 80% 的估产精度（范伟等，2014；陈磊等，2015）。

此外，该团队也应用光学遥感卫星——环境与灾害监测预报小卫星（HJ）进行产量的估测，对雷达卫星估产结果进行相互验证。通过从 HJ 卫星提取的 NDVI（归一化植被指数）和冬小麦乳熟期试验田产量的估产模型，达到了接近 70% 的估产精度。对基于 HJ 卫星影像得到的冬小麦估产模型进行精度验证发现，虽然该卫星空间分辨率（30 m）不如微波影像（12.5 m），但估产结果与微波估产模型结果差距不大。说明对于冬小麦估产而言，通过 SAR 和 HJ 卫星得到的估产模型精度相似，两者的模型相互验证了估产的准确性。因此，以后在淮河流域进行冬小麦估产时，气象条件允许下选择免费下载的 HJ 卫星资料进行评估，可大大节约评估费用，利于相关部门开展这项工作。

星载 SAR 在冬小麦产量评估、长势等方面以及其他农作物产量监测方面，作为一个新的研究方向，正扮演着越来越重要的角色。

（三）农作物遥感识别

农作物遥感识别的实质是以农作物作为主要地物类型的遥感影像分类，是通过遥感技术对农作物气象灾害、生物灾害、地质灾害等灾情进行监测、预测及评估的研究基础。

针对安徽省蚌埠市农作物水旱交错的特点，已有研究提出利用多时相中分辨率遥感影像，基于农作物的物候期特征选择合适的影像数据，采用面向对象的分析方法，构建水旱交错区农作物信息提取模式，进行农作物信息提取。农作物信息提取试验结果表明，该方法简单易行，有效避免了"椒盐现像"，总体分类精度达 91.7%，对于准确了解水旱交错地区农作物的面积及其分布情况具有重要的应用价值（苑惠丽等，2017）。

为进一步提高农作物遥感识别精度，充分利用高分辨率遥感影像上不同地物之间的邻域空间关系，有研究提出了农作物遥感识别偏差修正的统计学方法。该方法综合考虑目标地物的光谱特征与空间信息，以类别隶属度偏差为研究对象，首先利用类别指示向量和类别后验概率向量之间的差异实现目标地物的类别隶属度偏差量化，然后对训练样本的类别隶属度偏差进行变异函数建模，并采用带局部均值的简单克里格插值方法预测总体类别隶属度偏差，之后用总体偏差的预测值对光谱分类所得的类别后验概率进行修正，重新确定识别结果，实现农作物遥感识别的偏差修正。然后以安徽省南部的一景 SPOT-5 影像覆盖范围为研究区，选择两块典型区域分别作为试验区和验证区，以一季稻和晚稻为目标农作物，以支持向量机作为光谱分类的分类器，建立了水稻遥感识别的偏差修正流程；采用地面实测数据对修正效果进行评估，并与最大似然分类、模糊分类和支持向量机分类的结果进行比较。试验结果表明，该方法的总体分类精度能够达 90% 以上，与传统分类方法相比，总体精度提高了近 14%；且该方法能够大幅提高一季稻和晚稻的生产者精度和用户精度，有效改善了研究区的水稻识别结果（游炯等，2013）。

五、农业生态环境监测

2015年年末，安徽省生产总值超过2万亿元，城镇化率突破50%，人口接近7千万。经济的快速发展、城市化进程的日益提升、庞大的人口总量给生态环境造成了巨大的压力。为客观呈现各地区生态环境系统结构在人类和自然因素共同作用下的状态与压力响应，已有研究对2015年度安徽省生态环境现状进行监测与评价，从而为生态功能区规划、生态红线划定等生态环境保护工作提供决策支持。该研究在土地利用类型遥感解译数据的基础上，利用同年水资源量、降水量、水土流失和主要污染物排放量等数据，根据环境保护部发布的《生态环境状况评价技术规范》，对安徽省16个市级行政区生态环境状况进行监测和评价。生态环境状况评价利用生态环境状况指数（EI）反映区域生态环境的整体状态，指标体系包括生物丰度指数、植被覆盖指数、水网密度指数、土地胁迫指数和污染负荷指数5个分指数。安徽省16个市级行政区生态环境状况监测与评价结果见表4-3。安徽省域生态环境状况指数为70.76，总体来看，生态环境状况良好（徐升等，2016）。

表4-3 2015年安徽省16个市级行政区生态环境状况监测与评价

序号	市名	生物丰度指数	植被覆盖指数	水网密度指数	土地胁迫指数	污染负荷指数	EI	质量等级
1	合肥市	33.93	80.82	60.07	7.84	4.89	64.42	良
2	芜湖市	42.56	85.46	70.08	6.34	5.78	70.24	良
3	蚌埠市	24.30	80.22	60.12	8.21	1.74	61.17	良
4	淮南市	27.62	80.80	65.40	10.08	8.20	62.34	良
5	马鞍山市	40.86	82.02	70.24	6.77	12.31	68.10	良
6	淮北市	20.58	86.54	41.96	10.29	6.16	57.97	良
7	铜陵市	48.16	83.53	74.92	12.45	15.94	70.51	良
8	安庆市	61.67	88.07	74.72	7.13	1.14	78.63	优
9	黄山市	93.13	102.77	59.79	9.28	0.37	90.83	优
10	滁州市	36.30	86.18	53.00	7.05	1.81	65.96	良
11	阜阳市	20.04	85.73	44.29	10.84	1.71	58.29	良
12	宿州市	20.79	86.88	37.20	8.99	2.11	58.02	良
13	六安市	57.17	92.36	49.77	8.15	1.05	74.24	良
14	亳州市	19.38	88.46	45.06	9.69	1.37	59.07	良
15	池州市	80.69	97.79	62.28	7.58	1.19	85.77	优
16	宣城市	77.51	96.81	54.51	8.09	2.02	83.09	优

植被覆盖度是描述植被群落及生态系统的重要参数，也是环境变化中的一个敏感因子，常常被用作植物群落覆盖地表状况的一个综合量化指标。植被状况和植被覆盖的变化从一定程度上反映了气候变化的趋势，是生态环境研究的热点之一。随着遥感和GIS技术的发展，应用遥感资料估算植被覆盖度的方法为大区域植被覆盖度的监测提供了可

能。目前即有研究利用安徽省霍山县 1994—2011 年 4 期的 Landsat TM/ETM+遥感影像资料，采用像元二分模型估算不同时期植被覆盖度，揭示其空间分布特征及动态变化，预测霍山县 2020 年植被覆盖度的空间分布格局，分析植被覆盖度的影响因素（程先富等，2014）。预测结果见图 4-6。

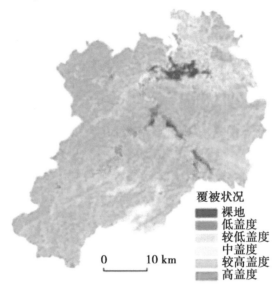

图 4-6　安徽省霍山县 2020 年植被覆盖度预测结果

针对重点区域矿产资源地面监测的局限性，安徽省目前已有研究以遥感技术为基础，根据遥感影像几何纠正、融合、镶嵌、信息提取等方法原理，以 2011—2014 年 SPOT、IKONOS 影像为数据源，对安徽省重点矿山进行动态监测，建立重点矿山开发遥感动态监测技术体系及技术方法。监测结果表明，安徽省 2011—2014 年重点矿山合法开采比例呈现逐年上升趋势；重点区域内主要违法开采矿种为非金属矿山，其中，开采建筑石料用灰岩的矿山最多。根据已建立的监测技术体系与监测方法，安徽省将进一步深入分析重点区域矿产资源的开发对生态环境的影响（汪燕等，2017）。

第二节　农业灾害风险管理

安徽省目前对农业灾害的风险管理方式大部分较为单一，效率低且效果不够明显。因此，建立有效的农业防灾减灾体系，对农业灾害进行必要的预防和控制，尽量避免和减少各种灾害对农业生产和农民生活造成的危害，是十分必要的。

一、农业灾害风险辨识

农业灾害风险分析评价乃至决策的基础是农业灾害风险辨识。目前，安徽省在农业气象灾害、生物灾害和地质灾害方面进行了风险辨识研究，尤其在生物灾害方面有大量研究成果，这些研究为农业防灾减灾工作提供了重要信息，从而有效减少了农业生产上的因灾损失。

（一）气象灾害

在安徽省境内，霜冻天气时有发生，各地由于地形不一致，霜冻出现的时间也不一。发生霜冻时，近地层的气温可在 0 ℃以下，也可在 0 ℃以上、5 ℃以下的范围内。因此，发生霜冻时，可能有霜，也可能无霜，有霜时的霜冻叫白霜，无霜时的霜冻叫黑霜，有些地区又将黑霜称为"暗霜"或"杀霜"。特别是发生黑霜时，由于没有白色冰晶出现，很容易被人们忽视，危害更大。根据霜冻灾害发生前的温度等气象条件，对发生黑霜或白霜的可能性进行预测，对有些需要设施保护的农作物或蔬菜提前采取保护措施，可以很大程度地降低霜冻灾害带来的损失（张彩丽等，2015）。

涝灾是影响安徽省一季稻产量的主要气象灾害。目前已有研究利用安徽省一季稻主产区 21 个台、站 1961—2005 年的气象资料，分析了降水量、雨日、日照时数和一季稻相对气象产量的关系，以及典型涝灾年一季稻减产的致灾因子，确定了综合考虑降水量、雨日和作物实际蒸散等作用的安徽省一季稻涝灾损失指标和分级标准。根据不同气象因子与农作物产量之间的关系，了解影响较大的致灾因子，对于涝灾的预防具有重要意义（许莹等，2009）。

（二）生物灾害

安徽省对生物灾害风险辨识的研究大部分还处于比较初级的阶段，即处在灾害辨识阶段，涉及的农作物和其他生物的种类包括小麦、水稻、玉米、大豆、马铃薯、草莓、烟草、茶叶等。值得一提的是，安徽省农业科学院农业经济与信息研究所（下称"经信所"）近 20 年来在农业灾害风险辨识方面做了大量基础与应用工作，尤其是在农作物病害、虫害、杂草等农业有害生物识别方面。

自 2000 年起，经信所组织专业团队，通过对国内农业病虫害及农田杂草的发生、分布和形态特征进行系统的研究，走访全国 20 多个省、市，经多年系统的实地拍摄，完成了农作物、蔬菜、果树、农田杂草四大系列的标准图片，采集了海量的具有自主知识产权的农业虫草害图片、文字、视频等数据资源。

经信所建立了国内质量较好、数量较高的植保数据资源库。核心数据资源包括：拍摄、鉴定、整理各种病虫草害高清图片约 50 万幅，涵盖病害约 1 800 种、害虫约 700 种、杂草约 500 种；编纂病虫草害的发生、识别和综合防治的二三次文献 1 000 余万字，出版植保系列科普读物 100 多册；拍摄整理植保类视频资源 4 800 多分钟。

2010 年，经信所开发了"农业病虫草害图文基础数据库"网络服务平台（http：//bcch. ahnw. gov. cn），公益性服务"三农"，其内容翔实，资料准确，具有自主知识产权，网站界面见图 4-7。该数据库系统收录国内农业生产中较常见的 3 949 种病虫草害的数据资源，文本资料 400 余万字，配病虫草害的高清特征图片 13 000 余张。开发了农药知识基础数据库，收录了 1 460 种农药的数据资源。

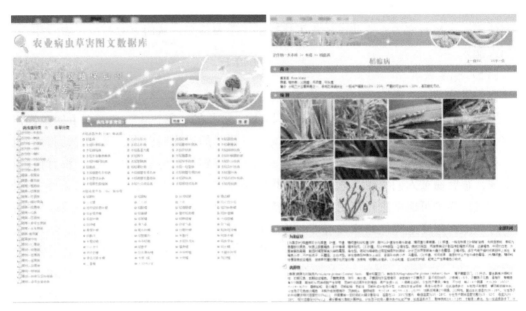

图 4-7　农业病虫草害图文数据库界面

　　2014 年起，经信所与中国科学院智能机械研究所合作，开发利用优势农作物病虫害图像数据，基于大数据、人工智能、深度学习技术开展农作物病虫害自动识别研究，至 2017 年，已开发完成水稻病虫害自动识别系统等多个 APP 系统，通过手机自动比对识别田间农作物病虫害（识别步骤与过程见图 4-8），效果良好。

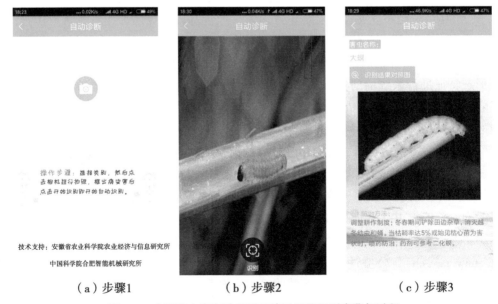

　（a）步骤1　　　　　　（b）步骤2　　　　　　（c）步骤3

图 4-8　水稻病虫害自动识别系统手机端识别步骤与过程

二、农业灾害风险分析与评价

安徽省近年来对农业灾害风险的分析与评价研究工作比较重视，在气象灾害、生物灾害、地质灾害方面均有研究涉及，其中对农业和农村有重要影响的分支领域也有研究进行探索，例如农作物产量灾损以及环境生态问题等，这对于安徽省防灾减灾工作以及政策决策都起到了重要的奠基作用。

（一）气象灾害分析与评价

1. 旱灾

旱灾是影响安徽省农业特别是粮食生产可持续发展的重要制约因素。在相同致灾强度下，灾情会随灾害脆弱性的增强而加重，因此，研究农业旱灾脆弱性对安徽省防灾减灾和农业可持续发展具有重要意义。

其中一个研究根据影响旱灾脆弱性的因素和指标体系选取的原则，选择旱灾面积比、森林覆盖率、农村人均收入等9个指标作为评价指标体系，对安徽省各市旱灾脆弱性进行分析评价，并利用聚类分析方法进行旱灾脆弱性区划。结果表明，除合肥市、阜阳市、池州市、宿州市和黄山市5个市需要采取措施降低旱灾脆弱度外，安徽省总体上农业旱灾脆弱性较弱，有较强的抗旱承灾能力（王荣等，2017）。

另外一个研究利用云模型实现评语与评估指标间不确定映射，实现定性与定量转换，建立基于正态云模型的安徽省淮河流域农业旱灾风险评估模型。该模型从危险性、暴露性、灾损敏感性和抗旱能力4个子系统选择指标建立安徽省淮河流域农业旱灾风险评估指标体系（表4-4），根据指标值确定评估指标标准。评估结果表明，淮北、亳州、宿州、蚌埠、阜阳旱灾风险较高，为中险，而淮南、六安淮河流域、合肥淮河流域、滁州淮河流域相对较低，为轻险（图4-9）。通过正态云模型与集对分析法确定风险等级对比可知，两者结果大致相同，用集对分析法确定蚌埠、六安淮河流域风险等级略偏低，而宿州风险等级偏高（董涛等，2017）。

图4-9　安徽省淮河流域农业旱灾风险等级分布

表 4-4　农业旱灾风险评估指标体系与标准

评估子系统	评估指标	风险等级			
		1（微险）	2（轻险）	3（中险）	4（重险）
危险性子系统	x_{11}降水距平百分率（%）	0～10	10～20	20～30	30～40
	x_{12}年均降水量（mm）	1 200～900	900～800	800～700	700～600
	x_{13}相对湿润度指数（%）	0～-0.05	-0.05～-0.18	-0.18～-0.31	-0.31～-0.44
	x_{14}单位面积水资源量占有量（m^3/hm^2）	7 500～6 000	6 000～4 500	4 500～3 000	3 000～1 500
	x_{15}土壤类型	0～1.0	1.0～2.5	2.5～3.0	3.0～4.0
	x_{16}土壤相对湿度（%）	78～75	75～72	72～69	69～64
暴露性子系统	x_{21}人口密度（人/hm^2）	200～400	400～600	600～800	800～1 000
	x_{22}耕地率（%）	20～30	30～40	40～50	50～60
	x_{23}复种指数（%）	170～180	180～190	190～200	200～250
	x_{24}农业占地区生产总值比例（%）	10～20	20～30	30～40	40～50
灾损敏感性子系统	x_{31}农业人口比例（%）	40～55	55～70	70～85	85～100
	x_{32}水田面积比（%）	0～10	10～35	35～60	60～85
	x_{31}万元GDP用水量（m^3/万元）	100～500	500～650	650～800	800～2 000
	x_{34}森林覆盖率（%）	35～20	20～15	15～10	10～0
抗旱能力子系统	x_{41}人均GDP（元/人）	6 000～5 000	5 000～4 000	4 000～3 000	3 000～2 000
	x_{42}水调蓄率（%）	60～30	30～20	20～10	10～0
	x_{43}单位面积现状供水能力（万m^3/hm^2）	10 000～4 000	4 000～2 000	2 000～1 200	1 200～0
	x_{44}灌溉指数	1.3～0.9	0.9～0.8	0.8～0.7	0.7～0.5
	x_{45}单位面积应急灌溉能力（万m^3/km^2）	13 000～9 000	9 000～6 000	6 000～3 000	3 000～0
	x_{46}监测预警能力	3.5～4.5	3.5～2.5	2.5～1.5	1.5～0
	x_{47}节水灌溉率（%）	70～40	40～30	30～20	20～0

　　还有一个研究从成灾层面对灾害后果进行分析，采用受（成）灾面积及受灾面积指数作为研究数据进行分析，具体包括 1991—2012 年这 22 年来安徽省各市的农作物播种面积、农业旱灾受（成）灾面积以及安徽省农业自然灾害总受（成）灾面积。民政统计规定，因灾减产 10% 以上的农作物播种面积记为受灾面积，因灾减产 30% 以上的面积记为成灾面积。利用 Excel 对数据进行处理，得到 1991—2012 年安徽省旱灾占农业自然灾害受灾面积和成灾面积的比例分别为 42.1% 和 40.1%，受成灾面积超过 40%，严重损

害了农业生产。1991—2012 年间安徽省旱灾受灾面积和成灾面积的演变趋势如图 4-10 所示，旱灾最严重的年份为 1994 年，受灾面积达 397 万 hm²，成灾面积达 333 万 hm²。22 年间年平均受灾面积为 133 万 hm²，年平均成灾面积为 80 万 hm²。安徽省各市 1991—2012 年的旱灾年平均受灾及成灾面积如图 4-11 所示，其中因行政区划的调整，亳州市为 2000—2012 年的数据。由图 4-9 可见，阜阳市平均受灾面积和成灾面积均为最大，铜陵市最小；而从整体看，淮北和江淮丘陵地区的城市群受灾面积较大。同时各市的受灾面积和成灾面积的变化具有很强的同步性，即受灾面积大的城市，成灾面积也大。该研究同时根据基于信息扩散理论的风险评估方法和风险等级划分标准，得出了安徽省各市在不同旱灾受灾面积指数下的风险评估结果（见表 4-5），应用 ArcGIS 10.2 软件制图得到了安徽省农业旱灾时空分布区划（见图 4-12）。由安徽省旱灾风险区划结果可知，芜湖和马鞍山的风险级别相对较低，一直处于低风险区；淮北和江淮地区基本处于高风险区和中风险区，而淮北市更是在除去 $X_d \geq 10\%$ 的其余情况下均为高风险区。可见，淮北地区和江淮地区的旱灾风险防范任务更为艰巨（江懿等，2016）。

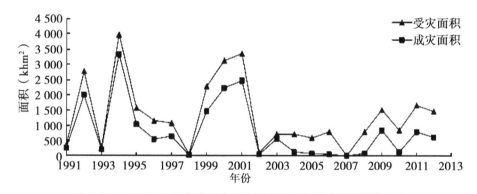

图 4-10　1991—2012 年安徽省旱灾受灾面积和成灾面积演变趋势

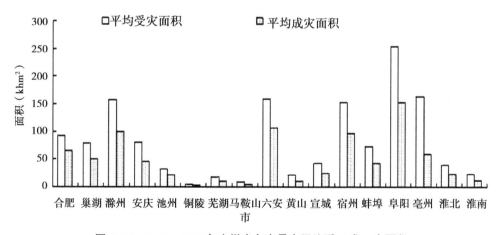

图 4-11　1991—2012 年安徽省各市旱灾平均受（成）灾面积

表 4-5　安徽省各市旱灾风险概率

市	旱灾受灾面积指数（%）				市	旱灾受灾面积指数（%）			
	10	20	30	50		10	20	30	50
合肥	1.5	2.2	3.4	10.0	黄山	1.7	2.6	3.9	9.9
巢湖	1.7	2.9	4.7	29.9	宣城	1.8	3.1	7.1	84.0
滁州	1.4	2.3	3.5	8.1	宿州	1.6	2.7	3.8	8.9
安庆	1.8	3.1	5.6	1 000.0	蚌埠	2.0	3.2	4.2	13.2
池州	1.5	2.2	3.7	17.7	阜阳	1.7	3.1	4.4	13.0
铜陵	2.0	3.3	8.1	129.9	亳州	1.4	2.2	3.3	11.8
芜湖	2.1	6.0	15.1	∞	淮北	1.8	3.0	4.0	6.7
马鞍山	2.1	5.5	10.3	24.6	淮南	2.0	3.4	6.5	158.7
六安	1.4	2.2	3.5	8.1					

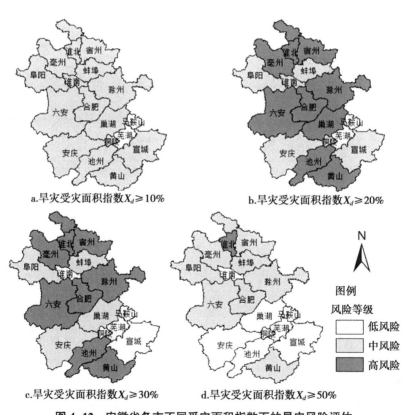

a.旱灾受灾面积指数$X_d \geqslant 10\%$

b.旱灾受灾面积指数$X_d \geqslant 20\%$

c.旱灾受灾面积指数$X_d \geqslant 30\%$

d.旱灾受灾面积指数$X_d \geqslant 50\%$

图例

风险等级

□ 低风险
▨ 中风险
▓ 高风险

图 4-12　安徽省各市不同受灾面积指数下的旱灾风险评估

对于干旱评价指标的建立，也有研究进行深入探讨。这一研究利用代表站点的气象资料、冬小麦生育期观测资料和麦田不同时期土壤水分测定资料，采用平均值、点聚图、有序样本最优聚类等方法，建立了皖北砂姜黑土地冬小麦生育期尺度的土壤水分、降水量负距平百分率、麦田水分盈亏率干旱指标，并分为轻旱、中旱、重旱和特旱 4 个等级。经检验，降水量负距平百分率指标和水分亏缺率指标的平均正确率均在 80% 以上，2 种指标对重旱和长期干旱具有较强的解释能力。这为砂姜黑土区小麦干旱灾害监测、预警、评估等工作提供了重要参考（李德等，2017）。

2. 降水

对于暴雨灾害的风险评估，目前已有研究运用遥感技术以包括安徽省在内的淮河流域 4 省为研究区进行了深入研究。研究中遥感数据选择 2003 年 3 月的 Landsat5/TM 图像作为提取常水期的背景水体数据，选择 2004 年 7 月发生暴雨灾害的 Radarsat 图像作为提取洪水期的水体数据。应用淮河流域 1∶100 万 km 网格的人口密度和国民经济生产总值数据，评价研究区的易损性及综合风险。从 2003 年全国气象统计数据中选择淮河流域 46 个气象站点的降水数据，编辑成带有经纬度字段的 DBF 文件，将其导入 ArcGIS 中生成点状图层，应用空间分析模块中提供的反距离加权工具（IDW）对各个站点统计数据进行空间插值，得到淮河流域的降水量。地理信息数据为淮河流域 1∶400 万土壤质地类型数据、1∶100 万土地利用类型数据、淮河流域河网数据、淮河流域高程（DEM）数据，还包括淮河流域边界和县界数据。该研究从危险性和易损性两方面选取评价指标进行风险评估，选择累积 10 d 降水量和受灾当天降水量作为降水因子；同时还选择地形、河网密度、径流量 3 个致灾因子，用于评价危险性。承灾体的易损性指标往往难以获取，可以通过一些社会经济指标来定量反映，人口的易损性选取单位面积总人口数，经济的易损性选取单位面积 GDP 产值（刘荆等，2009）。具体指标体系见图 4-13。

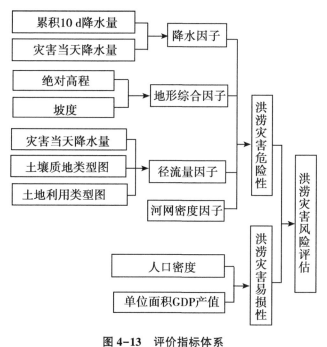

图 4-13 评价指标体系

风险评估的主要目的就是得到高风险的地区，及时进行预报、作出决策，必要时启动应急响应机制。根据淮河流域暴雨灾害风险评估结果（图 4-14），安徽北部位于淮河流域危险性较高的地区。由于该地区地势平坦，主要位于淮河干流附近，河网密集、降水集中，并且径流量也较大；安徽中部位于淮河流域易损性较高的地区，主要是该区的 GDP 产值较高；安徽中北部位于淮河流域风险较高的地区。安徽中部既是高危险区域同时也是人口和经济的高易损区域。安徽中部的濉溪县、固镇县、怀远县等 18 个县是淮河流域暴雨灾害危险性及风险较高的县。选择安徽河南交界处一研究区进行精度验证，结果表明中高风险等级以上占总数的 75.24% 与实际情况吻合，说明该风险评估体系精度较高。

（a）高危险地区　　　　　（b）高易损地区　　　　　（c）高风险地区

图 4-14　淮河流域暴雨灾害风险评估结果

预估未来极端天气事件致灾危险性对于评估气候变化对人类经济和社会的潜在风险具有极其重要的意义。在过去的几十年里，安徽省沿江地区气候已经发生明显变化，流域气温升高，降水增加，出现极端天气的次数增加。为此，安徽省首先对沿江地区降水变化特征进行了预估评价研究。这一研究基于 RCP4.5 温室气体排放情景，应用 MRI-CGCM3 模式误差修正数据模拟安徽省沿江地区降水变化，历史时期为 1960—2005 年，预估时期为 2006—2065 年。检验结果表明，该修正数据对降水的预估有一定可靠性。从时间序列上看较于 2006—2035 年、2036—2065 年降水呈现更明显的趋湿化特征，波动性也是相对较大。较于基准期，2006—2065 年夏季降水波动幅度大于 40%，这意味着未来阶段夏季更易出现洪涝灾害。除春季降水距平均较小外，2036—2065 年秋冬季节降水距平明显大于 2006—2035 年，这一阶段秋冬季节出现降水异常现象可能多于 2036—2065 年。从区域降水变化特征来看，安徽省沿江地区日降水量具有明显的由北向南逐渐增加条带性地理特征和春夏降水多、秋冬降水少季节特征（康海迪等，2017）。

同时，也有研究采用 PRECIS（Providing Regional Climates for Impacts Studies）模式模拟的气候情景数据，选取年均暴雨日数、年均最大三日降水量、高程、坡度和距河湖距离 5 个指标，对 SRES B2 情景下未来安徽省县域尺度洪涝致灾危险性时空格局进行预估。研究包括 4 个时段：现阶段为 1981—2010 年，未来分为近期（2011—2040 年）、中期（2041—2070 年）和远期（2071—2100 年）3 个时段。安徽省县域尺度洪涝致灾危险性评价指标体系及权重见图 4-15。预估结果表明，相对于现阶段，未来 3 个时段安徽省年均暴雨日数和最大三日降水量总体上呈现北部减少、南部增加的趋势；各时段安徽省洪灾危险性等级由北向南大致呈逐渐升高的趋势；未来安徽省洪灾危险性格局变化主要发生在近期和中期；到中期时段，安徽省洪灾危险性处于5级的县域个数和面积百分比分别为16个和17.87%，分别是现阶段的2倍和2.24倍（见图4-16和表4-6）。预估结果同时显示，安庆市辖区始终是安徽省洪灾危险性最高的县域，在今后的洪灾风险管理及防洪减灾规划中需尤为注意（贺山峰等，2012）。

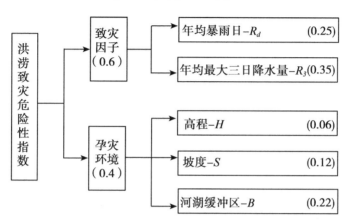

图4-15　洪涝致灾危险性评价指标体系及权重

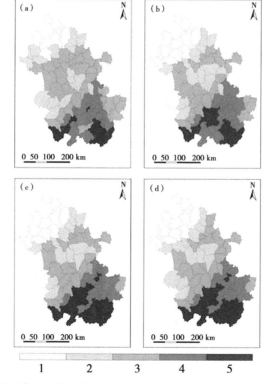

图4-16　现阶段、近期、中期和远期安徽省洪涝致灾危险性等级空间格局

表 4-6 安徽省洪涝致灾危险性等级变化情况

洪灾危险性等级	县域个数/面积百分比（%）			
	1981—2010 年	2011—2040 年	2041—2070 年	2071—2100 年
1	8/11.55	14/19.82	14/19.82	13/17.04
2	16/21.46	15/20.28	13/19.07	13/20.94
3	30/41.99	21/29.96	21/28.67	22/29.58
4	16/17.03	18/18.34	14/14.57	14/14.57
5	8/7.97	10/11.59	16/17.87	16/17.87
各时段洪涝致灾危险性处于 5 级的县域（按危险性指数值自大至小排序）	安庆市辖区，望江县，休宁县，黟县，歙县，铜陵市辖区，黄山市辖区，宿松县	安庆市辖区，望江县，休宁县，歙县，黟县，铜陵市辖区，黄山市辖区，枞阳县，池州市辖区，宿松县	安庆市辖区，望江县，休宁县，歙县，黟县，铜陵市辖区，黄山市辖区，枞阳县，池州市辖区，宿松县，祁门县，芜湖市辖区，东至县，铜陵县，旌德县，绩溪县	安庆市辖区，望江县，休宁县，歙县，黟县，铜陵市辖区，黄山市辖区，枞阳县，池州市辖区，祁门县，宿松县，东至县，绩溪县，铜陵县，旌德县，芜湖市辖区

3. 低温冷害

水稻是安徽省的主要粮食作物之一，主要分布在沿淮及淮河以南地区。目前安徽省根据本省的水稻低温冷害指标，采用统计学方法对一季稻种植区——淮河以南地区 6 个农气观测站（天长、合肥、六安、寿县、宣城、芜湖）的低温冷害特征及灾害风险进行了研究。结果表明，进入 21 世纪后，江淮之间低温冷害发生年数明显增加；安徽省江淮之间的低温冷害发生概率明显高于江南地区，西部山区的发生概率明显高于东部地区；低温冷害的持续时间最长是 7 d，但是出现的概率很小，持续 3 d 出现的概率最大，且低温冷害强度并不大。对照《安徽省气象灾害年鉴》，发现有水稻灾情记录的年份都发生了低温冷害；对比水稻产量结构，发现空壳率与低温年份并没有很好的对应关系，因此，低温并不是产量唯一的决定条件，产量还与水稻品种的感温性、感光性存在相关性。可见，安徽省已建立的低温冷害指标可用，但从近 35 年气象条件来看，安徽地区低温冷害强度不大，水稻品种耐寒性提升，低温过程对水稻灾害风险不大（伍晓玲等，2017）。

4. 茶叶气象灾害

我国江南茶区是茶叶主要农业气象灾害高发区，严重威胁江南茶叶的安全生产。原有的茶叶气象指标基本上是 20 世纪 80 年代之前制定的，随着气候变暖和现代农业发展，茶叶生产布局、栽培品种等已发生显著变化，茶叶气象指标的空缺以及原有指标不适应实际生产需求的问题日益突出。现今，有关气象条件对茶叶生长发育、产量、品质的影响，以及茶叶种植适应性气候区划、气象灾害影响评估、灾害风险区划等研究已取得了一定进展。例如，已有研究基于 1961—2011 年江南茶区逐日气象观测数据，从致灾因子出发，探讨江南茶叶主要农业气象灾害发生频率的年际及年代际变化特征，构建江南茶叶综合灾害风险评估模型，并进行茶叶农业气象灾害综合风险区划，以期为气候变暖背景下江南茶树防灾减灾管理、优化种植生产布局提供理论依据。研究结果表明，随着全球气候变暖，江南茶区早春霜冻和冬季冻害发生频率均呈北多南少的纬向地带性分布，且呈逐年代减小趋势，夏季热害年代际发生频率表现为先降后猛增的特征；安徽北部位于江南茶叶农业气象灾害综合高风险区，安徽南部则位于中风险区（李柏贞等，2015）。

（二）生物灾害

刺苍耳为菊科苍耳属一年生草本植物，原产于南美洲，是一个分布范围极广的世界性杂草。刺苍耳是我国的外来入侵物种，在我国的分布包括辽宁、北京、河南、安徽 4省（市）。为预防刺苍耳的扩散蔓延以及制定相应的防范措施，安徽省目前已经进行了刺苍耳的入侵风险分析研究。依据国际通用有害生物风险分析原则，从传入、定殖和扩散的可能性，危害影响和危害管理难度 5 个方面构建外来入侵植物刺苍耳的多指标评价体系，对刺苍耳入侵安徽的风险进行了综合评价。结果表明，风险评估值（R）等于1.7，说明刺苍耳在安徽属中度风险的有害生物，应加大检疫强度和防治力度（王世雄等，2015）。

根据 2004 年安徽省林业有害生物普查情况，油茶、板栗病虫种类较多，其中油茶软腐病和栗新链蚧对油茶、板栗已造成了一定的为害，并具有较强的传播性。油茶软腐病在安徽省主要分布于长江以南的歙县、休宁县、黟县、祁门县，长江以北的油茶主要产区如舒城县、霍山县未见报道。栗新链蚧在安徽省主要分布于潜山县、南陵县、繁昌县。为此，安徽省已参照国内外有害生物风险分析方法，从有害生物的分布状况、潜在的危害性、寄主植物的经济重要性、传播扩散的可能性以及风险管理的难易程度等方面对油茶软腐病和栗新链蚧的风险性进行定性和定量分析并做出综合评价。通过对油茶软腐病和栗新链蚧在安徽省的综合性风险分析发现，油茶软腐病是油茶重要的有害生物，其风险值为 1.93，在安徽省属中度危险的林业有害生物；栗新链蚧是栗类树种的重要害虫，其风险值为 2.14，属高危险有害生物（王庆前等，2017）。

灰飞虱是水稻的毁灭性害虫之一，隶属于昆虫纲半翅目飞虱科。灰飞虱在我国主要为害华北稻区和长江中下游地区。目前已有研究利用普利斯顿大学开发的最大熵生态位模型（MaxEnt）软件分析并预测灰飞虱在我国的风险区变化。结果表明，安徽省气候风险综合指数（CRRI）在"当前时段"气候条件下为 60.98，为风险等级较高地区；2020年在 A1b、A2a、B2a 情景下，安徽省气候风险综合指数分别为 66.47、66.89、73.28，风险等级较高；2050 年在 A1b、A2a、B2a 情景下，安徽省气候风险综合指数分别为69.59、66.16、68.97，风险等级较高。综合来看，安徽省是灰飞虱发生为害风险较高的地区，安徽省东部是极高风险区。气候变化对灰飞虱的发生为害也有重要影响，所以应密切关注气候变化，做好灰飞虱发生为害的预防工作（王茹琳，2016）。

近年来，小麦白粉病发生范围和为害程度不断增加，一般年份可造成小麦减产 10%

左右，严重的在 50%以上。气候变化使小麦白粉病越冬、始见期、扩展蔓延速度、为害程度均受到不同程度的影响。因此，进行小麦白粉病发生范围及为害程度变化趋势的研究，对减轻小麦白粉病为害有重要意义。我国国家气象中心基于 1961—2010 年全国主要省份小麦白粉病病情和小麦生产资料、392 个气象站点 1961—2010 年的逐日气象资料，从危险性和脆弱性角度评估小麦白粉病气候风险水平。以年代际小麦白粉病气候适宜日数发生频次作为白粉病气候危险性指标，采用白粉病发生面积率作为脆弱性指标，综合危险性和脆弱性评估白粉病气候风险的变化趋势。结果表明：小麦白粉病气候危险性年代际差异较小且从南往北减弱；白粉病脆弱性随年代有逐步加重的趋势，自 20 世纪 60 年代起，小麦白粉病的气候风险逐步加重、范围逐渐加大，2001—2010 年有所减弱。安徽南部位于小麦白粉病气候风险较高的区域；安徽大部白粉病气候适宜日数呈减少趋势，白粉病发生面积率也呈一定下降趋势，综合考虑白粉病气候风险水平呈降低趋势（张蕾等，2016）。

（三）地质灾害

近期，有相关研究以安徽省繁昌县为研究对象，在前人工作的基础上，将已发生的滑坡、崩塌、泥石流、潜在的地质灾害隐患点及其形成的地质条件调查为核心，以遥感解译验证为先导，以地面调查和灾点测绘为主要手段，并辅以必要的钻探、物探和山地工程，采用重点和一般调查相结合、专业调查为主、地方政府部门参与为辅的方式，通过遥感解译、地面调查和野外数字数据采集等手段，查明研究区的不稳定斜坡、滑坡、崩塌以及泥石流等地质灾害的分布规律和发育特征及灾险情评估。其中地质灾害险情评估结果表明，根据繁昌县 29 处地质灾害点所造成的人员伤亡以及直接经济损失统计，按灾情、险情分级评估标准，繁昌县境内基本为小型地质灾害，分别由 8 个滑坡区、5 个崩塌区、15 个不稳定斜坡区、1 个地面塌陷区构成。在此基础上，对各类灾害区因灾害发生可能造成的直接经济损失预测评估，潜在的经济损失总额为 1 097.22万元，其中不稳定斜坡灾害对人民生命财产威胁最大，其次为滑坡灾害，崩塌灾害危害相对较轻。对于繁昌县各镇而言，地质灾害经济损失预测评估影响严重的为孙村镇，其次为繁阳镇（吕达，2017）。

地震次生灾害是指由于地震引起的山体崩塌，形成滑坡、泥石流、水灾等对生命、财产安全产生威胁的因地震引起的灾害。一般震级大于 5 级、烈度超过 6 级的地震可能引发不同程度的地质灾害。1970 年以来安徽省发生的 8 次 M4.5 以上的地震中，有 3 次发生在六安地区。为此，安徽省地震局以六安地区地质灾害分布、类型为基础，分析了地质灾害形成的条件、地质环境、地层岩性、地形地貌、降水及水文特征等因素，结合现场调查，利用 GIS 软件对基础地质资料进行数字化，通过统计、叠加、合并、分类等空间分析，运用层次分析评价预测法，建立了诱发研究区地震次生地质灾害的空间预测模型，利用数值量化指标对六安地区由地震引起的地质灾害进行了预测分析。结果表明，六安地区的地震次生地质灾害危险性总体呈现从南到北递减的阶梯型分布特征。其中，风险性较高的地区主要集中在金寨、霍山和舒城县的侵蚀中低山和剥蚀丘陵地区，且以活动断裂分布中心向两侧递减（于书媛等，2016）。

（四）作物产量灾损

灾害造成作物减产是一种风险事件，而产量灾损风险是指作物受灾导致减产的可能风险程度，因此，基于风险分析技术方法探讨作物产量灾损规律，对制定防灾和减灾决策，降低灾损风险程度，实现稳定增收有重要意义。目前根据农业气象灾害风险形成机理，基于产量灾损建立灾害风险指数已取得系列成果。但安徽省基于作物产量在省内进行灾损评价较少。为此，有相关研究利用安徽省 1981—2014 年 50 个市（县）一季稻产量资料，采用直线滑动平均方法计算一季稻相对气象产量，通过正交经验分解（EOF）分析一季稻相对气象产量的时空变化特征，并从一季稻产量灾损角度出发，采用灾年平均减产率、产量变异系数、减产风险指数及区域农业水平指数作为产量灾损风险评估指标，对安徽一季稻产量灾损进行风险区划，以便为安徽一季稻防灾减灾及实现稳产增收提供参考依据。结果表明：研究期内安徽省各市（县）一季稻产量变化趋势一致，北部增产或减产较南部明显，2005 年之前安徽一季稻产量波动剧烈；不同产量灾损评估指标在空间上表现出一定的地域性和连续性，灾年平均减产率、产量变异系数和减产风险指数均表现为北部数值高于南部，区域农业水平指数呈现由东北向西南减小的趋势。根据产量灾损综合风险指数区划结果，研究区域内北部灾损风险高于南部，风险高值区和中值区主要分布在沿淮、江淮北部，风险低值区面积最广，主要位于皖南山区、沿江地区以及江淮南部（郭建茂等，2017）。

（五）环境生态问题

目前，环境污染问题成为国家政策研究以及科学研究中的重要和焦点问题之一。安徽省土壤与水体的重金属、有机污染问题也呈现逐渐加重趋势，对于这一领域的研究、分析、评价不断引起环境科学领域以及农业领域专家的重视。

1. 土壤重金属污染

随着工业化和城市化进程的加快，工业、交通、生活等产生的大量污染物进入土壤，使得土壤性质发生变化，造成土壤环境污染越来越严重。对于土壤重金属污染风险的评估，目前安徽省已有科研工作者将 Monte Carlo 模拟（Monte Carlo Simulation，MCS）技术引入 Hakanson 指数模拟，并以合肥市庄墓镇农田土壤重金属污染风险为对象，开展模型构建和应用研究，以期为土壤重金属污染风险评估提供技术支持。该研究基于农田土壤重金属污染风险评估系统的随机性和不确定性，将 MCS 技术引入 Hakanson 潜在生态危害指数法中，构建了潜在生态危害指数随机不确定模型，提出了风险等级判别方法，并将其应用于合肥市庄墓镇农田土壤重金属（Cr、Cu、Pb、Zn 和 As）污染风险的评估。结果表明：除 Cr 属轻微污染外，农田土壤中 Cu、Pb、Zn 和 As 均为中等污染水平，综合污染指数（C_d）属中等污染水平，相应概率为 98.58%；除 As 为中等潜在生态风险外，其他 4 种重金属均属轻微风险等级，潜在生态危害指数（RI）属中等风险水平，概率为 91.18%。由此可见，庄墓镇土壤重金属综合污染程度和潜在生态风险均已达中等水平，因此，对该镇农田土壤重金属污染应给予必要的重视。由于所构建的潜在生态危害指数随机不确定模型能够同步提供研究区土壤重金属污染程度或生态风险等级及其相应的概率，从而使风险决策更具科学性和合理性（李如忠等，2012）。

2. 水体有机污染与重金属污染

多环芳烃（PAHs）是一类典型持久性有机污染物（POPs），在水中的浓度很低，易于被悬浮物吸附，最终沉降在底泥中。PAHs 特有的地球化学性质受到政府、社会和科学界的广泛关注，因此将其列为评价环境和水质的优先检测物。目前，安徽省已有研究对淮河中游水环境 PAHs 进行检测、分析以及风险评价。结果表明，PAHs 在淮河中游水环境各种介质中的分布差异较大；PAHs 分布受人为污染源影响较大；PAHs 尚未对淮河中游水生态系统构成威胁（李玉成等，2010）。

为了解安徽北部农村地区地下水重金属污染对人类健康产生危害的风险，已有研究通过对研究区 26 个农村地下水样品的 Mn、Zn、Cu、Pb、Ni、Cr 和 Cd 七种重金属指标进行检测并采用美国环境保护局（USEPA）推荐的风险评价模型对健康风险进行了初步评价。结果表明，非致癌污染物 Mn、Zn、Cu、Pb 和 Ni 的平均个人年风险分别为 1.21×10^{-10}、8.46×10^{-11}、2.93×10^{-10}、8.29×10^{-10} 和 $2.89\times10^{-10}a^{-1}$，均远低于国际辐射防护委员会（IcRP）推荐的最大可接受值（$5.0\times10^{-5}a^{-1}$）和 USEPA 推荐的健康风险等级标准（$1\times10^{-4}a^{-1}$），基本不会对暴露人群构成明显危害；致癌污染物 Cd 和 Cr 饮水途径健康危害平均个人年风险分别为 1.44×10^{-6} 和 $1.93\times10^{-5}a^{-1}$，超出瑞典环境保护署、荷兰建设与环境部和英国皇家协会推荐标准（$1\times10^{-6}a^{-1}$），Cr 甚至超出 19 倍，为研究区首要污染物，应引起环境卫生部门的重视（王曜等，2015）。

三、农业灾害风险分担与转移

农业灾害风险分担与转移是农业灾害风险管理的重要内容。从历史发展进程来看，在国家不是完全市场经济且经济发展水平较低时，大多采用被动的灾后应对损失措施，即在灾害发生后，风险无法自留的情况下，国家会通过财政分担机制来应对。经济发达国家通常采用事前灾害分担与转移策略。随着经济发展水平的提高，包括不少发展中国家在内，越来越多的国家会采用积极主动的事前应对措施，通过保险、再保险、发行巨灾债券等措施建立灾前融资机制，将农业灾害风险转移到保险市场和资本市场。

（一）安徽农业保险的发展、现状问题及对策

安徽省自 1983 年开办农业保险以来，虽然经历过短暂的辉煌，但总体而言未取得预期的成效。一方面，农业保险供给明显不足；另一方面，农民对农业保险的实际需求也远远小于其理论需求，农业保险发展严重滞后。因此，安徽省农业保险距离真正意义上起到分散农业风险、支持农业生产的作用还有很大提升空间。

1. 发展模式

从安徽省农业保险业的发展情况可以看出，安徽省农业保险发展模式经历了这样一个过程，即享受政策优惠的农业保险发展模式→市场化农业保险发展模式→政策性农业

保险发展模式。

（1）享受政策优惠的农业保险发展模式（1988—1992年）。

1983年安徽省人保公司签发了第一张保险单，拉开了农业保险的序幕。安徽省农业保险发展初期，农业保险被视为民生工程，享受政策上的扶持和优惠，实行财政兜底原则，具有计划经济色彩，这期间农业保险业稳步发展。1991年安徽省发生巨大涝灾，由于人保公司的及时理赔，减轻了农民的损失，广大农民切实感受到了农业保险的保障作用，激发了农民的农业保险投保热情，截至1992年年底安徽省农业保险保费收入达6 547.3万元。

（2）农业保险的市场化发展模式（1993—2003年）。

1993年以后，随着保险业的市场化发展，政策上对农业保险的各项优惠逐步取消，农业保险的高风险和高赔付率使得以利润最大化为导向的保险企业不愿介入这一领域，农业保险业务逐渐萎缩，一些保险公司甚至停办了农业保险业务，2003年安徽省农业保险的保费收入仅有300多万元。

（3）政策性农业保险发展模式（2004年至今）。

2004年以来的历年中央"一号文件"都强调了"三农问题"，提出了许多金融支农的目标。2004年，安徽省被确定为9个农业保险试点省份之一。2008年随着安徽省第一家政策性农业保险公司——国元保险公司开业，同时，安徽省又成为农业保险财政补贴试点省份，安徽省政策性农业保险逐渐从2004年的低谷走了出来。截至2007年，安徽省农业保险保费收入达5 343万元，2009年安徽省的农业保险保费收入达99 754万元。农业保险的飞速发展对降低农业生产风险、稳定农民收入起到了巨大的作用（赵建东，2011）。

2. 政策性农业保险

2008年，安徽省正式启动政策性农业保险试点工作，并连续9年纳入全省"民生工程"。9年来，农业保险累计为全省超过1.4亿户次农户提供2 600多亿元的风险保障，累计支付赔款94.35亿元，受益农户4 400多万户次。总体来看，安徽农业保险经受了严峻的大灾考验，保障能力显著增强，支农强农惠农效应进一步显现，特别是围绕"扩面、提标、增品"，提升风险保障和服务方面，实现了"四个突破"。

（1）规模首次突破20亿，覆盖范围不断拓宽。

2016年，安徽农业保险实现保费收入21.96亿元，同比增长12.52%，规模居全国第6位；粮食作物保险承保面积近666.666 7万 hm²，位居全国第2位，覆盖率高达97.39%。其中，水稻和小麦分别位居全国第2位和第3位。国元农险承保规模在全国五大专业农业保险公司中位居第2位。除大宗农作物和主要畜产品外，安徽特色农业保险实现保费收入3.55亿元，同比增长72.33%，首次突破3亿元大关，为全省特色农业和设施农业提供超过90亿元的风险保障，品种达到53个，包括茶叶、烟叶、瓜蒌、葡萄、果树等经济作物保险，大棚草莓、蔬菜、水产养殖等设施农业保险等。

（2）保额首次突破600亿万，风险承载能力大幅提升。

2016年，安徽农业保险为全省1 500万户次农户提供了640多亿元的风险保障，保险金额同比增长 9.63%。在省级出台补贴政策推动下，三大主粮作物补充保险承保面积86.67 万 hm²，是 2015 年试点面积的 10 倍。以水稻、小麦、玉米为例，每亩均保额分别由试点之初的 300 元、240 元和 240 元提高至每亩 406 元、367 元和 282 元，覆盖了直接物化成本。2016 年，针对 6.67 hm² 以上新型农业经济主体开展补充保险，每亩金额再次提高至 800 元、600 元和 582 元，部分险种的保障程度已经向人工成本提升。全年补充保险赔款 4.26 亿元，简单赔付率超过 200%，赔付绝收水稻超过 20 万 hm²，在该省遭遇50 年一遇的暴雨洪涝灾害中发挥了重要作用。

（3）理赔创历史新高，灾后重建保障功能凸显。

2016 年，安徽省农业灾害频发，上半年受低温连阴雨影响，沿淮淮北等小麦赤霉病灾情严重；入汛以来，先后发生 13 次强降水过程，大别山区、江淮中部和沿江江南 11市 73 个县（区）遭受强暴雨袭击，灾情损失为 1953 年以来最严重的一次。为做好灾后赔付，按照省防指、省减灾委的具体要求，安徽保监局强化宗旨意识和责任担当，指导行业坚持"赔快、赔足、赔好"原则，调集一切资源，全力做好查勘、定损和理赔工作，有力发挥了保险业抗灾救灾的功能作用。全年农险总赔款高达 26.55 亿元，简单赔付率 120.9%。芜湖、安庆、池州、宣城、铜陵等沿江重灾区，赔款均超亿元，有力支援了抗洪救灾和恢复生产。农房保险赔款超过 5 000 万元，受益农户 2 万多户，东至、霍山、宣州区、潜山、桐城等地赔付率均超过 100%。池州市东至县张溪镇地处破圩圩口的 5 户农房，共获保险赔付 122 万元，最高一户获赔 30 万元，再创全国农房赔付新高。

（4）创新取得新突破，服务农业现代化向纵深推进。

2016 年，安徽芜湖市超级水稻天气高温热害天气指数保险触发赔付条件，累计赔付130.19 万元。同时，紧密围绕国家粮食价格改革和玉米收储制度改革，在阜阳市开展玉米收入保险试点，承保面积 4 440 hm²；选择泗县、蒙城县开展玉米目标价格保险和"保险+期货"，覆盖两县全部规模经营主体，试点面积 4 746.67 hm²，创下国内大宗农作物"保险+期货"历史最大单，年底在期货价格和现货价格出现严重背离情况下，完善相关产品设计，累计赔付 128.16 万元，农户损失及时得到补偿。

2016 年《安徽省政策性农业保险实施办法》规定，选择种植面广、对促进"三农"发展具有重要意义的大宗农作物和饲养量大、对保障人民生活和增加农民收入具有重要意义的养殖品种，开展政策性农业保险试点。2016 年保险品种为水稻、小麦、玉米、棉花、大豆、油菜、能繁母猪和奶牛。各地可结合本地实际，在上述试点品种范围内自主确定本地品种；同时，鼓励各地根据安徽省农业产业政策、当地农业生产特色以及本地财力状况，本着量力而行的原则，自主选择上述品种以外的其他种养品种开展特色农产品保险试点（史柱，2017）。

2017 年，安徽省人民政府办公厅提出了《关于深入推进农业保险转型升级的实施意见》，意见指出，要将中央财政补贴农业保险险种逐步纳入安徽省政策性农业保险补贴范围，实现种植业、养殖业和森林保险等中央财政补贴险种在省内全覆盖。鼓励各地多渠道筹集资金，大力发展蔬菜、果品、中药材、茶叶和特色养殖等地方特色优势农业保险。落实完善山区库区农房保险试点，鼓励有条件的地方结合本地实际自行开展农房保险。力争农业保险在主要种植业、养殖业全覆盖，做到"愿保尽保"。探索开发针对蓄滞洪区、低洼地区、防洪保护区等洪涝灾害易发地区的农业保险险种。对接国家在 13 个粮食主产省部分县市财政救灾资金扶持政策，积极争取支持。

（二）农业保险设计及影响因素

安徽省农业保险在发展过程中积累了很多基础研究成果，主要涉及气象保险指数研究、产量指数保险设计、水灾灾损率测度及保险设计影响因素调查等。

1. 气象指数保险研究

气象指数保险是指把一个或多个气候条件（如气温、降水、风速等）对农作物损害程度指数化，每个指数都有对应的农作物产量和损益，保险合同以这种指数为基础，当指数达到一定水平并对农产品造成一定影响时，投保人就可以获得相应标准的赔偿。2008 年 4 月，国元农业保险公司正式与国际农业发展基金（IFAD）、联合国世界粮食计划署（WFP）和中国农业科学院农业环境与可持续发展研究所等机构合作，共同研究开发天气指数保险产品，并选定安徽省长丰县、怀远县分别作为旱、涝灾产品的研发基地，设计的产品于 2009 年 5 月 25 日通过中国保监会备案。2009 年 8 月，国内首个"水稻种植天气指数保险"在长丰县水湖镇颜湖村开展试点。2010 年，"小麦种植天气指数保险"开展试点。2011 年 4 月 15 日，国元保险公司接到报案，安徽省长丰县水家湖农场种植的小麦遭受"倒春寒"，根据安徽省气象科学研究所提供的数据，3 月 1 日至 4 月 5 日，马场湖农场"倒春寒"指数为 -9.2 ℃，依据小麦天气指数保险合同规定，当"倒春寒"指数低于 -8 ℃时启动赔付。据此，国元农险迅速做出反应，并于接到报案 3 日后完成理赔工作，成为开展天气指数农业保险以来的首例赔付（Liu 等，2010；王兵等，2011）。

另外，安徽省宿州市利用 1993—2009 年逐日气象数据并结合区域冬小麦生育期的主要农业气象灾害，通过对历史产量损失与主要灾害的气象指标进行对比分析，设计小麦种植天气指数保险产品。确定了干旱指数、倒春寒指数、干热风指数、阴雨日数指数Ⅰ、阴雨日数指数Ⅱ共 5 个小麦关键生育期天气指数。通过历史天气指数赔付率与历史产量损失率的对比，定义基差风险函数和最小化基差风险，确定指数保险赔付的触发值及赔付标准。其后将设计的保险产品在安徽省宿州市试验应用，结果表明该保险产品在 2010—2012 年成功销售推广 1 300 hm² 冬小麦，总保费约 11 万元，因触发干旱指数，实际赔付额超过 22 万元（杨太明等，2013）。

为了设计出种类更丰富适宜的水稻气象保险产品，安徽省已有研究建立了 ARIMA 时间序列模型。该研究将安徽省各市的水稻气象产量和趋势产量分离，得到各市的水稻气象产量减产率，使用固定时间和个体效应的回归模型将气象产量和各月份月平均温度进行回归分析，得到一年 12 个月中影响水稻生产的关键月份，再从安徽省中选取的 9 个具有区域代表性的城市关键月份的月平均气温；分别使用 Probit 模型二值回归的方法确定每个城市关键月份月平均气温影响水稻生产的触发值，并拟合各市的气象单产分布确定 Lognormal 或 Weibull 分布模型的参数后代入保费计算公式得到各市水稻气象保险费率；最后，根据 4 月、7 月触发值以及费率进行区划分析。将安徽省大致分为自北至南 3 个区域，从而设计出一款便捷、简易的水稻气象保险产品，以便该保险产品在实际中的应用（苏珮玥，2015）。

2. 产量指数保险设计

基于产量灾损率进行保险产品的设计是解决农业保险发展瓶颈的重要尝试。安徽省目前已有研究对小麦进行了产量指数保险设计。其中一个研究在计算出安徽省分县小麦的多年平均损失率、损失率均方差以及理论农业保险费率纯费率的基础上发现，安徽省各地区小麦产量指数保险费率跨度为 1.42%～30.67%，大小相差近 21.6 倍，地区差异很明显。单从理论费率角度来看，现行农业保险费率厘定过于标准化，不符合实际风险情况。安徽省小麦生产情况复杂，各县市的地理环境、气候状况不大相同，小麦生产水平、所面临的灾害风险以及抗灾能力等因素地区差异显著，统一费率过于粗糙（江春等，2010）。另一相关研究基于灾损率对安徽省小麦产量指数保险纯费率进行厘定探索，运用参数模型中的 Logistic 分布模型对小麦单产序列进行拟合并计算出保险纯费率，进而划定小麦生产风险等级，结果也表明，安徽省各地小麦生产风险具有明显差异性，小麦产量指数保险纯费率存在 7.6% 的梯度；全省大致可以分成 4 个等级（图 4-17）：阜阳、淮南、合肥和六安属于高风险区，淮北、蚌埠、滁州和马鞍山属于中风险区，宿州、巢湖、安庆和宣城属于低风险区，芜湖、铜陵、池州和黄山属于轻微风险区（温玉婷等，2010）。

农业保险单纯实行统一费率容易引发逆向选择和道德风险，区域产量指数保险厘定的梯度费率可以有效避免以上问题的发生，减轻保险公司自身风险，缓解政府救灾的压力。安徽省目前对小麦和水稻的生产风险进行了保险研究，对其他作物的生产风险保险还有待进一步探索。

3. 水灾灾损率测度

由于我国自然灾害保险还不健全，政府的财政收入成为应对巨额灾害损失的重要工具，这无疑给政府财政带来很大压力。因此，科学地评价水灾对区域经济的影响度不仅是防治灾害的前提，更是区域发展、社会稳定的保障。安徽省目前已有研究对水灾灾损率测度进行了深入分析。这一研究以安徽省 17 市为研究对象，利用信息扩散原理建立水灾灾损率风险测度模型，计算各市遭受水灾不同水平经济破坏的概率估计值及超越概率，完成水灾经济损失的定量风险测度。风险测度结果表明，蚌埠、淮南、宿州、阜阳之间相似性最大，且水灾灾损率风险最大，划为非常严重等级；其次，分别为严重等级（亳州、淮北、合肥）、较严重等级（滁州、六安、巢湖）、一般等级（马鞍山、芜湖、宣城、黄山）、较轻等级（池州、安庆、铜陵）。同时，为使结果更为直观，该研究利用 MapInfo 7.0 绘制了安徽省各市水灾灾损率风险区划图（图 4-18）。整体上，淮河流域灾损风险最大，中部沿江地带次之，皖南及皖西大别山区较弱（杜晓燕等，2013）。

图 4-17　安徽省小麦生产风险等级

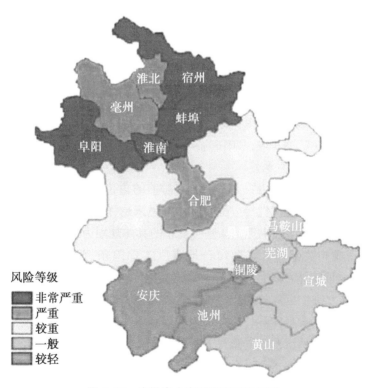

图 4-18　安徽省水灾灾损率风险区划

4. 保险设计影响因素调查

农户的保险意识是农业保险消费行为的前提，但是与农业保险消费相关的研究发现，保险意识要转化为保险消费行为受各种因素限制。我国已有研究建立了风险认知、保险意识和风险承担能力3个变量与农业保险消费行为的关系。针对这3项变量自身是否存在两两之间的相关性，不同特征的农户群体在风险认知、保险意识和风险承担能力方面表现出的是同质性还是异质性这些问题，已有相关研究以安徽省及其他两个省份为研究区，通过问卷调查形式获得的数据进行了分析。结果表明，样本地区农户的风险认知、保险意识和风险承担能力之间具有显著相关性，但地区、受教育水平、耕地经营形式、种植方式、灌溉方式和农产品出售方式等变量会导致农户在风险认知、保险意识和风险承担能力方面表现出显著的个体差异。因此，农业风险管理政策必须关注不同特征农户群体的多样化需求，并优化农业保险的保障度和保障范围以提高农业保险的福利效用（叶朋华等，2014）。

自政策性农业保险制度全面实施以来，农业保险在我国再度发展迅速。然而，在实践中，影响农户保险偏好的关键变量是收入水平还是收入结构；其他灾后融资工具与农业保险之间是表现为挤出效应，抑或是协同效应。基于对这些问题的探究，已有研究对安徽省粮食种植户调查数据进行收入结构与保险偏好、灾后融资约束与农业保险偏好之间的相关性测算和显著性检验，并对兼农型农户和纯农型农户分别建立农业保险偏好的逐步回归模型。结果发现，农业收入与非农收入的结构性变化对不同农户群体产生两重效应，对兼农型农户表现为收入效应，对纯农型农户表现为替代效应；灾后融资工具的多样性会降低农户的保险偏好，政府灾后救助对农业保险存在挤出效应；农业保险条款和精算定价的复杂性构成了农业保险的技术性"壁垒"，抑制了受教育水平较低的农户群体的保险偏好。为此，该研究建议，针对纯农型农户和兼农型农户保险需求的差异，逐步细化和创新农业保险险种体系；针对不同类别农户群体引导其对不同风险融资工具进行取舍和有效搭配（叶朋华等，2016）。

（三）农业巨灾保障体系构建

随着农业巨灾保险在农业巨灾风险管理中扮演的角色越来越重要，有关农业巨灾风险的特征、属性以及它的可保性等方面的研究也越来越深入。我国从"推出巨灾保险试点"到"真正建立巨灾保险制度"，保监会发布的具体规划为：明确制度框架的基础上，2017年年底前完成相关部署，推动出台地震巨灾保险条例，建立巨灾保险基金；在2017—2020年，全面实施巨灾保险制度，并将其纳入国家防灾减灾体系当中。安徽省是全国主要试点地区之一，巨灾补偿仍以政府救济为主，对于巨灾保险的探索也处于初级阶段。安徽省目前根据自身实际，主要针对种植业采取政府与商业保险机构合作经营的模式。即按照种植业品种推出不同险种，补偿不同农作物受到巨灾侵害而造成的巨大损失，采取由农户参保、政府进行补贴的形式。商业保险公司负责巨灾保险的相关运营，具体由国元农业保险股份有限公司实施。条款责任主要针对安徽省频发并易对农业造成巨大损失的风险，如旱涝、风暴、病虫害等。从风险分散方式来看，安徽省采取了巨灾风险准备金制度，资金主要来源于保费收入，当赔付率达到一定水平则启用准备金（党雪，2017）。

在水灾保障方面，已有研究探索出以专业性农业保险公司为主体、以商业保险公司为补充、政府政策支持和商业化运作相结合、政策性保险与商业性保险相结合、以国家再保险公司和以政府为主、多方筹资建立的"安徽农业巨灾风险保障基金"作"最后防线"的政策性农业水灾保险制度，是符合安徽农业水灾保险实际需要的理想模式（谢汪送，2008）。

（四）其他风险分担措施

基于安徽省及其他省份粮食种植区农户的风险认知、保险意识与农户的风险承担能力的调查研究表明，大多数农户的风险承担能力较低，愿意缴纳高保费的农户占比较低。这一方面与信息闭塞、保险意识较低有关，另一方面与经济水平有很大关系。因此，提高农村经济水平、实施商业银行金融"精准扶贫、精准脱贫"也是农业灾害风险分担与转移的重要措施。

早在2013年，人民银行合肥中心支行会同郑州中心支行、武汉分行共同建立了大别山连片特困地区扶贫开发金融服务联动协调机制，重点对集中连片特困地区进行金融支持。2014年以来，在安徽省省市县三级层面推动建立了齐抓共管、多方联动的金融扶贫联动机制。在省级层面，建立了跨部门的金融精准扶贫联席会议制度，由省政府分管领导作为召集人，省发改委、财政厅、扶贫办、人民银行等部门和主要涉农金融机构为成员，着力强化对金融扶贫工作的统筹协调。在金融系统，各自成立金融精准扶贫工作领导小组，人民银行还牵头建立了"金融精准扶贫信息管理平台"，以"金融精准扶贫+简报"为依托，不断推进金融扶贫经验交流、模式探讨和信息共享。创新开发了"金融精准脱贫监测气象图"，及时输入、汇总和更新扶贫数据，对进度较慢的区域和金融机构及时提示和督导。

2016年以来，在深入学习贯彻人民银行、财政部、发改委等七部门联合印发的《关于金融助推扶贫攻坚的实施意见》基础上，安徽省人民政府办公厅印发了《关于财政支持脱贫攻坚的实施意见》和《关于推进金融扶贫工程的实施意见》，重点针对大别山区、皖北地区等有扶贫开发任务的70个县（市、区），提出扶贫攻坚期内贫困县新增贷款年均400亿元以上、县域融资担保放大倍数在5倍以上、保险深度和密度进一步提升等目标。人行合肥中支联合省发改委、财政厅、扶贫办等单位从加强组织领导、开展摸底调查、建立主办行制度、健全配套措施等方面组织全省金融系统深入推进实施，收到较好的政策效果（冯静生等，2017）。

四、农灾防灾减灾能力评估

防灾减灾能力指区域抵御灾害的能力，切实有效的防灾减灾能力评价指标体系、方法和模型可以客观反映区域防灾减灾能力的强弱及空间分异，为找出防灾减灾能力建设的薄弱环节以及降低灾害风险提供可靠依据，当前如何科学地进行防灾减灾能力的评估已成为我国灾害管理中急需解决的重大问题，也是农业领域的研究热点之一，但是发展起步较晚。

20世纪下半叶至今，我国政府投入了巨大资金和人力在淮河流域兴建了空前规模的防洪工程，形成了以防洪工程为核心的防洪减灾体系，防洪减灾能力得到了很大提高，取得了显著社会经济效益。然而，对淮河流域防洪减灾能力系统全面的研究至今较为缺乏，淮河流域防洪减灾能力综合评估基本上还是空白。为此，已有研究在对淮河洪泽湖以上流域洪涝灾害风险及防灾减灾能力进行评估的基础上深入研究了安徽省淮河流域的防洪除涝能力，旨在为淮河流域防洪规划与洪涝灾害应急规划制定提供参考。该研究采用层次分析法并融合专家意见，遵循客观性、数据获取便利性、指标量化可行性并突出主导因素等原则，构建综合防洪除涝能力、监测预警能力、抢险救灾与恢复重建能力以及灾害管理能力的洪涝灾害防灾减灾能力综合评估指标体系（表4-7），对安徽淮河流域各县市洪涝灾害防灾减灾能力进行评估，评估结果表明，蚌埠市防灾减灾能力最高，其次为淮南市、淮北市，再次为凤台县、阜阳市、滁州市、濉溪县、宿州市，其余县市为较低以下防灾减灾能力（表4-8）。分析发现，淮河干流以南县市洪涝灾害防灾减灾能力相对较低，淮北平原相对较高；沙颍河右侧的临泉县和阜南县防灾减灾能力低，左侧县市相对较高；涡河蒙城以上的涡阳县和亳州市防灾减灾能力较低（黄大鹏等，2011）。

表4-7　防灾减灾能力评估指标体系

目标层	1级指标	2级指标	3级指标
洪涝灾害防灾减灾能力	防洪除涝能力	防洪除涝能力	堤防保护人口比例
			旱涝保收面积比例
			除涝面积比例
	监测预警能力	监测能力	水文水位站点数密度
		预警能力	人均本地电话用户数
		人力支持	15~64岁人口比例
		个人财力支持	人均居民储蓄存款
		政府财务支持	单位土地面积地方财政收入
	抢险救灾与恢复重建能力	人员疏散及物资运送能力	老年人口中健康人群比例 单位土地面积公路里程
		防洪减灾意识	非文盲人口比例
		医疗救护能力	人均病床数
	灾害管理能力	专业管理人员水平	专业管理人员比例

表 4-8　安徽省淮河流域各县（市）洪涝灾害防灾减灾能力

防灾减灾能力等级	县（市）名称
高防灾减灾能力	蚌埠市（1 个县市）
较高防灾减灾能力	淮北市、淮南市（2 个县市）
中等防灾减灾能力	凤台县、阜阳市、滁州市、濉溪县、宿州市（5 个县市）
较低防灾减灾能力	肥西县、肥东县、六安市、天长市、太和县、界首市、颍上县、霍山县、来安县、怀远县、蒙城县、五河县、固镇县、泗县、灵璧县、砀山县（16 个县市）
低防灾减灾能力	亳州市、涡阳县、利辛县、长丰县、定远县、凤阳县、明光市、萧县、临泉县、阜南县、霍邱县、寿县、金寨县、岳西县（14 个县市）

对于安徽省巢湖流域这个重要的水域，也有研究对其防洪减灾能力进行了综合评价。该研究从防洪除涝能力、监测预警能力、抢险救灾能力及灾害管理能力 4 个方面来构建指标体系，建立基于云模型和熵权法的巢湖流域防洪减灾能力评估模型，对整个流域以及流域内各县市的防洪减灾能力进行评估，并与通过组合赋权法及最优分割法得到的结果进行验证对比。研究结果表明，巢湖流域整体防洪减灾能力属于中等偏上水平，但流域内部差异明显。其中，合肥市辖区、和县的防洪减灾能力属于高水平；巢湖市、含山县处于中等水平；肥西县和庐江县位于较低水平；肥东县、无为县、舒城县的防洪减灾能力则最低（孙鸿鹄等，2015）。

第三节　农业减灾管理

灾害的系统性和社会性决定了减灾管理的必要性与重要性。减灾管理是对各种减灾行为进行组织、计划、协调等工作的总称。减灾管理渗透于减灾的各个领域和每个环节，所以其范围非常广泛，主要包括防灾管理、救灾管理、灾情管理、减灾规划管理、减灾工程管理等。减灾管理包括对人和对物的管理，要把对人的行为的管理放在首位。对物的管理包括对作为灾害源的物和作为承灾体的物，对于不可抗拒的重大自然灾害，重点是加强对承灾体的管理；对于初始能量很小的自然灾害，如火灾、病虫害以及绝大多数人为灾害，重点是加强对灾害源的管理，如民国时期对于蝗灾采取的就是"掘挖蝗卵"的方式，这也是从宋朝就开始广泛应用的防灾方式和思路。

一、农业减灾体制与机制建设

（一）安徽省农业减灾体制

安徽省防灾减灾救灾体制机制改革坚持党委领导、政府主导，分级负责、属地为主的原则。《关于推进防灾减灾救灾体制机制改革的实施意见》指出，安徽省将明确应对灾害事权划分，对达到省级救灾应急响应等级的自然灾害，省减灾救灾委员会发挥统筹指导作用，市、县（市、区）党委、政府在灾害应对中发挥主体作用，军队、武警部队与地方协调联动参与防灾减灾救灾。省、市、县级政府要建立健全统一的防灾减灾救灾领导机构，明确具体办事机构，统筹防灾减灾救灾各项工作。

（二）安徽省农业减灾机制

安徽省坚持"统一领导、分级负责、相互协同、属地为主"原则，深化防灾减灾救灾体制机制改革，完善灾害管理体制机制。加强各级减灾救灾委员会及其办公室统筹指导和综合协调作用，发挥主要灾种防灾抗灾指挥机构防范部署与应急指挥作用。明确省与市、县（市、区）灾害管理事权划分，强化市、县（市、区）政府的主体责任。

1. 安徽省农业灾害应急响应机制

2010年以来农业部部署了国家级和省级农业减灾预案的编制工作，根据《安徽省农业重大自然灾害突发事件应急预案》要求，安徽省农委组织专家研究制订了全省农业生产救灾预案。在所编制的预案中规定，要根据农业自然灾害的发生范围、强度和受灾面积分为四级响应。农业重大自然灾害发生后，各级农业重大自然灾害应急领导小组将启动预案中相应等级的应急响应。

目前已经和正在编制的农业减灾预案都是针对所有灾害和各类农业生物的总体性应急预案，由于不同类型农业灾害可采取的预防和应急措施千差万别，特别是抗旱与防涝的技术措施绝大部分是相反的，使得总体预案的可操作性不强。因此，还需要针对不同区域、不同的生产对象和不同灾种分别编制系列预案，才能建立科学、高效的响应机制。由于农业自然灾害有相当大部分是累积型灾害，除应急响应机制外，更多的是要建立长效性的预防响应机制。

2. 安徽省救灾应急物资储备机制

为加强安徽省救灾物资安全管理，切实做好救灾物资保障工作，防止各类事故发生，安徽省民政厅2013年印发了《关于进一步加强当前救灾物资储备库安全工作的通知》，要求完善救灾物资储备库安全规章制度，按照管理制度要求，落实各项安全措施；进一步加强对救灾物资的防火、防盗、防潮、防霉变的管理，特别要加强仓储的消防、防盗、监控等设施建设工作；加强对工作人员消防常识、消防器材的性能、使用方法及喷淋系统的正确操作的培训；牢固树立防火、防盗意识，做好日常防范工作；对储备库的消防器材及喷淋消防系统、通风设备进行定期检查维护，发现问题及时处理解决；加强明火的管控，严禁在库区及周围燃放烟花炮竹，确保库区安全。

3. 安徽省灾情预警会商和信息共享机制

安徽省依据《中华人民共和国突发事件应对法》《中华人民共和国气象法》《中华人民共和国防洪法》《气象灾害防御条例》《自然灾害救助条例》《人工影响天气管理条例》《国家突发公共事件总体应急预案》《国家气象灾害应急预案》和《安徽省突发事件应对条例》《安徽省气象灾害防御条例》《安徽省人民政府突发公共事件总体应急预案》《安徽省自然灾害救助办法》等法律、法规和预案，建立健全气象灾害应急响应机制，强化对气象灾害的监测预报预警、信息发布、会商研判和联动联防，提高气象灾害防范与应对能力，最大限度地减轻或者避免气象灾害造成人员伤亡和财产损失。气象、水利、民政、国土资源、环境保护、住房城乡建设、交通运输、电力等部门要建立气象灾害及次生、衍生灾害信息数据库，建立健全信息共享机制与信息共享平台。按照职责分工，加强气象、水文、大气环境、山洪地质灾害、城市内涝等监测信息的共享共用。发布省级气象灾害红色和橙色预警后，省指挥部建立应急联动机制，省公安、民政、国土资源、环境保护、住房城乡建设、交通运输、农业、林业、水利、卫生、安全监管、海事、通信、电力、铁路、民航等部门和单位加强与省气象局的信息互通，对气象灾害及其次生、衍生灾害的程度和范围进行分析会商，加强配合协作，共同做好应急准备和防范处置工作。应急响应结束后，各级气象部门组织有关人员对气象灾害监测、预报预警、信息发布与传播、气象灾害损失情况及处置情况进行评估，形成评估报告，上报本级人民政府应急指挥机构，并由本级人民政府视情通过报刊、广播、电视、网络等媒体向社会公布。

4. 逐步培育安徽省农业减灾的市场机制

安徽省明确在定远、霍邱、无为等 14 个县（区）开展农业大灾保险试点，推动农业保险"扩面、提标、增品"，加大对适度规模经营农户的农业保险支持力度，促进现代农业发展和农民增收。试点在面向全体农户的基本险基础上，推出保障金额覆盖农资、化肥等直接物化成本和地租，面向家庭农场、专业大户、农民合作社等适度规模经营主体的专属农业大灾保险产品，提高保险保障水平和赔付金额。试点地区农业保险由农户、农业生产经营组织自愿投保，中央、省、市县财政共补贴保费 80%，农户自缴保费 20%。

二、农业备灾与农村防灾避险

（一）农业备灾

目前，安徽省建成了"省—市—县—乡（镇）"四级救灾物资储备网络，在 4 个市、22 个县新建救灾物资储备库。完善自然灾害救助项目和救助内容，达到与安徽省经济社会发展相适应的自然灾害救助水平。其中，救灾物资储备体系建设工程包括新建或改扩建 4 个市级（阜阳市、蚌埠市、六安市、池州市）和 22 个县级（涡阳县、杜集区、灵璧县、泗县、砀山县、萧县、固镇县、临泉县、界首市、全椒县、天长市、金寨县、霍邱县、含山县、无为县、枞阳县、石台县、桐城市、望江县、休宁县、祁门县、歙县）救灾物资储备库；并提升 12 个省级区域性救灾物资储备库和代储点（淮北、亳州、蚌埠、全椒、寿县、霍邱、阜南、巢湖、铜陵、安庆、宣城、黄山）储运能力；推进民政部中央级救灾物资合肥储备库（二期）工程建设。

（二）农业减灾技术储备

经验丰富的农业科技工作者是农业减灾技术的载体。重大农业灾害发生时，往往在不同作物、不同品种、不同田块之间,作物长势和实际灾情大不相同,不能简单照搬同样的减灾措施。需要按照农业区划,建立不同产业和主要领域的农业减灾专家库。在发生重大灾害时,组织减灾技术人才实地考察会诊,才能提出符合实际的减灾与补救技术。

"十二五"时期,安徽省全面推进防灾减灾人才战略,防灾减灾专业人才队伍结构不断优化,已经建成以防灾减灾管理和专业人才队伍为骨干力量,以各类灾害应急救援队伍为突击力量,以防灾减灾社会工作者和志愿者队伍为辅助力量的防灾减灾队伍。驻皖部队、公安民警、民兵预备役、人防专业队伍和基层灾害信息员在防灾减灾中发挥骨干作用。全省共有灾害信息员近2万人,组建省、市县级防汛机动抢险队687支,达4.44万人,组建各类地震救援队伍350余支,达1.8万多人,专兼职森林消防队伍747支,农业干部和技术人员1.4万余名。省减灾救灾委成立了专家组,为全省防灾减灾提供决策咨询服务。各级各部门注重发挥专家学者在防灾减灾中的作用,加强对自然灾害发生、发展机理和演变规律的研究。

同时,安徽省灾害监测预警、风险评估、应急处置等技术水平也在不断提高,遥感、卫星导航与通信广播等技术在应对重特大自然灾害中发挥了重要作用。

(三)农业保险的发展

安徽省农业保险发展经历了享受政策优惠的农业保险发展模式、市场化农业保险发展模式以及政策性农业保险发展模式。目前安徽省的政策性农业保险发展取得了较好的成绩,如建立了政策性农业保险制度体系,逐步形成了"省—市—县"三级农业保险服务网络。实现了全省17个市、93个县农业保险全覆盖,采用了"信贷+保险"的新型保险模式,率先试点了"天气指数险",无人机航拍和GPS定位技术以及"一卡通"服务,推动了安徽省农业的发展。然而,安徽省农业保险还存在法律法规不完善、保险公司经营风险得不到有效分散、农业保险专业人才缺乏等问题。需要通过加快农业保险的立法进程、建立健全农业再保险体系、利用金融市场深入探索"信贷+保险"模式、加强农业保险专业人才的培养、依靠科学技术提高农业保险的质量以及增强理赔流程的规范性等措施来完善安徽省政策性农业保险。

三、防灾工程与应急抢险

(一)抗旱水利工程

抗旱工程以水利工程为主,包括水源工程、水资源调配工程、灌区工程和节水工程四大类。此外,农田基本建设和土壤改良工程也兼具抗旱功能。1949年以来,安徽省基本建成防洪、除涝、灌溉工程体系框架,水利工程防灾减灾效益累计超过5 000亿元,为全省经济社会发展和人民安居乐业提供了重要保障。

1.水源工程

完善水源工程规划,加快水源工程建设,是安徽省防旱抗旱减灾工作亟待解决的首要问题，是主动防旱抗旱的基础。当前要在水利工程现状的基础上，根据国民经济发展的需要，科学合理地完善水源工程规划，分别做好农业灌溉、城市供水、农村饮用水和重点企业用水规划。规划中，要明确提出不同区域工农业生产结构调整的指导性意见。要加快多元化、多层次水源工程的建设，建立和完善管理体系。大力兴建和配套骨干水源工程，在有条件的地方建设大型水库和控制性枢纽，沿江沿淮沿巢兴建骨干灌溉泵站，启动引江济淮工程。加强面上中小型水库、塘坝、水井等水源工程建设，恢复原有水资源存量，并结合水利工程管理制度改革，推行公有私营、私有私营、股份合作等多种建管形式，形成多层次水源工程网络体系。进一步完善墒情测报和旱情信息管理系统建设。要充分利用现代科学技术，想方设法延长干旱预见期，提高预报精度，为主动防旱抗旱奠定基础。

2. 跨流域水资源调配工程

针对安徽省水资源分布不均的现状，安徽省规划了以长江、淠史杭—驷马山、淮河为横，以引江济淮、淮水北调、引淮入亳为纵的"三横三纵"水资源配置体系。淮水北调工程是"三横三纵"水资源配置体系的首个跨区域骨干调水工程，也是南水北调东线配水工程和引江济淮工程的延伸，是支撑和保障皖北地区乃至全省经济社会发展的重大基础设施，被国务院确定为 172 项节水供水重大水利工程之一。

淮北市水资源匮乏，人均水资源占有量仅为全省平均水平的 2/5、不到全国平均水平的 1/5，耕地亩均水资源量仅为全省平均水平的 1/3、全国平均水平的 1/5。从 20 世纪后期开始，随着城市工业和经济的快速发展，工业用水量增长迅速，地下水超采，地表水体自净能力降低、污染严重，生态环境恶化，农村生活生产受到影响，城镇供水安全受到威胁。为统筹协调该地区城市生活、生产和生态用水，有效缓解淮北经济发展特别是煤电、化工工业建设所面临的水资源供需矛盾，在安徽省水利厅的领导下，开展了安徽省淮水北调工程。

淮水北调工程兼有工业供水、灌溉补水和减少地下水开采、生态保护等显著综合效益。工程建成后，近期多年平均年引调水量 2.8 亿 m^3，最大年引调水量 6.8 亿 m^3，可有效缓解宿州、淮北两市水资源短缺现状，保障区域供水安全，减少中深层地下水超采，促进皖北地区社会经济可持续发展。

另外，按照安徽省水源工程布局，规划全省 22 个建制城市应急（备用）水源工程成果为：配套输水设施 2 078 km，其中维修改造 768 km，新增配套 1 310 km，供水工程应急调度 5 处，供水系统联网配套输水工程设施 2 处；新建（备用）水库 2 座，引、提水工程 49 处，调水工程 1 处，地下水源工程 351 处，非常规水源工程 5 处（主要指污水处理再利用工程）。城市抗旱应急（备用）水源工程的供水规模合计约 3 亿 m^3，总体基本满足抗旱应急需水量要求。

3. 灌区工程

淠史杭灌区是新中国兴建的全国最大灌区，是安徽省境内淠河、史河、杭埠河 3 个毗邻灌区及河南省梅山灌区的总称，横跨长江、淮河二大流域，也是全国唯一跨省的特大型灌区。淠史杭灌区位于安徽省中西部大别山余脉的丘陵地带，是以防洪、灌溉为主，兼有水力发电、城市供水、航运和水产养殖等综合功能的特大型水利工程，受益范围涉及安徽、河南2省4市17个县区。灌区骨干工程多建于20世纪六七十年代，八九十年代又陆续进行了部分续建配套建设。到21世纪初，仅安徽省境内主要骨干工程控制灌溉面积已达73.34万hm^2，有效灌溉面积为68.4万hm^2，年均实际灌溉面积（灌溉保证率70%以上）已达57.33万hm^2。淠史杭灌区的兴建提高了灌区的耕地率、水田率，粮食产量大幅提高，改变了因缺水而造成的贫困面貌；灌区还向合肥、六安等城镇提供了优质水源，促进了城市经济的发展；灌区水力发电、水产养殖、交通航运等综合利用效益也得到了较大的发挥。

（二）农田基本建设与中低产田改造工程

1. 水土保持

按全国水土流失类型区的划分，安徽省属于以水力侵蚀为主类型区中的南方红壤区（南方红壤丘陵区）和北方土石山区（北方山地丘陵区），水土流失的类型主要是水力侵蚀，其表现形式主要是坡面面蚀。2015年，全省尚有水土流失面积12 447 km^2，占全省国土面积的8.88%；从水土流失面积的地区分布来看，最多的是六安市，其次是安庆市、宣城市、黄山市和滁州市。

水土保持规划的理念是预防为主，保护优先。安徽省水土保持综合治理措施按两种方法分类。其一，根据治理措施特性分为工程措施、林草措施（或称植物措施）和耕作措施三大类。治理中三类措施都要采用，称为综合措施。其二，根据治理对象分为坡耕地治理措施、荒地治理措施、沟壑治理措施、风沙治理措施、崩岗治理措施和小型水利工程六大类。各类治理对象在不同条件下分别采取工程措施、林草措施、农作措施，以及这些措施的不同组合。①工程措施。工程措施是为防治水土流失危害，保护和合理利用水土资源而修筑的各项工程设施。包括修建梯田、雨水集蓄利用、径流排导、泥沙沉降、沟头防护等坡面工程，谷坊、拦砂坝、塘坝、护坡护岸等沟道工程，削坡减载、支挡固坡、拦挡等边坡防护工程。②林草措施。林草措施是为防治水土流失，保护与合理利用水土资源，采取造林种草及管护的方法，增加植被覆盖率，维护和提高土地生产力的一种水土保持措施，又称植物措施。包括营造水源涵养林、水土保持林、经果林、等高植物篱，发展复合农林业，开发与利用高效水土保持植物，河流两岸及湖泊和水库的周边营造植物保护带。③农作措施。农作措施是以改变坡面微小地形，增加植被覆盖或增强土壤有机质抗蚀力等方法，保土蓄水，改良土壤，以提高农业生产的技术措施。包括等高耕作、免耕少耕、间作套种等。

2. 改良土壤

目前，安徽省中低产田得到不同程度的改良，特别是淮北平原的砂姜黑土、淮北黄泛区盐碱化土、江河湖沿岸的潜育型水稻土、山坞冷浸田、江淮丘陵漂洗型水稻土等主要低产田改造速度较快，土壤肥力和生产力明显提高，高产田比例明显增加，低产田面积明显减少，高、中、低产田面积比例格局发生变化。但中低产田面积仍较大，尤其是部分地区耕地土壤退化现象仍在发展，有的地区甚至出现了新的土壤退化类型。土壤盐碱化基本消除，沙化潮土得到改造，生产力提高；水稻土次生潜育化得到改良，部分培育成高产水稻田；大部分平原洼地水稻田灌溉排水条件得到改善，干旱灌溉型和渍涝潜育型中低产水稻土面积进一步缩小。

安徽省粮食主产区耕地土壤肥力变化特点为：土壤有机质、全氮含量水稻田耕层变化不明显，旱地略有上升，但两者含量仍属较低水平。土壤速效磷含量有一定升幅，多数耕地土壤耕层有效磷含量在 10 mg/kg 以上，属于中等含量水平。土壤速效钾含量下降明显，多数耕地土壤耕层速效钾含量降幅均在 30 mg/kg 以上，除淮北局部地区外，全省耕地土壤普遍缺钾，钾素已取代磷素成为作物产量提高的主要限制因素。土壤中、微量元素缺乏面积逐渐扩大。耕地土壤大多缺乏硼、锌、钼，淮北还缺锰、铁，江淮、皖南部分地区缺硅，部分地区缺硫。应根据各地土壤特点，通过施肥、添加矿物质等方式有针对性地改良土壤。

（三）生态防灾工程

农业生态防灾工程旨在改良农业生产的生态结构与环境条件，创造有利于农业生物的局部生境，以达到减灾增产的目的。造林工程是指某一项或某块、某个植树造林工程任务，主要包括退耕还林还草、风沙源及荒漠化治理、防护林体系建设、商品林基地建设、采伐迹地更新造林工程等。

2012 年 10 月，安徽省启动实施千万亩森林增长工程，5 年来全省累计完成人工造林 65.259 万 hm^2，占规划任务的 104%，创下安徽省单个规划期和单项工程人工造林面积历史记录。其中，2016 年全省完成人工造林 9.45 万 hm^2，占下达年度计划任务的 117.5%。滁州市、合肥市、六安市、安庆市人工造林总面积均超过 6.67 万 hm^2，池州市、合肥市、安庆市、黄山市、宣城市、六安市成功创建国家森林城市。全省共创建省级森林城市 46 个、省级森林城镇 454 个、省级森林村庄 3 379 个，建成森林长廊示范段 5 926.7 km。全省林业总产值由 2011 年的 1 171.8 亿元增加到 2016 年的 3 192.4 亿元，居全国第 9 位，山区林农林业综合收入年均增长 10% 以上。按照计划，安徽省将力争从 2017 年到 2021 年完成人工造林 20 万 hm^2、封山育林 20 万 hm^2、退化林修复 20 万 hm^2，森林抚育 133.33 万 hm^2，森林覆盖率在 31% 以上。

（四）农业设施防灾工程

农业设施具有显著的防灾作用，在防寒、防冻、防部分病虫害方面具有明显优势，但其本身也有一定的脆弱性，如 2008 年安徽省发生严重雪灾，造成全省 16 多万公顷蔬菜受灾，倒塌大棚 1.4 万 hm^2。地震、洪水、大风、冰雹也经常对温室和畜舍造成损毁，因此，需要对农业设施经常进行检修、加固和定期更新。

（五）山洪防灾工程

安徽省国土总面积达 13.94 万 km^2，其中山洪灾害易发区面积约 4.6 万 km^2，占安徽省国土面积的 33%。山洪灾害主要集中在皖南山区和大别山区，约占安徽省山洪灾害易发区面积的 90%，尤其是黄山到九华山一带，山体高度较大，海拔多超过 1 000 m，极易引发山洪灾害。

1. 山洪防治现状

多年来，在皖南及大别山区虽然已建成了一批防治山洪灾害的工程，但由于建设年代久远、建设标准低，随着运行时间的增长，病险工程不断增多。而散布于山丘区的中小城镇和居民点多位于平川谷地，基本处于无设防状态。此外，由于水土流失严重，加重了河道的淤积，抬高了河道的洪水位，加之缺乏对山洪灾害的宣传和系统研究，人们主动防灾避灾意识不强，切坡建房，挤占河道，乱弃、乱挖现象严重，河道泄洪能力不断下降，进一步加剧了山洪灾害的损失。

2. 山洪防灾措施

完善的责任制体系既是山洪灾害防御工作的关键环节，也是做好防御工作的组织保证。目前，安徽省县级以上都已依法设立了防汛指挥机构，但绝大多数乡镇、村组尚未建立防汛指挥机构和组织。由于山洪灾害具有突发性、局部性的特点，成灾极快，难以预测，需要在很短的时间内完成人员转移工作，因此，山洪灾害防御往往以乡、村、组、户为防御单位，乡镇、村、组是山洪灾害防御工作的重心和前沿，建立乡、村防御责任制体系对山洪灾害防御工作的成败具有极其重要的意义。为此，必须狠抓基层组织的防汛机构建设和防汛责任制的落实，把抗灾的指挥权往前线移，把抗灾的责任往基层延，从最基层的村、组抓起，充分发挥基层组织的作用，层层落实、层层保证。

山洪灾害监测预警系统是山洪灾害防御工作的耳目和尖兵。由于安徽省山丘区特殊的自然条件和社会经济发展状况，各地暴雨洪水、泥石流、滑坡监测站网严重不足，预警设施严重匮乏，基层干部群众难以及时掌握暴雨洪水和灾害信息，预警信息无法迅速传递至基层乡、村、组、户。因此，加强监测、预警硬件系统建设刻不容缓，预警系统建设可以县级监测预警信息网络系统为平台，采用自动与人工雨量监测设施相结合、传统预警方式与现代技术手段互为补充的监测预警体系，既能使监测预警信息及时由县级平台传递到乡镇、村组，也可实现基层村组群众的自测自警、主动转移，确保人的生命安全。

针对近年来影响安徽省的台风暴雨逐年增多，损失逐年加大的不利局面，自2005年，安徽省启动了省、市、县、乡（镇）、村五级防台风和山洪灾害预案编制工作。预案编制结合安徽省特点，将防御台风的阶段划分为消息阶段、警报阶段、紧急警报阶段、影响期和警报解除5个阶段，明确了省防指各成员单位在防御台风的不同阶段所应采取的工作程序及内容，提高了可操作性。目前，安徽省已有万余个单位完成了预案编制工作。下一步应继续督促各地结合预案实际操作中存在的问题，抓紧对预案进行修改完善，切实落实预案中提出的各项应急措施，着重提高预案可操作性，增强实战功能。

在全面做好山洪灾害防御非工程措施的同时，要大力强化工程措施。在《安徽省山洪灾害防治规划报告》中，工程措施重点是全面开展退耕还林、还草，强化水土保持，维护生态环境；加强河道管理，提高河道行洪能力，对河道划界内的各类行洪障碍物坚决彻底清除，对灾害易发区进行护坡、护岸及建造拦挡工程。如对滑坡易发地段要采取抑制工程和支撑工程相结合的处理措施；加大对病险水库、山塘的治理，充分发挥其拦洪、错峰作用（朱后坤等，2008）。

四、农业减灾法制建设

法制是法律和制度的总称。灾害管理法是国家制定或认可并强制实施的有关灾害管理的法律规范的总称，对现代国家的灾害管理起着调整、保障、规范和监督的作用，是灾害管理的有力手段。

自开展"国际减灾十年"活动以来，经过 20 多年的工作，中国灾害管理立法已经取得一些成效，在地震、气象、环境保护、土地利用、农业生物灾害等方面的立法工作有很大进展，已初步建立起灾害管理法律体系的雏形。但部门灾害管理法、配套法规制定和实施细则的制定任务还十分繁重。安徽省修订和完善的法规政策有《安徽省气象灾害防御条例》《安徽省防震减灾条例》等地方性法规，省、市、县（含市、区）逐级制定了自然灾害救助应急预案以及防汛抗旱、地质、地震、农业、林业等多项自然灾专项应急预案，防灾减灾救灾应急预案体系进一步完善。

"十三五"时期，安徽省贯彻国家综合防灾减灾救灾相关法规，实施安徽省自然灾害救助办法，研究制定安徽省综合防灾减灾条例，完善自然灾害总体和行业应急预案，为防灾减灾救灾提供法规保障。

目前，与其他部门及与农业灾害的形势相比，农业减灾法制建设仍显薄弱。由于农业灾害与减灾工作的复杂性，需要专门制定针对性法律法规，以规范农业部门和农业生产者的行为，实现科学、高效减灾。安徽省在 2003 年后颁布了《安徽省地质灾害易发区农村村民建房管理规定》《安徽省地震应急工作检查管理办法》《安徽省地震现场工作管理规定实施细则》《安徽省气象管理条例》（2010 年 8 月 23 日修正版）《安徽省防雷减灾管理办法》《安徽省地质灾害防治管理办法》（2004 年 8 月 10 日修正版）等省级法律法规，以及《合肥市建设工程抗震设防要求和地震安全性评价管理办法》《安庆市建设工程地震安全性评价管理规定》《芜湖市建设工程抗震设防要求和地震安全性评价管理办法》《池州市防雷减灾管理实施细则》等地（市）级法律法规。从法律法规的发布情形来看，安徽省对国家出台的各类农业防灾减灾法律制定相应细则的时效性越来越强，也根据本省灾情制定了各类针对性管理办法，但从法律法规的涵盖面来说，还有很大提升空间，很多灾害项目相关法律法规还有待于进一步制定实施。

五、农业减灾预案的编制与实施

（一）减灾预案的作用

由于农业系统的弱质性与脆弱性，编制农业减灾预案尤为重要。发生农业灾害时，有无准备，有无预案，后果大不相同。例如，2016 年安徽省水灾严重，农业防汛救灾形势严峻。安徽省农委决定自 2016 年 7 月 5 日起，全省农业防汛救灾应急响应提升到 Ⅱ

级。根据《安徽省农业重大自然灾害突发事件应急预案》要求，省农委组织专家研究制定了全省农业生产救灾预案，包括全省种植业生产救灾预案、全省畜牧业生产救灾预案、全省渔业生产救灾预案，省农委要求各地结合当地实际，细化生产救灾方案，落实生产救灾措施，切实抓好农业生产救灾工作，最大限度减少灾害损失。

（二）农业自然灾害应急预案的编制框架

由于农业灾害以农业系统为承灾体，农业减灾预案的编制有别于其他防灾预案。2017 年 2 月 23 日安徽省人民政府办公厅印发实施了《安徽省自然灾害救助应急预案》，其框架如下。

1　总则

1.1　编制目的

1.2　编制依据

1.3　工作原则

1.4　适用范围

2　组织指挥体系

2.1　省减灾救灾委员会组成及职责

2.2　省减灾救灾委办公室及职责

2.3　工作组

2.4　专家组

3　灾害预警响应

4　信息报告和发布

4.1　信息报告

4.2　信息发布

5　省级应急响应

5.1　Ⅰ级响应

5.2　Ⅱ级响应

5.3　Ⅲ级响应

5.4　Ⅳ级响应

5.5　启动条件调整

5.6　响应终止

6　灾后救助及恢复重建

6.1　过渡期生活救助

6.2　冬春救助

6.3　倒损住房恢复重建

7　保障措施

7.1　资金保障

7.2　物资保障

六、灾后生产恢复

（一）农业生产的灾后恢复

农业生产的灾后恢复是复杂的系统工程，要综合考虑灾害造成的损失、对农业生产条件和设施的破坏、灾后可种植期的长度、本地劳动力和生产资料的状况以及农业技术支撑条件、地方政府与社会救助能力等因素，再制定可行的生产恢复方案和技术措施。以安徽省 2016 年汛期连续的强降水导致的洪涝灾害为例，由于灾害造成合肥市、滁州市、六安市、马鞍山市、芜湖市、宣城市、铜陵市、池州市、安庆市、黄山市 10 个市59 个县（市、区）不同程度受灾，灾后恢复生产任务重。因此，安徽省共派出了 10 个专家技术指导组分赴受灾较重的 10 个市察看灾情，分类制定水稻、蔬菜、畜牧业等生产救灾技术方案，对受灾农民进行精准指导，帮助灾区尽快恢复农业生产，最大程度减少因灾造成的损失。

（二）农村灾后恢复与重建

发生地震、洪水、滑坡、泥石流等重大灾害后，农村的房屋、道路、农田、基础设施和生产设施往往遭受严重破坏。自然灾害危险消除后，受灾地区人民政府应当统筹研究制定居民住房恢复重建规划和优惠政策，组织重建或修缮因灾损毁的住房和农业设施，对恢复重建确有困难的家庭予以帮扶。针对安徽省 2016 年汛期的洪涝灾害，2016年 9 月 18 日安徽省民政厅召开灾后重建工作会议，部署受灾群众生活保障和因灾倒损住房重建任务，确保当年 11 月 30 日前完成全省水毁群众重建住房。

参考文献

安徽省农业委员会 . 2004. 安徽农业抗灾生产技术 ［M］. 北京：中国农业大学出版社 .

毕守一，王强，丁友斌 . 2014. 安徽省洼地项目移民监测评估工作分析 ［J］. 安徽水利水电职业技术学院学报, 14 (4)：40-42, 49.

曹成, 曹秀清.2017. 安徽省水利现代化水平评估 [J]. 水利发展研究, (5)：38-42.

曹成.2014. 安徽省建制市抗旱水源工程规划探析 [J]. 水利规划与设计, (11)：11-13.

常江.2017. 安徽省农业旱灾风险评估与区划 [J]. 现代农业科技, (3)：218-219.

陈海中, 张友华, 刘家成, 等.2013. 安徽省农作物病虫监测预警平台的研制 [J]. 中国植保导刊, (11)：54-58.

陈磊, 范伟, 陈娟, 等.2015. 基于星载 SAR 的冬小麦估产模型比较分析 [J]. 中国农学通报, 31 (10)：256-260.

陈小凤, 王再明, 王振龙, 等.2014. 基于土壤墒情模型的旱情评估预测模型研究 [J]. 中国农村水利水电, (5)：165-169.

程先富, 张方方, 邓良, 等.2014. 安徽省霍山县植被覆盖动态变化及预测 [J]. 水土保持通报, 34 (4)：104-109.

程嫣嫣, 周密, 王司辰, 等.2014. 基于工情信息的山洪预警系统在淠史杭灌区洪水预报中的应用 [J]. 水电能源科学, 32 (6)：61-64, 36.

戴苗, 李军辉, 刘坚, 等.2014. 安庆地震前地磁异常特征 [J]. 地质科技情报, 33 (6)：187-191.

党雪.2017. 构建巨灾保险制度应体现地域特色——基于深圳、宁波、云南、安徽实践的思考 [J]. 中国保险, (3)：16-18.

董涛, 陈志鹏, 金菊良, 等.2017. 安徽省淮河流域农业旱灾风险正态云模型评估 [J]. 东北农业大学学报, 48 (1)：42-48.

杜晓燕, 丁厚成.2013. 安徽省水灾灾损率风险测度及区划研究 [J]. 水土保持通报, 33 (1)：301-304.

杜云.2013. 淮河流域农业旱灾灾害风险评价研究 [D]. 合肥：合肥工业大学.

段春峰, 徐敏, 曹雯, 等.2014. 安徽省寒露风初日的时空分布特征及气候趋势预测 [J]. 中国农学通报, 30 (32)：276-281.

范伟, 陈磊, 荀尚培, 等.2014. 基于双极化双时相 RADARSAT-2 的冬小麦估产模型研究 [J]. 中国农学通报, 30 (20)：284-289.

范伟, 荀尚培, 杨元建, 等.2013. 星载 SAR 在涡阳县冬小麦测产中的应用 [J]. 遥感技术与应用, 28 (6)：1 101-1 106.

冯静生, 侯杰.2017. 商业银行实施金融精准扶贫策略研究——以安徽省为例 [J]. 农村金融研究, (1)：45-49.

龚光明, 杨虎.2015. 民国初期安徽主要农业灾害防控研究 [J]. 中国农史, (2)：74-80.

关东, 陈莉, 张沙沙, 等.2014. 小麦赤霉病 CBR 预测模型参数的优化 [J]. 安徽农业大学学报, 41 (1)：82-86.

郭建茂, 王锦杰, 吴越, 等.2017. 基于卫星遥感与气象站数据的水稻高温热害监测和评估模型研究——以江苏、安徽为例 [J]. 农业现代化研究, 38 (2)：298-306.

郭建茂, 谢晓燕, 吴越, 等.2017. 安徽省一季稻产量灾损风险评价 [J]. 中国农业气象, 38 (8)：488-495.

郭丽娜.2012. 我国农业重大自然灾害多元补偿机制研究 [D]. 湘潭：湖南科技大学.

韩璞璞，张生，李畅游，等．2012．基于权马尔科夫链模型的庐江县降水量预测［J］．水文，32（3）：38-42．

贺楠．2009．安徽省农业旱涝灾害风险分析［D］．北京：中国气象科学研究院．

贺山峰，葛全胜，吴绍洪，等．2012．安徽省洪涝致灾危险性时空格局预估［J］．中国人口·资源与环境，22（11）：32-39．

黄大鹏，郑伟，张人禾，等．2011．安徽淮河流域洪涝灾害防灾减灾能力评估［J］．地理研究，30（3）：523-530．

黄惠镕，郭品文．2014．基于统计降尺度方法的夏季降水精细化预报［J］．南京信息工程大学学报：自然科学版，6（5）：449-458．

黄利萍，董凌，孙道东，等．2016．皖西北地区春季暴雨的特征分析［J］．安徽农学通报，22（2）：112-114，118．

江春，张爱民．2010．安徽省分县小麦产量保险费率分析［J］．安徽农业科学，38（1）：374-377．

江胜国，程丽，孔令帅．2017．应用累积法建立产量预测模式［J］．气象与环境科学，40（1）：133-137．

江懿，陈磊，陈娟，等．2016．安徽省农业旱灾风险评估与区划［J］．中国农学通报，32（5）：178-183．

金菊良，李辉，李靖，等．2017．基于云模型的安徽省干旱时空分布特征分析［J］．水电能源科学，35（4）：1-5．

康海迪，程先富．2017．基于模式误差修正的安徽省沿江地区水变化特征预估［J］．水土保持通报，37（1）：188-195．

孔德萌，李维德，吴金冉．2017．基于协整理论的极限学习机模型在降水预测中的应用［J］．水电能源科学，35（9）：1-3，12．

李柏贞，谢佳杏，孔萍，等．2015．江南茶叶农业气象灾害风险区划［J］．干旱气象，33（6）：1 017-1 023．

李德，孙有丰，孙义．2017．皖北砂姜黑土地冬小麦生育期尺度干旱指标研究［J］．麦类作物学报，37（2）：220-231．

李和清，张立，袁宝珠．2006．合肥市防震减灾执法工作显成效［J］．城市与减灾，（5）：20-22．

李如忠，潘成荣，徐晶晶，等．2012．基于Monte Carlo模拟的潜在生态危害指数模型及其应用［J］．环境科学研究，25（12）：1 336-1 343．

李玉成，张晓蕾，叶云．2010．淮河中游水环境中PAHs分布特征及风险评价初探［J］．安徽大学学报：自然科学版，34（5）：85-93．

刘荆，蒋卫国，杜培军．2009．基于相关分析的淮河流域暴雨灾害风险评估［J］．中国矿业大学学报，38（5）：735-740．

刘静，叶金印，张晓红，等．2014．淮河流域汛期面雨量多模式预报检验评估［J］．暴雨灾害，33（1）：58-64．

刘小玲，王维，郑曙峰，等．2014．CCGI在2013年安徽省棉花长势监测中的应用［J］．农学学报，4（11）：105-108．

鲁广斌．2010．安徽省农村消防安全分析及对策［J］．安徽农业大学学报：社会科学版，19（2）：27-29．

吕达. 2017. 安徽省繁昌县地质灾害调查与评估 [J]. 山东农业工程学院学报, 34 (2): 102-103.

马城城, 汪世仙, 倪俊珺. 2017. 信息熵在庐江地震台水氡观测中的应用 [J]. 中国科技信息, (7): 41.

马慧云, 吴晓京, 赵国庆, 等. 2017. 遥感影像反演的雾参数地区差异性分析 [J]. 遥感信息, 32 (3): 10-16.

马继东. 2017. 论采区现场监管加强水下地形动态监测与分析的必要性 [J]. 农业与生态环境, (5): 111-112.

马乐宽, 邱瑀, 赵越, 等. 2016. 基于改进的神经网络与支持向量机的小流域日径流量预测研究 [J]. 水资源与水工程学报, 27 (5): 23-27.

史柱. 2017-03-21. 安徽农业保险实现"四个突破" [N]. 中国保险报, (003).

苏珮玥, 池兆欣, 朱楠. 2015. 安徽水稻气象保险设计 [J]. 安徽农业科学, 43 (9): 334-337, 347.

孙鸿鹄, 程先富, 倪玲, 等. 2015. 基于云模型和熵权法的巢湖流域防洪减灾能力评估 [J]. 灾害学, 30 (1): 222-227.

孙炼, 李春晖, 贾晓丽, 等. 2015. 基于 STELLA 的安徽省水资源供需预测研究 [J]. 水资源与水工程学报, 26 (2): 51-57.

孙秀邦, 严平, 马晓群, 等. 2007. 安徽省长江以北干旱预测模型研究 [J]. 安徽农业科学, 35 (33): 10578, 10580.

汪燕, 李郑, 贾利萍. 2017. 遥感技术在安徽省重点矿区动态监测中的应用 [J]. 遥感测绘, (4): 161-163, 177.

汪志国. 2011. 宋元时期安徽自然灾害探析 [J]. 古今农业, (2): 75-82.

王兵, 韦炜, 胡娜. 2011-12-14. 播种在希望的田野上 [N]. 中国气象报, (001).

王国强, 徐威, 吴道祥, 等. 2004. 安徽省环境地质特征与地质灾害 [J]. 岩石力学与工程学报, 23 (1): 164-169.

王铭铭, 徐浩. 2017. 基于物联网的安徽省农田灌溉实时监测及自动灌溉系统研究 [J]. 节水灌溉, (1): 68-70, 75.

王庆前, 束庆龙, 丁德贵, 等. 2017. 有害生物油茶软腐病、栗新链蚧的风险分析 [J]. 林业科技开发, 21 (3): 58-60.

王荣, 孙鹏, 凡莉莉. 2017. 安徽省农业旱灾脆弱性综合分析与评价 [J]. 广东水利水电, (1): 10-14.

王茹琳. 2016. 气候变化对灰飞虱分布的影响及风险分析 [J]. 河南农业科学, (6): 82-88.

王胜, 田红, 党修伍, 等. 2017. 安徽淮北平原冬小麦气候适宜度分析及作物年景评估 [J]. 气候变化研究进展, 13 (3): 253-261.

王世雄, 赵亮, 高贵珍, 等. 2015. 刺苍耳 (Xanthium spinosum L.) 入侵安徽的风险评价 [J]. 安徽农业科学, 43 (17): 147-149.

王曜, 林曼利, 齐晴晴, 等. 2015. 安徽北部农村地区地下水重金属健康风险评价 [J]. 地球环境学报, 6 (1): 54-59.

王玉虎, 周玉良, 宗雪玮, 等. 2016. 新安江模型在董铺水库洪水预报中的应用研究 [J]. 水电能源科学, 34 (3): 55-60.

危朝安 . 2007. 农业防灾减灾成效 [J]. 自然灾害学报, 16 (S): 28-31.

温玉婷, 李宁, 解伟, 等 . 2010. 安徽省小麦产量指数保险梯度纯费率等级研究 [C] //中国视角的风险分析和危机反应 . 中国灾害防御协会风险分析专业委员会第四届年会论文集 . 693-700.

邬舒静 . 2016. 农业气象灾害对粮食产量的影响分析——基于安徽省 16 个地级市的面板数据 [J]. 灾害学, 31 (4): 65-69.

吴习水, 刘效明, 何木兰, 等 . 2012. 应用性信息素进行斜纹夜蛾测报和防治示范 [J]. 中国棉花, 39 (2): 31-33.

伍晓玲, 于堃, 罗艳, 等 . 2017. 安徽省水稻关键生育期低温冷害特征分析 [J]. 江苏农业科学, 45 (6): 68-71.

武翔宇, 兰庆高 . 2012. 促进我国气象指数保险发展的若干建议 [J]. 农业经济, (3): 94-95.

夏小林 . 2011. 安徽省水土保持监测现状与对策 [J]. 中国水土保持, (9): 39-41.

谢汪送 . 2008. 构建安徽农业水灾保险制度的研究 [J]. 安徽农学通报, 14 (17): 6-10.

谢五三, 田红 . 2011. 五种干旱指标在安徽省应用研究 [J]. 气象, 37 (4): 503-507.

徐国锋 . 2017. 埇桥区小麦苗情监测工作开展情况总结及建议 [J]. 基层农技推广, (7): 73-74.

徐升, 布仁图雅 . 2016. 安徽省 2015 年生态环境状况遥感监测与评价 [J]. 环境与发展, (3): 24-28.

许莹, 马晓群, 岳伟 . 2009. 安徽省一季稻涝灾判别指标初探 [J]. 中国农业气象, 30 (S1): 177-180.

杨健, 张漫, 曹骏 . 2005. 安徽永赖圩堤段防渗工程安全监测成果分析 [J]. 人民长江, 36 (11): 56-57.

杨太明, 刘布春, 孙喜波, 等 . 2013. 安徽省冬小麦种植保险天气指数设计与应用 [J]. 中国农业气象, 34 (2): 229-235.

杨泽峰, 刘培玉, 孙少利 . 2017. 阜南县小麦苗情监测工作开展情况、成效与建议 [J]. 安徽农学通报, 23 (10): 50-51.

姚卫平 . 2016. 贵池区小麦赤霉病发病程度中期预测模型 [J]. 基层农技推广, (3): 20-24.

叶明华, 汪荣明, 吴苹 . 2014. 风险认知、保险意识与农户的风险承担能力——基于苏、皖、川 3 省 1554 户农户的问卷调查 [J]. 中国农村观察, (6): 37-48.

叶明华, 汪荣明 . 2016. 收入结构、融资约束与农户的农业保险偏好——基于安徽省粮食种植户的调查 [J]. 中国人口科学, (6): 107-117.

游炯, 裴志远, 徐振宇, 等 . 2013. 水稻遥感识别偏差修正的地统计学方法 [J]. 农业工程学报, 29 (21): 126-136.

于书媛, 陈靓 . 2016. 运用 GIS 分析安徽省六安市地震次生地质灾害危险性 [J]. 地质灾害与环境保护, 27 (1): 74-81.

苑惠丽, 马荣华, 李吉英, 等 . 2017. 基于 Landsat-8 OLI 的农作物信息提取研究——以安徽省蚌埠市为例 [J]. 金陵科技学院学报, 33 (1): 72-76.

张彩丽 . 2015. 安徽省霜冻灾害的发生及防御 [J]. 农业灾害研究, 5 (11): 29-31, 36.

张桂香, 霍治国, 吴立, 等 . 2015. 1961—2010 年长江中下游地区农业洪涝灾害时空变化 [J]. 地理研究, (6): 1 097-1 108.

张宏群, 范伟, 荀尚培, 等 . 2010. 基于 MODIS 和 GIS 的洪水识别及淹没区土地利用信息的提取

［J］. 灾害学，25（4）：22-26.

张蕾，郭安红，王纯枝.2016. 小麦白粉病气候风险评估［J］. 生态学杂志，35（5）：1 330-1 337.

张明明，曾宪军，杨骏，等.2016. 震前蒙城地震台地脉动噪声的特征［J］. 防灾减灾学报，32（1）：51-58.

张屏，周后福，汪付华.2013. 淮北夏季暖式切变线暴雨特征及其预报预警［J］. 安徽师范大学学报，36（4）：367-371.

张燕，汪徐.2017. 安徽省农村水环境污染治理研究［J］. 湖北农业科学，56（8）：1458-1462.

张耀兰，方文红，朱丽君，等.2016. 安徽省粮食产量预测及影响因素分析［J］. 安徽农学通报，22（10）：6-7，170.

张勇，钱国华，姜勇.2015. 众数法在茶树尺蠖类害虫预报上的运用［J］. 茶叶通报，38（3）：120-122.

张佑龙，夏仕安，金艳，等.2015. 安徽测震台网数据产出与应用［J］. 国际地震动态，（2）：29-35.

赵德法.2017. 安徽省主要农业气象灾害及防御措施［J］. 农业开发与装备，（2）：24.

赵建东.2011. 安徽省农业保险发展模式研究［J］. 安徽农业科学，39（13）：8 146-8 147.

赵明松，李德成，张甘霖.2016.1980—2010 年间安徽省土壤侵蚀动态演变及预测［J］. 土壤，48（3）：588-596.

郑大玮，李茂松，霍治国.2013. 农业灾害与减灾对策［M］. 北京：中国农业大学出版社.

郑军，汪运娣.2015. 农业巨灾风险保障体系构建的研究述评［J］. 保险研究，（3）：62-70.

周丽雅，李聪.2013. 蚌埠地区雷电活动时空特征［J］. 浙江农业科学，（9）：1 175-1 177.

周丽雅，王凯，刘倪.2016. 基于 Logistic 回归蚌埠地区致灾雷电预报研究［J］. 气象与环境学报，32（5）：147-153.

朱后坤，叶成林.2008. 安徽省山洪灾害防治现状与对策［J］. 水利水电快报，29（S1）：136-138.

朱煌武，吴华章，张来平，等.2003. 近 10 年安徽省的各类灾害及发展趋势［J］. 灾害学，18（1）：66-72.

朱煌武，张娟.2016. 安徽 10 年震情监视、应对工作回顾、分析及其思考［J］. 国际地震动态，（10）：11-16.

Liu B C，Li M S，Guo Y，et al. 2010. Analysis of the demand for weather index agricultural insurance on household level in Anhui，China ［J］. Agriculture and agricultural science procedia，9：179-186.